Merz/Hansemann/Hübner
Gebäudeautomation

🚶 Bleiben Sie einfach auf dem Laufenden:
www.hanser.de/newsletter
Sofort anmelden und Monat für Monat
die neuesten Infos und Updates erhalten

Hermann Merz • Thomas Hansemann • Christof Hübner

Gebäudeautomation

Kommunikationssysteme mit EIB/KNX,
LON und BACnet

mit 212 Bildern

fv **Fachbuchverlag Leipzig**
im Carl Hanser Verlag

Alle in diesem Buch enthaltenen Programme, Verfahren und elektronischen Schaltungen wurden nach bestem Wissen erstellt und mit Sorgfalt getestet. Dennoch sind Fehler nicht ganz auszuschließen. Aus diesem Grund ist das im vorliegenden Buch enthaltene Programm-Material mit keiner Verpflichtung oder Garantie irgendeiner Art verbunden. Autor und Verlag übernehmen infolgedessen keine Verantwortung und werden keine daraus folgende oder sonstige Haftung übernehmen, die auf irgendeine Art aus der Benutzung dieses Programm-Materials oder Teilen davon entsteht.

Die Wiedergabe von Gebrauchsnamen, Handelsnamen, Warenbezeichnungen usw. in diesem Werk berechtigt auch ohne besondere Kennzeichnung nicht zu der Annahme, dass solche Namen im Sinne der Warenzeichen- und Markenschutz-Gesetzgebung als frei zu betrachten wären und daher von jedermann benutzt werden dürften.

Bibliografische Information der Deutschen Nationalbibliothek
Die Deutsche Nationalbibliothek verzeichnet diese Publikation in der Deutschen Nationalbibliografie; detaillierte bibliografische Daten sind im Internet
über http://dnb.d-nb.de abrufbar.

ISBN 978-3-446-40987-3

Dieses Werk ist urheberrechtlich geschützt.
Alle Rechte, auch die der Übersetzung, des Nachdruckes und der Vervielfältigung des Buches, oder Teilen daraus, vorbehalten. Kein Teil des Werkes darf ohne schriftliche Genehmigung des Verlages in irgendeiner Form (Fotokopie, Mikrofilm oder ein anderes Verfahren), auch nicht für Zwecke der Unterrichtsgestaltung – mit Ausnahme der in den §§ 53, 54 URG genannten Sonderfälle –, reproduziert oder unter Verwendung elektronischer Systeme verarbeitet, vervielfältigt oder verbreitet werden.

© 2007 Carl Hanser Verlag München
Internet: http://www.hanser.de

Lektorat: Dipl.-Ing. Erika Hotho
Herstellung: Dipl.-Ing. Franziska Kaufmann
Druck und Bindung: Druckhaus „Thomas Müntzer" GmbH, Bad Langensalza
Printed in Germany

Vorwort

In unserer modernen Industriegesellschaft werden immer mehr Abläufe und Prozesse automatisiert. Auch in Wohn- und Zweckgebäuden wächst der Grad der Automatisierung mit dem Wunsch nach mehr Komfort, Sicherheit und Wirtschaftlichkeit ständig.

Die Gebäudeautomation hat sich zu einem wichtigen Teilgebiet der Automatisierungstechnik entwickelt und bietet kundengerechte Lösungen für Betreiber und Nutzer aller Arten von Gebäuden. Die dabei eingesetzten Sensoren, Aktoren, Steuer- und Regelgeräte sowie Visualisierungen arbeiten in der Regel dezentral und benötigen zur Abwicklung ihrer komplexen Aufgaben geeignete industrielle Kommunikationssysteme für den Datenaustausch. Es kommen sowohl Feldbussysteme als auch Netze zum Einsatz.

Dieses Buch liefert nicht nur einen profunden Einstieg in die Gebäudeautomation und die damit verbundene Gebäudesystemtechnik, es gibt auch einen grundlegenden Überblick über die wichtigsten dabei eingesetzten Feldbussysteme und Netze:

- In Kapitel 1 wird zunächst eine Einführung in die Gebäudeautomation gegeben.
- Kapitel 2 stellt die für das Verständnis von industriellen Kommunikationssystemen (Feldbusse, Netze) notwendigen informationstechnischen Grundlagen vor.
- In Kapitel 3 wird der Europäische Installationsbus (EIB/KNX) behandelt.
- Kapitel 4 befasst sich eingehend mit dem *Local Operating Network* (LON).
- Schließlich wird in Kapitel 5 das Kommunikationsprotokoll BACnet vorgestellt.

In den Kapiteln über EIB/KNX, LON und BACnet wird jeweils nach einer Einführung in die technischen Grundlagen an Beispielen aus der Gebäudeautomation (z. B. Beleuchtung, Heizung, Klima, Lüftung) gezeigt, wie diese Kommunikationssysteme zur Übertragung von Informationen bei der Realisierung von Gebäudefunktionen eingesetzt werden.

Das vorliegende Buch entstand aus Lehrmodulen, die von den Autoren im Rahmen von Bachelor- und Masterstudiengängen der Fakultät für Elektrotechnik an der Hochschule Mannheim angeboten werden. Für viele fruchtbare Fragen und Diskussionen in den Vorlesungen und im Laboratorium sind wir den Studierenden zu Dank verpflichtet.

Wir danken auch Herrn Dipl.-Ing. (Univ.) Dietrich Lotze und Herrn Cand.-Math. Thang Nguyen für die akribische Durchführung des Korrekturlesens sowie für fachliche und didaktische Tipps.

Den Firmen

- ABB, Mannheim,
- Busch-Jaeger Elektro, Lüdenscheid,
- ELKA-Elektronik, Lüdenscheid,

danken wir besonders für die freundliche Bereitstellung von Bildern und die Genehmigung zu ihrer Verwendung im Buch.

Der Lektorin des Fachbuchverlags Leipzig, Frau Dipl.-Ing. Erika Hotho, danken wir sehr für die überaus nette Zusammenarbeit bei der Abwicklung dieses Buchprojekts. Auch bei Frau Dipl.-Ing. Franziska Kaufmann möchten wir uns ganz herzlich bedanken für die kompetenten Ratschläge zu Layout und Drucksatz.

Die Lösungen der Übungsaufgaben und weitere Informationen zu EIB/KNX, LON und BACnet sind im Internet abrufbar über:

> http://www.ietm2.de

Mannheim, im Januar 2007

Hermann Merz

Thomas Hansemann

Christof Hübner

Inhaltsverzeichnis

1	**Einführung in die Gebäudeautomation**	**15**
1.1	Bedeutung der Gebäudeautomation	15
	1.1.1 Gebäudeautomation im privaten Wohnungsbau	15
	1.1.2 Gebäudeautomation in Zweckbauten	16
1.2	Unterscheidung Gebäudeautomation und Gebäudesystemtechnik	17
	1.2.1 Gewerke in der Gebäudeautomation	18
	1.2.2 Gewerke in der Gebäudesystemtechnik	20
1.3	Strukturen in der Gebäudeautomation und der Gebäudesystemtechnik	22
	1.3.1 Hierarchische Struktur in der Gebäudeautomation	22
	1.3.2 Hierarchische Struktur in der Gebäudesystemtechnik	24
1.4	Energiemanagementfunktionen	25
	1.4.1 Amortisationszeit	25
	1.4.2 Energiemanagementfunktionen auf der Automationsebene	26
	1.4.2.1 Bedarfsgerechte Sollwertanpassung	26
	1.4.2.2 Enthalpiesteuerung	27
	1.4.2.3 Ereignisabhängiges Schalten	27
	1.4.2.4 Gleitendes Schalten (Optimum Start Stop)	27
	1.4.2.5 Nachtkühlbetrieb	28
	1.4.2.6 Nullenergieband-Steuerung	28
	1.4.2.7 Zyklisches Schalten	28
	1.4.3 Energiemanagementfunktionen auf der Managementebene	29
	1.4.3.1 Energiecontrolling	29
	1.4.3.2 Höchstlastbegrenzung/Lastspitzenbegrenzung	30
	1.4.3.3 Zeitabhängiges Schalten	30
1.5	Komfort- und Energiemanagementfunktionen in der Raumautomation	31
1.6	Genormte Bussysteme und Netze in der Gebäudeautomation	32
	1.6.1 Anforderungen an Bussysteme und Netze	33
	1.6.2 Einsatzgebiete von Bussystemen und Netzen in Gebäuden	34
	1.6.2.1 Lichtsteuerung und Beschattung mit EIB/KNX	34
	1.6.2.2 Regelung von Heizungs-, Klima-, Lüftungsanlagen mit LonWorks	35
	1.6.2.3 Kopplung von Leitrechnern mit BACnet	35
	1.6.3 Stand der Normung	36
1.7	Literatur	38

2	**Grundlagen der industriellen Kommunikationstechnik**	**39**
2.1	Industrielle Kommunikation	39
	2.1.1 Feldbuskommunikation	39
	2.1.2 Kommunikation über Netze	40
2.2	Wichtige Begriffe der digitalen Datenübertragung	41
	2.2.1 Grundbegriffe	41
	2.2.1.1 Bits und Bytes	41
	2.2.1.2 Bitrate	42
	2.2.1.3 Modulationsgeschwindigkeit	42
	2.2.2 Binär- und Hexadezimalzahlen	43
	2.2.3 Digitales Datenübertragungssystem	44
	2.2.3.1 Quellencodierung/-decodierung	45
	2.2.3.2 Kanalcodierung/-decodierung	46
	2.2.3.3 Leitungscodierung/-decodierung	50
	2.2.4 Das ISO/OSI-Referenzmodell	53
	2.2.4.1 Datenübertragung und Kommunikation	53
	2.2.4.2 Regeln zum Ablauf einer Kommunikation	54
	2.2.4.3 Das ISO/OSI-Referenzmodell	55
2.3	Wichtige Begriffe bei Feldbussen und Netzen	56
	2.3.1 Grundtopologien	56
	2.3.1.1 Voll- bzw. Teilvermaschung	57
	2.3.1.2 Linientopologie	57
	2.3.1.3 Baumtopologie	57
	2.3.1.4 Sterntopologie	58
	2.3.2 Zugriffsverfahren	58
	2.3.2.1 Kanalzugriff nach Zuteilung	58
	2.3.2.2 Kanalzugriff nach Bedarf	59
2.4	Literatur	60
3	**Der Europäische Installationsbus EIB/KNX**	**61**
3.1	Einführende Übersicht	61
	3.1.1 Was ist der EIB/KNX?	61
	3.1.2 Der Nutzen von EIB/KNX	62
	3.1.2.1 Herkömmliche Gebäudetechnik	62
	3.1.2.2 Gebäudesystemtechnik mit EIB/KNX	63
	3.1.3 KNX Association und KNX Deutschland	64
	3.1.4 Motivation für die Beschäftigung mit EIB/KNX	65
	3.1.5 Lernziele	66
	3.1.6 Treppenhaus- und Flurbeleuchtung in einem Mehrfamilienhaus	66
3.2	Konventionelle Installationstechnik	67
	3.2.1 Sicherheitshinweise	67
	3.2.2 Ausschaltung	68

	3.2.3	Wechselschaltung	69
	3.2.4	Kreuzschaltung	70
3.3		Überblick über den EIB/KNX	72
3.4		EIB/KNX-Busgeräte	72
	3.4.1	Arten von Busgeräten	73
	3.4.2	Häufig eingesetzte Busgeräte	74
	3.4.2.1	Spannungsversorgung (SV) mit integrierter Drossel	74
	3.4.2.2	Schaltaktor (6-fach)	74
	3.4.2.3	Tastsensor (4-fach)	75
3.5		Topologie	76
	3.5.1	Teilnehmer, Linien, Bereiche	77
	3.5.2	Spannungsversorgung (mit Drossel)	78
	3.5.3	Koppler	78
	3.5.3.1	Linienverstärker	79
	3.5.3.2	Linienkoppler	80
	3.5.3.3	Bereichskoppler	80
	3.5.3.4	Filterfunktion und Telegrammweiterleitung bei Kopplern	81
	3.5.4	Teilnehmeradressierung	81
	3.5.4.1	Physikalische Adressen	82
	3.5.4.2	Gruppenadressen (logische Adressen)	83
	3.5.4.3	Destination Address Flag (DAF)	84
	3.5.4.4	Zuordnung von Kommunikationsobjekten zu Gruppenadressen	85
	3.5.5	Ergänzende Hinweise zu Linien	86
	3.5.6	Installationsrichtlinien	87
	3.5.7	Blockschaltbilder und genormte Gerätesymbole	88
3.6		Übertragungsmedien und KNX.TP-Bussignale	89
	3.6.1	Übertragungsmedien	89
	3.6.1.1	KNX.TP	89
	3.6.1.2	KNX.PL, KNX.RF, KNXnet/IP, Lichtwellenleiter	89
	3.6.2	Bussignale beim KNX.TP	90
	3.6.3	Datenübertragungsrate (Bitrate) beim KNX.TP	91
3.7		Kommunikationsablauf	91
	3.7.1	Telegrammarten: Daten- und Bestätigungstelegramm	91
	3.7.2	UART-Zeichen	92
	3.7.3	Busarbitrierung	93
	3.7.3.1	Freier Bus	93
	3.7.3.2	Carrier Sense Multiple Access/Collision Avoidance (CSMA/CA)	94
	3.7.3.3	Prioritäten, Wiederholungsbit, Quelladresse und Zugriffsklassen	95
	3.7.3.4	Beispiel für die Busarbitrierung	97
	3.7.4	Begrenzte Anzahl von Weiterleitungen: Routingzähler	98
	3.7.5	Nutzdaten	99
	3.7.6	Datensicherung	100

	3.7.7	Bestätigungstelegramme	101
	3.7.7.1	Inhalte von Bestätigungstelegrammen	101
	3.7.7.2	Reaktionen des Senders auf das Bestätigungstelegramm	101
	3.7.7.3	Beispiel für ein Bestätigungstelegramm (Summentelegramm)	102
	3.7.8	Beispiel für den zeitlichen Ablauf der Kommunikation	102
	3.7.9	Zusammenfassung der Telegrammstruktur	104
	3.7.9.1	Datentelegramm und Bestätigungstelegramm	104
	3.7.9.2	Datentelegramm: Kontrollfeld (1 Byte)	104
	3.7.9.3	Datentelegramm: Quelladresse (2 Byte)	105
	3.7.9.4	Datentelegramm: Zieladresse (2 Byte)	105
	3.7.9.5	Datentelegramm: DAF – Routingzähler – Nutzdatenlänge	105
3.8	EIB/KNX-Hardware		107
	3.8.1	„Äußere" Hardware	107
	3.8.2	„Innere" Hardware	109
	3.8.2.1	Prinzipieller innerer Aufbau eines KNX.TP-Kommunikationsgeräts	109
	3.8.2.2	Transceiver	109
	3.8.2.3	Mikrocontroller (µC)	110
	3.8.2.4	Anwendungsschnittstelle (AST) und Anwendungsmodul	111
3.9	EIB/KNX-Software		112
	3.9.1	Überblick	112
	3.9.2	Softwarekomponenten eines Kompaktgeräts	113
	3.9.3	Softwarekomponenten eines modularen Geräts	113
	3.9.4	Systemsoftware	114
	3.9.5	Anwendungsprogramme	115
	3.9.5.1	Parameter von Applikationen	115
	3.9.5.2	Kommunikationsobjekte	116
	3.9.6	Die ETS 3 (Engineering Tool Software, Version 3)	121
	3.9.6.1	Projektdatenbank	122
	3.9.6.2	Projektierung	122
	3.9.6.3	Inbetriebnahme	123
3.10	Anwendungsbeispiel		123
	3.10.1	EIB/KNX-Basisanlage zu Übungszwecken	124
	3.10.2	Übungsprojekt Lichtsteuerung	126
	3.10.2.1	Kundenauftrag	126
	3.10.2.2	Benötigte Geräte	127
	3.10.2.3	Projektierung mit der ETS 3	127
	3.10.3	Inbetriebnahme	138
	3.10.3.1	Hardware	138
	3.10.3.2	Programmierung der Geräte	139
	3.10.4	Test der Lichtsteuerung	140
	3.10.5	Diagnose/Busmonitoring	140
3.11	Trends		142

	3.11.1	Touchscreens	142
	3.11.2	Integration der Gebäudesystemtechnik in IP-Netze	144
3.12	Literatur		146

4 Gebäudeautomation mit LONWORKS — 147

4.1	Einführende Übersicht		147
	4.1.1	Zentrale Leittechnik und herstellergebundene Techniken	147
	4.1.2	Dezentrale Gebäudeautomation und Datenaustausch	148
	4.1.3	Stärkere Dezentralisierung und offene Kommunikationsstandards	149
	4.1.4	Lernziele	150
4.2	Nutzen der LONWORKS-Technologie		151
	4.2.1	Einsatz in der Gebäudesystemtechnik	151
	4.2.1.1	Ersatz der konventionellen Verdrahtung in der Raumautomation	151
	4.2.1.2	Wirtschaftliche Vorteile durch vernetzte Gewerke	152
	4.2.1.3	Höhere Flexibilität durch Umprogrammierung statt Umverdrahtung	153
	4.2.1.4	Bereitstellung zusätzlicher Sicherheitsfunktionen	154
	4.2.2	Einsatz der LON-Technik auf der Automationsebene	154
4.3	Historie der LONWORKS-Technologie		155
	4.3.1	Einsatzgebiete der LONWORKS-Technologie	156
	4.3.2	Organisationseinheiten	156
	4.3.3	Normung	157
4.4	Grundlagen der LONWORKS-Technologie		158
	4.4.1	Elemente der LONWORKS-Technologie	158
	4.4.1.1	Neuron-Chip	158
	4.4.1.2	LONTALK-Protokoll	159
	4.4.1.3	Transceiver	159
	4.4.1.4	LONWORKS-Tools	159
	4.4.1.5	LONMARK Interoperability Association	160
	4.4.2	Aufbau und Funktionsweise eines LON-Knotens	160
	4.4.2.1	Funktionsweise des Neuron-Chips mit Speicher	161
	4.4.2.2	Eingabe- und Ausgabebeschaltung	162
	4.4.2.3	Spannungsversorgung und Netzteil	163
	4.4.2.4	Service-Taste und Neuron-ID	164
	4.4.2.5	Service-LED	164
	4.4.2.6	Transceiver	165
4.5	Informationsübertragung zwischen LON-Geräten		169
	4.5.1	Physikalische Netzstrukturen	170
	4.5.1.1	Netze in Linienstruktur	170
	4.5.1.2	Netze in Stern- und Ringstruktur	170
	4.5.1.3	Subnet als physikalische Netzstruktur	171
	4.5.1.4	Domain als größte Netzstruktur	173
	4.5.2	Buszugriffsverfahren und Signalcodierung	174

	4.5.2.1	Prädiktives p-persistent-CSMA-Verfahren	174
	4.5.2.2	Differential-Manchester-Code	175
	4.5.3	Telegrammstruktur	175
	4.5.4	Logische Netzwerkstrukturen mit Netzwerkvariablen	176
	4.5.4.1	Bedeutung der Netzwerkvariablen	176
	4.5.4.2	Binding	177
	4.5.4.3	Quittierungsprinzipien	178
	4.5.5	Interoperabilität von LON-Geräten	179
	4.5.5.1	Objekte und Funktionsprofile nach LONMARK	179
	4.5.5.2	Konfigurationsparameter	181
	4.5.5.3	Standard-Netzwerkvariablen-Typen in der Gebäudeautomation	182
4.6	LONWORKS-Tools		185
	4.6.1	Entwicklerwerkzeuge LONBUILDER und NODEBUILDER	185
	4.6.2	Inbetriebnahmewerkzeuge	186
	4.6.2.1	LONWORKS-Network-Services	186
	4.6.2.2	Inbetriebnahmewerkzeug LONMAKER	186
4.7	Systemstrukturen der LONWORKS-Technologie		190
	4.7.1	Gebäudeautomationssystem mit LON	190
	4.7.2	Web-Anbindung von LON-Netzen	190
4.8	Applikationsbeispiele		192
	4.8.1	Lichtsteuerung über LON	192
	4.8.2	Lichtsteuerung mit Panikschaltung über LON	194
4.9	Literatur		196

5 BACnet 197

5.1	Einführende Übersicht		197
	5.1.1	Lernziele	198
	5.1.2	BACnet-Organisationen	198
	5.1.3	Einsatzgebiete	199
	5.1.4	Grundkonzepte im Überblick	200
	5.1.5	BACnet-Kommunikationsarchitektur	201
5.2	Übertragungsmedien, Bitübertragung und Sicherung		203
	5.2.1	Master-Slave/Token-Passing (MS/TP), EIA-485 und EIA-232	204
	5.2.2	Point-to-Point (PTP)	207
	5.2.3	Ethernet	208
	5.2.3.1	Übertragung mit Twisted Pair	209
	5.2.3.2	Netzkomponenten (Repeater, Bridge, Hub und Switch)	214
	5.2.3.3	Übertragung mit Glasfasern	221
	5.2.3.4	Strukturierte Verkabelung	225
	5.2.3.5	Funkübertragung (Wireless LAN)	226
	5.2.3.6	Rahmenaufbau und MAC-Adresse	227
	5.2.4	ARCNET	228

		5.2.5	LONTALK	228
5.3		Vermittlungsschicht		229
	5.3.1	Aufgabe		229
	5.3.2	BACnet und Internetprotokolle		231
	5.3.2.1	IP-Adressen		231
	5.3.2.2	Pfadermittlung		234
	5.3.2.3	Paketaufbau		235
	5.3.2.4	Subnetze		236
	5.3.2.5	Transmission Control Protocol (TCP)		238
	5.3.2.6	User Datagram Protocol (UDP)		241
	5.3.2.7	ARP und DHCP		241
	5.3.2.8	Verwendung von BACnet mit Internetprotokollen		243
5.4		Anwendungsschicht		245
	5.4.1	Objekte		246
	5.4.1.1	Datentypen		247
	5.4.1.2	Namenskonventionen und Adressvergabe		248
	5.4.1.3	Standardisierte Objekte		249
	5.4.2	Dienste		269
	5.4.2.1	Objektzugriffs-Dienste		269
	5.4.2.2	Alarm- und Ereignis-Dienste		270
	5.4.2.3	Device- und Netzwerkmanagement-Dienste		273
	5.4.2.4	Dateizugriffs-Dienste		274
	5.4.2.5	Virtual-Terminal-Dienste		275
	5.4.3	Prozeduren		275
	5.4.3.1	Datensicherung		275
	5.4.3.2	Priorisierung von Aufträgen		275
5.5		BACnet-Geräte und Interoperabilität		277
	5.5.1	Interoperabilitätsbereiche und -bausteine		278
	5.5.1.1	Gemeinsame Datennutzung (Data Sharing)		278
	5.5.1.2	Alarm- und Ereignisverarbeitung (Alarm and Event Management)		279
	5.5.1.3	Zeitplan (Scheduling)		279
	5.5.1.4	Trendaufzeichnung (Trending)		279
	5.5.1.5	Device- und Netzwerkmanagement (Device and Network Management)		280
	5.5.2	Device-Profile (Device Profiles)		280
	5.5.2.1	BACnet Operator Workstation (B-OWS)		280
	5.5.2.2	BACnet Building Controller (B-BC)		282
	5.5.2.3	BACnet Advanced Application Controller (B-AAC)		282
	5.5.2.4	BACnet Application Specific Controller (B-ASC)		282
	5.5.2.5	BACnet Smart Actuator (B-SA) und BACnet Smart Sensor (B-SS)		283
	5.5.2.6	BACnet Router		284
	5.5.3	Protokollumsetzungsbestätigung, Konformitätsprüfung und Zertifizierung von BACnet Devices		284

5.6	Gateways zu anderen Systemen	285
5.7	Literatur	286

Index **287**

Glossar **293**

1 Einführung in die Gebäudeautomation

1.1 Bedeutung der Gebäudeautomation

Im privaten Wohnungsbau wie auch im Zweckbau nimmt der Automatisierungsgrad seit Jahren stetig zu. Dieses hat seinen Grund zum einen in dem gesteigerten Komfortbedürfnis der Nutzer, zum anderen aber auch in der Bedeutung der Gebäudeautomation im Sinne der Energieeinsparung und des Energiemanagements. Im Wohnungsbau kommt zusätzlich der Aspekt des Sicherheitsbedürfnisses hinzu, im Zweckbau wird eine große Flexibilität im Hinblick auf Nutzungsänderungen erwartet.

1.1.1 Gebäudeautomation im privaten Wohnungsbau

Betrachtet man den privaten Wohnungsbau, so ist hier mittlerweile eine Vielzahl von Automatisierungsfunktionen beinahe unbemerkt zum Standard geworden. Als Selbstverständlichkeit sind insbesondere den Energieverbrauch optimierende Regelungsfunktionen in die Heizungsanlagen integriert. Wird heutzutage eine neue Anlage installiert, so gehören eine ausgeklügelte Brennersteuerung wie auch eine optimierte Raumtemperaturregelung dazu. In die Komponenten zur Temperaturregelung werden üblicherweise ab Werk auch bereits Zeitschaltprogramme zur Nachtabsenkung integriert. Diese Programme sind insofern beinahe unbemerkt zur Selbstverständlichkeit geworden, weil sie für einen Großteil der Anwendungen bereits mit der Erstinbetriebnahme ohne weiteren Aufwand funktionieren. Hierbei steht der Aspekt der Energieeinsparung im Vordergrund.

Als weiteres Beispiel für eine Automatisierungsfunktion im privaten Wohnungsbau kann man die automatische Lichtsteuerung heranziehen. In vielen Fällen schaltet sich die Außenbeleuchtung von Wohnanlagen durch installierte Bewegungsmelder selbsttätig ein. Hier wird die Wärmestrahlung einer sich nähernden Person von einem Sensor erfasst und mit den Signalen eines Helligkeitssensors so kombiniert, dass sich das Licht dann nur bei ausreichender Dunkelheit einschaltet. Auch wenn es sich hierbei um eine vergleichsweise einfache Automatisierungsfunktion handelt, so zeigt sich doch die Kombination einer so genannten Ereignissteuerung und einer logischen Verknüpfung. Bei diesem Beispiel steht der Aspekt des Komforts an erster Stelle.

Eine weitaus kompliziertere Funktion ergibt sich, wenn im Wohnhaus die zentrale Ein- oder Ausschaltung der gesamten Beleuchtung gewünscht wird. Versucht man einmal, eine derartige Aufgabe mit einer konventionellen Elektroinstallation zu lösen, so ist dies nur mit einem sehr hohen Verkabelungsaufwand umsetzbar. Hier zeigt sich, dass der Einsatz von Bussystemen und die damit verbundene Kommunikation zwischen allen Licht schaltenden Komponenten ganz neue Möglichkeiten eröffnet. Der Einsatz einer zentralen Einschaltfunktion vom Schlafzimmer aus lässt sich so im Sinne eines Panikschalters bei nächtlichen Geräuschen im Wohnhaus mit vertretbarem Aufwand realisieren. Hierbei handelt es sich in erster Linie um eine Funktion zur Befriedigung des Sicherheitsbedürfnisses.

Zusammenfassend kann man feststellen, dass Automatisierungsfunktionen im privaten Wohnungsbau eine hohe Bedeutung in den Bereichen

- Wirtschaftlichkeit/Energieeinsparung,
- Komfort und
- Sicherheit

erlangt haben.

1.1.2 Gebäudeautomation in Zweckbauten

Unter Zweckbauten versteht man Gebäude, die einen funktionalen Sinn erfüllen. Hierunter fallen beispielsweise Bürohäuser, Einkaufszentren, Krankenhäuser, Bahnhöfe, Flughafenterminals oder auch Tiefgaragen. Diese Art von Bauten steht daher im deutlichen Gegensatz zu den Gebäuden des privaten Wohnungsbaus. Insbesondere kann ein Zweckbau als ein Produkt verstanden werden.

In den heutigen Gebäuden findet man eine Vielzahl von Automatisierungssystemen. Neben den Anlagen zur Wärmeerzeugung sind häufig auch Kälte- und Lüftungsanlagen installiert, siehe **Bild 1.1**.

Bild 1.1 Lüftungsanlage in einem Zweckbau [ABB]

Damit sie wirtschaftlich zu betreiben sind, werden sie mit aufwändigen Regelungssystemen ausgestattet. Diese gewährleisten den reibungslosen Betrieb der einzelnen Anlagen und sind in vielen Fällen untereinander vernetzt sowie mit einem Leitstand verbunden. Die Kommunikation erfolgt hierbei über Bussysteme und Netze. Neben der Optimierung der Energieverbräuche wird auch dem wirtschaftlichen Einsatz des Betreuungspersonals Rechnung getragen.

Bei Untersuchungen zur Leistungsfähigkeit von Mitarbeitern hat man festgestellt, dass sie in einem behaglichen Umfeld am höchsten ist. Im Gegenzug sinkt die Leistungsfähigkeit erheblich, wenn die Mitarbeiter beispielsweise im Sommer zu hohen Temperaturen ausgesetzt sind. Dieses hat in neuen Zweckbauten dazu geführt, dass Büroräume immer häufiger mit einer Kühlung ausgestattet werden. Auch die Bedienung der Systeme im Büroraum hat sich zunehmend verändert. So lassen sich Jalousien oder Leuchten heutzutage auch vom Arbeitsplatzrechner aus bedienen. Beides steigert den Komfort und führt zu einer höheren Leistungsfähigkeit der Mitarbeiter [STAUB01].

Eine weitere Anforderung an die Systeme im Zweckbau ergibt sich aus dem Nutzerverhalten. Beispielsweise können sich die Ansprüche an die Raumaufteilungen auf Grund von Umstrukturierungen innerhalb der Firma verändern. Statt eines bisherigen großen Konferenzraumes kann sich vielleicht ein Bedarf nach mehr Büroräumen ergeben. Hier müssen sowohl die bauliche Substanz als auch die betriebstechnische Ausstattung diese Änderungen ermöglichen. Die Zuordnung der Lichtschalter zu den Leuchten beispielsweise wird dann nicht mehr durch eine Änderung der elektrischen Verkabelung, sondern durch eine Umprogrammierung von intelligenten Komponenten angepasst. Hierbei steht der Aspekt einer hohen Flexibilität im Vordergrund.

Zusammenfassend kann man festhalten, dass Gebäudeautomationssysteme im Zweckbau eine hohe Bedeutung in den Bereichen

- Wirtschaftlichkeit und Energieeinsparung,
- Kommunikation über Bussysteme und Netze,
- Komfort und
- Flexibilität

erlangt haben.

1.2 Unterscheidung Gebäudeautomation und Gebäudesystemtechnik

Wenn die Rede von Automationsfunktionen in Gebäuden ist, so stellt man fest, dass sowohl der Begriff Gebäudeautomation als auch der Begriff Gebäudesystemtechnik verwendet wird. Diese Ausdrücke erscheinen auf den ersten Blick gleichbedeutend. Jedoch gibt es Unterscheidungen abhängig von der Branche der am Gebäude beteiligten Firmen. Zur Klarstellung der Begriffe trägt die Definition der Gebäudeautomation nach VDI bei:

> Die Gebäudeautomation ist die digitale Mess-, Steuer-, Regel- und Leittechnik für die technische Gebäudeausrüstung [VDI05].

Hieraus kann man ableiten, dass der Wortlaut Gebäudeautomation als Oberbegriff zu verstehen ist und somit die Gebäudesystemtechnik mit einschließt. Historisch gesehen hat die Gebäudeautomation zuerst Einzug in die Zweckbauten gehalten, um Funktionen automatisch ablaufen zu lassen. Es wurden auch die ersten aufwändigen Regelungen für die Heizungs-, Klima- und Lüftungsanlagen installiert. Die dabei eingesetzten, zentral angeordneten Regelbausteine werden als DDC-Bausteine (*Direct Digital Control*) bezeichnet (**Bild 1.2**). Durch den Einsatz von Leitständen kann darüber hinaus die Bedienung und Überwachung vereinfacht sowie eine gewerkeübergreifende Vernetzung realisiert werden.

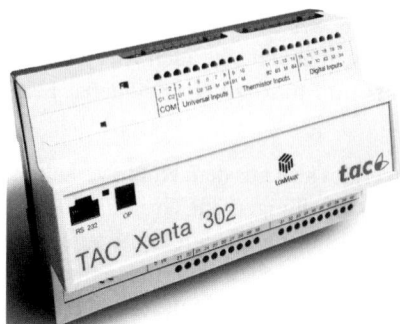

Bild 1.2 Regelbaustein (DDC-Baustein) [TAC02]

Die Gebäudesystemtechnik hingegen ist ein spezieller Teil der Gebäudeautomation, der sich vorrangig auf die Elektroinstallation bezieht.

> Die Gebäudesystemtechnik beschreibt die Vernetzung von Systemkomponenten und Teilnehmern über einen Installationsbus zu einem auf die Elektroinstallation abgestimmten System, das Funktionen und Abläufe sowie deren Verknüpfung in einem Gebäude sicherstellt. Die Intelligenz ist auf die Komponenten verteilt. Der Informationsaustausch erfolgt direkt zwischen den Teilnehmern [ZVEI97].

Die Komponenten der Gebäudesystemtechnik, z. B. ein 4-fach-Jalousieaktor (**Bild 1.3**), haben ihren Einsatzort meist in Elektrounterverteilern, werden aber auch direkt neben den zu steuernden Baugruppen montiert.

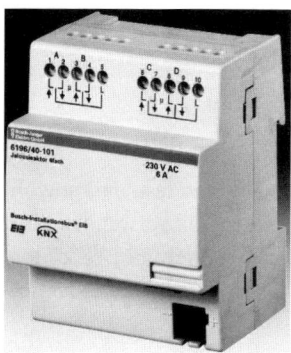

Bild 1.3 Jalousiesteuerungskomponente der Gebäudesystemtechnik zur Montage im Verteilerschrank [Busch-Jaeger Elektro]

In der Gebäudesystemtechnik werden keine weiteren zentralen DDC-Bausteine benötigt.

1.2.1 Gewerke in der Gebäudeautomation

In der technischen Gebäudeausrüstung findet sich eine Vielzahl von Anlagen, die zum Betrieb des Gebäudes benötigt werden. Zu den wichtigsten betriebstechnischen Anlagen (BTA) gehören solche für die Versorgung mit Wärme, Kälte, Frischluft, Wasser und elektrischer Energie. Darüber hinaus existieren aber auch Anlagen zur Entsorgung, z. B. Hebeanlagen für das Abwasser. Die Einteilung in die so genannten Gewerke richtet sich danach, welche Handwerksbetriebe diese Anlagen installieren.

1.2 Unterscheidung Gebäudeautomation und Gebäudesystemtechnik

Da heutzutage die Funktionsabläufe im Sinne der Wirtschaftlichkeit automatisch erfolgen, sind Regel- und Steuerbausteine notwendig. Für einen Teil der Gewerke stellt der Lieferant die für die Gebäudeautomation erforderlichen DDC-Bausteine zur Verfügung. Er ist dann für die Mess-, Steuer- und Regeltechnik (MSR) dieser Gewerke verantwortlich. Vorrangig handelt es sich hierbei um Heizungs-, Klima- und Lüftungsanlagen (HKL). Aus diesem Grund finden sich hierfür auch die gebräuchlichen Bezeichnungen MSR-Anlagen oder HKL-Anlagen. Ein Überblick der in der Gebäudeautomation zusammen gefassten Gewerke kann der **Tabelle 1.1** entnommen werden.

Tabelle 1.1 Gewerke in der Gebäudeautomation

Gewerk	Üblicherweise in die Gebäudeautomation integriert	Zunehmend in die Gebäudeautomation integriert	Mit DDC-Bausteinen und/oder Komponenten der Gebäudesystemtechnik geregelt oder gesteuert
Heizung	x		x
Kälte	x		x
Lüftung	x		x
Elektroversorgung	x		
Lichtsteuerung	x		x
Beschattung/Jalousie	x		x
Sanitär	x		
Brandmeldezentrale	x		
Einbruchmeldeanlage		x	
Zutrittskontrolle		x	
Videoüberwachung		x	
Netzwerktechnik		x	
Multimedia		x	
Aufzüge		x	
Telefonanlagen		x	
Wartungsmanagement		x	
Abrechnungssysteme		x	
Facility-Management		x	

Die Gebäudeautomation übernimmt eine koordinierende und zusammenfassende Rolle. Die für eine informationstechnische Zusammenfassung nötige Einbindung kann dabei auf drei Arten erfolgen.

- Zum einen werden die Gewerke über die für die Regelung eingesetzten DDC-Bausteine und Komponenten der Gebäudesystemtechnik angebunden. Dies ist bei den Gewerken Heizung, Klima und Lüftung wie auch der Licht- und Beschattungssteuerung üblich.
- Zum anderen kann die Einbindung über spezielle DDC-Bausteine ohne Regelungsfunktionen erfolgen. Hierbei handelt es sich um Bausteine, die nur Eingabe- und Ausgabefunktionen bereitstellen. Dies ist bei Gewerken üblich, die über eigene Automationsmechanismen verfügen. Die Aufschaltung der Informationen aus den Gewerken Sanitär und Elektroversorgung wird in dieser Weise ausgeführt.

- Bei der dritten Ausführungsvariante erfolgt eine direkte Kopplung zwischen dem betroffenen Gewerk und dem Leitrechner der Gebäudeautomation. Sind die zu übertragenden Informationen sehr umfangreich oder das aufzuschaltende Gewerk verfügt über einen eigenen Rechner, so bietet sich diese Möglichkeit an. Hierbei wird die Datenübertragung an Stelle von vielen drahtgebundenen Einzelinformationen über ein Bussystem oder ein Netz hergestellt. Dies ist beispielsweise für die Aufschaltung von unterlagerten Videosystemen oder überlagerten Abrechnungssystemen üblich.

In jedem Fall ist es bei der Ausführung besonders wichtig, dass die Schnittstelle zwischen den betriebstechnischen Anlagen der einzelnen Gewerke sowohl datentechnisch als auch logistisch genau beschrieben wird.

Die Gebäudeautomation fügt dabei alle Gewerke informationstechnisch zusammen und ermöglicht eine zentrale Überwachung über einen als Managementebene installierten Leitrechner (**Bild 1.4**).

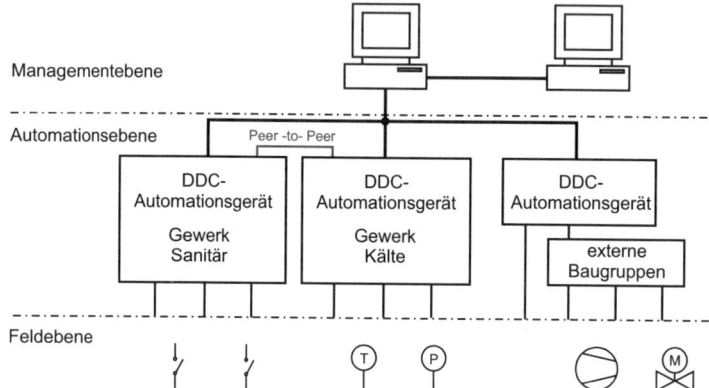

Bild 1.4 Informationstechnische Zusammenfassung der Gewerke in der Gebäudeautomation

Sollen auch zwischen den einzelnen Gewerken Informationen ausgetauscht werden, so erfolgt dies im Allgemeinen direkt auf der Automationsebene. Die nötigen Informationen werden über so genannte *Peer-to-Peer*-Verbindungen bereitgestellt. Diese sind als logische Verknüpfungen zu verstehen; sie nutzen die physikalischen Bus- oder Netzverbindungen.

1.2.2 Gewerke in der Gebäudesystemtechnik

Die Gebäudesystemtechnik (GST) stellt einen kleinen Ausschnitt aus der Gebäudeautomation dar. Hierbei sind die Anwendungen vorrangig in der Ausstattung einzelner Räume zu finden und übernehmen dann die Funktion der so genannten Raumautomation, siehe **Tabelle 1.2**.

Es handelt sich um einen örtlich begrenzten Anwendungsfall, bei dem alle in einem Raum befindlichen Anwendungen automatisiert werden. Man spricht daher auch von einer Einzelraumregelung. Die Komponenten der GST stellen dabei im Verbund alle Funktionen sicher, die einen komfortablen und energiesparenden Aufenthalt im Raum ermöglichen. Durch die Verteilung der Funktionen auf die einzelnen Komponenten der GST sind bei dieser Lösung prinzipiell keine zentralen DDC-Bausteine für einen Raum nötig.

1.2 Unterscheidung Gebäudeautomation und Gebäudesystemtechnik

Tabelle 1.2 Gewerke in der Gebäudesystemtechnik (GST)

Gewerk	Raumautomation mit Komponenten der GST möglich
Heizung, Kälte, Lüftung	x
Lichtsteuerung	x
Beschattung/Jalousie	x

Jeweils für den Anwendungsfall ab Werk vorprogrammierte Einzelkomponenten übernehmen eine spezielle Aufgabe. Beispielsweise wird die Erfassung der Tastersignale zum Lichteinschalten über einen intelligenten, prozessorgesteuerten Taster mit eigenem Busanschluss vorgenommen. Zur Befehlsausführung wird eine weitere Komponente als intelligenter, prozessorgesteuerter Schaltaktor (siehe z. B. **Bild 1.5**) verwendet. Dieser wird wahlweise in unmittelbarer Nähe des Leuchtmittels oder in einem Verteilerschrank montiert.

Bild 1.5 GST-Schaltaktor zur Zwischendeckenmontage [ELKA]

Auch für die Ansteuerung von Raumheizkörpern gibt es derartige Systemkomponenten. Ein elektronischer Stellantrieb wird dabei an dem Heizkörper montiert und über das Bussystem mit dem in der Nähe der Tür angebrachten Temperatursensor verbunden. Die Besonderheit dieser Lösung liegt in der einfachen Verknüpfung der gewerkeübergreifenden Funktionen. So kann ein im Raum zusätzlich befestigter Präsenzmelder beim Verlassen des Raumes durch den Nutzer sowohl die Beleuchtung ausschalten wie auch die Raumtemperatur automatisch absenken. Die Abarbeitung der Automationsfunktionen erfolgt dabei nicht durch einen zentralen DDC-Regelbaustein, sondern unmittelbar durch die Komponenten der Gebäudesystemtechnik.

Ein Überblick der in einem Raum durch die Gebäudesystemtechnik zusammengefassten Gewerke kann **Bild 1.6** entnommen werden.

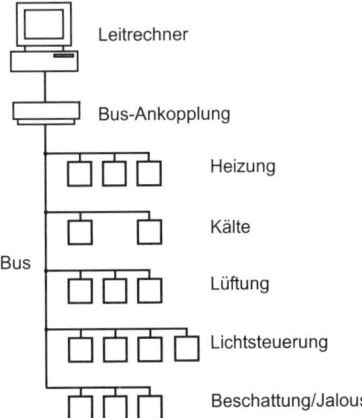

Bild 1.6 Gewerke eines Raums in der Gebäudesystemtechnik

1.3 Strukturen in der Gebäudeautomation und der Gebäudesystemtechnik

1.3.1 Hierarchische Struktur in der Gebäudeautomation

Betrachtet man die für die Abarbeitung der Regelfunktionen notwendigen Komponenten, so zeigt sich eine bei allen Automatisierungssystemen wiederzufindende hierarchische Struktur. In **Bild 1.7** ist eine in der Gebäudeautomation häufig anzutreffende Struktur dargestellt.

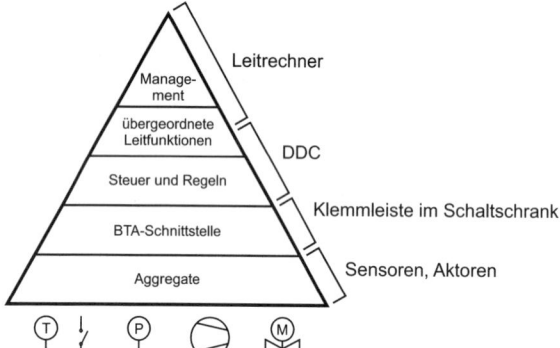

Bild 1.7 Hierarchische Struktur in der Gebäudeautomation (Ebenenmodell)

In unmittelbarer Nähe zum Prozess finden sich die für die Erfassung der Systeminformationen notwendigen Sensoren. In der Gebäudeautomation können dies Temperatursensoren und Durchflussmesser, aber auch Geräte zur Zustandserfassung, wie Frostschutzwächter, sein. Darüber hinaus finden sich hier Aktoren, die der Regelung eine Befehlsausgabe an die betriebstechnischen Anlagen (BTA) ermöglichen.

Bei einer Lüftungsanlage wären es beispielsweise Ventile zur Regulierung der Durchflussmenge des Heizkreislaufs oder auch Stellantriebe zur Klappensteuerung für einen höheren Außenluftanteil. Die als Aggregate bezeichneten Sensoren und Aktoren sind, wie in **Bild 1.8** dargestellt, unmittelbar an den Anlagen montiert.

Bild 1.8 Sensoren und Aktoren einer Lüftungsanlage [ABB]

Die Verbindung zu den zur Steuerung und Regelung eingesetzten DDC-Bausteinen erfolgt drahtgebunden. Einer Zustandsmeldung oder einem Sensorsignal entspricht jeweils ein Adernpaar. Der Montageort für die DDC-Bausteine befindet sich in einem Schaltschrank (**Bild 1.9**), der in unmittelbarer Nähe zu den betriebstechnischen Anlagen aufgestellt ist. Durch die Nähe sollen die notwendigen Leitungslängen reduziert werden. Diese betragen allein bei einer üblichen Lüftungsanlage im Zweckbau insgesamt etwa 1,2 km für 40 notwendige Informationen von oder zu der Lüftungsanlage. In dem Schaltschrank befindet sich eine

Klemmleiste zur Aufnahme der Leitungen. Diese Klemmleiste stellt somit die Verbindung zur betriebstechnischen Anlage her, sie wird als BTA-Schnittstelle bezeichnet.

Bild 1.9 Klemmleiste und DDC-Bausteine im Schaltschrank [ABB]

Die im Schaltschrank montierten DDC-Bausteine stellen den automatischen Betrieb der Anlage sicher. Es werden alle Steuerungs- und Regelfunktionen autark abgearbeitet. Eine Verbindung zu einem übergeordneten Leitrechner ist prinzipiell nicht notwendig. Bereits auf dieser Ebene sind in der Software der Regelbausteine Funktionen für einen energiesparenden Betrieb enthalten. So kann bei einer Lüftungsanlage z. B. eine optimale Stellung der Klappen für den Außenluftanteil in Abhängigkeit der Außentemperatur und der Anforderungen aus dem zu belüftenden Raum eingestellt werden. Derartige Funktionen sind aber auf diese eine Anlage beschränkt.

Sind zusätzliche Leitfunktionen für eine übergeordnete Steuerung gewünscht, so übernimmt ein für diesen speziellen Zweck optimierter DDC-Baustein die übergeordneten Leitfunktionen. Das bietet sich an, wenn alle zu steuernden Anlagen örtlich begrenzt beieinanderstehen und hierzu keine stetige Anpassung durch den Betreiber des Gebäudes notwendig ist.

Alternativ dazu ist die Abarbeitung der übergeordneten Leitfunktionen auch durch einen als Managementsystem eingesetzten Leitrechner möglich (**Bild 1.10**).

Da hier die Informationen aus allen aufgeschalteten Gewerken zusammenlaufen, können auch gewerkeübergreifende Funktionen hinterlegt werden. Ein typisches Beispiel hierfür ist ein den Betriebszeiten des Gebäudes angepasstes Zeitschaltprogramm für das morgendliche Anfahren und das abendliche Abschalten aller Anlagen.

Neben diesem Einsatzzweck stellt der Leitrechner alle zum Management des Gebäudes nötigen Programme bereit. Auf ihm sind sämtliche Ereignis- und Alarmprotokollierungen, Messwertarchivierungsfunktionen und grafischen Darstellungen der Zustände der betriebstechnischen Anlagen verfügbar.

Darüber hinaus kann auch die Weiterleitung von Informationen zu anderen Rechnersystemen erfolgen. So können beispielsweise Werte von Energie- und Verbrauchszählern an übergeordnete Abrechnungssysteme weitergegeben werden.

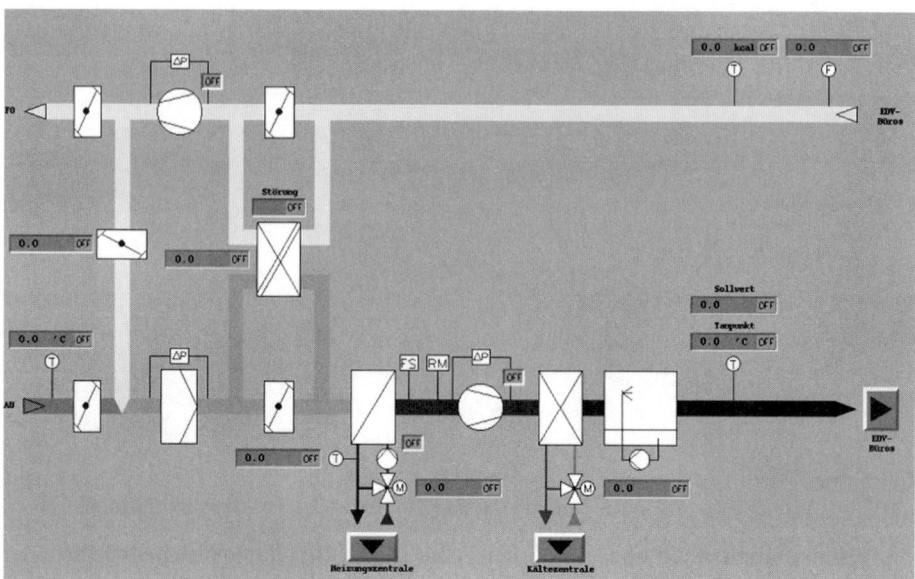

Bild 1.10 Darstellung einer Lüftungsanlage auf einem Leitrechner

1.3.2 Hierarchische Struktur in der Gebäudesystemtechnik

Beim Einsatz von Komponenten der Gebäudesystemtechnik ergibt sich gemäß **Bild 1.11** eine besondere Situation: Durch die Kombination des eigentlichen Sensors in einem Gehäuse mit integriertem Prozessor und Busanschluss werden mehrere Ebenen zu einer einzigen zusammengefasst.

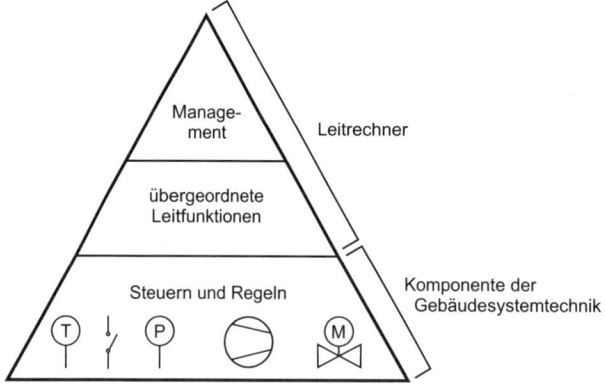

Bild 1.11 Besondere hierarchische Struktur in der Gebäudesystemtechnik (Ebenenmodell)

Bei der in **Bild 1.12** dargestellten Systemkomponente, einer Kombination aus 5-fach-Tastsensor und Raumtemperaturregler (Busch-triton®), befindet sich beispielsweise der Sensor unmittelbar im Gerät und gibt seinen Temperaturwert an den ebenfalls sich darin befindlichen Prozessor zur Bearbeitung weiter.

Zusätzlich lässt sich ein programmierbarer Sollwert für die Raumtemperatur einstellen und beeinflussen.

Der 5-fach-Tastsensor kann z. B. Schalt-, Dimm-, Jalousie-, Wert- oder Lüftungstelegramme an Aktoren senden. Die oberen drei Wippen sind zur Bedienung des Raumtemperaturreglers vorgesehen. Die unteren beiden Wippen können optional zur Steuerung von Lichtszenen dienen. Im integrierten Display können folgende Informationen angezeigt werden: aktuelle Raumtemperatur, Sollwert und Betriebsart.

Bild 1.12 Temperatursensor mit Sollwertsteller und Regelungsfunktion (5-fach-Raumtemperaturregler/Tastsensor Busch-triton®) in der Gebäudesystemtechnik [Busch-Jaeger Elektro]

Hierdurch ist die in **Bild 1.7** gezeigte BTA-Schnittstelle nach außen nicht sichtbar. Weiterhin erfolgt die Steuer- und Regelfunktion unmittelbar durch den im Gerät eingebauten Mikrocontroller. Die Temperaturregelung geschieht sofort durch Vergleich mit dem eingestellten Sollwert und das Ausgangssignal des Reglers wird über eine Busverbindung an den am Heizkörper montierten elektronischen Stellantrieb ausgegeben.

1.4 Energiemanagementfunktionen

Eine Hauptaufgabe der Gebäudeautomation besteht neben der automatisierten Regelung, Steuerung und Überwachung in dem energiesparenden Betrieb der Anlagen (Energiemanagement). Hierzu wird eine Vielzahl von Funktionen bereitgestellt. In diesem Abschnitt geht es um eine Auswahl der gebräuchlichsten Optimierungen [KRANZ97].

1.4.1 Amortisationszeit

Heutzutage ist es selbstverständlich, dass bei der Planung von Zweckbauten wie Bürohäusern, Krankenhäusern oder Einkaufszentren eine leistungsfähige Gebäudeautomation berücksichtigt wird. Der Grund wird deutlich, wenn man einmal betrachtet, welche Einsparungen von Betriebskosten sich durch den Einsatz von intelligenten Regelfunktionen ergeben.

Die bei der Erstellung eines Gebäudes anfallenden Gesamtkosten bezeichnet man als Gebäudeerstellungskosten. Der Anteil der für die automatische Regelung und Überwachung der Heizungs-, Klima- und Lüftungsanlagen eingesetzten Gebäudeautomation beträgt je nach Ausstattungsumfang etwa 1,0 bis 1,5 % der Gebäudeerstellungskosten. Kostet ein mehrstöckiges Bürohaus beispielsweise 50 Millionen €, so hat die Gebäudeautomation einen Anteil von etwa 625 Tausend €. Die technisch beeinflussbaren Betriebskosten in einem Gebäude liegen je nach Ausstattungsumfang bei etwa 2,0 bis 4,0 % pro Jahr. Geht man im obigen Beispiel von einem mittleren Wert in der Höhe von 3,0 % aus, entspricht dies einer Energiekostenrechnung in Höhe von etwa 1,5 Millionen € jährlich.

Die Möglichkeiten der Energieeinsparpotenziale durch die Gebäudeautomation liegen bei konservativen Schätzungen in der Größenordnung von etwa 10 % der Betriebskosten. Es ergibt sich daraus ein Wert von etwa 150 Tausend € jährlich. Das bedeutet, dass sich die Investition der Gebäudeautomation bereits nach etwa 4 Jahren amortisiert hat. Zusätzlich zu den Einsparungen von Energieverbrauchskosten ergeben sich auch noch hier unbewertete Optimierungen im effektiven Einsatz des Betreiberpersonals.

1.4.2 Energiemanagementfunktionen auf der Automationsebene

Sehr häufig können die Programme zur Energieverbrauchsoptimierung direkt einer einzelnen Anlage zugeordnet werden. Insbesondere wenn sich kein regelmäßiger Anpassungsbedarf ergibt, werden die nötigen Funktionen dann direkt in den der Anlage zugehörigen DDC-Bausteinen programmiert. Diese können dann so lange unberührt arbeiten, bis sich an den baulichen Maßnahmen etwas Grundlegendes ändert.

1.4.2.1 Bedarfsgerechte Sollwertanpassung

Ein häufig eingesetztes Beispiel hierfür stellt die witterungsgeführte Regelung der Vorlauftemperatur einer Heizungsanlage gemäß **Bild 1.13** dar. Hier wird die von einem Sensor erfasste Außentemperatur zur Sollwertvorgabe an den Heizungsregler genutzt. Bei niedrigen Außentemperaturen wird die Vorlauftemperatur der Heizung angehoben, bei gemäßigten Außentemperaturen auf die minimal möglichen Werte abgesenkt.

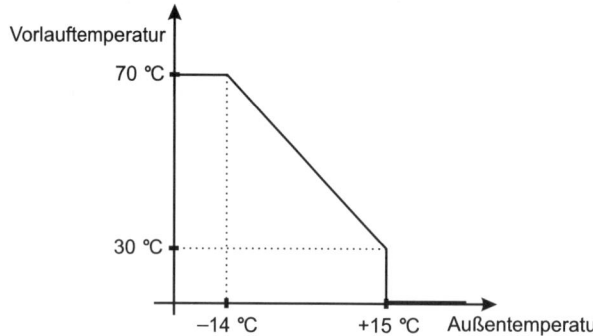

Bild 1.13 Bedarfsgerechte Sollwertanpassung (Energiemanagementfunktion)

Derartige Funktionen lassen sich auch in den Sommermonaten nutzen. So kann der Sollwert für die Raumtemperatur für den Nutzer unbemerkt angehoben werden, wenn die Außentemperaturen übermäßig hoch sind. Diese Funktion nennt man Sommeranhebung, sie trägt zur Kälteenergieeinsparung bei. Darüber hinaus führt sie durch geringere Temperaturunterschiede zwischen der Raum- und Außentemperatur zur Vermeidung gesundheitlicher Beeinträchtigungen für die Nutzer.

1.4.2.2 Enthalpiesteuerung

Bei Klimaanlagen können alle Zustände der Raumluft beeinflusst werden. Unter Enthalpie versteht man den Energieinhalt eines Stoffes. Bei der Enthalpiesteuerung werden unter Berücksichtigung der Energiegehalte der Abluft und Außenluft sowie der Anforderungen für das Heizen, Kühlen, Entfeuchten und Befeuchten die energiekostenoptimalen Einstellungen der Klappenstellungen berechnet.

1.4.2.3 Ereignisabhängiges Schalten

Für das ereignisabhängige Einschalten von Verbrauchern gibt es eine große Anzahl von Beispielen. Das beginnt bei der Installation von Präsenzmeldern in Räumen, um die Freigabe der Lichtsteuerung nur bei Anwesenheit von Nutzern im Raum zu gewährleisten.

Komplexere Anwendungen können sich aber auch durch die Kopplung der einzelnen Zimmer in einem Hotel mit dem am Empfangstresen eingesetzten Buchungssystem ergeben. Ist für den betreffenden Tag kein Gast für das Zimmer gebucht, so bleiben alle Verbraucher ausgeschaltet und der Sollwert für die Raumtemperatur wird auf das minimal zulässige Limit eingestellt. Ist für den Tag ein Gast gebucht, werden die Temperaturen angepasst. Die individuellen Einstellungen können dann beim Betreten des Raumes nach Platzierung der für den Zimmerzutritt verwendeten *Key-Card* in einem Kartenleser vorgenommen werden.

1.4.2.4 Gleitendes Schalten (Optimum Start Stop)

Diese Funktion stellt eine Verbesserung des üblicherweise auf der Managementebene hinterlegten Programms „zeitabhängiges Schalten" dar. Von Zeitschaltprogrammen werden normalerweise feste Einschalt- und Ausschaltzeiten vorgegeben. Beim „gleitenden Schalten" erfolgt auf Basis dieser Schaltbefehle eine Berechnung des spätestmöglichen Einschalt- und des frühestmöglichen Ausschaltzeitpunktes einer Anlage (**Bild 1.14**).

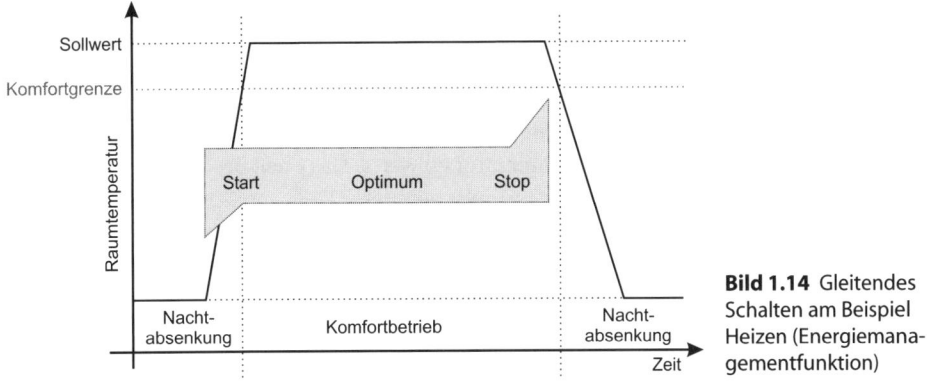

Bild 1.14 Gleitendes Schalten am Beispiel Heizen (Energiemanagementfunktion)

Hier wird unter Berücksichtigung der Außen- und Raumtemperatur sowie des thermischen Verhaltens des Gebäudes durch eine selbstanpassende Automationsfunktion der jeweils optimale Start- und Stoppzeitpunkt gewählt.

1.4.2.5 Nachtkühlbetrieb

Diese vergleichsweise einfache Energiemanagementfunktion findet ihre Anwendung in den Sommermonaten. Der Sinn liegt darin, das morgendliche Zuschalten der Kühlfunktionen für das Gebäude zeitlich möglichst weit zu verzögern.

Dazu werden in den Nachtstunden, wenn die Außentemperatur unter die Raumtemperatur im Gebäude gesunken ist, alle Lüftungsanlagen mit vollem Außenluftanteil gefahren. Dieser Betrieb wird bis in die frühen Morgenstunden aufrechterhalten. Die Masse des Gebäudes und der Räume wird dabei als Kältespeicher genutzt.

1.4.2.6 Nullenergieband-Steuerung

Insbesondere bei der Nutzung von Gemeinschaftsräumen wie Theater- und Kinosälen oder in Einkaufszentren werden die Raumanforderungen an den Komfort des Durchschnittsnutzers angepasst. Häufig werden derartige Gebäude mit Lüftungsanlagen für den Kühl- und Heizbetrieb ausgestattet.

Durch die Schaffung eines Temperaturbands, in dem weder geheizt noch gekühlt, sondern nur über die Stellung der Klappen für Umluft- oder Außenluftbetrieb geregelt wird (Nullenergieband, siehe **Bild 1.15**), lassen sich Energiekosten einsparen. Der Nachteil dieser Funktion liegt in der vergleichsweise schlechten Regelgüte, da die Temperatur nicht auf einen genau festgelegten Sollwert ausgeregelt wird.

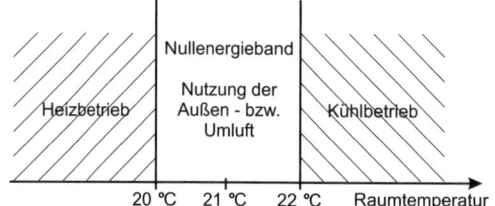

Bild 1.15 Nullenergieband-Steuerung (Energiemanagementfunktion)

Der Ursprung für die Nullenergieband-Steuerung ist bei den früher eingesetzten Analogreglern zu finden. Durch deren große Regelabweichung von bis zu +-1 Kelvin kam es nicht selten vor, dass sich die Kennlinien des Reglers für den Heizbetrieb mit denen des Reglers für den Kühlbetrieb überschnitten. Die unweigerliche Folge war dann ein gleichzeitiger Heiz- und Kühlbetrieb zur Erreichung des Temperatursollwerts. Das oben beschriebene Nullenergieband wurde zur Verhinderung dieses Zustands genutzt.

1.4.2.7 Zyklisches Schalten

Natürlich kann auch durch die zeitweise Unterbrechung des Betriebs großer Verbraucher in den Abschaltphasen Energie eingespart werden (**Bild 1.16**).

Eine solche Funktion beinhaltet zwar den Nachteil einer schlechteren Regelgüte, bietet sich aber bei überdimensionierten Anlagen an.

1.4 Energiemanagementfunktionen

Bild 1.16 Zyklisches Schalten (Energiemanagementfunktion)

1.4.3 Energiemanagementfunktionen auf der Managementebene

Erfordern die Programme eine stete Anpassung an die Betriebszeiten oder Betriebsweisen des Gebäudes, so werden die Energiemanagementfunktionen vorzugsweise auf dem Leitrechner hinterlegt. So ist dann meist eine komfortable und menügeführte Bedieneroberfläche zur Änderung möglich.

1.4.3.1 Energiecontrolling

In vielen Gebäuden werden die Energiekosten weder erfasst noch abgerechnet. Gerade in Forschungseinrichtungen oder Produktionsstätten lassen sich durch die verbrauchsorientierte Kostenzuordnung jedoch erhebliche Einsparpotenziale erzielen (**Bild 1.17**).

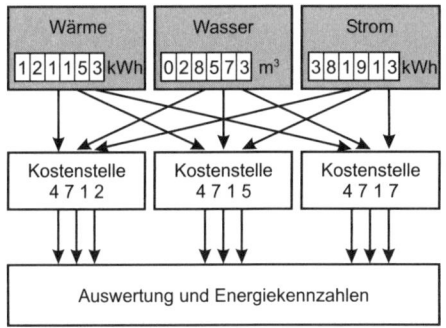

Bild 1.17 Energiecontrolling (Energiemanagementfunktion)

Im Privathaushalt ist die Energiekostenabrechnung unter Heranziehung eines Vergleichs mit den Verbrauchswerten des Vorjahres übliche Praxis. Allein die Visualisierung und damit das geweckte Bewusstsein für die Verbrauchswerte kann zu Energieeinsparungen in der Größenordnung von 10 % führen.

Eine derartige Funktion lässt sich in bewirtschafteten Gebäuden durch eine Aufschaltung der Zählerdaten für alle Energien und Medien mit überschaubarem Aufwand lösen. Die Kopplung des Leitrechners der Gebäudeautomation mit einem kaufmännischen Abrechnungssystem ermöglicht dann auch eine automatische Beleg-Erstellung.

Wird eine solche Maßnahme auch noch mit einer innerbetrieblichen Energieberatung gekoppelt, so lässt sich der allein auf der Mitarbeiter-Motivation beruhende Einspareffekt noch steigern.

1.4.3.2 Höchstlastbegrenzung/Lastspitzenbegrenzung

Bei der Tarifgestaltung für den Bezug von elektrischer Energie ist für industrielle Verbraucher die Unterscheidung von leistungs- und energiebezogenen Anteilen üblich. Der jährlich zu bezahlende Leistungspreis deckt dabei die Bereitstellung der elektrischen Energie auf Basis der elektrischen Anschlussleistung des Gebäudes ab. Je nach Vertragskonstellation sind hier Preise bis zu 200 € pro Kilowatt und Jahr möglich. Bedenkt man, dass für ein Bürohaus mit 2000 Angestellten ein Höchstlastbedarf von etwa 1600 kVA anzusetzen ist, ergibt sich daraus bereits ein 6-stelliger Jahresbetrag. Zusätzlich enthält ein derartiger Vertrag dann einen verbrauchsabhängigen Anteil mit einem Preis pro verbrauchter Kilowattstunde.

Die Energiemanagementfunktion Höchstlastbegrenzung erfasst hierbei den Wert des Zählers für den elektrischen Energieverbrauch über einen Zeitraum von einer Viertelstunde und bestimmt daraus die durchschnittlich bezogene Leistung für diesen Zeitraum. Die Besonderheit liegt in einer hinterlegten Prognoserechnung, die den Wert der höchsten Last auf das Ende des Viertelstunden-Zeitraumes kalkuliert. Ist damit zu rechnen, dass der mit dem Energieversorger vertraglich vereinbarte Wert überschritten wird, so greift das Programm ein und schaltet vorher festgelegte Großverbraucher ab (**Bild 1.18**).

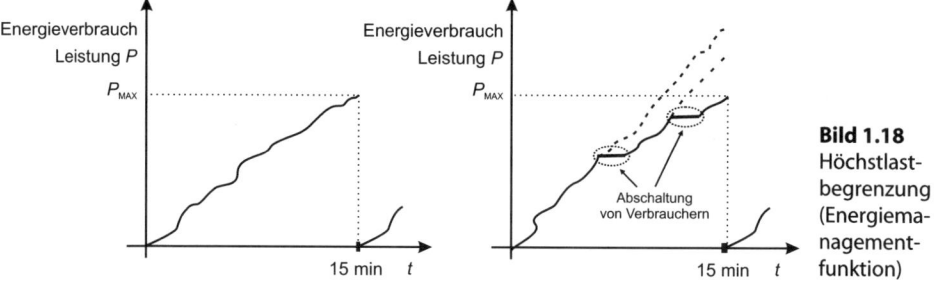

Bild 1.18 Höchstlastbegrenzung (Energiemanagementfunktion)

Vorrangig werden durch diese Funktion Nachzahlungen an den Energieversorger vermieden. Sie bietet aber auch die Option, den durchschnittlichen Leistungsbedarf zu beobachten und diesen durch Optimierung der innerbetrieblichen Abläufe zu senken. Hierdurch können sich dann die Grundlagen für die Preisverhandlungen für den nächsten Vertragszeitraum ergeben.

1.4.3.3 Zeitabhängiges Schalten

Auch die Programmierung von zeitlichen Abläufen gehört zu den Energiemanagementfunktionen. Durch die Anpassung der Anlagenbetriebszeiten an die tatsächlichen Gebäudenutzungszeiten ergeben sich weitere Einsparpotenziale.

Es lassen sich beispielsweise die morgendlichen Runden des Betriebspersonals zum Aufschließen der Gebäude auf einem Campus-Gelände mit einem an die Sonnenaufgänge gekoppelten Zeitschaltprogramm zur Lichtsteuerung verbinden.

Auch im Privathaushalt sind derartige Programme üblich. So enthält jeder Heizungsregler bereits ab Werk ein Programm zur zeitgesteuerten Nachtabsenkung der Raumtemperaturen. Im Zweckbau werden diese Funktionen normalerweise auf dem Leitrechner hinterlegt, um eine komfortable Anpassung bei kurzfristigen Änderungen zu ermöglichen. Dadurch können bei abendlichen Konferenzen oder Veranstaltungen einmalige Änderungen der Zeitprogramme am Leitrechner eingegeben werden.

1.5 Komfort- und Energiemanagementfunktionen in der Raumautomation

Die Raumautomation gewinnt sowohl im privaten Wohnungsbau als auch im Zweckbau zunehmend an Bedeutung.

Beim Zweckbau steht neben dem Komfortgewinn und den möglichen Energiesparfunktionen auch die höhere Flexibilität bei Umbauten oder Nutzungsänderungen der Räume im Vordergrund. Sollen beispielsweise aus einem bisherigen Besprechungsraum Büroräume für neue Mitarbeiter entstehen, so lassen sich viele Funktionen durch den gut geplanten Einsatz der Gebäudesystemtechnik anpassen. Um die Lichtsteuerfunktionen bei einer derartigen Umnutzung neu zuzuordnen, war bisher eine Umverdrahtung der Elektroinstallation nötig. Stattdessen erfolgt jetzt die Anpassung an die neuen räumlichen Gegebenheiten durch Umprogrammierung der eingesetzten Komponenten.

Da im privaten Wohnungsbau weniger häufig mit Umbauten oder Nutzungsänderungen der Räume zu rechnen ist, kommt an Stelle der Flexibilität einem zusätzlich zu erzielenden Sicherheitsaspekt Bedeutung zu.

Im Folgenden wird eine Übersicht der Komfortfunktionen nach Gewerken aufgestellt. Es sind jedoch auch gewerkeübergreifende Vernetzungen von Funktionen möglich.

Heizung, Kälte, Lüftung

- Belegungsabhängige Sollwertanpassung der Raumtemperatur über Präsenztaster oder Präsenzmelder,
- nutzungsabhängige Sollwertanpassung der Raumtemperatur in Hotelzimmern durch Kopplung mit dem Buchungssystem,
- individuelle Anpassung der Raumtemperatur über Sollwertsteller,
- automatische Sommeranhebung des Sollwerts der Raumtemperatur bei hohen Außentemperaturen,
- Abschaltung der Heiz- und Kühlfunktion bei geöffneten Fenstern,
- Anpassung der Lüftung in Abhängigkeit der Luftqualität im Raum.

Lichtsteuerung

- Belegungsabhängige Freigabe der Beleuchtung über Präsenztaster oder Präsenzmelder,
- nutzungsabhängige Freigabe der Beleuchtung in Hotelzimmern durch Kopplung mit dem Buchungssystem,
- Konstantlichtregelung mit Helligkeitssensor im Raum,

- außenlichtgeführte Anpassung der Raumhelligkeit,
- Diffuslichtregelung durch sonnenstandsabhängige Verstellung der Jalousie-Lamellen,
- Putzlicht-Schaltung zur zeitweisen Erhöhung der Raumhelligkeit,
- Lichtszenen.

Beschattung/Jalousie

- Zeitgesteuerte Beschattung des Raumes,
- Diffuslichtregelung durch sonnenstandsabhängige Verstellung der Jalousie-Lamellen zur Verhinderung der direkten Sonneneinstrahlung,
- Winter-/Sommer-Betrieb:
  - im Sommer zur Verhinderung der Raumaufheizung,
  - im Winter für maximal mögliche Sonneneinstrahlung,
- automatisches Hochfahren der Außenjalousien bei Windböen.

Sicherheit

- Fluchtwegekennzeichnung im Brandfall,
- Rauchmelder im Raum steuern die Entrauchung über elektrisch betätigte Fenster,
- Fluchtplan wird im Brandfall auf dem Büro-PC-Bildschirm eingeblendet,
- Panikschaltung zur Einschaltung der gesamtem Hausbeleuchtung,
- Anwesenheitssimulation für die Lichtsteuerung,
- individuelle Freischaltung des Raumzugangs über *Key-Card*-Systeme oder biometrische Abfragen.

Multimedia

- Lichtszenen-Aktivierung bei Einschaltung eines Beamers für Präsentationen,
- Kopplung mit Audio- und Video-Servern für individuelle, personenbezogene Raumeinstellungen,
- Raumbedienung über *Personal Digital Assistents* (PDA), Handy oder den Büro-PC-Bildschirm.

1.6 Genormte Bussysteme und Netze in der Gebäudeautomation

Eine Grundvoraussetzung für die datentechnische Zusammenfassung aller Gewerke in einem Gebäude sind Kommunikationsverbindungen. Bereits in einem mittelgroßen Verwaltungsgebäude werden mehr als tausend Informationen zwischen den Automationsstationen der Gewerke und dem zentral angeordneten Leitstand übertragen. Hier haben sich seit mehreren Jahren Bussysteme (siehe auch Abschnitt 2.1.1) als wirtschaftlichste Lösung durchgesetzt.

Ursprünglich haben die Herstellerfirmen der Gebäudeautomationssysteme für diese Datenübertragung selbstentwickelte oder aus der Prozessautomation bekannte Lösungen verwendet. Vorrangig bestand die Aufgabe in der Anbindung der durch eigene DDC-Bausteine geregelten betriebstechnischen Anlagen. Dies betraf die bereits in **Tabelle 1.1** aufgezeigten Gewerke.

Im Laufe der Zeit sind die Ansprüche an die Gebäudeautomation gewachsen. Es entstand der Bedarf, auch solche Systeme zu integrieren, die bereits mit Controllern anderer Hersteller ausgestattet waren. Sollte beispielsweise eine Einbruchmeldeanlage aufgeschaltet werden, so musste eine Verbindung zwischen zwei unterschiedlichen Bussystemen erstellt werden. Hierzu war es nötig, dass mindestens einer der beiden Hersteller sein Protokoll offenlegen musste. Häufig lag dieses aber nicht im Interesse des betroffenen Herstellers und die Realisierung einer solchen Aufschaltung erwies sich dann als außerordentlich schwierig. Mit zunehmender Komplexität des Gesamtsystems setzte sich damit am Markt der Wunsch nach Bussystemen mit offenen Protokollen durch.

Ein weiterer Aspekt für den Marktwunsch nach offenen Bussystemen ergab sich aus der finanziellen Abhängigkeit des Betreibers vom Lieferanten. Hatte sich der Kunde im Rahmen der Erstinstallation für einen Systemhersteller entschieden, so beruhte diese Wahl üblicherweise auf dem wirtschaftlichsten Angebot unterschiedlicher Wettbewerber. Wurden später im laufenden Gebäudebetrieb Erweiterungen oder Umbauten notwendig, so konnte aus Gründen der Durchgängigkeit des Gesamtsystems wieder nur auf den gleichen Hersteller zurückgegriffen werden. Wirtschaftlich vertretbare Alternativen boten sich hierbei meist nicht [HAN03].

1.6.1 Anforderungen an Bussysteme und Netze

Seit Beginn der 1990er Jahre haben sich offene Bussysteme am Markt etabliert. Dabei waren unterschiedliche Vorgehensweisen zu verzeichnen. Zum einen entstanden Arbeitsgruppen aus einem Zusammenschluss mehrerer Firmen, zum anderen waren Betreiber oder Planungsingenieure die treibende Kraft. Darüber hinaus existieren auch Lösungen, die einem einzigen Hersteller zuzuordnen sind.

Betrachtet man in **Bild 1.19** die vorrangigen Einsatzgebiete und die hierarchische Struktur der Gebäudeautomation, so ergeben sich daraus unterschiedliche Anforderungen an die Leistungsfähigkeit der notwendigen Bussysteme.

Für den Anwendungsbereich Licht werden beim Einsatz von Komponenten der Gebäudesystemtechnik vergleichsweise geringe Anforderungen gestellt. Hier müssen meist nur Schaltbefehle räumlich begrenzt übertragen werden.

Im Bereich der Heizungs- und Lüftungsanlagen werden dagegen DDC-Bausteine eingesetzt, die neben Schaltbefehlen auch Signale für Messwerte verarbeiten und übertragen müssen. Somit stellen sich bereits höhere Anforderungen im Vergleich zu den in der Gebäudesystemtechnik benötigten Bussystemen.

Auf der Managementebene werden zusätzlich Kopplungen zu anderen Rechnersystemen und Funktionen für übergeordnete Energiemanagementfunktionen, z. B. Zeitschaltprogramme oder Höchstlastbegrenzung, benötigt. Dies verlangt besonders leistungsfähige Bussysteme oder Netze zur Bewältigung großer Datenmengen.

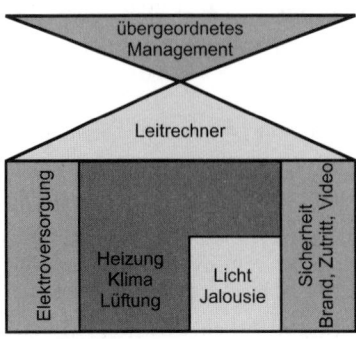

Bild 1.19 Einsatzgebiete für Bussysteme und Netze im Gebäude

1.6.2 Einsatzgebiete von Bussystemen und Netzen in Gebäuden

1.6.2.1 Lichtsteuerung und Beschattung mit EIB/KNX

Die Einrichtung von Lichtsteuerungssystemen und elektrisch betätigten Beschattungsanlagen ist ein klassisches Arbeitsfeld des Elektroinstallations-Handwerks. Zur Zukunftssicherung dieser Branche wurden von mehreren europäischen Firmen Systemkomponenten entwickelt, die eine automatische Ausführung von Komfortfunktionen ermöglichen.

Führende Hersteller der elektrischen Installationstechnik haben sich 1990 im Rahmen der *European Installation Bus Association* (EIBA) zusammengeschlossen, um ein auf diese Aufgaben genau abgestimmtes Bussystem zu entwickeln. Daraus ist der Europäische Installationsbus EIB entstanden (siehe Kapitel 3). Nach dem Zusammenschluss mit anderen europäischen Organisationen zur KONNEX *Association* lautet die Bezeichnung hierfür EIB/KNX. Es handelt sich um ein standardisiertes Bussystem, das den Datenaustausch zwischen verschiedenen Geräten und Systemen auch unterschiedlicher Hersteller ermöglicht [MEZ01].

Die Komplexität des EIB/KNX wurde so festgelegt, dass alle für die Gebäudesystemtechnik nötigen Funktionen abgedeckt werden und ein ausgebildeter Elektroinstallateur die Programmierung und Inbetriebnahme vornehmen kann. Die Übertragungsgeschwindigkeit ist gering, aber ausreichend schnell, um Schalt- und Steuerbefehle auszuführen.

Im Elektrohandwerk ist der Umgang mit dem Europäischen Installationsbus seit mehreren Jahren Bestandteil der beruflichen Ausbildung. Aus diesem Grunde hat der EIB/KNX seinen festen Platz in der Gebäudeautomation dort, wo die Installationstechnik mit Komponenten der Gebäudesystemtechnik im Vordergrund steht, z. B. bei der Lichtsteuerung (**Bild 1.20**).

Seine Grenzen erreicht der Europäische Installationsbus, wenn neben Schaltbefehlen auch eine Vielzahl von analogen Signalen übertragen werden soll. Andererseits basieren die große Verbreitung und der Erfolg des EIB/KNX gerade auf seiner Handwerkerfreundlichkeit. Die Regelung von betriebstechnischen Anlagen stand bei seiner Entwicklung nicht im Fokus.

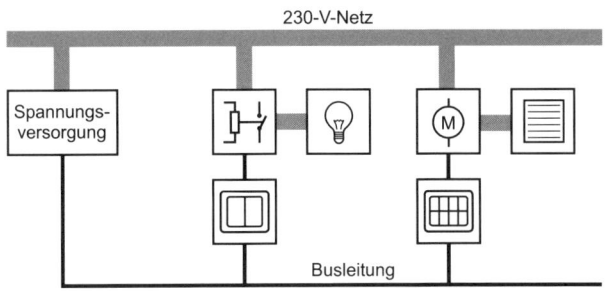

Bild 1.20 Europäischer Installationsbus EIB/KNX eingesetzt zur Lichtsteuerung

1.6.2.2 Regelung von Heizungs-, Klima-, Lüftungsanlagen mit LONWORKS

Für die Regelung von betriebstechnischen Anlagen ist eine Vielzahl von Messwerten, Sollwerten und weiteren Parametern zu verarbeiten. Die nötigen Software-Applikationen weisen deutlich höhere Anforderungen sowohl an den Prozessor als auch an den Programmierer auf. Auf dem europäischen Markt hat sich für diese Anwendungen die LONWORKS-Technologie (LON) etabliert (**Bild 1.21**).

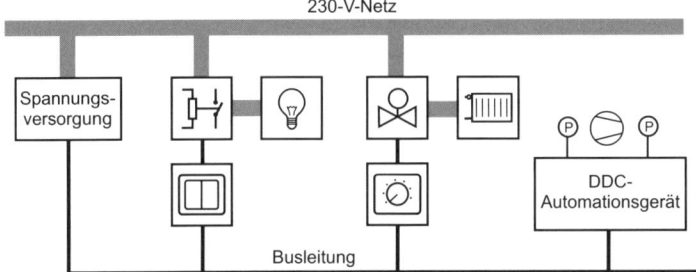

Bild 1.21 Systemstruktur von LONWORKS

Es handelt sich dabei um ein universelles, für Automatisierungsaufgaben einsetzbares System (siehe Kapitel 4), das von der amerikanischen Firma Echelon entwickelt wurde. Seine Leistungsfähigkeit ermöglicht einen Einsatz sowohl in zentral angeordneten DDC-Bausteinen als auch in den dezentralen Komponenten der Gebäudesystemtechnik. Die Interoperabilität zwischen Geräten unterschiedlicher Hersteller wird durch eine Zertifizierung seitens der LONMARK Interoperability Association sichergestellt [LON00].

Im Bereich der Lichtsteuerung steht die LON-Technologie in direkter Konkurrenz zum EIB/KNX. Ist eine Zusammenschaltung der Raumautomation mit den betriebstechnischen Anlagen über das gleiche Bussystem gewünscht, ergeben sich für das LON-System deutliche Vorteile.

1.6.2.3 Kopplung von Leitrechnern mit BACnet

Bei Gebäudeautomationssystemen mit großen räumlichen Ausdehnungen werden häufig mehrere Bedienstationen eingesetzt. Eine solche Struktur findet sich bei Krankenhäusern, Hochschulen oder Regierungsbauten. Entstehen hier Erweiterungsbauten mit ebenfalls umfangreicher Gebäudeautomation, so ist es üblich, diese datentechnisch auf bereits vorhandene Leitrechner aufzuschalten (**Bild 1.22**).

Als genormtes Kommunikationssystem hat sich dabei das von amerikanischen Gebäudetechnik-Ingenieuren entwickelte *Building Automation and Control Network* (BACnet) durchgesetzt.

BACnet (siehe Kapitel 5) zeichnet sich durch eine objektorientierte Struktur mit hohem Leistungsumfang aus. Es ist von seinem Ursprung und seinen Möglichkeiten maßgeschneidert für gebäudetechnische Anwendungen. BACnet ist prinzipiell auf allen Ebenen der in **Bild 1.7** gezeigten Gebäudeautomationsstruktur einsetzbar. Aus Kostengründen findet ein derartig leistungsfähiges Kommunikationsnetz jedoch keinen Einsatz in der Gebäudesystemtechnik.

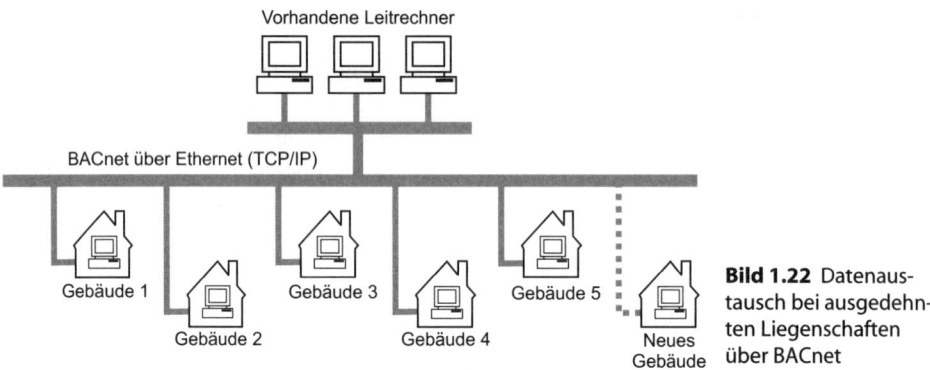

Bild 1.22 Datenaustausch bei ausgedehnten Liegenschaften über BACnet

1.6.3 Stand der Normung

Der Markt der Gebäudetechnik ist geprägt durch eine Vielzahl von Anbietern mit herstellerspezifischen Lösungen. Es haben jedoch nur wenige Bussysteme und Netze den Einzug in die Norm gefunden. **Bild 1.23** zeigt den Stand der Normung im Jahr 2006.

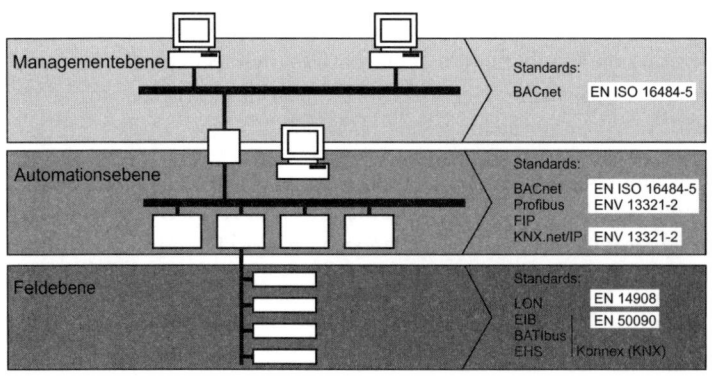

Bild 1.23 Genormte Bussysteme und Netze in der Gebäudeautomation

Normungsarbeit auf europäischer oder weltweiter Ebene ist eine langwierige Angelegenheit, so dass es sich teils noch um europäische Normen im Vornorm-Stadium handelt, erkennbar am Vorsatz ENV. Internationale Normen der *International Organization for Standardization* (Internationale Organisation für Normung) werden durch den Zusatz ISO gekennzeichnet.

1.6 Genormte Bussysteme und Netze in der Gebäudeautomation

Auf der Feldebene finden sich neben der LON-Technologie die zur KONNEX *Association* zusammengeschlossenen Bussysteme EIB, BATIbus und EHS. Alle aufgeführten Bussysteme der Feldebene werden in den europäischen Normen EN 14908 und EN 50090 geführt. Beim BATIbus handelt es sich um ein im südeuropäischen Markt verbreitetes System, das *Electronic Home System* (EHS) kennzeichnet ein Bussystem zur Datenübertragung mittels des 230-V-Netzes.

Auf der Automationsebene konnte sich das in der weltweiten Norm EN ISO 16484-5 aufgeführte BACnet durchsetzen. Des Weiteren finden sich hier der aus der Industrieautomation bekannte Profibus und das aus Frankreich kommende *Field Instrumentation Protocol* (FIP). Die LON-Technologie spiegelt sich in der Norm als Protokoll auf der Automationsebene nicht wieder, hat ihren Einsatz jedoch als Transportmedium für BACnet.

Für Kommunikationsverbindungen auf der Managementebene findet sich allein BACnet. Es hat im europäischen Raum das von den öffentlichen Auftraggebern entwickelte FND-Protokoll für einen firmenneutralen Datenaustausch zwischen Leitrechnern abgelöst.

Aufgabe 1.1

Erläutern Sie den Unterschied zwischen der Gebäudeautomation und der Gebäudesystemtechnik!

Aufgabe 1.2

Was versteht man unter einer BTA-Schnittstelle?

Aufgabe 1.3

Im Zweckbau wird nahezu jedes neu erstellte Gebäude mit einer Gebäudeautomation ausgestattet. Was ist der Grund dafür?

Aufgabe 1.4

Handelt es sich bei der Höchstlastbegrenzung um eine Energieeinsparfunktion?

Aufgabe 1.5

Geben Sie einige Beispiele für Energiemanagementfunktionen, die in einem Hotelzimmer realisiert werden können!

Aufgabe 1.6

Welche Komfortfunktionen können im privaten Wohnraum realisiert werden?

Aufgabe 1.7

Wägen Sie Vor- und Nachteile beim Einsatz genormter Bussysteme und Netze in der Gebäudeautomation ab!

1.7 Literatur

[HAN03] *Hansemann, Th. (Hrsg.)*; *Merz, H*: Kommunikationssysteme für die Gebäudeautomation – Wirtschaftlicher Bedienungskomfort in Gebäuden mit Hilfe von Bussystemen. Aachen: Shaker, 2003

[KRANZ97] *Kranz, R. u. a.: Building Control.*, Renningen-Malmsheim: expert, 1997

[LON00] *LON Nutzer Organisation e.V.*: LonWorks-Installationshandbuch. Berlin: VDE, 2000

[MERZ01] *Merz, H. (Hrsg.)*: Kommunikationssysteme für die Gebäudeautomation – Theoretische Grundlagen und Praxisbeispiele. Aachen: Shaker, 2001

[STAUB01] *Staub, R.; Kranz, H. R.*: Raumautomation im Bürogebäude. Die Bibliothek der Technik, Band 210. Landsberg: moderne industrie, 2001

[TAC02] Handbuch TAC Xenta® 280-300-401. Firma TAC, 2002

[VDI05] Gebäudeautomation (GA), Blatt 1 bis 5. Düsseldorf: VDI-Gesellschaft Technische Gebäudeausrüstung, 2005

[ZVEI97] Handbuch Gebäudesystemtechnik. Frankfurt a. M: Zentralverband Elektrotechnik- und Elektronikindustrie e.V., Fachverband Installationsgeräte und -systeme, 1997

2 Grundlagen der industriellen Kommunikationstechnik

2.1 Industrielle Kommunikation

Mit industrieller Kommunikation wird, im Gegensatz z. B. zur Sprachkommunikation zwischen Menschen, die Kommunikation zwischen Geräten der industriellen Automatisierungstechnik bezeichnet.

In einer automatisierten Anlage oder in einem automatisierten Prozess gibt es einen großen Kommunikationsbedarf. Die Informationsflüsse lassen sich in ein Ebenenmodell der Automatisierungstechnik einordnen. Es existieren unterschiedliche Modelle, beispielsweise das 3-Ebenen-Modell der Gebäudeautomation mit Managementebene, Automationsebene und Feldebene (**Bild 2.1**, siehe auch Kapitel 1). Innerhalb der einzelnen Ebenen (horizontale Kommunikation) und zwischen den Ebenen (vertikale Kommunikation) erfolgt ein ständiger Austausch von Informationen, um die automatisierungstechnischen Aufgaben der jeweiligen Ebene zu erfüllen [SEITZ03].

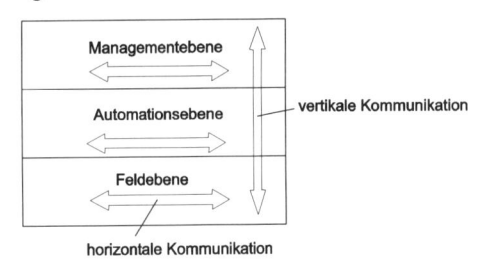

Bild 2.1 Horizontale und vertikale Kommunikation im 3-Ebenen-Modell der Gebäudeautomation

Für die Abwicklung der horizontalen und vertikalen Kommunikation kommen industrielle Kommunikationssysteme wie Feldbusse und Netze zum Einsatz.

2.1.1 Feldbuskommunikation

In der Feldebene (vor Ort, in der Anlage, im Prozess) befinden sich Sensoren und Aktoren, die so genannten Feldgeräte. Typische Funktionen der Feldebene sind Schalten, Stellen, Melden, Messen und Zählen. Busfähige Feldgeräte sind mit Mikrocontrollern ausgestattet und werden darum als „intelligent" bezeichnet. Sie versenden und empfangen Bitinformationen als Datentelegramme über einen Feldbus. Dies geschieht untereinander und in der Kommunikation mit übergeordneten Steuer- und Regelgeräten der Automationsebene.

> Ein Feldbus ist ein digitaler serieller Datenbus für die Kommunikation zwischen Geräten der industriellen Automatisierungstechnik, wie z. B. Messeinrichtungen, Reglern und speicherprogrammierbaren Steuerungen [IEC 61158 bzw. DIN EN 61158: Feldbus für industrielle Leitsysteme, IEC 61784 bzw. DIN EN 61784: Digitale Datenkommunikationen in der Leittechnik].

Die Feldbustechnik wurde in den 80er Jahren im Zuge einer immer weiter voraus schreitenden Dezentralisierung von Automatisierungslösungen entwickelt, um die bis dahin übliche parallele Verdrahtung mit analoger Datenübertragung durch serielle Übertragungstechnik mit digitaler Datenübertragung zu ersetzen. Heute wird eine Vielzahl von Feldbussystemen am Markt angeboten [GRUHLER00]. Ihre Eigenschaften, z. B. Übertragungsrate, Leitungslänge oder Anzahl von Teilnehmern, sind je nach den Anforderungen des vorgesehenen Einsatzgebiets unterschiedlich ausgeprägt. Charakteristisch für Feldbusse ist, dass wenige digitale Daten (Bits, Bytes) in kurzer Zeit (µs, ms) übertragen werden müssen. In **Tabelle 2.1** sind einige Feldbusse mit ihren Haupteinsatzgebieten beispielhaft genannt.

Tabelle 2.1 Beispiele für Feldbusse und ihre Haupteinsatzgebiete

Feldbusse	Haupteinsatzgebiet
CAN (*Controller Area Network*), LIN (*Local Interconnect Network*)	Automobiltechnik
Profibus (*Process Field Bus*), Interbus	Prozess- und Fabrikautomation
EIB/KNX (Europäischer Installationsbus), LON (*Local Operating Network*), LCN (*Local Control Network*)	Gebäudeautomation
SERCOS *interface* (*Serial Realtime Communication System*)	Antriebstechnik

In diesem Buch über Gebäudeautomation stehen die beiden Gebäudebussysteme EIB/KNX (siehe Kapitel 3) und LON (siehe Kapitel 4) im Mittelpunkt des Interesses.

2.1.2 Kommunikation über Netze

Aus der Automationsebene werden Informationen z. B. an Visualisierungs- und Produktionsplanungssysteme der Managementebene übermittelt. Hierbei werden größere Datenmengen übertragen, und es steht auch mehr Zeit zur Verfügung. Die Kommunikation in den höheren Automatisierungsebenen wird vorwiegend über Netze (*Local Area Networks* – LANs) abgewickelt.

> Ein Netz ist ein Zusammenschluss (über Leitungen oder mittels Funk) von verschiedenen technischen Systemen (z. B. Rechnern, Regelgeräten), so dass die Kommunikation der einzelnen Systeme untereinander ermöglicht wird. Die Kommunikation erfolgt nach Maßgabe bestimmter Regeln (Protokolle), die mittels des ISO/OSI-Referenzmodells strukturiert werden können.

In der Gebäudeautomation spielt das von der *American Society of Heating, Refrigeration and Air-Conditioning Engineers* (ASHRAE) entwickelte Kommunikationsprotokoll BACnet [www.bacnet.org] eine zunehmend wichtigere Rolle.

Mit BACnet können Geräte und Systeme der Gebäudeautomation untereinander Informationen austauschen. Die Datenübertragung bei BACnet kann über unterschiedliche Netze erfolgen. BACnet unterstützt die LAN-Technologien MS/TP (*Master-Slave/Token-Passing*), LON, ARCNET [www.arcnet.de] und Ethernet sowie zusätzlich Wählverbindungen über Telefonnetze (siehe Kapitel 5).

2.2 Wichtige Begriffe der digitalen Datenübertragung

Mittels Feldbussen und Netzen werden automatisierungstechnische Daten digital übertragen: Es handelt sich um so genannte digitale Datenübertragungssysteme. In diesem Zusammenhang gibt es einige wichtige Grundbegriffe, die im folgenden Abschnitt erläutert werden.

2.2.1 Grundbegriffe

2.2.1.1 Bits und Bytes

Bit ist die Abkürzung für das englische Wort *Binary digit* (Binärziffer) und die kleinste Darstellungseinheit für eine Information, die nur aus zwei möglichen Zuständen besteht, z. B. ja/nein, aus/ein. Um Binärinformationen mathematisch darzustellen, wird das binäre Zahlensystem (Dualzahlensystem) verwendet. Ein Bit hat somit den Wert 0 (Nullbit) oder den Wert 1 (Einsbit). Dem Nullbit könnte man dann z. B. die Information „aus", dem Einsbit die Information „ein" zuordnen.

Mit n bit lassen sich 2^n Zustände darstellen, z. B. $2^2 = 4$ Zustände mit $n = 2$ bit. Der Zusammenhang zwischen den Binärzahlen und den Zuständen der Information könnte dann z. B. wie folgt sein (**Tabelle 2.2**).

Tabelle 2.2 Beispiel für die Zuordnung von Binärzahlen zu Informationen

Binärzahl	Information
00	Tank ist leer
01	Tank ist halb voll
10	Tank ist dreiviertel voll
11	Tank ist voll

Durch die Zusammenfassung von 8 bit entsteht ein Byte (*byte*), auch Oktett (*octet*) genannt.

Nach DIN IEC 60027-2 ist Bit die SI-Einheit für die so genannte äquivalente binäre Speicherkapazität M_e. Das Einheitenzeichen für die SI-Einheit Bit ist bit. (Dies ist vergleichbar mit der SI-Einheit Sekunde mit dem Einheitenzeichen s.) Das Einheitenzeichen für die Einheit Byte ist B. (Bemerkung: Byte ist keine SI-Einheit.) Die äquivalente binäre Speicherkapazität berechnet sich aus der Anzahl n der möglichen Zustände eines gegebenen Datenspeichers zu: $M_e = \text{lb } n$, wobei lb der binäre Logarithmus ist.

Wenn z. B. ein Datenspeicher $n = 256$ mögliche Zustände speichern kann, wird:

$$M_e = \text{lb } 256 = 8 \text{ bit} = 1 \text{ B}.$$

Der Datenspeicher hat in diesem Fall die Speicherkapazität $M_{bit} = 256$, d. h., er kann 256 Binärzustände (Bits) speichern.

Beachte: Die Speicherkapazität wird laut Norm mit der SI-Einheit eins (Einheitenzeichen 1) angegeben. In der Praxis ist jedoch folgende Schreibweise üblich: $M_{bit} = 256$ bit.

Zum Ausdrücken einer Speicherkapazität, z. B. M_{bit}, oder einer äquivalenten Speicherkapazität M_e dürfen die SI-Einheit Bit (Einheitenzeichen: bit) und die Einheit Byte (Formelzeichen: B) mit SI-Vorsätzen für binäre Vielfache oder dezimale Vielfache kombiniert werden, z. B.:

- 1 Kibit (sprich: 1 Kibibit) = $(2^{10})^1$ bit = 2^{10} bit = 1.024 bit,
- 1 MiB (sprich: 1 Mebibyte) = $(2^{10})^2$ B = 2^{20} B = 1.048.576 B,
- 1 kbit (sprich: 1 Kilobit) = $(10^3)^1$ bit = 10^3 bit = 1.000 bit,
- 1 MB (sprich: 1 Megabyte) = $(10^3)^2$ B = 10^6 B = 1.000.000 B.

2.2.1.2 Bitrate

Die binäre Digitrate v_{bit}, gewöhnlich als Bitrate bezeichnet, ist die Anzahl der binären Elemente, auch Bits genannt, die in einem gegebenen Zeitintervall übertragen werden, geteilt durch die Dauer dieses Zeitintervalls. (Hinweis: Das Formelzeichen für die Bitrate ist der griechische Buchstabe v – sprich: nü.) Die Einheit von v_{bit} ist Bit durch Sekunde mit dem Einheitenzeichen bit/s. Es darf mit Vorsätzen kombiniert werden, z. B. kbit/s oder Mbit/s.

Analog ist die Byterate v_B definiert. Deren Einheit ist Byte durch Sekunde mit dem Einheitenzeichen B/s. Es darf mit Vorsätzen, z. B. kB/s oder MB/s, kombiniert werden.

Beim EIB/KNX werden z. B. rund 9.600 Bits pro Sekunde übertragen, d. h., die Bitrate beträgt rund 9,6 kbit/s.

2.2.1.3 Modulationsgeschwindigkeit

Unter der Modulationsgeschwindigkeit u (auch: Schrittgeschwindigkeit, Symbolrate) versteht man den Kehrwert der kürzesten Dauer eines bei der Leitungscodierung (siehe Abschnitt 2.2.3.3) verwendeten Signalelements. Wenn alle Signalelemente die gleiche Dauer haben, ist sie auch gleich der Anzahl der in einem gegebenen Zeitintervall übertragenen Signalelemente, geteilt durch die Dauer dieses Zeitintervalls.

Die SI-Einheit von u ist Baud nach dem französischen Telegrafentechniker Jean-Maurice-Émile Baudot (1845 – 1903). Das Einheitenzeichen ist Bd. Es darf mit Vorsätzen kombiniert werden, z. B. kBd oder MBd.

2.2 Wichtige Begriffe der digitalen Datenübertragung

Bei binären Signalen werden für die Leitungscodierung der beiden möglichen Zustände (Werte) eines Bits zwei Signalelemente verwendet. Dies bedeutet, dass die Maßzahlen der Bitrate v_{bit} und der Modulationsgeschwindigkeit u gleich groß sind. Dies gilt jedoch nur für binäre Signale, bei denen je Schritt genau ein Bit übertragen wird.

Man kann aber auch beispielsweise 2 Bits (ein Dibit) je Schritt übertragen, indem man 4 verschiedene Signalelemente verwendet und jedem Signalelement eine bestimmte Bitkombination zugeordnet (**Tabelle 2.3**).

Tabelle 2.3 Zuordnung von Bitkombinationen zu Signalelementen

Bitkombination (Dibit)	Signalelement
00	1
01	2
10	3
11	4

Bei der Bitkombination „10" z. B. wird der Leitungscodierer das Signalelement 3 versenden. Die Bitrate wird jetzt doppelt so groß wie die Modulationsgeschwindigkeit. Allgemein lässt sich der Zusammenhang zwischen Bitrate und Modulationsgeschwindigkeit (mit n: Anzahl der Signalelemente) durch folgende Formel beschreiben:

$$v_{bit} = \mathrm{lb}(n) \cdot u.$$

2.2.2 Binär- und Hexadezimalzahlen

Die Darstellung von Bitfolgen durch Binärzahlen führt i. Allg. zu unübersichtlichen Zahlenkolonnen, z. B. 0100 1010 0110 0011 0000 1100. In solchen Fällen zieht man die Darstellung durch Hexadezimalzahlen vor. Um eine Binärzahl in eine Hexadezimalzahl umzuwandeln, werden immer 4 Bits zusammengefasst, siehe **Tabelle 2.4**.

Tabelle 2.4 Zusammenhang zwischen (vierstelligen) Binärzahlen und Hexadezimalzahlen (Hexzahlen)

Binärzahl	Hexadezimalzahl	Binärzahl	Hexadezimalzahl	Binärzahl	Hexadezimalzahl	Binärzahl	Hexadezimalzahl
0000	0	0100	4	1000	8	1100	C
0001	1	0101	5	1001	9	1101	D
0010	2	0110	6	1010	A	1110	E
0011	3	0111	7	1011	B	1111	F

Die Bitfolge 0100 1010 0110 0011 0000 1100 lässt sich nun kürzer darstellen als $4A630C_{HEX}$. Man kann diese Bitfolge auch als Folge von 3 Bytes auffassen, wobei 1 Byte aus zwei 4-Bit-Gruppen besteht. Die Bitfolge wird dann wie folgt dargestellt:

$4A_{HEX}$, 63_{HEX}, $0C_{HEX}$ oder auch als 0x4A, 0x63, 0x0C.

2.2.3 Digitales Datenübertragungssystem

Mit Hilfe eines digitalen Datenübertragungssystems werden Datenbits von einer Quelle zu einer Senke übertragen. Die Bits einer Quelle können z. B. den aktuellen Zustand eines Prozesses beschreiben (Prozessabbild): Motor 1 läuft („1"), Motor 2 läuft nicht („0"), Tank 1 ist voll („1"), Tank 2 ist leer („0") usw. Dieses von binären Sensoren gelieferte Prozessabbild muss dann z. B. an eine SPS (speicherprogrammierbare Steuerung) übertragen, dort gespeichert und weiterverarbeitet werden. Die Speicherstelle in der SPS entspricht der Senke im Sinne der Datenübertragung.

Der jeweilige Sensor als Sender, der Feldbus als Kanal und die SPS als Empfänger können als digitales Datenübertragungssystem modelliert werden. Den prinzipiellen Aufbau eines solchen Systems zeigt **Bild 2.2**.

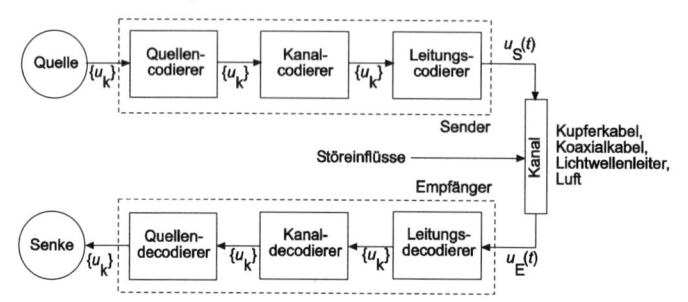

Bild 2.2 Prinzipieller Aufbau eines digitalen Datenübertragungssystems

Der Sender entnimmt die zu übertragenden Bits der Quelle. Die Bitfolge durchläuft dann i. Allg. die Komponenten Quellen-, Kanal- sowie Leitungscodierer und gelangt schließlich als physikalisches Signal $u_s(t)$ auf den Kanal.

Bei leitungsgebundener Übertragung über die Kanäle Kupfer- oder Koaxialkabel handelt es sich meist um Spannungssignale. Es können aber auch Lichtsignale sein, die in Lichtwellenleiter eingespeist werden, oder Funksignale mit der Luft als Kanal. Die Eigenschaften des Kanals selbst und äußere Störeinflüsse verformen das Sendesignal.

Der Empfänger mit den Komponenten Leitungs-, Kanal- und Quellendecodierer rekonstruiert aus dem Empfangssignal $u_E(t)$ die Quellenbitfolge und speichert sie in der Senke. Die einander entsprechenden Komponenten von Sender und Empfänger haben die in **Tabelle 2.5** aufgeführten Aufgaben zu erfüllen.

Tabelle 2.5 Komponenten von Sender und Empfänger und ihre Aufgaben

Komponente	Aufgabe
Quellencodierer	Entfernen von redundanten Datenbits der Quelle
Quellendecodierer	Hinzufügen der redundanten Datenbits der Quelle
Kanalcodierer	Hinzufügen von Bits zwecks Datensicherung, verbunden mit einer Redundanzerhöhung
Kanaldecodierer	Entfernen der Datensicherungsbits
Leitungscodierer	Umwandlung der Bitfolge in ein physikalisches Signal
Leitungsdecodierer	Umwandlung eines physikalischen Signals in eine Bitfolge

2.2.3.1 Quellencodierung/-decodierung

Bei der Übertragung von Bits versucht man immer, möglichst wenig Bits für eine bestimmte Information zu verwenden, um Übertragungszeit einzusparen. Man nützt aus, dass bestimmte Bitkombinationen öfter vorkommen als andere, und codiert die Quellencodewörter so um, dass den am häufigsten vorkommenden die kürzesten Codewörter zugeordnet werden und den am seltensten vorkommenden die längsten. Dadurch erreicht man eine Reduzierung der im Mittel benötigten Codewortlänge.

Eine häufig eingesetzte Umcodierungsmethode ist die Shannon-Fano-Codierung.

Ein Beispiel soll die prinzipielle Vorgehensweise bei dieser Methode zeigen. Angenommen, eine Quelle liefert vier Symbole, z. B. vier 8-Bit-Messwerte A, B, C und D (Quellencodewörter):

A: 01000001   B: 01000010   C: 01000011   D: 01000100.

Die einzelnen Symbole mögen folgende Auftretenswahrscheinlichkeiten P haben:

$$P(A) = 0{,}5 \quad P(B) = 0{,}125 \quad P(C) = 0{,}25 \quad P(D) = 0{,}125.$$

(Die Wahrscheinlichkeit, dass einer der Messwerte auftritt, ist gleich 1, also das sichere Ereignis.)

Bei der Umcodierung nach Shannon-Fano geht man nun wie folgt vor:

1. Sortiere die Symbole nach fallender Auftretenswahrscheinlichkeit!

A	C	B	D
0,5	0,25	0,125	0,125

(B und D könnte man auch vertauschen.)

2. Teile die Symbole in zwei Gruppen gleicher Auftretenswahrscheinlichkeit ein!

A	C	B	D
0,5	0,25	0,125	0,125

3. Ordne der linken Gruppe die „0" und der rechten Gruppe die „1" zu!

A	C	B	D
0,5	0,25	0,125	0,125
0	1	1	1

4. Wiederhole die Schritte 2 bis 3 so lange, bis jedes Symbol eindeutig umcodiert ist!

A	C	B	D
0,5	0,25	0,125	0,125
0	1	1	1
	0	1	1
		0	1

Den Symbolen (hier: Messwerten) A bis D sind nun folgende Codewörter zugeordnet:

A: 0   B: 110   C: 10   D: 111.

Durch die Umcodierung wird die im Mittel benötigte Codewortlänge bei der Übertragung der Quellencodewörter stark reduziert. Die in den Quellencodewörtern enthaltene Redundanz (Weitschweifigkeit) wird ebenfalls verringert.

Bei der Datenübertragung in der Feldebene ist es schwierig, Auftretenswahrscheinlichkeiten für Quellencodewörter anzugeben, bzw. die Redundanz der Quellencodewörter ist gering. Daher wird bei Feldbusübertragungen i. Allg. auf Quellencodierung/-decodierung verzichtet.

Aufgabe 2.1

Die ursprüngliche mittlere Codewortlänge im obigen Beispiel beträgt 8 bit je Quellencodewort. Wie groß ist die mittlere Codewortlänge nach der Umcodierung?

Hinweis: Betrachten Sie z. B. die Versendung von 8 Messwerten, die so auftreten, wie es die Wahrscheinlichkeiten angeben.

2.2.3.2 Kanalcodierung/-decodierung

Bei der Übertragung von Bits treten immer wieder Fehler auf, d. h., es wird ein Einsbit gesendet und ein Nullbit empfangen oder umgekehrt. Es ist eine Erfahrungstatsache, dass es keine sichere Datenübertragung gibt und Übertragungsfehler i. Allg. zufällig auftreten. Bei Wiederholung der Datenübertragung tritt der Fehler in der Regel nicht mehr auf.

Die Aufgabe der Kanalcodierung ist es, die zu sendende Bitfolge so umzugestalten, dass eine möglichst sichere Datenübertragung ermöglicht wird. Dies bedeutet, dass entweder:

a) Fehler (auf der Empfängerseite) entdeckt werden und die Datenübertragung wiederholt wird – das ist die häufigste Methode, oder dass
b) Fehler entdeckt und korrigiert werden.

Um diese Aufgaben zu erfüllen, werden der zu sendenden Bitfolge häufig zusätzliche Bits hinzugefügt, was die Redundanz zwar erhöht, aber dafür die Datensicherung verbessert.

Drei oft verwendete Verfahren der Kanalcodierung sind:

- Paritätsprüfung,
- Kreuzparitätsprüfung (auch: Blockprüfung),
- *Cyclic Redundancy Check* (CRC).

Paritätsprüfung

Bei der Paritätsprüfung wird der zu übertragenden Bitfolge ein Prüfbit, das so genannte Paritätsbit, angehängt, dessen Wert so festgelegt wird, dass entweder

2.2 Wichtige Begriffe der digitalen Datenübertragung

a) die Gesamtbitfolge (Datenbits inkl. Paritätsbit) eine gerade Anzahl von Einsbits enthält, was als gerade Parität bezeichnet wird (*even parity*), Beispiel: 01000011 1, oder
b) die Gesamtbitfolge (Datenbits inkl. Paritätsbit) eine ungerade Anzahl von Einsbits enthält, was als ungerade Parität bezeichnet wird (*odd parity*), Beispiel: 01000011 0.

Bei Sender und Empfänger muss die gleiche Art der Paritätsprüfung verwendet werden. Die Eigenschaften dieses Verfahrens im Hinblick auf die Datensicherung sind wie folgt:

- Eine ungerade Anzahl von Bitfehlern wird entdeckt.
- Eine gerade Anzahl von Bitfehlern wird nicht entdeckt.
- Eine Fehlerkorrektur ist nicht möglich, da nicht entschieden werden kann, wie viele Bits „gekippt" sind und an welcher Stelle.
- Die Maßnahme bei Entdeckung eines Fehlers ist die Wiederholung der Datenübertragung.

Aufgabe 2.2

Bei der Übertragung eines ASCII-Zeichens mit 8 Datenbits wird eine Paritätsprüfung mit gerader Parität verwendet. Beim Empfänger kommt die folgende Bitfolge an: 101000100. Ist ein Datenübertragungsfehler passiert? Wenn ja, welche(r)?

Kreuzparitätsprüfung (Blockprüfung)

Bei der Kreuzparitätsprüfung wird die zu übertragende Bitfolge in Bitgruppen unterteilt, z. B. in Gruppen von je 8 Bits. Eine solche Gruppe wird auch Zeichen genannt. Diese werden in einer Datenmatrix (Block) angeordnet und zeilen- und spaltenweise mit einem Paritätsbit gesichert.

Beispiel:

Die Bitfolge 10101110 01011101 11000000 01101000 soll übertragen und mit Kreuzparität gesichert werden.

Zunächst werden 4 Zeichen von je 8 bit Länge gebildet und untereinander angeordnet (siehe **Tabelle 2.6**):

Tabelle 2.6 Beispiel für Kreuzparitätsprüfung

1	0	1	0	1	1	1	0	→	1
0	1	0	1	1	1	0	1	→	1
1	1	0	0	0	0	0	0	→	0
0	1	1	0	1	0	0	0	→	1
↓	↓	↓	↓	↓	↓	↓	↓		
0	1	0	1	1	0	1	1	→	1

Aus den Bits der 4 Datenzeichen wird zunächst das Prüfzeichen erzeugt, indem Spalte für Spalte ein Paritätsbit (als Datenbit des Prüfzeichens) gebildet wird. Hierbei wird entweder nur gerade oder nur ungerade Parität verwendet, in **Tabelle 2.6** gerade Parität. Das Prüfzeichen besteht also aus den Paritätsbits der Datenblockspalten.

Danach werden Zeile für Zeile die Paritätsbits aller Zeichen (Daten- und Prüfzeichen) des Blocks gebildet. Hierbei wird entweder nur gerade oder nur ungerade Parität verwendet, in **Tabelle 2.6** gerade Parität.

Gesendet wird schließlich die Bitfolge:

10101110 *1* 01011101 *1* 11000000 *0* 01101000 *1* **01011011** *1*

Es werden also 45 Bits statt 32 Bits übertragen.

Ende des Beispiels.

Bei Sender und Empfänger muss spalten- und zeilenweise die gleiche Art der Paritätsprüfung verwendet werden. Die Eigenschaften dieses Verfahrens im Hinblick auf die Datensicherung sind wie folgt:

- Wenn angenommen werden kann, dass bei der Datenübertragung nur 1-Bit-Fehler passieren, dann kann dieser Fehler entdeckt und korrigiert werden.
- 2-Bit-Fehler und 3-Bit-Fehler werden erkannt, sind aber nicht korrigierbar.
- 4-Bit-Fehler werden nur erkannt, wenn die Fehler nicht „in den Ecken eines Vierecks auftreten".
- Die übliche Maßnahme bei Entdeckung eines Fehlers ist die Wiederholung der Datenübertragung.

Die Kreuzparitätsprüfung kommt beispielsweise beim EIB/KNX zum Einsatz.

Aufgabe 2.3

Bei der Übertragung von ASCII-Zeichen mit je 8 Datenbit wird eine Kreuzparitätsprüfung verwendet. Die Bits des Prüfzeichens werden mittels ungerader Parität festgelegt, die Paritätsbits der Zeichen mittels gerader Parität. Beim Empfänger kommt die folgende Bitfolge an: 101011101000101011100111011110101011.

Wie viel ASCII-Zeichen („echte" Datenzeichen) wurden gesendet? Ist ein Datenübertragungsfehler passiert? Wenn ja, welche(r)?

Cyclic Redundancy Check (CRC)

CRC ist eine bei Feldbussen häufig eingesetzte Datensicherungsmethode. Sie dient zur Fehlerentdeckung. Bei Erkennen eines Fehlers wird die Datenübertragung wiederholt.

Das Prinzip der Fehlerentdeckung mit CRC besteht darin, dass die zu übertragende Datenbitfolge auf Senderseite so durch eine Kontrollbitfolge ergänzt wird, dass auf der Empfängerseite die Gesamtbitfolge ohne Rest durch eine Prüfbitfolge teilbar ist, wenn kein Übertragungsfehler passiert ist. Wenn die Division ohne Rest möglich ist, wird vom Empfänger Fehlerfreiheit der Datenübertragung angenommen. Auch wenn mit dieser Methode erheb-

2.2 Wichtige Begriffe der digitalen Datenübertragung

lich mehr Fehler entdeckt werden können als mit Paritäts- oder Kreuzparitätsprüfung, ist die Methode nicht perfekt, denn es werden bestimmte Fehler nicht erkannt.

Das Prinzip von CRC soll zunächst im Dezimalsystem erläutert werden. Gegeben sei die Zahl 57. Eine mögliche Verfälschung der beiden Ziffern bei einer Datenübertragung soll mit Hilfe der Prüfzahl 23 entdeckt werden. Hierzu wird eine dritte Ziffer x an die Zahl 57 angehängt, damit die Gesamtzahl ohne Rest durch 23 teilbar ist. Die gesuchte Ziffer x ist die 5, denn: 575 : 23 = 25 Rest 0. Übertragen wird nun die Zahl 575. Wenn die Zahl bei der Übertragung verfälscht wird, z. B. zu 471, erkennt dies der Empfänger, denn: 471 : 23 = 20 Rest 11. Allerdings gibt es auch Verfälschungen, die das Verfahren nicht entdecken kann! Wenn die Zahl verfälscht wird zu 552, ergibt die Division durch 23 nämlich 24 Rest 0. Es ist ein Fehler passiert, der nicht erkannt wird. Dies ist die einzige Schwäche des Verfahrens.

Nun soll die Vorgehensweise bei CRC im Binärsystem erläutert werden.

Gegeben ist die zu übertragende Datenbitfolge und eine (genormte) Prüfbitfolge, z. B. das CRC-16-Prüfpolynom 1 1000 0000 0000 0111. Üblicherweise stellt man Prüfbitfolgen als Polynome in x dar und erhält für das CRC-16-Prüfpolynom:

$$x^{16} + x^{15} + x^2 + x^1 + x^0 = x^{16} + x^{15} + x^2 + x + 1.$$

Der Grad k des Prüfpolynoms, der bei Anwendung des Verfahrens benötigt wird, lässt sich dann leicht ablesen. Beim CRC-16-Prüfpolynom ist $k = 16$.

Gesucht ist nun eine Kontrollbitfolge, die an die Datenbitfolge angehängt und so festgelegt wird, dass die Gesamtbitfolge (Daten- plus Kontrollbitfolge) durch die Prüfbitfolge ohne Rest teilbar ist. Um diese Kontrollbitfolge zu bestimmen, wird die Datenbitfolge um k Nullbit ergänzt und durch das Prüfpolynom geteilt. Der sich hierbei ergebende Divisionsrest ist die gesuchte Kontrollbitfolge. Sie hat eine Länge von k bit.

Der Empfänger teilt die erhaltene Datenbitfolge durch die Prüfbitfolge und nimmt bei Divisionsrest 0 an, dass kein Fehler aufgetreten ist. Fehler, welche die übertragene Datenbitfolge so verfälschen, dass ein Vielfaches der Prüfbitfolge entsteht, können nicht entdeckt werden. Man kann die Prüfbitfolge ausgehend von den Übertragungsbedingungen so festlegen, dass es nur wenige nicht erkannte Fehler gibt.

Bei der Durchführung der Subtraktionen im Rahmen der Polynomdivision sind folgende Regeln (Modulo-2-Rechnung) zu beachten:

$$1 - 0 = 1, \quad 1 - 1 = 0, \quad 0 - 0 = 0, \quad 0 - 1 = 1$$

Es gibt bei der Subtraktion nach Modulo-2-Rechnung keinen Übertrag (siehe **Tabelle 2.7**)!

Tabelle 2.7 Subtraktion im Binärsystem und nach Modulo-2-Rechnung

Subtraktion im Binärsystem (mit Übertrag)	Subtraktion nach Modulo-2-Rechnung (ohne Übertrag)

1 1 0 1 1
− 1 0 1 0 0
―――――――
  0 0 1 1 1
	1 1 0 1 1
	− 1 0 1 0 0
	―――――――
	  0 1 1 1 1

Berechnungsbeispiel für CRC:

Um den Aufwand für die folgende Beispielrechnung zu begrenzen, wird eine (frei erfundene) kurze Prüfbitfolge verwendet: 10011 (als Polynom: $x^4 + x + 1$). Die Datenbitfolge sei:

11 0101 1011.

1. Schritt: k Nullbits an die Datenbitfolge anhängen.

    Der Grad des Prüfpolynoms ist hier $k = 4$, d. h., es werden 4 Nullbits angehängt:

    11 0101 1011 **0000**.

2. Schritt: Division der (um k Nullbits erweiterten) Datenbitfolge durch das Prüfpolynom.

```
  1 1 0 1 0 1 1 0 1 1 0 0 0 0 : 1 0 0 1 1 = 1 1 0 0 0 0 1 0 1 0
- 1 0 0 1 1
  1 0 0 1 1
- 1 0 0 1 1
          1 0 1 1 0
        - 1 0 0 1 1
          1 0 1 0 0
        - 1 0 0 1 1
            1 1 1 0    Rest
```

Die gesuchte Kontrollbitfolge ist: 1110.

3. Schritt: Anhängen der Kontrollbitfolge an die Datenbitfolge (statt der k Nullbits) und Versenden der Gesamtbitfolge: 11 0101 1011 **1110**.
4. Schritt: Der Empfänger teilt die erhaltene Bitfolge durch die Prüfbitfolge und nimmt bei Divisionsrest 0 an, dass kein Fehler aufgetreten ist.

Aufgabe 2.4

Die Übertragung einer Bitfolge wird mit CRC gesichert. Das Prüfpolynom lautet: $x^4 + x + 1$. Beim Empfänger kommt die folgende Bitfolge an: 11 0101 0011 0010. Ist ein Übertragungsfehler aufgetreten?

2.2.3.3 Leitungscodierung/-decodierung

Die Ausgangsbitfolge des Kanalcodierers muss in ein physikalisches Signal umgewandelt werden, das über den Kanal (als Übertragungsmedium) übertragen werden kann. Bei Feldbussen wird als Übertragungsmedium häufig ein Kupferkabel eingesetzt, und die Bitfolge wird in ein Spannungssignal umgewandelt. Dies ist dann in der Regel ein binäres Signal, welches aus zwei (elementaren) Signalelementen aufgebaut wird: Eines repräsentiert das Nullbit, das andere das Einsbit. Die Anzahl der im Signal insgesamt enthaltenen Signalelemente entspricht der Anzahl der in der Bitfolge enthaltenen Bits.

Bei der Festlegung der Signalelemente sind viele Gesichtspunkte zu berücksichtigen, z. B. die verfügbare Bandbreite des Kanals, die Gleichspannungsfreiheit des Signals, die Möglichkeit

2.2 Wichtige Begriffe der digitalen Datenübertragung

der Taktrückgewinnung aus dem Signal und die möglichst einfache schaltungstechnische Realisierbarkeit. Die Anzahl von Leitungscodes ist überwältigend groß [BLUSCHKE92]. Häufig verwendete Leitungscodes sind der *Non-Return-to-Zero* (NRZ)-Code und zwei Varianten des *Manchester*-Codes (*Biphase-L*-Code und *Differential-Manchester*-Code).

NRZ-Code

Beim NRZ-Code werden Signalelemente mit konstanten Pegeln U_H bzw. U_L während der Schrittdauer T verwendet (**Bild 2.3**):

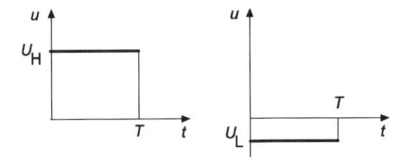

Bild 2.3 Signalelemente beim NRZ-Code

Die Zuordnung der Signalelemente zu den logischen Zuständen „0" und „1" ist frei wählbar. Bei der seriellen Schnittstelle RS 232 gilt beispielsweise folgende Zuordnung:

„0" $\rightarrow U_H$ mit $3\,V \leq U_H \leq 15\,V$ und „1" $\rightarrow U_L$ mit $-3\,V \leq U_L \leq -15\,V$.

Die Bitfolge 010010 beispielsweise würde dann vom Leitungscodierer in das folgende Signal umgewandelt werden (**Bild 2.4**).

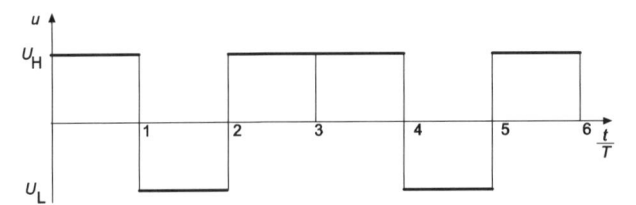

Bild 2.4 NRZ-codiertes Spannungssignal der RS-232-Schnittstelle

NRZ-codierte Signale sind i. Allg. nicht gleichanteilfrei. Bei längeren Null- oder Einsbitfolgen kann der Empfänger aus dem Signal selbst die Schrittdauer T nicht mehr ermitteln, da das Signal dann keine Pegelwechsel (Flanken) mehr enthält. Der Manchester-Code hat diese Nachteile nicht.

Beim EIB/KNX werden Signalelemente verwendet, die denen des NRZ-Codes ähnlich sind (siehe Kapitel 3).

Aufgabe 2.5

Wie groß ist die Bitrate des Signals in **Bild 2.4**, wenn für die Dauer T eines Signalelements gilt: $T = 104\,\mu s$?

Aufgabe 2.6

Wie groß ist die Modulationsgeschwindigkeit des Signals in **Bild 2.4**, wenn für die Dauer T eines Signalelements gilt: $T = 104\,\mu s$?

Manchester-Code (Biphase-L)

Beim *Manchester*-Code in der Variante *Biphase-L* werden zwei Signalelemente mit der Schrittdauer T verwendet, wobei nach $T/2$ vom Pegel U_H zum Pegel $-U_H$ (oder umgekehrt) gewechselt wird (**Bild 2.5**).

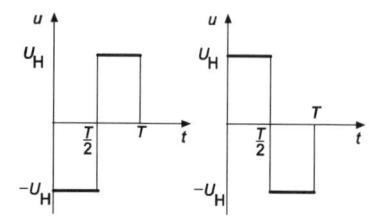

Bild 2.5 Signalelemente beim *Manchester*-Code

Die Zuordnung der Signalelemente zu den logischen Zuständen „0" und „1" ist wie folgt:

- Die „0" wird dem Signalelement mit der steigenden Flanke in Intervallmitte zugeordnet.
- Die „1" wird dem Signalelement mit der fallenden Flanke in Intervallmitte zugeordnet.

Es ist aber auch die umgekehrte Zuordnung möglich.

Die Bitfolge 010010 beispielsweise würde dann vom Leitungscodierer in das folgende *Manchester*-Signal umgewandelt werden (**Bild 2.6**).

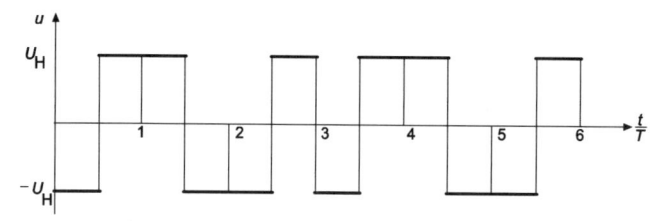

Bild 2.6 Codierungsbeispiel für *Manchester*-Code (*Biphase-L*)

Die Vorteile des *Manchester*-Codes liegen zum einen in seiner Gleichanteilfreiheit und zum anderen darin, dass er genügend Taktinformation enthält: Spätestens nach der Schrittdauer T tritt ein Pegelwechsel auf. Bei gleicher Schrittdauer T benötigt der *Manchester*-Code aber die doppelte Kanalbandbreite im Vergleich zum NRZ-Code, denn die Rechteckimpulse haben die doppelte Frequenz.

Ein wichtiges Einsatzgebiet für den *Manchester*-Code ist die Datenübertragung in lokalen Netzen mittels Ethernet (siehe Kapitel 5).

Aufgabe 2.7

Wie sieht das *Manchester*-codierte Signal für die folgende Bitfolge aus:
0 1 0 0 1 0 1 0 0 0 1 1 0 1 1 0 ?

Differential-*Manchester*-Code

Beim *Differential-Manchester*-Code werden wie beim *Manchester*-Code zwei Signalelemente mit der Schrittdauer T verwendet. In der Intervallmitte $T/2$ wird jeweils vom Pegel U_H zum Pegel $-U_H$ (oder umgekehrt) gewechselt (**Bild 2.7**).

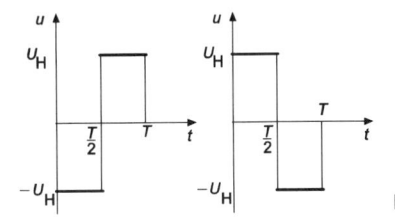

Bild 2.7 Signalelemente beim *Differential-Manchester*-Code

Die Zuordnung der Signalelemente zu den logischen Zuständen „0" und „1" ist nicht fest, sondern vom letzten Pegel des vorherigen Signalelements abhängig:

- Bei einer „1" wird der letzte Pegel (U_H bzw. $-U_H$) des vorangegangenen Signalelements beibehalten.
- Bei einer „0" wird vom letzten Pegel (U_H bzw. $-U_H$) des vorangegangenen Signalelements aus gewechselt (zu $-U_H$ bzw. U_H).

Die Bitfolge 010010 beispielsweise würde dann vom Leitungscodierer in das folgende *Differential-Manchester*-Signal umgewandelt werden (**Bild 2.8**).

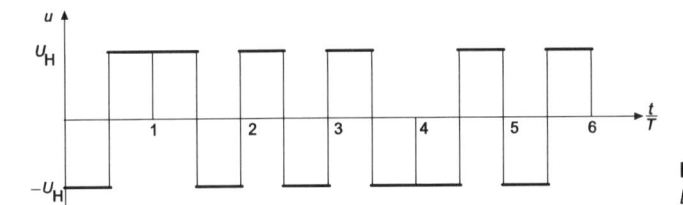

Bild 2.8 Codierungsbeispiel für *Differential-Manchester*-Code

Ein wichtiges Einsatzgebiet für den *Differential-Manchester*-Code ist die Datenübertragung bei LON (siehe Kapitel 4).

Aufgabe 2.8

Wie sieht das *Differential-Manchester*-codierte Signal für die Bitfolge
0 1 0 0 1 0 1 0 0 0 1 1 0 1 1 0 aus?

2.2.4 Das ISO/OSI-Referenzmodell

Das ISO/OSI-Referenzmodell ist ein internationaler Standard [ISO IS 7498] und beschreibt, wie man geschichtete Protokolle (Regelsätze zum Ablauf einer Kommunikation) erstellen kann. Weiterhin liefert es eine Beschreibung der Aufgaben, die in den einzelnen Protokollschichten zu implementieren sind [EFFELSBERG86].

2.2.4.1 Datenübertragung und Kommunikation

Eine gute datentechnische Verbindung garantiert nicht automatisch bereits auch eine gute Kommunikation! Beispielsweise könnten ein englisch- und ein deutschsprachiger Tierfreund per Telefon miteinander reden (**Bild 2.9**).

Bild 2.9 Kommunikationsproblem wegen eines fehlenden Übersetzers

Auch wenn jeder den anderen einwandfrei hört, ist die Kommunikation dennoch fehlerhaft. Der Englisch sprechende Mann sagt „eagle" und denkt dabei an einen Adler, der Deutsch sprechende Mann hört „Igel", denkt aber an ein kleines stacheliges Tier.

Was hier offensichtlich fehlt, damit die Kommunikation richtig abläuft, ist ein Übersetzer!

2.2.4.2 Regeln zum Ablauf einer Kommunikation

Auch bei Geräten der Automatisierungstechnik ist die digitale Übertragungstechnik allein nicht ausreichend, um eine fehlerfreie Kommunikation zu ermöglichen. Ein Kommunikationssystem muss neben übertragungstechnischen Funktionen eine außerordentlich große Vielfalt von Kommunikationsfunktionen bereitstellen, und es wird ein Regelwerk benötigt, ein Satz von verbindlichen Regeln, nach denen die Kommunikation ablaufen muss. Ein solches Regelwerk nennt man auch Protokoll.

> Ein Protokoll ist ein Satz von Regeln, nach denen die Kommunikation zwischen zwei Kommunikationspartnern ablaufen muss.

In einem Protokoll müssen z. B. folgende Dinge festgelegt sein:

- Wer darf wann auf das Übertragungsmedium zugreifen?
- Wie werden Fehler bei der Datenübertragung entdeckt und was geschieht, wenn ein Fehler entdeckt wurde?
- Was geschieht, wenn ein Empfänger mehr Daten erhält, als er zur Zeit verarbeiten kann?
- Wie kommen Datentelegramme an die richtigen Empfänger?

Da der Kommunikationsprozess als Ganzes sehr komplex ist, gab es verschiedene Versuche, ihn in mehrere in sich schlüssige, gut verständliche und voneinander unabhängige Teilprozesse zu zerlegen, die miteinander über wohl definierte Schnittstellen gekoppelt sind.

Ein häufig benutztes Modell hierfür ist das ISO-Referenzmodell für offene Systeme (ISO *Reference Model for Open Systems Interconnection*), kurz: ISO/OSI-Referenzmodell.

ISO steht für *International Organization for Standardization* (Internationale Organisation für Normung).

2.2.4.3 Das ISO/OSI-Referenzmodell

Jedes OSI-System sorgt typischerweise dafür, dass die Daten eines Anwendungsprozesses (Applikation, *application process*) zu einem anderen Prozess übertragen werden (**Bild 2.10**).

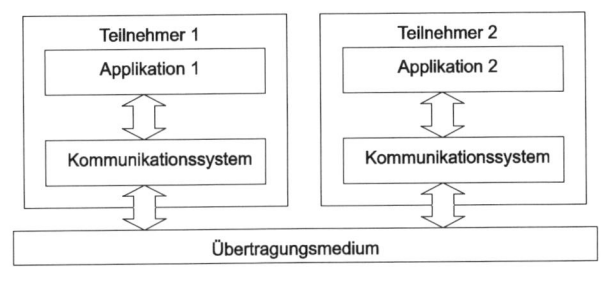

Bild 2.10 Applikationen und Kommunikationssysteme von zwei Kommunikationsteilnehmern

Damit die Applikation 1 eines Teilnehmers 1 mit der Applikation 2 eines Teilnehmers 2 Daten austauschen kann, wird ein Kommunikationssystem (i. Allg. aus Hard- und Software bestehend) benötigt, das in jedem Teilnehmer implementiert sein muss. Es bietet den Applikationen Kommunikationsfunktionen (Dienste) an, mit deren Hilfe sie ihre Kommunikationswünsche abwickeln können. Wenn die Kommunikationssysteme des Senders und des Empfängers nach dem ISO/OSI-Referenzmodell aufgebaut sind, sollten sie problemlos Daten austauschen können.

Das ISO/OSI-Referenzmodell ordnet die Kommunikationsfunktionen sieben Schichten (*layers*) zu (**Bild 2.11**) und wird deshalb auch als ISO/OSI-Schichtenmodell bezeichnet.

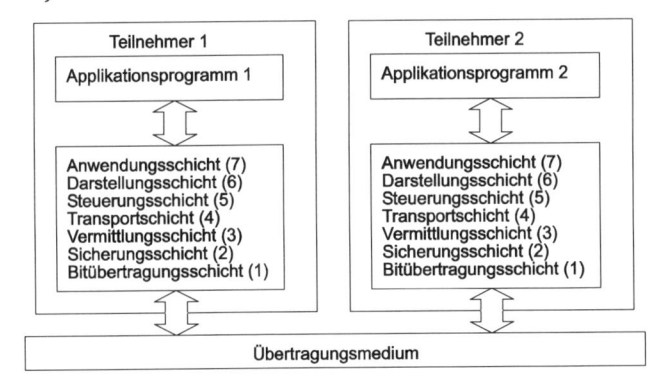

Bild 2.11 7 OSI-Schichten

Die Arbeitsweise der OSI-Systeme ist nun wie folgt [siehe auch EFFELSBERG86]:

- Der Kommunikationsweg von der Applikation zum Übertragungsmedium durchläuft i. Allg. 7 Schichten, und zwar beim Sender „abwärts" und beim Empfänger „aufwärts". Ein OSI-System ist also hierarchisch aufgebaut und führt eine Wandlung der von einer Applikation gelieferten Daten zu einem physikalischen Signal durch und umgekehrt.
- Jede Schicht übernimmt eine abgegrenzte Menge von Kommunikationsdiensten.
- Jede Schicht bietet der übergeordneten Schicht ihre Dienste an, z. B. die Bitübertragungsschicht (Schicht 1) der Sicherungsschicht (Schicht 2).
- Zwischen zwei (vertikal) benachbarten Schichten eines Teilnehmers ist eine Kommunikationsschnittstelle festgelegt.

- Wenn eine übergeordnete Schicht einen Dienst in Anspruch nimmt, stellt sie der untergeordneten Schicht ein Paket aus Anweisungen und Daten zur Verfügung. Aus diesem Grund wächst die Anzahl der zu übertragenden Bits von Schicht zu Schicht auf dem Weg „nach unten" immer mehr an, während sie auf dem Weg „nach oben" immer kleiner wird.
- Die einander entsprechenden Schichten zweier OSI-Systeme (so genannte Partnerschichten), z. B. die Sicherungsschichten von Teilnehmer 1 und 2, tauschen untereinander Daten aus, so genannte Protokolldateneinheiten (*Protocol Data Units* – PDUs). Der Datenaustausch zwischen den Partnerschichten vollzieht sich jeweils nach einem vereinbarten Satz von Regeln, dem Schichtprotokoll, z. B. dem Sicherungsprotokoll der Sicherungsschicht. Die gleichrangigen Schichten 2 bis 7 der OSI-Systeme zweier Teilnehmer stehen demzufolge logisch miteinander in Verbindung und wickeln „ihre" Kommunikation gemäß ihrem Schichtprotokoll ab.

Jede Schicht kann ausgewechselt werden, sofern nur ihre Funktionalität erhalten bleibt. Zum Beispiel kann beim EIB/KNX die Bitübertragungsschicht als KNX.TP (Datenübertragung über verdrillte Kupferkabel), als KNX.PL (Datenübertragung über Stromkabel) oder als KNX.RF (Funkdatenübertragung) ausgeführt sein.

Nicht in jedem Kommunikationssystem müssen alle 7 OSI-Schichten implementiert sein. Bei Feldbussystemen sind i. Allg. nur die Schichten 1, 2 und 7 realisiert. Beim EIB/KNX sind es die Schichten 1, 2, 3, 4 und 7.

2.3 Wichtige Begriffe bei Feldbussen und Netzen

Die Komponenten von Feldbussen bzw. Netzen sind physikalisch in bestimmter Art und Weise miteinander verbunden. Dies nennt man Feldbus- bzw. Netztopologie.

Wenn die Feldbus- bzw. Netzteilnehmer auf den Feldbus bzw. das Netz zugreifen wollen, muss dies nach bestimmten Regeln geschehen, damit bei einem gleichzeitigen Zugriff mehrerer Teilnehmer sich die Sendesignale nicht fehlerhaft überlagern. Dies wird mit Hilfe von Kanalzugriffsverfahren entschieden.

Im Folgenden werden für die Feldbusse bzw. Netze der Gebäudeautomation wichtige Grundtopologien und Zugriffsverfahren vorgestellt. Für weiter gehende Informationen siehe z. B. [SCHNELL96] oder [SIKORA03].

2.3.1 Grundtopologien

Geräte (auch: Teilnehmer), die über einen Feldbus bzw. ein Netz Daten austauschen, sind geometrisch in bestimmter Weise angeordnet und miteinander verbunden. Dies wird als Bus- bzw. Netztopologie bezeichnet. Die nachfolgend beschriebenen Varianten sind insbesondere bei Kommunikationssystemen der Gebäudeautomation anzutreffen.

2.3.1.1 Voll- bzw. Teilvermaschung

Bei voll vermaschten (auch: voll verbundenen) Netzen wird jeder Teilnehmer mit jedem anderen Teilnehmer direkt verbunden (**Bild 2.12** a). Bei teilvermaschten (auch: teilverbundenen) Netzen werden nur bestimmte Teilnehmer mit anderen Teilnehmern direkt verbunden (**Bild 2.12** b). In beiden Fällen können mehrere Übertragungskanäle gleichzeitig (parallel) betrieben werden.

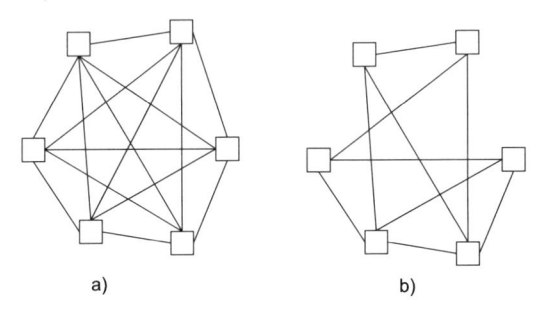

Bild 2.12 Voll vermaschtes Netz (a) und teilvermaschtes Netz (b)

2.3.1.2 Linientopologie

Bei der Linientopologie werden die Teilnehmer über kurze Stichleitungen an den Übertragungskanal angeschlossen (**Bild 2.13**).

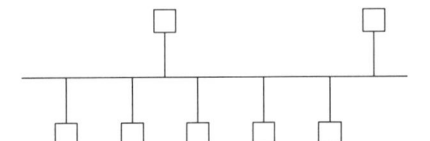

Bild 2.13 Linientopologie

2.3.1.3 Baumtopologie

Bei der Baumtopologie (**Bild 2.14**) handelt es sich um einen Ausbau der Linientopologie.

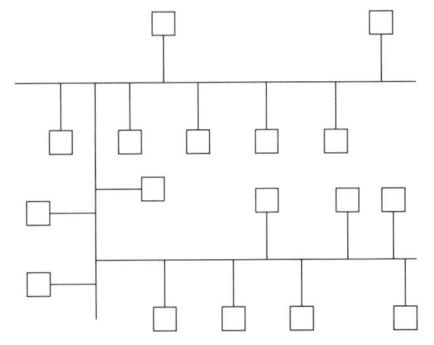

Bild 2.14 Baumtopologie

An eine Linie werden nicht nur Teilnehmer, sondern auch weitere Linien angeschlossen. Damit sind auch Teilnehmer vernetzbar, die über große Flächen verteilt sind.

2.3.1.4 Sterntopologie

Bei der Sterntopologie werden die Übertragungskanäle aller Teilnehmer an einen zentralen Punkt geführt und miteinander oder mit einer Zentralstation verbunden. Die Zentralstation ist z. B. ein *Hub* oder ein *Switch* (siehe Kapitel 5).

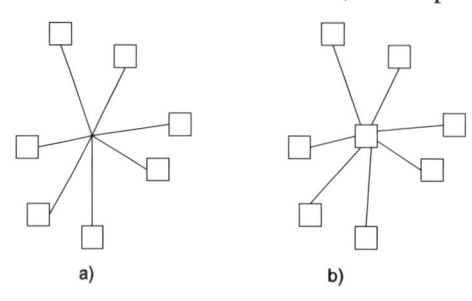

Bild 2.15 Sterntopologie ohne Zentralstation (a) und mit Zentralstation (b)

2.3.2 Zugriffsverfahren

Bei der Feldbus- bzw. Netzkommunikation haben alle Teilnehmer direkten Zugriff auf den Übertragungskanal. Generell können alle die über den Kanal übertragenen Signale empfangen und weiter verarbeiten. Beim Senden ergibt sich aber das Problem, dass sich mehrere Sendesignale auf dem Kanal überlagern und gegenseitig zerstören würden, wenn mehr als ein Teilnehmer auf den Kanal zugreifen würde. Daher wurden Verfahren entwickelt, mit denen der Kanalzugriff beim Senden kollisionsfrei vonstattengehen kann.

Es gibt zwei Hauptmöglichkeiten, den Kanalzugriff (auch: Buszugriff, Netzzugriff) zu regeln [REISSENWEBER98]:

- Kanalzugriff nach Zuteilung (auch: kontrollierter oder deterministischer Kanalzugriff),
- Kanalzugriff nach Bedarf (auch: zufälliger oder stochastischer Kanalzugriff).

2.3.2.1 Kanalzugriff nach Zuteilung

Beim Kanalzugriff nach Zuteilung ist zu einem bestimmten Zeitpunkt nur ein Teilnehmer berechtigt, auf den Kanal zuzugreifen.

Die Kanalzuteilung erfolgt meist zyklisch, d. h., jeder Teilnehmer erhält reihum die Sendeberechtigung. Dadurch lässt sich auch die Zeit, nach der ein Teilnehmer wieder senden darf, genau berechnen (deterministischer Kanalzugriff).

Die Sendeberechtigung wird beim Kanalzugriff nach Zuteilung

- entweder von einem priorisierten Teilnehmer (*Master*) an die anderen Teilnehmer (*Slaves*) vergeben (*Master-Slave*-Verfahren) oder
- durch Weiterleitung einer Sendeberechtigung, des so genannten *Tokens* (*Token-Passing*-Verfahren).

Bei BACnet kommt das *Token-Passing*-Verfahren kombiniert mit dem *Master-Slave*-Verfahren zum Einsatz (siehe Kapitel 5).

2.3.2.2 Kanalzugriff nach Bedarf

Beim Kanalzugriff nach Bedarf greifen die sendewilligen Teilnehmer zufällig auf den Kanal zu. Sie müssen daher erkennen können, ob der Kanal bereits belegt oder frei ist. Wenn der Kanal frei ist und mehrere Teilnehmer gleichzeitig mit dem Senden beginnen, muss dieser Kanalzugriffskonflikt zugunsten eines Teilnehmers gelöst werden. Die Verlierer müssen zu einem späteren Zeitpunkt noch einmal den Kanalzugriff versuchen und konkurrieren evtl. erneut mit anderen Teilnehmern. Dadurch kann, vor allem bei hoher Kanalauslastung, nicht garantiert werden, dass ein Teilnehmer nach einer bestimmten Zeit auf jeden Fall senden darf: Das Zugriffsverfahren ist nicht deterministisch.

Bekannte Verfahren dieser Kategorie sind:

- CSMA (*Carrier Sense Multiple Access*), welches z. B. bei LON zum Einsatz kommt (siehe Kapitel 4), und
- CSMA/CA (*Carrier Sense Multiple Access/Collision Avoidance*), das beim EIB/KNX verwendet wird (siehe Kapitel 3).

2.4 Literatur

[BLUSCHKE92] *Bluschke, A.*: Digitale Leitungs- und Aufzeichnungscodes. Berlin, Offenbach: VDE, 1992

[EFFELSBERG86] *Effelsberg, W.; Fleischmann, A.*: Das ISO-Referenzmodell für offene Systeme und seine sieben Schichten – Eine Einführung. Informatik-Spektrum (1986)9: 280-299

[GRUHLER00] *Gruhler, G. (Hrsg.)*: Feldbusse und Gerätekommunikationssysteme, Einführende Darstellung und detaillierter Vergleich. Steinbeis-Transferzentrum Reutlingen, 2000

[REISSENWEBER98] *Reißenweber, B.*: Feldbussysteme. München: Oldenbourg, 1998

[SCHNELL96] *Schnell, G. (Hrsg.)*: Bussysteme in der Automatisierungstechnik. Braunschweig/Wiesbaden: Vieweg, 1996

[SEITZ03] *Seitz, M.*: Speicherprogrammierbare Steuerungen. Fachbuchverlag Leipzig, 2003

[SIKORA03] *Sikora, A.*: Technische Grundlagen der Rechnerkommunikation. Internet-Protokolle und Anwendungen. Fachbuchverlag Leipzig, 2003

3 Der Europäische Installationsbus EIB/KNX

3.1 Einführende Übersicht

3.1.1 Was ist der EIB/KNX?

Der Europäische Installationsbus EIB/KNX ist ein (industrielles) Kommunikationssystem, welches in der Gebäudesystemtechnik zur informationstechnischen Vernetzung von Geräten (Sensoren, Aktoren, Steuer- und Regelgeräten, Bedien- und Beobachtungsgeräten) genutzt wird (**Bild 3.1**). Der Einsatz des EIB/KNX ist auf die Elektroinstallationstechnik abgestimmt, wodurch Funktionen und automatisierte Abläufe in einem Gebäude sichergestellt werden [ZVEI97].

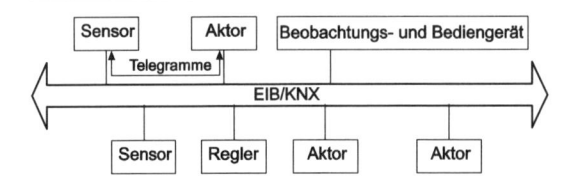

Bild 3.1 Informationstechnische Vernetzung von Geräten der Gebäudesystemtechnik mit dem EIB/KNX

Die auszutauschenden Daten werden in Datentelegramme (vgl. Abschnitt 3.7.1) eingebettet und über den Installationsbus digital übertragen. Der Bus kann unterschiedlich realisiert sein (vgl. Abschnitt 3.6.1): Beim KNX.TP ist er ein *Twisted-Pair*-Kabel, beim KNX.PL ein Stromkabel und beim KNX.RF werden die Daten per Funk übertragen. Auch eine Datenübertragung über Lichtwellenleiter ist möglich. Der Informationsaustausch erfolgt direkt zwischen den Teilnehmern, die für die Realisierung einer Funktion zuständig sind.

Mit dem EIB/KNX werden z. B. Beleuchtungs- und Jalousiesteuerungen realisiert (vgl. Abschnitt 3.10.2). Ein Sensor, beispielsweise ein 4-fach-Tastsensor, erzeugt einen Befehl und schickt ihn über den Bus als Datentelegramm an einen Aktor, der den Empfang mit einem Bestätigungstelegramm quittiert und den Befehl in eine Aktion umsetzt, etwa ein Relais schaltet (**Bild 3.1**).

Der EIB/KNX wird (vor allem in der Variante KNX.TP) bei neuen Wohn- und Zweckbauten installiert, kann jedoch auch bei der Modernisierung von Altbauten nachträglich eingebaut werden (Varianten KNX.PL oder KNX.RF).

Der Europäische Installationsbus EIB/KNX ist ein weltweiter Standard für die Gebäudesystemtechnik.

Der EIB/KNX ist seit Dezember 2003, als er von der CENELEC als europäische Norm EN 50090 ratifiziert wurde, der weltweit einzige, offene Standard für die Haus- und Gebäudesystemtechnik. Mitte 2006 wurden große Teile der EN 50090 in die ISO/IEC-Reihe 14543 übernommen [www.konnex.org]. Offen bedeutet hierbei, dass Geräte verschiedener Hersteller über den EIB/KNX miteinander kommunizieren können.

In der Norm sind der Aufbau und die Funktionsweise eines EIB/KNX-Systems detailliert beschrieben. Die Busgeräte müssen nach bestimmten Regeln miteinander elektrisch verbunden werden (Topologie, vgl. Abschnitt 3.5). Sie kommunizieren miteinander, indem Telegramme unter Beachtung bestimmter Regeln (Protokoll, vgl. Abschnitt 3.7) ausgetauscht werden.

3.1.2 Der Nutzen von EIB/KNX

Mehr Komfort, mehr Sicherheit, mehr Wirtschaftlichkeit – das sind die Hauptfaktoren für immer mehr Elektroinstallations- und (industrielle) Kommunikationstechnik in einem modernen Wohn- oder Zweckgebäude [MERZ00, MERZ01, MERZ03].

Zur Realisierung der vielfältigen Gebäudefunktionen [KRANZ99, STAUB01], insbesondere von:

- Eingabe-/Ausgabefunktionen,
- Verarbeitungsfunktionen,
- Managementfunktionen,
- Bedienfunktionen,

gibt es in einem modernen Gebäude eine Vielzahl von

- Sensoren (z. B. Helligkeits-, Bewegungs-, Tastsensor),
- Aktoren (z. B. Relais, Dimmer, Motor),
- Steuer- und Regelgeräten (z. B. Heizungsregler) sowie
- Bedien- und Beobachtungsgeräten (Visualisierungsgeräten) (z. B. Controlpanel).

Um das Zusammenwirken der Geräte zur Realisierung auch komplexer Gebäudefunktionen zu ermöglichen, müssen diese Geräte miteinander kommunizieren, d. h. Informationen austauschen. Dies kann auf verschiedene Arten geschehen.

3.1.2.1 Herkömmliche Gebäudetechnik

Bei der herkömmlichen Gebäudetechnik wird jedes Gewerk (Licht, Heizung, Klima, Lüftung usw.) von einem entsprechenden Fachbetrieb geplant und ausgeführt. Die jeweils verwendeten Sensoren und Aktoren werden im Allgemeinen über Punkt-zu-Punkt-Verbindungen an Steuer-, Regel- und Visualisierungsgeräte angeschlossen (**Bild 3.2**). Dies führt allerdings zu einem beträchtlichen Aufwand für die Planung, die Kabel und deren Verlegung und für die Fehlersuche bei Inbetriebnahme und Wartung. Mit einer großen Menge an Kabeln ist auch eine entsprechend große Brandlast verbunden.

3.1 Einführende Übersicht

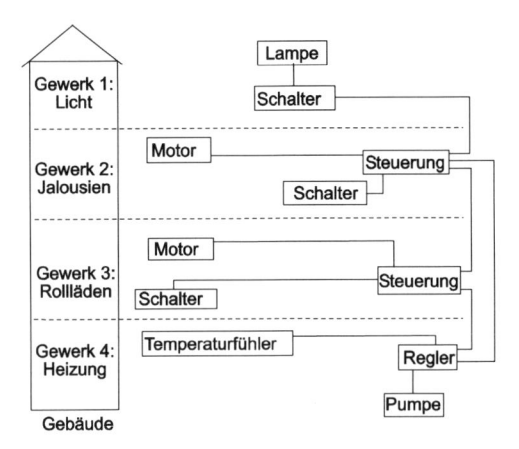

Bild 3.2 Konventionelle Gebäudetechnik: getrennte Gewerke, hoher Verkabelungsaufwand

Eine Verknüpfung der Gewerke, z. B. für eine gemeinsame Bedienung aller Komponenten, ist oft gar nicht oder nur mit hohem technischem Aufwand möglich. Mit steigender Funktionalität und steigendem Komfort wird die konventionelle Gebäudetechnik aufwändig, unübersichtlich und teuer. Einen Ausweg aus dieser Problematik bietet die Gebäudesystemtechnik mit EIB/KNX.

3.1.2.2 Gebäudesystemtechnik mit EIB/KNX

Der Europäische Installationsbus EIB/KNX ist das führende Kommunikationssystem in der Gebäudesystemtechnik.

Der EIB/KNX wurde als ein System entwickelt, das für alle wichtigen Anlagen in der Gebäudetechnik einsetzbar ist [www.knx.de]. Damit können die einzelnen Gewerke gemeinsam (gewerkeübergreifend) geplant und ausgeführt werden. Für jedes Gewerk gibt es Geräte mit normgerechtem EIB/KNX-Anschluss, so dass sich alle Geräte verstehen (**Bild 3.3**).

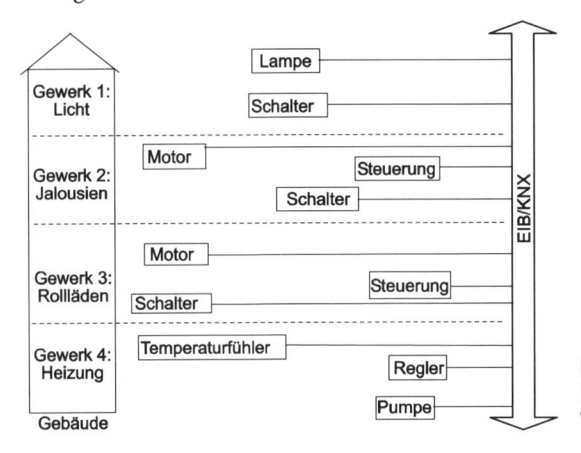

Bild 3.3 Gebäudesystemtechnik mit EIB/KNX: integrierte Gewerke, geringerer Verkabelungsaufwand

Dies vereinfacht die Planung und Ausführung von Gebäudefunktionen und ermöglicht ohne Zusatzaufwand viel höhere Funktionalität und Flexibilität und mehr Komfort. Eine Zentrale ist nicht nötig. Jedes Gerät enthält einen eigenen Mikrocontroller (vgl. Abschnitt 3.8). Durch eine entsprechende Parametrierung, die jederzeit veränderbar ist, wird dem Gerät mitgeteilt, was es zu tun hat. Dadurch ist ein EIB/KNX-System sehr flexibel und jederzeit an neue Bedürfnisse anpassbar. Ob in Einfamilienhäusern oder in Zweck- und Gewerbebauten – mit dem EIB/KNX ist die automatische Steuerung von Heizung, Beleuchtung, Belüftung und Sicherheitseinrichtungen möglich. Der Vorteil: Immobilien können wirtschaftlich und komfortabel betrieben und genutzt werden.

Leider sind EIB/KNX-Produkte im Vergleich zu denen der konventionellen Installationstechnik recht teuer. Eine Investition lohnt sich im Allgemeinen nur, wenn mehrere Gewerke miteinander verknüpft werden sollen oder wenn die Forderung besteht, eine Anlage bei künftigen Nutzungsänderungen flexibel und schnell anzupassen.

Im Folgenden soll an einigen Beispielen gezeigt werden, welchen konkreten Nutzen der Einsatz des EIB/KNX in Gebäuden jeglicher Art mit sich bringt.

Bereich Komfort

- Alle Lampen eines Gebäudes sind per Druck auf eine Taste ein- und ausschaltbar.
- Per Tastendruck lassen sich vordefinierte Lichtszenen einstellen.
- Alle Rollläden einer Etage können auf Tastendruck hoch- bzw. heruntergefahren werden.

Bereich Sicherheit

- Beim Betreten eines Gebäudegrundstücks nach Einbruch der Dunkelheit werden Zugangsweg und Eingangsbereich automatisch beleuchtet.
- Der Öffnungs- und Schließzustand aller Fenster und Rollläden lässt sich zentral anzeigen.
- Beim Drücken eines Panikschalters wird die Beleuchtung im ganzen Haus eingeschaltet.
- Bei Abwesenheit kann man die Simulation „belebtes Haus" durch einstellbare Sequenzen durchführen.

Bereich Wirtschaftlichkeit

- Bei geöffnetem Fenster werden die Heizkörperventile geschlossen.
- Jalousien und Rollläden sind je nach Sonneneinstrahlung zur Beeinflussung der Raumtemperatur der dahinter liegenden Räume nutzbar.

3.1.3   KNX Association und KNX Deutschland

Die Erfolgsgeschichte des Europäischen Installationsbusses EIB begann am 8. Mai 1990, als die internationale *European Installation Bus Association* (EIBA) mit Sitz in der Nähe von Brüssel, Belgien, von 15 europäischen Herstellern der Branche Gebäudesystemtechnik gegründet wurde. Ziel der EIBA war die Verbreitung und Förderung des Installationsbussystems EIB als international genormtes System. Im Mai 1999 wurde durch den Zusammenschluss der EIBA mit dem *BatiBUS Club International* (BCI), Frankreich, und der *European Home Systems Association* (EHSA), Schweiz, die *Konnex Association* gegründet (**Bild 3.4**).

Bild 3.4 Konvergenzprojekt BatiBUS – EIB – EHSA zur *Konnex* (KNX) *Association*

Seither wird der EIB unter dem Namen EIB/KNX bzw. KNX vermarktet (**Bild 3.5**).

Ausführliche Informationen über die KNX *Association* findet man auf deren Webseite [www.konnex.org]. In der KNX *Association* sind mehr als 100 Herstellerunternehmen der Elektro-, HKL (Heizung-Klima-Lüftung)- und Hausgerätebranche vertreten. Die deutsche EIB/KNX-Gruppe, KNX Deutschland, hat ihren Sitz beim Zentralverband der Elektrotechnik- und Elektronikindustrie (ZVEI) in Frankfurt [www.knx.de].

Bild 3.5 KNX-Logo

3.1.4 Motivation für die Beschäftigung mit EIB/KNX

Die wichtige Rolle, die der EIB/KNX bei der Automatisierung von Gebäuden nicht nur in Europa, sondern auch weltweit spielt, ist allein schon ein guter Grund, sich mit ihm intensiv zu beschäftigen. Aber es gibt es noch weitere Gründe:

- Der EIB/KNX eignet sich ideal für den Einstieg in die Welt der Bustechnik. Viele wichtige Merkmale und Begriffe gängiger Bussysteme der Automatisierungstechnik finden sich auch beim EIB/KNX: Bitrate, Buszugriffsverfahren, Telegramm, Protokoll usw.
- Viele Problemstellungen, die mit dem EIB/KNX gelöst werden, sind aus dem häuslichen Alltag bekannt, so dass man sich leicht in die jeweilige automatisierungstechnische Aufgabenstellung und ihre Lösung mit dem EIB/KNX einarbeiten kann.
- In vielen beruflichen Schulen kommen Schüler und Jugendliche mit dem EIB/KNX in Kontakt, weil die Lehrpläne auch die Beschäftigung mit Bussystemen, insbesondere mit dem EIB/KNX, vorsehen.
- Der EIB/KNX ist einfach und übersichtlich zu planen, zu programmieren und in Betrieb zu nehmen. Etwa zehn Prozent aller Handwerksbetriebe der Elektrotechnikbranche können EIB/KNX-Anlagen planen und installieren. Aber auch viele Ingenieurbüros wickeln EIB/KNX-Projekte ab, so dass Kenntnisse über EIB/KNX für einen Ingenieur der elektrischen Energie- und Gebäudetechnik zum Kernwissen gehören müssen.
- EIB/KNX-Anlagen werden mit Hilfe von IP-Gateways immer häufiger in die Netzinfrastruktur von Gebäuden eingebunden (TCP/IP-Netze) und sind damit auch von außerhalb des Gebäudes über das Internet zugänglich. Mit EIB/KNX ist es also möglich, die Welt der Elektroinstallation und die Welt des Internets miteinander zu verbinden. Insofern liefert die Beschäftigung mit EIB/KNX einen profunden Einstieg in die moderne Automatisierungstechnik.

3.1.5 Lernziele

Dieses Buch ist ein Lehrbuch. Demzufolge werden die grundlegenden Sachverhalte des EIB/KNX dargestellt. Wer alles über den EIB/KNX wissen möchte, dem sei [KNX04] empfohlen.

Das Ziel der Abschnitte über EIB/KNX ist, die Leserin/den Leser in die Lage zu versetzen, eine EIB/KNX-Anlage zu projektieren sowie EIB/KNX-Geräte zu programmieren und in Betrieb zu nehmen.

Hierzu ist erforderlich, dass die Leserin/der Leser nach dem Durcharbeiten der nachfolgenden Abschnitte:

- die theoretischen Grundlagen des EIB/KNX kennt,
- die Funktionsweise wichtiger EIB/KNX-Geräte, insbesondere von Tastsensoren und Schaltaktoren, versteht und
- die ETS 3 (*Engineering Tool Software* Version 3) zur Projektierung und Programmierung von EIB/KNX-Geräten einsetzen kann.

3.1.6 Treppenhaus- und Flurbeleuchtung in einem Mehrfamilienhaus

Um herauszuarbeiten, wo die Unterschiede zwischen der konventionellen Installationstechnik und der Gebäudesystemtechnik mit dem EIB/KNX liegen, soll das folgende Beispiel betrachtet werden.

Ein Bauherr möchte ein Mehrfamilienhaus mit drei Stockwerken bauen. In jedem Stockwerk (Dachgeschoss DG, Obergeschoss OG und Erdgeschoss EG) befindet sich ein Flur mit zwei Türen. Neben jeder Tür soll ein Lichtschalter sein, der es erlaubt, die jeweilige Flurbeleuchtung (eine Lampe) ein- und auszuschalten (**Bild 3.6**). Der Zugang zu den einzelnen Etagenwohnungen ist über ein Treppenhaus möglich. Dieses Treppenhaus soll auf jedem Stockwerk in Treppennähe einen Lichtschalter haben, mit dem die Treppenhausbeleuchtung (drei parallel geschaltete Lampen) ein-/ausgeschaltet werden kann.

Ein typisches Szenario ist wie folgt: Ein Bewohner des OG verlässt seine Wohnung durch die rechte Tür, schaltet am rechten Schalter die Flurlampe an, läuft zur Treppe, schaltet am mittleren Schalter die Flurlampe aus, schaltet am linken Schalter die Treppenhausbeleuchtung ein, läuft die Treppe hinunter und schaltet am Treppenhausschalter des Erdgeschosses die Treppenhausbeleuchtung wieder aus.

Der Bauherr bittet einen Elektroinstallateur um Vorschläge für die Realisierung der Lichtanlage. Für den Installateur sind folgende Möglichkeiten denkbar:

- konventionelle Lichtsteuerung mit Wechsel- und Kreuzschaltung,
- Lichtsteuerung mit dem EIB/KNX.

Die für die Realisierung der Lösung mittels konventioneller Installationstechnik benötigten Grundschaltungen werden im Abschnitt 3.2 beschrieben.

3.2 Konventionelle Installationstechnik

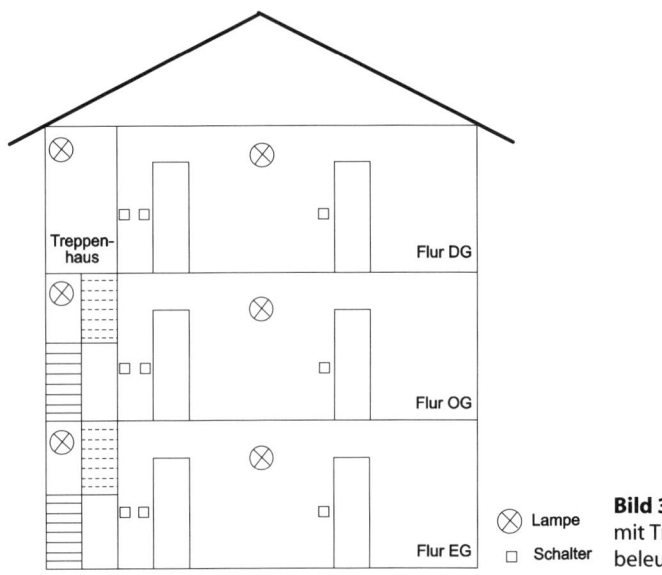

Bild 3.6 Mehrfamilienhaus mit Treppenhaus- und Flurbeleuchtung

In Abschnitt 3.10 wird man sehen, dass die Aufgabenstellung auch problemlos mit dem EIB/KNX gelöst werden kann. Dieser bietet sogar ohne Mehraufwand erweiterte Möglichkeiten, die über die vom Bauherrn gewünschten Schaltfunktionen hinausgehen und gegenüber der konventionellen Schaltungstechnik einen beträchtlichen Mehrwert bieten, z. B. Zentral-Aus.

3.2 Konventionelle Installationstechnik

In diesem Abschnitt soll gezeigt werden, wie mit Hilfe der konventionellen Elektroinstallationstechnik (Aus-, Wechsel- und Kreuzschaltung) einfache Lichtsteuerungen realisiert werden können. Man erkennt dabei, dass der Aufwand schnell ansteigt, wenn eine Lampe von mehr als einer Stelle ein- und ausgeschaltet werden soll. Komplexere Anforderungen, z. B. zeitabhängiges Schalten, sind mit den Grundschaltungen der konventionellen Elektroinstallationstechnik gar nicht zu realisieren. Dann werden spezielle Geräte, wie z. B. Treppenhausautomaten oder Stromstoßschalter, benötigt. In solchen Fällen ist es auf jeden Fall angebracht, auch den Einsatz des EIB/KNX in Erwägung zu ziehen.

3.2.1 Sicherheitshinweise

Die für eine Aus-, Wechsel- oder Kreuzschaltung benötigten Bauteile kann man in jedem Baumarkt kaufen. Daher könnte die Leserin/der Leser auf die Idee kommen, die Schaltungen selbst aufzubauen, um ihre Funktionalität zu testen. Hierbei sind aber unbedingt die folgenden Sicherheitshinweise zu beachten [RUDOLPH99].

> Elektroinstallationsarbeiten dürfen nur von elektrisch ausgebildetem Fachpersonal ausgeführt werden.

- Bei allen Arbeiten an elektrischen Anlagen ist die ausführende Person für die Einhaltung der gültigen Bestimmungen verantwortlich und kann daher in vollem Umfang schadenersatzpflichtig gemacht werden. Bei unsachgemäßen Elektroinstallationen besteht keine versicherungsmäßige Deckung.
- Nie an Geräten oder Anlagen arbeiten, die unter Spannung stehen! Vor Beginn der Arbeiten immer Netzstecker ziehen oder Spannung abschalten (im Sicherungskasten)!
- Ausgeschaltete Sicherungen sind mittels Warnhinweis gegen Wiedereinschalten durch Dritte zu sichern!
- Vor Beginn der Arbeiten mittels Spannungsprüfgerät muss man sich vergewissern, dass Spannungsfreiheit vorliegt!

3.2.2 Ausschaltung

Wenn eine Lampe von einer Stelle ein- und ausgeschaltet werden soll, benötigt man eine Ausschaltung (**Bild 3.7**).

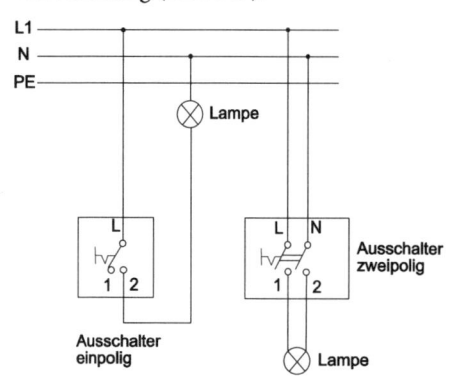

Bild 3.7 Ein- und zweipolige Ausschaltung

Eine Ausschaltung besteht aus einem ein- oder zweipoligen Ausschalter. (Letzterer wird verwendet, um erhöhten Personenschutz durch vollständige Trennung des Verbrauchers vom Netz zu erzielen.)

Der Anschlusspunkt L des einpoligen Ausschalters wird mit dem Leiter L1 des Niederspannungsnetzes (1~ 50 Hz, 230 V) verbunden, einer der beiden Anschlusspunkte 1 und 2 mit der Lampe, deren zweiter Anschlusspunkt mit dem Neutralleiter N des Netzes, siehe **Bild 3.7**, links. (Der PE-Schutzleiter ist gegebenenfalls auch noch mit der Lampe zu verbinden.) Entsprechendes gilt für den zweipoligen Ausschalter, siehe **Bild 3.7**, rechts.

Tabelle 3.1 beschreibt die Funktion der in **Bild 3.7** dargestellten einpoligen Ausschaltung. Die Funktion der zweipoligen Ausschaltung ist entsprechend.

Aufbau und Funktionsweise der Ausschaltung zeigen deutlich, wie die Ein/Aus-Schaltinformation bei der konventionellen Elektroinstallationstechnik realisiert wird, nämlich durch Schließen bzw. durch Öffnen von Schaltern, die sich in den spannungsführenden Leitern befinden. Informations- und Energiefluss sind demzufolge nicht voneinander getrennt.

Tabelle 3.1 Funktionsdiagramm der in **Bild 3.7** dargestellten Ausschaltung

	Ausschalter	Lampe
Schalterstellung	links (1)	aus
	rechts (2)	ein

Beim Ein-/Ausschalten einer Lampe von einer Stelle aus ist es nur erforderlich, z. B. einen einpoligen Ein-/Ausschalter in den spannungsführenden Leiter einzubauen. Weitere Maßnahmen, wie z. B. zusätzliche Leitungen, sind nicht notwendig. Dies ist bei der Wechsel- und der Kreuzschaltung aber anders, wie die folgenden Abschnitte zeigen.

3.2.3 Wechselschaltung

Wenn eine Lampe von zwei Stellen ein- und ausgeschaltet werden soll, benötigt man eine Wechselschaltung gemäß **Bild 3.8**.

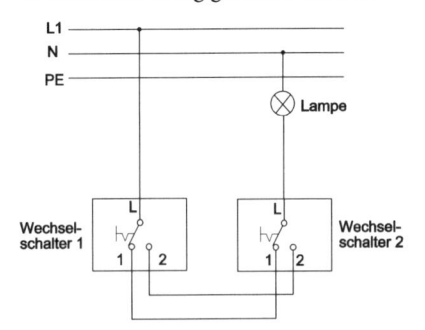

Bild 3.8 Wechselschaltung

Eine Wechselschaltung besteht aus zwei Wechselschaltern. Der Anschlusspunkt L von Schalter 1 wird mit dem Leiter L1 des Niederspannungsnetzes (1~ 50 Hz, 230 V) verbunden, die beiden Anschlusspunkte 1 und 2 des Wechselschalters 1 mit den entsprechenden Anschlusspunkten des Wechselschalters 2. Je nach Stellung des Wechselschalters 1 liegt daher die Netzspannung am Anschlusspunkt 1 oder 2 des Wechselschalters 2. Der Anschlusspunkt L des Wechselschalters 2 wird mit der Lampe verbunden, deren zweiter Anschlusspunkt mit dem Neutralleiter N des Netzes. (Der PE-Schutzleiter ist gegebenenfalls auch noch mit der Lampe zu verbinden.) **Tabelle 3.2** beschreibt die Funktion der in **Bild 3.8** dargestellten Wechselschaltung.

Tabelle 3.2 Funktionsdiagramm der in **Bild 3.8** dargestellten Wechselschaltung

	Wechselschalter 1	Wechselschalter 2	Lampe
Schalterstellung	links (1)	links (1)	ein
	links (1)	rechts (2)	aus
	rechts (2)	rechts (2)	ein
	rechts (2)	links (1)	aus

Auch bei der Wechselschaltung wird die Ein/Aus-Schaltinformation durch Schließen bzw. durch Öffnen von Schaltern in den spannungsführenden Leitern realisiert. Der Einbau von zwei Wechselschaltern reicht allein allerdings noch nicht aus. Es sind vielmehr noch zwei Verbindungsleitungen zwischen den beiden Wechselschaltern als „Informationsleitungen" nötig, über die allerdings auch gleichzeitig die Energie übertragen wird. Informations- und Energiefluss sind demzufolge nicht voneinander getrennt.

3.2.4 Kreuzschaltung

Wenn eine Lampe von drei Stellen ein- und ausgeschaltet werden soll, benötigt man eine Kreuzschaltung gemäß **Bild 3.9**.

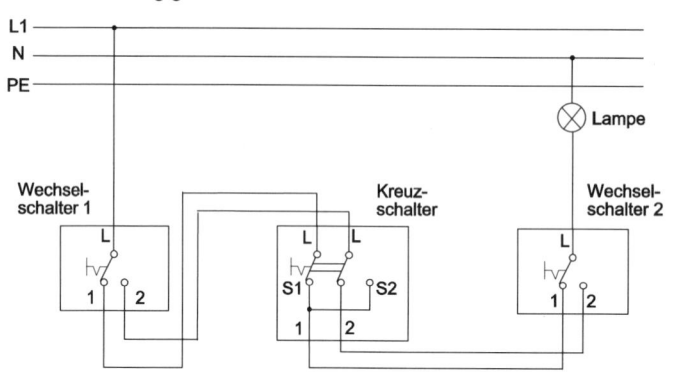

Bild 3.9 Kreuzschaltung

Eine Kreuzschaltung besteht aus zwei Wechselschaltern und einem Kreuzschalter. Aus einer Wechselschaltung entsteht eine Kreuzschaltung dadurch, dass die beiden Verbindungsleitungen zwischen den Wechselschaltern aufgetrennt werden und ein Kreuzschalter eingefügt wird.

Es ist zu beachten, dass die beiden internen Schalter S1 und S2 des Kreuzschalters miteinander gekoppelt sind. Es sind nur zwei Stellungen möglich:

a) S1 links (1) / S2 links (2) und
b) S1 rechts (2) / S2 rechts (1).

Folgende Verbindungen müssen hergestellt werden, damit die Schaltung funktioniert:

- Der Anschlusspunkt L des Wechselschalters 1 muss mit Leiter L1 des Niederspannungsnetzes (1~ 50 Hz, 230 V) verbunden werden,
- die Anschlusspunkte 1 und 2 des Wechselschalters 1 mit den Anschlusspunkten L und L (oder 1 und 2) des Kreuzschalters, die verbleibenden Anschlusspunkte des Kreuzschalters mit den Anschlusspunkten 1 und 2 des Wechselschalters 2,
- der Anschlusspunkt L des Wechselschalters 2 mit der Lampe und deren zweiter Anschlusspunkt mit dem Neutralleiter N des Netzes.
- (PE-Schutzleiter mit der Lampe, falls möglich.)

Je nach Stellung der Wechsel- und Kreuzschalter liegt die Netzspannung an der Lampe und es fließt ein Strom, der sie zum Leuchten bringt. **Tabelle 3.3** beschreibt die Funktionsweise der Kreuzschaltung in **Bild 3.9**: Wenn die Lampe ausgeschaltet ist, wird sie durch Drücken

3.2 Konventionelle Installationstechnik

eines der drei Schalter eingeschaltet. Wenn die Lampe eingeschaltet ist, wird sie durch Drücken eines der drei Schalter ausgeschaltet.

Tabelle 3.3 Funktionsdiagramm der in **Bild 3.9** dargestellten Kreuzschaltung

	Wechselschalter 1	Kreuzschalter	Wechselschalter 2	Lampe
	links (1)	links	links (1)	ein
	rechts (2)	links	links (1)	aus
Schalterstellung	links (1)	rechts	links (1)	aus
	links (1)	links	rechts (2)	aus
	rechts (2)	rechts	links (1)	ein
	rechts (2)	links	rechts (2)	ein
	links (1)	rechts	rechts (2)	ein
	rechts (2)	rechts	rechts (2)	aus

Auch der Aufbau und die Funktionsweise der Kreuzschaltung zeigen, dass die Schaltinformation durch Schließen bzw. durch Öffnen von Schaltern realisiert wird, die sich in den spannungsführenden Leitern befinden. Wie bei der Wechselschaltung sind zusätzliche Leitungen zu verlegen, um die gewünschte Funktionalität zu erfüllen. Informations- und Energiefluss sind demzufolge nicht voneinander getrennt.

Aufgabe 3.1

Betrachten Sie die Kreuzschaltung in **Bild 3.10**.

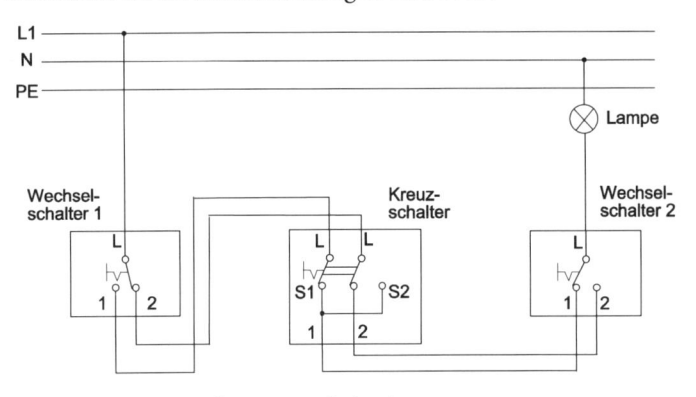

Bild 3.10 Kreuzschaltung

Ist die Lampe ein- oder ausgeschaltet?

Aufgabe 3.2

Wie viele Aus-, Wechsel- und Kreuzschalter werden für die in Abschnitt 3.1.6 beschriebene Treppenhaus- und Flurbeleuchtung benötigt und wie sieht der Schaltplan dafür aus?

3.3 Überblick über den EIB/KNX

In diesem Abschnitt soll zunächst einmal ein Überblick über die in diesem Kapitel behandelten Aspekte des EIB/KNX gegeben werden (**Bild 3.11**).

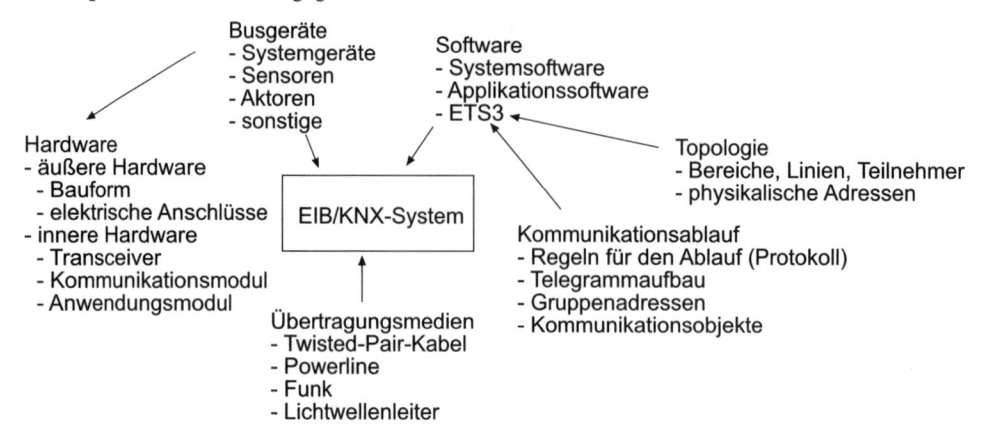

```
                Busgeräte            Software
                - Systemgeräte       - Systemsoftware
                - Sensoren           - Applikationssoftware
                - Aktoren            - ETS3
                - sonstige
Hardware                                              Topologie
- äußere Hardware                                     - Bereiche, Linien, Teilnehmer
  - Bauform                                           - physikalische Adressen
  - elektrische Anschlüsse   EIB/KNX-System
- innere Hardware                         Kommunikationsablauf
  - Transceiver                           - Regeln für den Ablauf (Protokoll)
  - Kommunikationsmodul                   - Telegrammaufbau
  - Anwendungsmodul                       - Gruppenadressen
                Übertragungsmedien        - Kommunikationsobjekte
                - Twisted-Pair-Kabel
                - Powerline
                - Funk
                - Lichtwellenleiter
```

Bild 3.11 Überblick über die EIB/KNX-Themen

Um ein EIB/KNX-System aufzubauen, muss man sich zunächst für ein bestimmtes Übertragungsmedium entscheiden (Abschnitt 3.6). Im Regelfall ist dies ein *Twisted-Pair*-Kabel (KNX.TP).

Dann sind alle für die gewünschten Funktionen benötigten Busgeräte auszuwählen (Abschnitt 3.4). Hierbei ist es nützlich, wenn man auch Kenntnisse über deren „äußere" und „innere" Hardware hat (Abschnitt 3.8).

EIB/KNX-Busgeräte müssen schließlich mit der ETS 3 (*Engineering Tool Software* Version 3) projektiert und programmiert werden (Abschnitt 3.9.6). Mit der ETS 3 werden zunächst die Produktdaten der Hersteller in das Projekt importiert (Abschnitt 3.10.2.3). Weiterhin wird die Topologie (Abschnitt 3.5) der Anlage festgelegt, und die Kommunikationsbeziehungen zwischen Sensoren und Aktoren (Abschnitt 3.7) werden durch die Zuordnung von Kommunikationsobjekten zu Gruppenadressen definiert (Abschnitt 3.9.5.2). Schließlich sind die physikalischen Adressen (Abschnitt 3.5.4.1), die Applikationsprogramme (Abschnitt 3.9.5) und deren Parameter in die Busgeräte zu laden (Abschnitt 3.10.3). Die Anlage ist dann betriebsbereit.

3.4 EIB/KNX-Busgeräte

Zum Aufbau einer EIB/KNX-Anlage, z. B. der Lichtsteuerung für ein Mehrfamilienhaus in Abschnitt 3.1.6, werden verschiedenartige Busgeräte benötigt. Um sich über die marktgängigen EIB/KNX-Busgeräte zu informieren, hilft ein Blick in die Kataloge der Hersteller. Auch auf deren Webseiten finden sich vielfältige Informationen, insbesondere technische Daten und Applikationsbeispiele.

3.4 EIB/KNX-Busgeräte

Von einem speziellen Hersteller werden in der Regel einige Dutzend verschiedene EIB/KNX-Produkte angeboten, so dass man über alle Hersteller summiert die Auswahl unter einigen Tausend EIB/KNX-Busgeräten hat. Durch die Gruppierung in Sensoren, Aktoren usw. kann man aber recht schnell die für die Realisierung einer Funktion geeigneten Produkte finden und vergleichen, welches Produkt am besten geeignet ist.

3.4.1 Arten von Busgeräten

Die in den Katalogen der Hersteller aufgeführten EIB/KNX-Produkte lassen sich in vier Hauptgruppen einteilen:

- Systemgeräte, z. B. Spannungsversorgung, Akkumulator, Linien- und Bereichskoppler, Linienverstärker, Busankoppler, Schnittstelle RS 232 bzw. USB,
- Sensoren, z. B. Tastsensor, Bewegungssensor, Glasbruchsensor,
- Aktoren, z. B. Schaltaktor, Jalousieaktor, Rollladenaktor,
- sonstige, z. B. Logikmodul, Controlpanel.

Da die Einbauorte und -möglichkeiten stark von den Verhältnissen vor Ort abhängen, sind die Geräte in verschiedenen Ausführungsformen erhältlich, nämlich als Unterputzgeräte (UP), Aufputzgeräte (AP), Einbaugeräte (EB) und Reiheneinbaugeräte (REG).

Unterputzgeräte, siehe z. B. den Busankoppler in **Bild 3.15**, sind geeignet für Unterputzmontage (Einbau in handelsübliche Unterputzdosen); Aufputzgeräte sind vorgesehen für Aufputzmontage; Einbaugeräte werden in Kabelkanäle, Hohlböden und Zwischendecken montiert; Reiheneinbaugeräte (vgl. **Bild 3.13**) werden in Schaltschränke eingebaut, indem sie auf eine DIN-Hutprofilschiene aufgeschnappt werden.

Ein weiteres Unterscheidungsmerkmal von EIB/KNX-Geräten ist, dass sie modular oder kompakt aufgebaut sein können. Bei modularer Bauweise wird ein Anwendungsmodul auf einen Busankoppler aufgesteckt, siehe **Bild 3.12**.

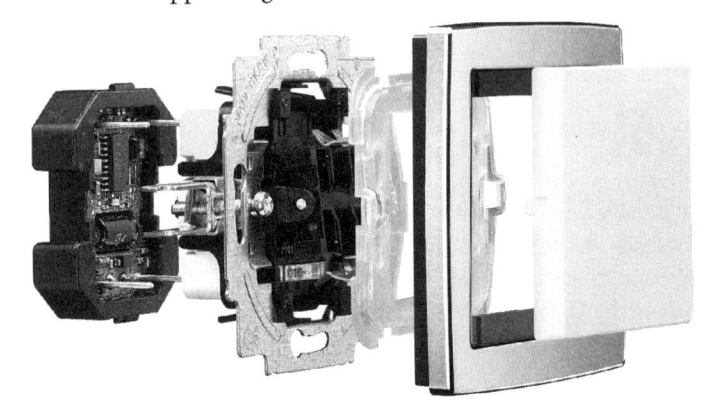

Bild 3.12 Modulares KNX.PL-Gerät [Busch-Jaeger Elektro]

Bei einem kompakten Gerät befinden sich der Busankoppler und das Anwendungsmodul in einem gemeinsamen Gehäuse, siehe z. B. **Bild 3.13**.

3.4.2 Häufig eingesetzte Busgeräte

Stellvertretend für die Vielzahl der im Fachhandel erhältlichen EIB/KNX-Produkte seien drei Geräte vorgestellt, die in EIB/KNX-Anlagen sehr häufig eingesetzt werden, insbesondere bei Lichtsteuerungen:

- Spannungsversorgung (SV) mit integrierter Drossel,
- 6-fach-Schaltaktor,
- 4-fach-Tastsensor.

Da Lichtsteuerungen Bestandteil nahezu eines jeden EIB/KNX-Projekts sind, wird man diese drei Geräte oft in einer EIB/KNX-Anlage vorfinden. Eine SV gehört sowieso immer dazu, denn ohne sie kann der Bus nicht funktionieren.

3.4.2.1 Spannungsversorgung (SV) mit integrierter Drossel

Die SV mit integrierter Drossel (**Bild 3.13**) wird an das Niederspannungsnetz (230-V-Netz) angeschlossen und versorgt den Bus mit einer Gleichspannung von üblicherweise 30 V DC. Dies bedeutet allerdings nicht, dass alle Geräte, die am Bus angeschlossen sind, eine Eingangsspannung von 30 V haben: Mit steigender Entfernung von der SV sinkt die Busspannung. Die Nennspannung auf dem Bus beträgt 24 V DC.

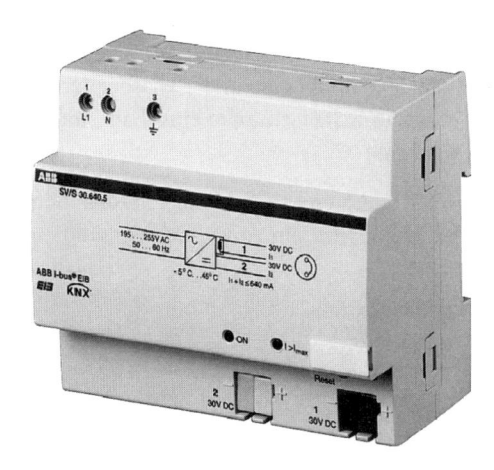

Bild 3.13 Spannungsversorgung 640 mA (REG) mit integrierter Drossel und zwei Ausgängen 30 V DC [ABB06])

Bei der in **Bild 3.13** dargestellten SV wird die 30-V-Gleichspannung am Ausgang 1 bereitgestellt. Es steht ein zweiter Ausgang für die Versorgung einer zweiten Linie zur Verfügung. Hierfür wird dann allerdings zusätzlich noch eine separate Drossel benötigt. Die Drossel wird insbesondere gebraucht, um die Datensignale auf dem Bus zu erzeugen.

3.4.2.2 Schaltaktor (6-fach)

Der 6-fach-Schaltaktor (**Bild 3.14**), ein Reiheneinbaugerät, besitzt sechs potenzialfreie Ausgänge A bis F, mit denen jeweils ein Laststromkreis (230 V AC/10 A oder 400 V AC/6 A) geschaltet werden kann.

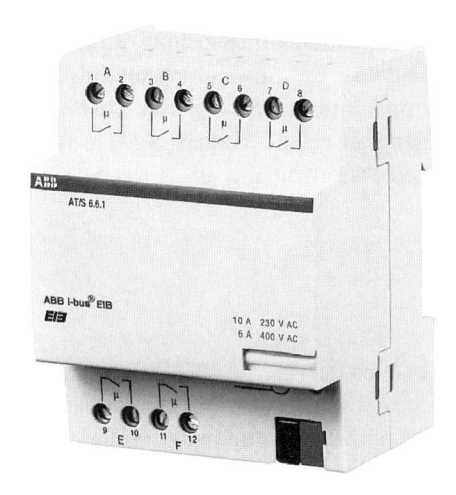

Bild 3.14 6-fach-Schaltaktor (REG) [ABB06]

Jeder Ausgang erfüllt die Funktion eines Ausschalters, siehe Abschnitt 3.2.2. Die Verbindung des jeweiligen Ausschalters zum Leiter L1 des Niederspannungsnetzes und zum Verbraucher ist über Schraubklemmen (Anschlüsse 1–2 bis 11–12) möglich.

3.4.2.3 Tastsensor (4-fach)

Ein 4-fach-Tastsensor (**Bild 3.15**, rechts) ist ein Anwendungsmodul, das auf einen Busankoppler (**Bild 3.15**, links) aufgesteckt wird.

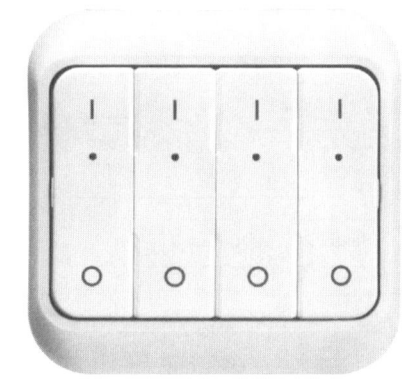

Bild 3.15 Busankoppler (UP) und 4-fach-Tastsensor [ABB06]

Die Verbindung zwischen dem Anwendungsmodul und dem Busankoppler wird über eine zehnpolige Stiftleiste (2 mal 5) hergestellt. Sie wird Anwendungsschnittstelle, kurz AST, genannt. Bei Bedarf können auch andere Tastsensoren, z. B. ein 2-fach-Tastsensor, aufgesteckt werden.

Die Wippen (auch: Tasten) des Tastsensors besitzen eine neutrale Mittelstellung. Ein Druck auf die Wippen oben oder unten schließt interne Schaltkreise des Anwendungsmoduls. Die Lage der Wippen wird mit Hilfe entsprechender Elektronik/Software ausgewertet. Ein kurzes Drücken einer Wippe könnte z. B. einen Schaltvorgang an einem Ausgang eines 6-fach-Schaltaktors bewirken, ein langes Drücken z. B. einen Dimmvorgang am Ausgang eines Dimmaktors.

3.5 Topologie

Wie bei der konventionellen Elektroinstallation gibt es auch bei einer EIB/KNX-Installation ein Energieversorgungsnetz – schließlich müssen nach wie vor die Verbraucher mit elektrischer Energie versorgt werden. Zusätzlich existiert aber noch ein Kommunikationsnetz, den Installationsbus EIB/KNX. Beide Netze sind galvanisch voneinander vollständig getrennt, was sich auch in der Verwendung unterschiedlicher Leitungen ausdrückt. Bei einer EIB/KNX-Installation muss also neben einem Energieversorgungsnetz auch noch ein Kommunikationsnetz geplant und errichtet werden.

Damit eine EIB/KNX-Anlage die vom Kunden gewünschten Gebäudefunktionen erfüllen kann, überlegt sich der Planer zunächst, welche Systemgeräte, Sensoren und Aktoren usw. benötigt werden. Danach legt er fest, an welcher Stelle die einzelnen EIB/KNX-Geräte im Gebäude montiert und wie sie miteinander über die Busleitung zu einem Kommunikationssystem verbunden werden müssen, siehe z. B. **Bild 3.16**, links. Die Art und Weise, wie dieses System aufgebaut ist, nennt man Topologie.

Die Topologie beschreibt die Struktur des Systems im Hinblick auf die kommunikationstechnische Verbindung der enthaltenen Komponenten. Sie wird durch einen Netzwerkgraphen beschrieben.

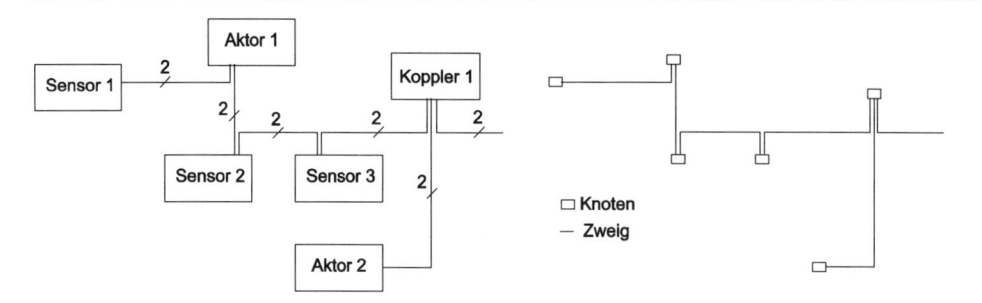

Bild 3.16 Beispiel für Topologie: EIB/KNX-Anlage (links) und zugehöriger Netzwerkgraph (rechts)

Ein Netzwerkgraph (**Bild 3.16**, rechts) besteht aus Knoten und Zweigen (auch: Kanten). Knoten des Kommunikationsnetzes sind EIB/KNX-Geräte, die mit mindestens einem weiteren EIB/KNX-Gerät direkt verbunden sind. Unter einer Linie als Verbindung von zwei Knoten kann man sich eine (zweiadrige) Busleitung (KNX.TP) bestimmter Länge vorstellen, wie es in **Bild 3.16**, links, dargestellt ist. Aber auch eine Funkverbindung (KNX.RF) kann eine Linie sein.

3.5.1 Teilnehmer, Linien, Bereiche

Die Topologie einer EIB/KNX-Anlage ist den konventionellen Installationsstrukturen in einem Gebäude nachempfunden. Es handelt sich um eine Baumtopologie, siehe **Bild 3.17**.

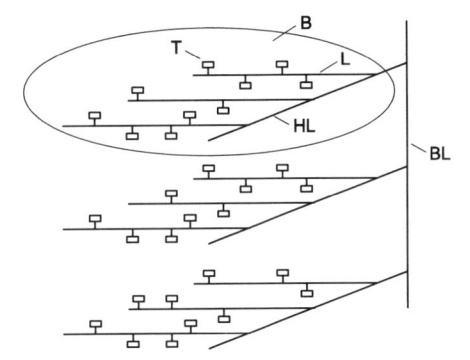

Bild 3.17 Baumtopologie des EIB/KNX

Es ist folgende Hierarchie zu erkennen:

- Teilnehmer (T) werden einer Linie (L) zugeordnet.
- Mehrere Linien sind über eine Hauptlinie (HL) verbunden und bilden einen Bereich (B).
- Mehrere Bereiche schließlich werden über die Bereichslinie (BL) miteinander gekoppelt.

Unter einem Bereich kann man sich z. B. ein Stockwerk eines Gebäudes vorstellen. In jedem Flur des Stockwerks befinden sich dann Linien, an welche jeweils die in den angrenzenden Räumen befindlichen Busgeräte angeschlossen sind.

Kleinere Anlagen bestehen oft nur aus ein paar Teilnehmern, die einem einzigen Bereich und einer einzigen Linie zugeordnet werden können. Teilnehmer ohne Linien- und Bereichszugehörigkeit gibt es nicht!

Die Anzahl von Teilnehmern, Linien und Bereichen hängt z. B. ab von der räumlichen Ausdehnung der Anlage und der Anzahl der zu installierenden Busgeräte. Im Normalfall besteht eine Linie aus einem einzigen Liniensegment und kann dann bis zu 64 Teilnehmer aufnehmen. Dies ist elektrisch und kommunikationstechnisch bedingt. Bei komplexen Anlagen mit großer räumlicher Ausdehnung und großer Anzahl von Teilnehmern erfolgt eine Strukturierung der Anlage in Bereiche, die Linien mit bis zu vier Liniensegmenten enthalten. Eine Linie mit vier Liniensegmenten kann bis zu 256 Teilnehmer aufnehmen. Ein anderer Grund für die Verwendung mehrerer Linien ist z. B. Redundanz zur Erhöhung der Verfügbarkeit oder zur Reduzierung der Buslast auf einer Linie mit Regelbausteinen.

Liniensegmente, Linien und Bereiche werden mit Hilfe von Linienverstärkern, Linienkopplern und Bereichskopplern datentechnisch miteinander verbunden. Sensoren, Aktoren und Koppler sind die eigentlichen Teilnehmer an der Datenkommunikation in einem EIB/KNX-System. Sie erhalten eine physikalische Adresse, unter der sie erreichbar sind (vgl. Abschnitt 3.5.4).

Jede Linie (Liniensegmente, Hauptlinien und die Bereichslinie) benötigt aus elektrischen und kommunikationstechnischen Gründen eine eigene Spannungsversorgung mit Drossel.

3.5.2 Spannungsversorgung (mit Drossel)

Eine Spannungsversorgung (SV) versorgt die Teilnehmer einer Linie mit Strom bei einer nominellen Spannung von 24 V DC und ermöglicht zusammen mit der Drossel die Datenkommunikation auf der Linie. Es gibt SV mit einem maximalen Strom von 640 mA für höchstens 64 Teilnehmer (vgl. **Bild 3.13**) und SV mit einem maximalen Strom von 320 mA für höchstens 32 Teilnehmer. Welche SV man wählt, ist abhängig von der tatsächlichen oder geplanten Anzahl der Teilnehmer je Linie.

Ein Vorteil dieses Konzepts mit einer SV je Linie ist, dass bei Ausfall einer SV nur die in der entsprechenden Linie enthaltenen Teilnehmer nicht mehr kommunizieren können, Teilnehmer in anderen Linien hingegen schon. Bei Ausfall einer Hauptlinie oder gar der Bereichslinie ist natürlich ein Großteil der linien- und bereichsübergreifenden Kommunikation gestört.

Linienkoppler (LK) und Bereichskoppler (BK) werden immer von der SV der untergeordneten Linie gespeist, d. h.,

- LK werden von der SV der jeweiligen Linie (Liniensegment 0) versorgt,
- BK von der SV der jeweiligen Hauptlinie.
- Linienverstärker (LV) erhalten Strom von der SV des untergeordneten Liniensegments (Liniensegmente 1 bis 3).

Aus elektrischen Gründen können also maximal enthalten sein (**Bild 3.19**):

- in einer Linie (mit einem Liniensegment 0) entweder 64 Sensoren/Aktoren oder 63 Sensoren/Aktoren plus ein LK,
- in den Liniensegmenten 1 bis 3 ein LV und 63 Sensoren/Aktoren,
- in einer Hauptlinie entweder 64 Sensoren/Aktoren oder 63 Sensoren/Aktoren plus ein BK,
- in einer Bereichslinie 64 Sensoren/Aktoren.

Bei der Planung der Anlage ist es sinnvoll, eine Ausbaureserve von ca. 20 % je Linie vorzusehen, damit man bei einer späteren Erweiterung keine neuen Linien hinzufügen muss. Einer Linie sollten daher höchstens etwa 50 Teilnehmer zugewiesen werden.

3.5.3 Koppler

Ein Koppler (**Bild 3.18**) ist ein Systemgerät und kann als Linienverstärker (LV), als Linienkoppler (LK) oder als Bereichskoppler (BK) eingesetzt werden. Dies wird bei der Projektierung festgelegt durch Vergabe spezieller physikalischer Adressen (siehe Abschnitt 3.5.4) und Wahl des entsprechenden Applikationsprogramms (Koppeln bzw. Verstärken).

Die durch LK, BK und LV miteinander verbundenen Linien bzw. Liniensegmente sind elektrisch eigenständig. Die galvanische Trennung bleibt auch beim Einbau von LK, BK und LV erhalten; es erfolgt lediglich eine datentechnische Verbindung.

3.5 Topologie

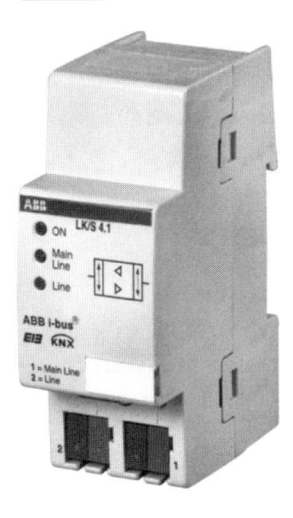

Bild 3.18 Koppler [ABB06]

3.5.3.1 Linienverstärker

Um eine Linie, die nur aus einem Liniensegment (LS, mit der Nummer 0) besteht, auf mehr als 64 Teilnehmer zu erweitern bzw. die räumliche Ausdehnung der Linie zu vergrößern, kann ein Koppler als Linienverstärker (*repeater*) eingesetzt werden. Es können maximal drei weitere Liniensegmente (mit den Nummern 1 bis 3) hinzugefügt werden (**Bild 3.19**).

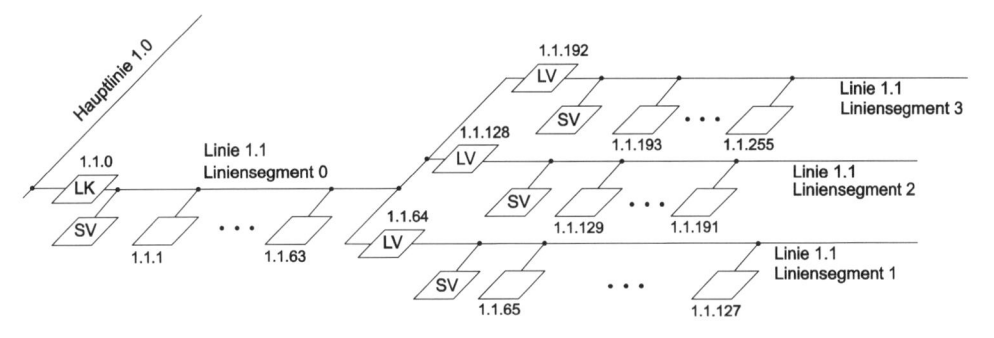

Bild 3.19 Linie mit drei Linienverstärkern und vier Segmenten

Beim Maximalausbau einer Linie (256 Teilnehmer) gibt es vier Liniensegmente (LS 0 bis LS 3), wobei sich in jedem LS höchstens 64 Teilnehmer befinden können und die LS 1, 2 und 3 parallel zu schalten sind. Dies ist dadurch begründet, dass übliche Datentelegramme nur maximal sechs Koppler (LK, BK oder LV) passieren können! Dann werden sie nicht mehr weitergeleitet (siehe Abschnitt 3.7.4).

Es gelten beim Maximalausbau einer Linie folgende Höchstwerte:

- Das LS 0 enthält höchstens 64 Aktoren/Sensoren bzw. 63 Sensoren/Aktoren und einen LK.
- Die LS 1 bis 3 enthalten jeweils einen LV und maximal 63 Aktoren/Sensoren.

Die LV erhalten beim Maximalausbau die physikalischen Adressen 1.1.64, 1.1.128 und 1.1.192. (Es sind aber auch andere Adressen möglich, z. B. 1.1.51, 1.1.101, 1.1.151, wenn je Liniensegment nur 50 Sensoren/Aktoren verbaut werden.)

Eine Linie im Maximalausbau enthält also 253 Sensoren/Aktoren (bzw. 252, wenn noch ein LK zwecks Ankopplung an die Hauptlinie eingesetzt wird).

3.5.3.2 Linienkoppler

Zur datentechnischen Verbindung von Linien innerhalb eines Bereichs werden diese mit Hilfe von Linienkopplern (LK) an die Hauptlinie des Bereichs angeschlossen (**Bild 3.20**).

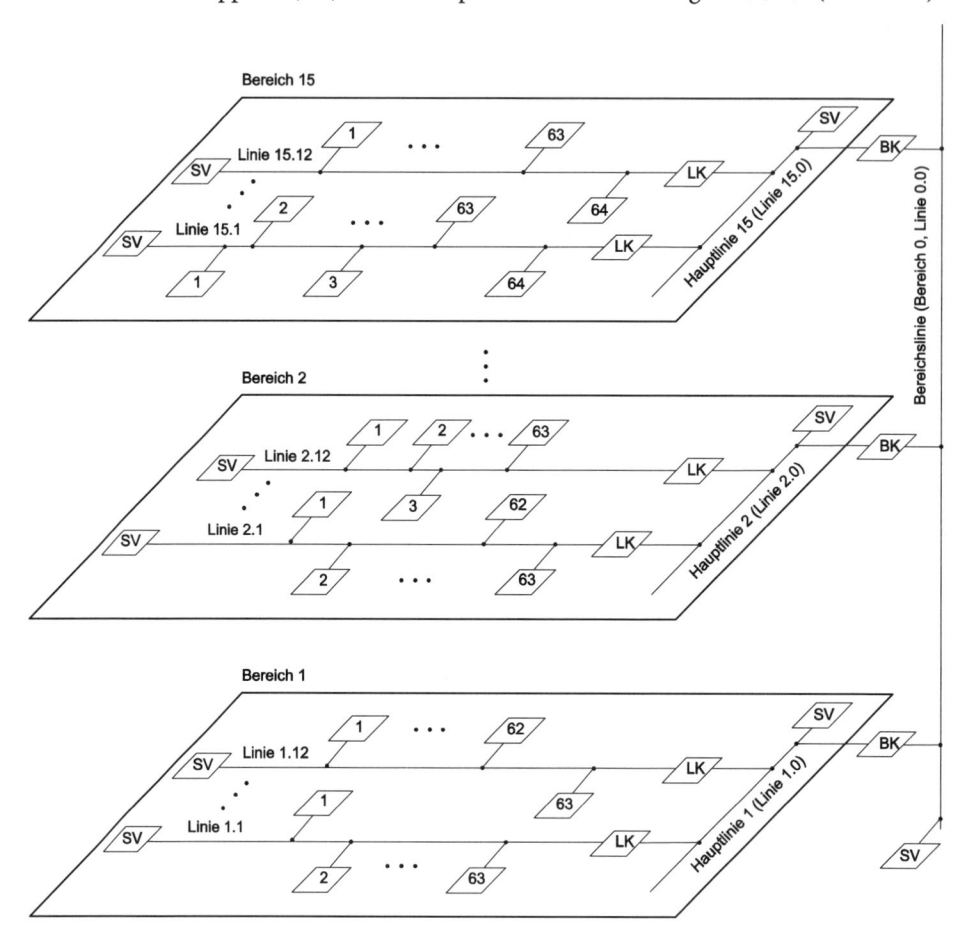

Bild 3.20 Topologie einer EIB/KNX-Anlage mit 11.535 Teilnehmern

3.5.3.3 Bereichskoppler

Zur datentechnischen Verbindung von Bereichen werden die Hauptlinien der Bereiche mittels Bereichskopplern (BK) an die Bereichslinie angeschlossen (**Bild 3.20**).

3.5.3.4 Filterfunktion und Telegrammweiterleitung bei Kopplern

Filterfunktion

Linienkoppler (LK) und Bereichskoppler (BK) können eine Filterfunktion wahrnehmen. Dies bedeutet insbesondere, dass Telegramme, die von einem Sender innerhalb der Linie verschickt werden, nur dann weitergeleitet werden, wenn es Empfänger gibt, die außerhalb der Linie des Senders liegen.

Hierzu verwalten die Koppler eine Filtertabelle mit Gruppenadressen, die bei der Inbetriebnahme mit der ETS 3 in den Koppler geladen und dauerhaft in einem EEPROM (*Electrically Erasable Programmable Read-Only Memory* – elektrisch löschbarer, programmierbarer Nur-Lese-Speicher, kurz EEPROM, auch E^2ROM genannt) gespeichert wird. Außerdem enthalten die Koppler einen Telegrammpuffer für z. B. je 50 Telegramme aus der übergeordneten bzw. untergeordneten Linie.

Durch die Filterung, die etwa 20 ms Zeit in Anspruch nimmt, werden die Telegramme nur dorthin weitergereicht, wo sie benötigt werden. Der Telegrammverkehr in der Gesamtanlage wird reduziert und der Datenverkehr innerhalb einer Linie vom Datenverkehr innerhalb einer anderen Linie entkoppelt. Somit ist ein gleichzeitiger Datenverkehr in mehreren Linien möglich.

Das Übertragungsverhalten von LK und BK kann mit der ETS 3 parametriert werden, z. B. kann die Filterung von Telegrammen mit Gruppenadressen in eine Richtung ausgeschaltet werden. Die Telegramme werden dann ohne Prüfung weitergeleitet.

Linienverstärker (LV) nehmen keine Filterfunktion wahr. Sie rekonstruieren das empfangene Signal und leiten es ins übergeordnete bzw. untergeordnete Segment weiter. Mit der ETS 3 kann eingestellt werden, ob das Telegramm bei Übertragungsfehlern nochmals gesendet werden soll. Wenn ja, wird es bis zu dreimal wiederholt.

Telegrammweiterleitung/Routingzähler

Im Normalbetrieb verwendete Telegramme können von LV, LK und BK bis zu sechsmal weitergeleitet werden. Zur Kontrolle der Anzahl von Weiterleitungen enthält das Telegramm einen Routingzähler (siehe Abschnitt 3.7.9.5). Der Sender belegt den Routingzähler mit der Zahl Sechs. Wenn von einem LV, LK oder BK ein Datentelegramm weitergeleitet wird, wird der darin enthaltene Routingzähler um eins verringert. Beim Zählerstand null erfolgt keine Weiterleitung mehr.

3.5.4 Teilnehmeradressierung

Alle EIB/KNX-Geräte, die an der Datenkommunikation teilnehmen (Sensoren, Aktoren, Koppler u. a.), müssen eine eindeutige physikalische Adresse haben. Teilnehmer gehören aber auch einer Gruppe an, um untereinander Informationen auszutauschen. Die Teilnehmer einer solchen Gruppe haben neben ihrer physikalischen Adresse dann auch eine Gruppenadresse, unter der sie kommunikationstechnisch erreichbar sind.

3.5.4.1 Physikalische Adressen

Jedes Busgerät (ausgenommen Spannungsversorgungen) erhält bei der Projektierung eine eindeutige physikalische Adresse. Sie wird bei der Inbetriebnahme mit der ETS 3 in den Teilnehmer geladen und dauerhaft in einem EEPROM gespeichert.

Die Vergabe der Adressen soll möglichst sinnvoll erfolgen und sich z. B. an der Reihenfolge der Einbauorte im Gebäude orientieren. Hierbei werden dann die physikalischen Adressen in örtlicher Nachbarschaft installierter Teilnehmer fortlaufend vergeben. Die physikalische Adresse muss hinreichend dauerhaft und gut lesbar am Busgerät angebracht werden, z. B durch Beschriftung des Etiketts.

Die einem Teilnehmer zugeordnete physikalische Adresse identifiziert den Teilnehmer eindeutig und gibt gleichzeitig Auskunft über seine topologische Lage im Gesamtsystem, und zwar durch die Angabe:

> Bereich.Linie.Teilnehmer (kurz: B.L.T).

Die formale Trennung durch Punkte ist wichtig, um physikalische Adressen von Gruppenadressen (formale Trennung durch Schrägstriche) unterscheiden zu können.

Für die physikalische Adresse sind im EIB/KNX-Telegramm 16 Bits vorgesehen:

- 4 Bits für den Bereich,
- 4 Bits für die Linie und
- 8 Bits für die Teilnehmer je Linie.

Hieraus ergibt sich, dass es $2^4 = 16$ Bereiche, $2^4 = 16$ Linien und $2^8 = 256$ Teilnehmer je Linie geben kann, insgesamt also $2^{16} = 65.536$ Teilnehmer. Dieses Maximum wird allerdings selten tatsächlich ausgenutzt. Insbesondere werden im Normalfall an die Hauptlinien und die Bereichslinie außer Kopplern keine weiteren Teilnehmer angeschlossen. Dadurch wird der linien- und bereichsübergreifende Datenverkehr, beispielsweise beim Aktualisieren einer Visualisierung, möglichst wenig durch den internen Datenverkehr der Teilnehmer einer Hauptlinie oder der Bereichslinie verzögert.

Üblicherweise beschränkt man sich bei der Vergabe der physikalischen Adressen auf:

- 15 Bereiche (mit den Bereichsnummern 1 bis 15),
- 12 Linien pro Bereich (mit den Liniennummern 1 bis 12) und
- 64 Teilnehmer je Linie (63 Sensoren/Aktoren mit den Teilnehmernummern 1 bis 63 und ein LK mit der Teilnehmernummer 0),

d. h. auf maximal $63 \times 12 \times 15 = 11.340$ Sensoren/Aktoren, zuzüglich $12 \times 15 = 180$ LK und 15 BK, insgesamt also 11.535 Teilnehmer (**Bild 3.20**).

Für die meisten Projekte im Wohn- und Zweckbau ist diese Anzahl mehr als ausreichend. Einige Dutzende bis einige Hundert Teilnehmer stellen bei der Großzahl der EIB/KNX-Projekte den Normalfall dar.

Physikalische Adressen von Linienkopplern, Bereichskopplern und Linienverstärkern

Für Linien- und Bereichskoppler sind die folgenden physikalischen Adressen reserviert:

- B.L.0 für Linienkoppler und
- B.0.0 für Bereichskoppler.

Linienverstärker müssen eine Teilnehmernummer größer null erhalten, z. B. 1.1.65.

Beispiele für physikalische Adressen (siehe auch **Bild 3.19**)

- Die Angabe 1.2.2 bedeutet, dass es sich um den 2. Teilnehmer in der 2. Linie des 1. Bereichs handelt.
- 1.12.0 ist ein Linienkoppler, der die 12. Linie des 1. Bereichs an die Hauptlinie des 1. Bereichs koppelt. Die Hauptlinie wird hierbei als die übergeordnete Linie bezeichnet, die Linie als untergeordnete Linie.
- 2.0.0 ist ein Bereichskoppler, der die Hauptlinie des 2. Bereichs mit der Bereichslinie verbindet. Diese wird hierbei als die übergeordnete Linie bezeichnet, die Hauptlinie als untergeordnete Linie.

3.5.4.2 Gruppenadressen (logische Adressen)

Bei der Inbetriebnahme einer EIB/KNX-Anlage mit der ETS 3 ist es erforderlich, Telegramme mit physikalischer Adresse als Zieladresse zu versenden, da ein ganz bestimmter Teilnehmer adressiert bzw. programmiert werden soll. Im Normalbetrieb einer EIB/KNX-Anlage werden Telegramme mit Gruppenadressen verwendet.

EIB/KNX unterscheidet zwei Arten von Gruppenadressen:

- Gruppenadressen mit Haupt- und Untergruppe (2-Ebenen-Adressierung),
- Gruppenadressen mit Haupt-, Mittel- und Untergruppe (3-Ebenen-Adressierung).

Die Adressierungsart kann mit der ETS 3 nach Wunsch des Projektierenden eingestellt werden. Für die Gruppenadresse ist im Telegramm ein Feld mit 16 Bits vorgesehen. Es werden allerdings nur 15 Bits benutzt.

2-Ebenen-Adressierung

Bei der 2-Ebenen-Adressierung werden 4 Bits für eine Hauptgruppe und 11 Bits für eine Untergruppe verwendet. Daher kann es $2^4 = 16$ Hauptgruppen (mit den Nummern 0 bis 15) und $2^{11} = 2048$ Untergruppen (mit den Nummern 0 bis 2047) geben. Die Gruppenadresse wird bei 2-Ebenen-Adressierung wie folgt angegeben:

> Hauptgruppe/Untergruppe (kurz: H/U).

Den Haupt- und Untergruppen gibt man üblicherweise zur besseren Unterscheidbarkeit (sinnvolle) Namen.

Beispiele für Gruppenadressen in 2-Ebenen-Adressierung:

- 1/1 Licht Wohnzimmer,
- 1/2 Licht Büro,
- 2/1 Jalousien Wohnzimmer,
- 2/2 Jalousien Büro.

3-Ebenen-Adressierung

Bei der 3-Ebenen-Adressierung werden 4 Bits für eine Hauptgruppe, 3 Bits für eine Mittelgruppe und 8 Bits für eine Untergruppe verwendet. Daher kann es $2^4 = 16$ Hauptgruppen (mit den Nummern 0 bis 15), $2^3 = 8$ Mittelgruppen (mit den Nummern 0 bis 7) und $2^8 = 256$ Untergruppen (mit den Nummern 0 bis 255) geben. Die Gruppenadresse wird bei 3-Ebenen-Adressierung wie folgt angegeben:

Hauptgruppe/Mittelgruppe/Untergruppe (kurz: H/M/U).

Beispiele für Gruppenadressen in 3-Ebenen-Adressierung:

- 1/1/1 Licht Wohnzimmer Decke,
- 1/1/2 Licht Wohnzimmer Stehlampe,
- 1/2/1 Licht Büro Decke,
- 1/2/2 Licht Büro Schreibtisch.

Man kann also im Vergleich zur 2-Ebenen-Adressierung einen höheren Detaillierungsgrad erreichen.

Hauptgruppen 14 und 15

Bei der Verwendung der Hauptgruppen ist bei beiden Adressierungsarten zu beachten, dass die Hauptgruppen 14 und 15 (auf Grund des begrenzten Speicherbereichs im EEPROM) in der Filtertabelle von Kopplern keinen Platz finden und im Normalfall nicht projektiert werden sollten. Wenn doch, müssen die Koppler entsprechend konfiguriert werden.

In der Praxis eingebürgert hat sich, die Hauptgruppe 0 für Alarmfunktionen zu reservieren, die Hauptgruppen 1 bis 13 dagegen für verschiedene Gewerke vorzusehen, z. B. Hauptgruppe 1 für Lichtfunktionen, Hauptgruppe 2 für Rollläden/Jalousien usw.

3.5.4.3 Destination Address Flag (DAF)

Damit die EIB/KNX-Teilnehmer beim Empfang eines Datentelegramms erkennen können, ob die Zieladresse eine physikalische Adresse oder eine Gruppenadresse ist, gibt es ein besonderes Bit im 6. Datenbyte des Telegramms: das *Destination Address Flag* (DAF). Sein Wert wird auf null gesetzt, wenn die Zieladresse eine physikalische Adresse ist, andernfalls auf eins.

3.5.4.4 Zuordnung von Kommunikationsobjekten zu Gruppenadressen

Um eine Kommunikation zwischen Sensoren und Aktoren zu realisieren, werden Kommunikationsobjekte (K.Obj.) und Gruppenadressen verwendet. Zwei typische Gruppen (hier mit den Gruppenadressen 1/1 und 1/2) sind beispielhaft in **Bild 3.21** dargestellt.

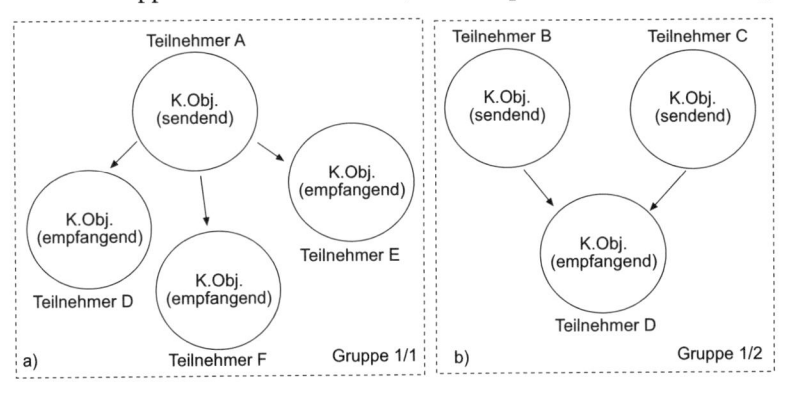

Bild 3.21 Gruppen mit sendenden und empfangenden Kommunikationsobjekten

Die meisten K.Obj. (siehe auch Abschnitt 3.9.5.2) der Teilnehmer A bis F sind nur einer Gruppenadresse zugeordnet. Das K.Obj. von Teilnehmer D ist aber in beiden Gruppenadressen enthalten.

Allgemein müssen bei der Zuordnung von K.Obj. zu Gruppenadressen folgende Regeln beachtet werden:

- Eine Gruppenadresse muss mindestens ein sendendes K.Obj. und mindestens ein empfangendes K.Obj. enthalten.
- Ein sendendes K.Obj. darf nur einer einzigen Gruppenadresse zugeordnet werden.

Bei dem sendenden Teilnehmer A der Gruppe 1/1 könnte es sich um einen 4-fach-Tastsensor (physikalische Adresse 1.1.1) handeln, der unter Verwendung eines K.Obj. ein Gruppentelegramm an je ein K.Obj. von drei 6-fach-Schaltaktoren (Teilnehmer D, E und F mit den physikalischen Adressen 1.1.4, 1.1.5 und 1.1.6) sendet.

Bei den sendenden Teilnehmern B und C der Gruppe 1/2 könnte es sich um zwei 4-fach-Tastsensoren (mit den physikalischen Adressen 1.1.2 und 1.1.3) handeln, die unter Verwendung je eines K.Obj. ein Gruppentelegramm an ein K.Obj. eines 6-fach-Schaltaktors (Teilnehmer D mit der physikalischen Adresse 1.1.4) senden.

Mit Hilfe der ETS 3 müssen dafür zunächst die beiden Gruppenadressen 1/1 und 1/2 erstellt und ihnen dann die K.Obj. der Busgeräte zugeordnet werden (vgl. Abschnitt 3.10.3.2).

Bei der Definition von Gruppenadressen muss man unbedingt beachten, dass ein Sensor Datentelegramme immer nur innerhalb einer Gruppenadresse versenden kann, indem eines seiner (sendenden) K.Obj. dieser Gruppenadresse zugeordnet wird (siehe Abschnitt 3.9.5.2).

Beispielsweise ist es nicht möglich, mit einem Drücken der Taste „links oben" eines 4-fach-Tastsensors eine Lampengruppe 1 einzuschalten und mit einem wiederholten Drücken auf diese Taste eine Lampengruppe 2. Dies setzt nämlich zwei Datentelegramme mit unterschiedlichen Gruppenadressen und unterschiedlichen K.Obj. voraus.

Ein Aktor hingegen kann mehreren Gruppen angehören und Datentelegramme von mehreren Sensoren empfangen, indem eines seiner (empfangenden) Kommunikationsobjekte mehreren Gruppenadressen zugeordnet wird.

Mitglieder einer Gruppe müssen keinesfalls alle an eine Linie angeschlossen, d. h. elektrisch miteinander verbunden sein. Es handelt sich vielmehr um eine logische Verknüpfung, die es ermöglicht, dass die Kommunikation die durch die galvanische Trennung der Linien gegebenen elektrischen Grenzen überschreitet.

3.5.5 Ergänzende Hinweise zu Linien

Linien B.0 und Bereich 0

Bei der Projektierung einer EIB/KNX-Anlage werden gewöhnlich nur die Bereichsnummern 1 bis 15 und die Liniennummern 1 bis 12 vergeben.

Der Bereich mit der Nummer 0 entspricht der Bereichslinie (Linie 0.0) und die Linien mit der Nummer B.0 (eine je Bereich) entsprechen den Hauptlinien (Linien 1.0, 2.0 bis 12.0). Diese Linien werden im Normalfall nicht für den Anschluss von Sensoren/Aktoren genutzt. Die Möglichkeit dazu besteht aber.

Aktoren/Sensoren an einer Hauptlinie B.0

Im Normalfall sind an den Hauptlinien keine Sensoren/Aktoren angeschlossen, damit der dadurch verursachte Datenverkehr nicht den linien- oder bereichsübergreifenden Datenverkehr beeinflussen kann.

Die Spannungsversorgung einer Hauptlinie muss daher im Normalfall nur einen Bereichskoppler mit Strom versorgen. Es können dann also noch bis zu 63 Sensoren/Aktoren an die Hauptlinie angeschlossen werden. Diese erhalten dann die physikalischen Adressen B.0.x, wobei x von 1 bis 255 variieren kann. Die Adresse B.0.0 ist für den Bereichskoppler reserviert. Mögliche Adressen sind z. B.:

- 1.0.1 bis 1.0.63 oder
- 1.0.100 bis 1.0.162.

Wenn die EIB/KNX-Anlage nur aus einem Bereich besteht und daher kein Bereichskoppler benötigt wird, können bis zu 64 Sensoren/Aktoren an die Hauptlinie angeschlossen werden.

Aktoren/Sensoren an der Bereichslinie

Im Normalfall sind an der Bereichslinie keine Sensoren/Aktoren angeschlossen, damit der dadurch verursachte Datenverkehr nicht den bereichsübergreifenden Datenverkehr beeinflussen kann.

Die Spannungsversorgung einer Bereichslinie muss daher im Normalfall kein Busgerät mit Strom versorgen. Es können also noch bis zu 64 Sensoren/Aktoren an die Bereichslinie angeschlossen werden. Diese erhalten dann die physikalischen Adressen 0.0.x, wobei x von 0 bis 255 variieren kann.

Mögliche Adressen sind z. B.:

- 0.0.1 bis 0.0.64 oder
- 0.0.100 bis 0.0.163.

3.5.6 Installationsrichtlinien

Bei der räumlichen Anordnung der EIB/KNX-Teilnehmer im Gebäude gilt es Installationsrichtlinien zu beachten, damit den Geräten auch bei größerer Entfernung von der Spannungsversorgung noch die geforderte Mindestspannung (20 V) zur Verfügung steht (im Hinblick auf den Spannungsfall längs der Leitung) und die Datenübertragung ordnungsgemäß (insbesondere im Hinblick auf Erkennung von Kollisionen bei mit zunehmender Leitungslänge wachsender Signallaufzeit) ablaufen kann (**Bild 3.22**).

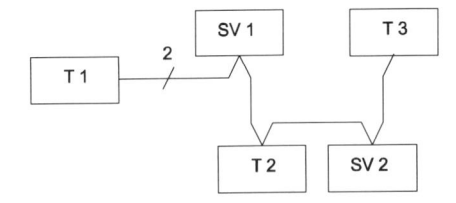

Bild 3.22 Installationsrichtlinien

Die folgenden Angaben gelten für eine Linie bzw. ein Liniensegment.
- Die gesamte Leitungslänge darf nicht mehr als 1.000 m betragen.
- Die Leitungslänge zwischen den beiden am weitesten voneinander entfernten Teilnehmern, z. B. zwischen T1 und T3 in **Bild 3.22**, darf nicht mehr als 700 m betragen.
- Die maximale Leitungslänge zwischen einer Spannungsversorgung und einem Teilnehmer, z. B. zwischen SV1 und T1 oder SV2 und T3 in **Bild 3.22**, darf 350 m nicht überschreiten.
- Bei Verwendung von zwei Spannungsversorgungen, was z. B. bei erhöhtem Strombedarf der Teilnehmer erforderlich ist, muss die Leitungslänge zwischen den beiden mindestens 200 m betragen.

Aufgabe 3.3

Wie viele Linien (Linien, Hauptlinien, Bereichslinien) kann es maximal in einer EIB/KNX-Anlage geben, in der keine Linienverstärker verwendet werden?

Aufgabe 3.4

Eine EIB/KNX-Anlage besteht aus einer Linie mit 40 Teilnehmern. Die gesamte Leitungslänge beträgt 790 m. Der größte Entfernung eines Teilnehmers zur Spannungsversorgung beträgt 190 m. Entspricht die Anlage den Installationsrichtlinien?

3.5.7 Blockschaltbilder und genormte Gerätesymbole

Um die Topologie einer EIB/KNX-Anlage grafisch zu beschreiben, verwendet man Blockschaltbilder mit genormten Gerätesymbolen. In **Bild 3.23** ist als Beispiel das Blockschaltbild einer kleinen EIB/KNX-Anlage dargestellt. Die (serielle) Schnittstelle RS 232 wird zur Programmierung (physikalische Adressen, Applikationsprogramme) der Busgeräte mit Hilfe der ETS 3 benötigt. Danach kann sie entfernt werden, da sie für den Betrieb der Anlage nicht erforderlich ist.

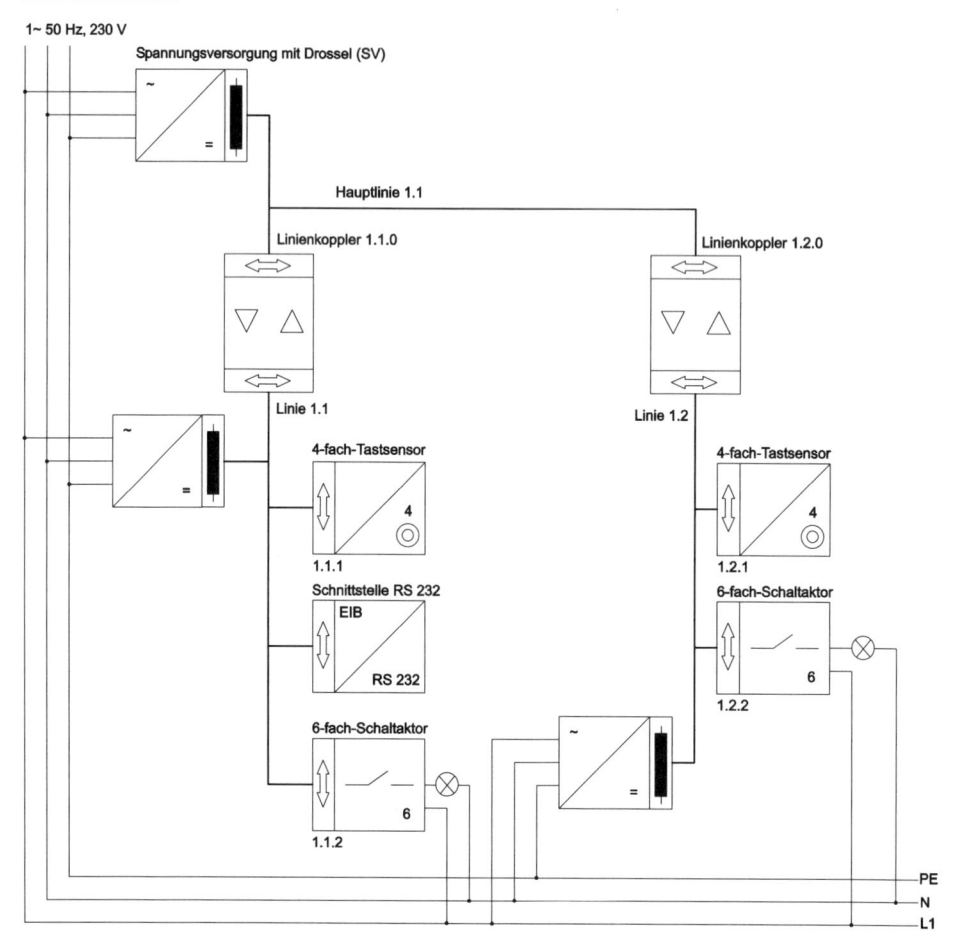

Bild 3.23 Blockschaltbild einer kleinen EIB/KNX-Anlage mit einem Bereich und zwei Linien

Aufgabe 3.5

Um welchen Bereich (Nummer) handelt es sich in **Bild 3.23**?

Wo müsste ein Bereichskoppler eingebaut werden und welche physikalische Adresse müsste dieser haben, um den Bereich an die Bereichslinie zu koppeln?

3.6 Übertragungsmedien und KNX.TP-Bussignale

3.6.1 Übertragungsmedien

Für die Übertragung der Daten zwischen den Teilnehmern können verschiedene Übertragungsmedien eingesetzt werden [KNX04]:

- *Twisted Pair* (KNX.TP),
- *Power Line* (KNX.PL),
- Funk (KNX.RF),
- Ethernet (KNXnet/IP),
- Lichtwellenleiter [ABB06].

Bitinformationen, wie sie in einem EIB/KNX-Telegramm auftreten, müssen abhängig vom Übertragungsmedium in ein geeignetes physikalisches Signal umgeformt werden, z. B. in Spannungssignale, Funksignale, Lichtsignale. Dies ist die Aufgabe des *Transceivers* (siehe Abschnitt 3.8.2.2).

3.6.1.1 KNX.TP

Am häufigsten, insbesondere bei Neubauten, wird die *Twisted-Pair*-Übertragung (KNX.TP) eingesetzt, da sie die kostengünstigste Variante des EIB/KNX darstellt und die Verlegung einer separaten Datenleitung im Neubau keinerlei Probleme bereitet.

Die *KNX Association* hat verschiedene Leitungen zertifiziert. Die klassische *Twisted-Pair*-Leitung wird mit YCYM 2 x 2 x 0,8 bezeichnet. Sie hat eine grüne PVC-Ummantelung und besteht aus zwei Adernpaaren, deren Adern einen Durchmesser von 0,8 mm haben, paarweise verdrillt und geschirmt sind (mit aluminiumkaschierter Folie). Das Adernpaar mit der roten Ader (+) und der schwarzen Ader (–) wird für die Energieversorgung der Teilnehmer und gleichzeitig für die Datenübertragung verwendet. Das Adernpaar mit der gelben und weißen Ader ist als Reserve vorgesehen, z. B. für eine zusätzliche Energieversorgung der Teilnehmer.

Twisted-Pair-Leitungen können auf und unter Putz, in trockenen, feuchten und nassen Räumen verlegt werden. Für sie gelten dieselben Installationsbedingungen wie für Starkstromleitungen [RUDOLPH99].

3.6.1.2 KNX.PL, KNX.RF, KNXnet/IP, Lichtwellenleiter

Bei bestimmten Einsatzbedingungen werden dem KNX.TP andere Übertragungstechniken vorgezogen:

- Der Vorteil von KNX.PL [ROSCH98] zeigt sich, wenn das vorhandene Stromnetz zur Datenübertragung genutzt werden muss, weil keine separate Busleitung zusätzlich verlegt werden kann. Die Datensignale werden hierbei der Sinusspannung des Energieversorgungsnetzes überlagert.

- Beim KNX.RF brauchen ebenfalls keine Busleitungen verlegt zu werden, da Funksignale verwendet werden.
- KNXnet/IP wird bei der Einbindung von EIB/KNX-Anlagen in TCP/IP-Netze der Gebäudeautomation (siehe Kapitel 1) eingesetzt, z. B. bei der Kommunikation mit Bedien- und Beobachtungsstationen.
- Lichtwellenleiter [ABB06] werden genutzt zur Überbrückung größerer Entfernungen bzw. zur Vermeidung der Installation von Blitz- und Überspannungsschutzvorrichtungen bei gebäudeüberschreitender Leitungsverlegung.

3.6.2 Bussignale beim KNX.TP

Von den verschiedenen Signalarten beim EIB/KNX soll beispielhaft das Signal beim KNX.TP vorgestellt werden. Die Bitinformationen wird hierbei in ein Spannungssignal umgeformt. Dazu werden spezielle Bausteine, so genannte *Transceiver*, verwendet, z. B. ein TP-UART-IC [KNX04]. Das Signal ist eine Differenzspannung zwischen der roten Plusader (A-Leitung) und der schwarzen Minusader (B-Leitung). Der Spannungsverlauf über der Zeit kann z. B. mit einem Oszilloskop gemessen werden.

Im Folgenden werden als Beispiel für einen Bussignalausschnitt die ersten fünf Signalelemente eines EIB/KNX-Datentelegramms betrachtet. Dessen erste 3 Bits sind immer Nullbits. Danach folgt z. B. die Bitkombination 1 0, wenn es sich um ein Telegramm mit hoher Priorität handelt (siehe Abschnitt 3.7.3.3). Die dieser Bitfolge entsprechenden Potenzialverläufe auf der A- und B-Leitung sind in **Bild 3.24** dargestellt. Die Potenzialdifferenz u_{AB} beträgt nominell 24 V DC, wenn es keine Busaktivität (*bus idle*) gibt oder ein Einsbit gesendet wird.

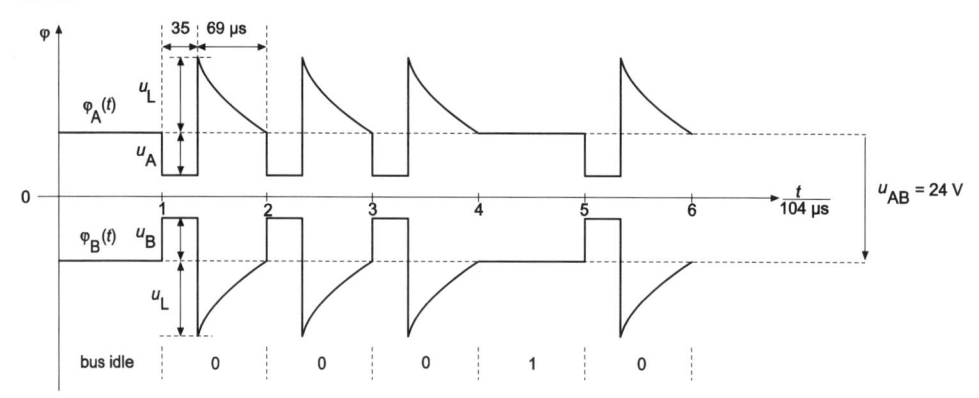

Bild 3.24 Potenzialverläufe der A- und B-Leitung bei KNX.TP

Es gelten folgende Beziehungen:

$$0{,}25\,\text{V} \leq u_A, u_B \leq 5\,\text{V} \quad \text{und}$$

$$u_L = 1{,}7 \cdot u_A \leq 5\,\text{V}.$$

3.7 Kommunikationsablauf

Von den Empfängern ausgewertet wird die Potenzialdifferenz $\varphi_A - \varphi_B = u_{AB}$ (**Bild 3.25**).

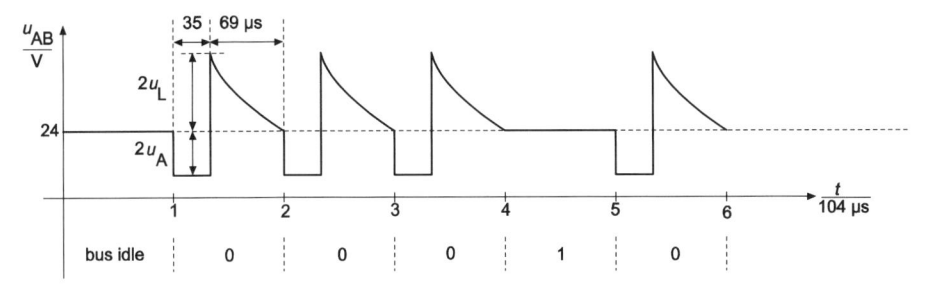

Bild 3.25 Spannungssignalverlauf beim KNX.TP

Der in **Bild 3.25** dargestellte Spannungsverlauf stellt eine Idealisierung dar! Abhängig von der Anzahl der Teilnehmer, der Entfernung von der Spannungsversorgung (Spannungsfall längs der Leitung, Leitungskapazitäten) und externen Störspannungen ergeben sich zum Teil erhebliche Abweichungen von der idealen Form. Die Empfängerbausteine können jedoch auch verformte und verzerrte Signale verarbeiten, sofern sie in einer vorgegebenen Toleranzzone liegen. Durch Koppler und Linienverstärker werden die Signale bei der Weiterleitung in die nächste Linie bzw. das nächste Liniensegment regeneriert, so dass auch weit vom Sender entfernte Empfänger die im Signal enthaltene digitale Information noch sicher detektieren können.

3.6.3 Datenübertragungsrate (Bitrate) beim KNX.TP

Ausgehend von der für die Übertragung eines Bits benötigten Zeit, der Bitdauer $T = 104$ μs, lässt sich die Bitrate v_{bit} beim KNX.TP berechnen zu:

$$v_{bit} = \frac{1}{T} = \frac{1\,\text{bit}}{104\,\mu s} \approx 9615\,\frac{\text{bit}}{\text{s}} \approx 9{,}6\,\frac{\text{kbit}}{\text{s}}.$$

3.7 Kommunikationsablauf

In diesem Abschnitt wird beschrieben, welche Telegrammarten es beim EIB/KNX gibt, wie ein Telegramm auf den Bus gelangt (Zugriffsklassen, Buszugriffsverfahren CSMA/CA), wie es versendet wird (nämlich als Folge von UART-Zeichen), auf welche Weise die Empfänger adressiert werden und wie der zeitliche Ablauf der Kommunikation zwischen einem Sender und einer Empfängergruppe aussieht. Es wird angenommen, dass alle EIB/KNX-Geräte bereits mit Hilfe der ETS 3 projektiert, programmiert und erfolgreich in Betrieb genommen worden sind (vgl. Abschnitt 3.10).

3.7.1 Telegrammarten: Daten- und Bestätigungstelegramm

Informationen zwischen EIB/KNX-Teilnehmern werden mit Hilfe von Telegrammen ausgetauscht. Es werden Datentelegramme und Bestätigungstelegramme unterschieden.

Auslöser für das Versenden von Datentelegrammen sind einzelne Ereignisse, z. B. „Taste links oben eines 4-fach-Tastsensors wurde gedrückt." (Es gibt aber auch EIB/KNX-Geräte, die periodisch Datentelegramme versenden.) In der Folge versendet das betreffende Busgerät ein Datentelegramm mit einer bestimmten Gruppenadresse.

Alle Empfänger, die zu dieser Gruppe gehören, quittieren (gleichzeitig) den Empfang des Datentelegramms mit einem Bestätigungstelegramm. Da eine Überlagerung mehrerer Antworttelegramme erfolgt, wird das Bestätigungstelegramm auch als Summentelegramm bezeichnet. Bei einem außerhalb der Linie des Senders befindlichen Teilnehmer wird das Telegramm vom Koppler quittiert.

Datentelegramm

Die in einem Datentelegramm enthaltene Bitinformation ist in sieben Bitfelder strukturiert:

- Kontrollfeld (1 Byte),
- Quelladresse (2 Bytes),
- Zieladresse (2 Bytes + 1 Bit),
- Routingzähler (3 Bits),
- Längenangabe (4 Bits),
- Nutzdaten (1 bis 16 Bytes),
- Prüffeld (1 Byte).

Das kürzeste Datentelegramm beinhaltet 9 Byte Daten (mit 2 Byte Nutzdaten), das längste 23 Byte Daten (mit 16 Byte Nutzdaten). Die häufigsten Datentelegramme, hierzu gehören z. B. Schalttelegramme, haben eine Länge von 9 Byte.

Bestätigungstelegramm

Ein Bestätigungstelegramm (siehe Abschnitt 3.7.7) enthält nur ein Byte.

3.7.2 UART-Zeichen

Daten- und Bestätigungstelegramme werden als Folge von UART-Zeichen versendet. Ein UART-Zeichen ist hierbei wie folgt aufgebaut:

- 1 Startbit (SB, mit dem Wert 0),
- 8 Datenbits (D7, D6, ..., D0),
- 1 Paritätsbit (PB, gerade Parität),
- 1 Stoppbit (auch: Endebit)(EB, mit dem Wert 1).

Nach dem Versenden eines UART-Zeichens wird jeweils eine Pause von zwei Bitzeiten eingelegt, bevor das nächste Zeichen versendet wird. Ein EIB/KNX-Zeichen hat somit insgesamt eine Dauer von 13 Bitzeiten. Zwischen dem letzten UART-Zeichen des Datentelegramms und dem (Summen-)Bestätigungstelegramm der Empfängergruppe gibt es eine Pause von

3.7 Kommunikationsablauf

einem Zeichen. Zwischen dem Stoppbit des letzten Zeichens des Datentelegramms und dem Startbit des Bestätigungstelegramms liegen somit insgesamt 15 Bitzeiten Pause.

Beispiel für ein UART-Zeichen: Kontrollzeichen

Angenommen, das Kontrollfeld (Kontrollbyte) eines Datentelegramms hat folgenden Inhalt (**Tabelle 3.4**):

Tabelle 3.4 Kontrollfeld: Inhalt

MSB							LSB
D7	D6	D5	D4	D3	D2	D1	D0
1	0	1	1	1	1	0	0

Dies ist die übliche Darstellung der Datenbits D7 bis D0: Das höchstwertige Bit (*Most Significant Bit* – MSB) steht ganz links, das niedrigstwertige Bit (*Least Significant Bit* – LSB) ganz rechts.

Beim Versenden des Kontrollfelds als UART-Zeichen werden die Datenbits vom UART-Baustein automatisch um ein Startbit SB, ein Paritätsbit PB (mit gerader Parität) und ein Endebit EB ergänzt, und die Reihenfolge der Datenbits D7 bis D0 wird umgekehrt (**Tabelle 3.5**).

Tabelle 3.5 Tatsächliche Reihenfolge der Bits beim Versenden des UART-Zeichens

SB	D0	D1	D2	D3	D4	D5	D6	D7	PB	EB
0	0	0	1	1	1	1	0	1	1	1

3.7.3 Busarbitrierung

Wenn zwei und mehr Teilnehmer gleichzeitig ein Telegramm versenden wollen, entsteht ein Buszugriffskonflikt. Um diesen aufzulösen und zu bestimmen, welches Telegramm als erstes vollständig versendet werden darf (Busarbitrierung), wird beim EIB/KNX das Buszugriffsverfahren CSMA/CA (*Carrier Sense Multiple Access/Collision Avoidance*) verwendet.

Es gehört zur Gruppe der stochastischen Buszugriffsverfahren und setzt voraus, dass es auf dem Bus dominante und rezessive Signalelemente gibt. Dies bedeutet, dass sich das dominante Signalelement gegenüber dem rezessiven durchsetzt. Beim EIB/KNX ist das dem Nullbit zugeordnete Signalelement (siehe Abschnitt 3.6.2) dominant, das dem Einsbit zugeordnete hingegen rezessiv.

3.7.3.1 Freier Bus

Wenn ein Teilnehmer ein Datentelegramm über den Bus versenden will, muss er sich zuerst vergewissern, dass der Bus frei ist. Wenn daher ein Ereignis, wie z. B. ein Tastendruck, eingetreten ist, beobachtet der Sender zunächst den Bus und prüft, ob eine Busaktivität vorhanden ist. Der Bus gilt als frei, wenn über einen Zeitraum von 50 Bitzeiten keine Datenübertragung stattfindet (*bus idle*). Das Bussignal ist in diesem Fall identisch mit dem Bussignal für eine Folge von 50 Einsbits, d. h., die Spannungsdifferenz zwischen der roten und schwarzen Ader beträgt konstant (nominell) 24 V DC (siehe Abschnitt 3.6.2). Wenn mehrere Teilnehmer zur gleichen Zeit erkennen, dass der Bus frei ist, beginnen sie ihre Telegramme zu versenden. Bit für Bit wird nun von jedem Sender geprüft, ob er weiter senden darf (CSMA/CA).

3.7.3.2 Carrier Sense Multiple Access/Collision Avoidance (CSMA/CA)

CSMA/CA ist ein Verfahren, das es ermöglicht, einen Buszugriffskonflikt so zu lösen, dass genau ein Sender sein Telegramm ohne Zeitverlust versenden kann (**Bild 3.26**).

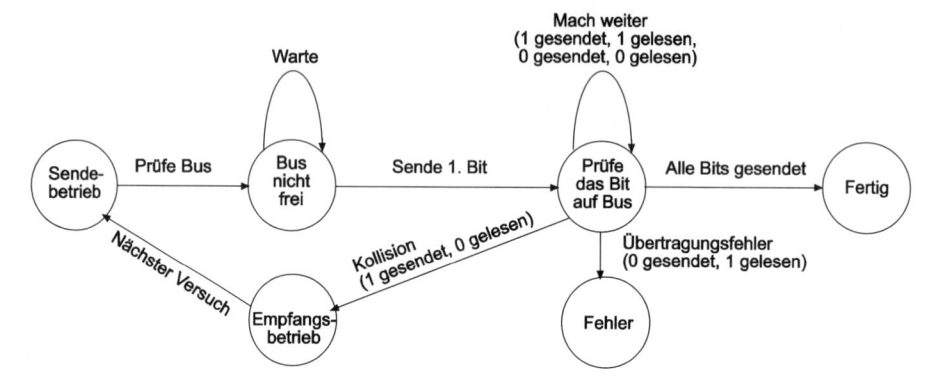

Bild 3.26 Zustandsdiagramm des CSMA/CA- Protokolls

Den Ablauf von CSMA/CA kann man sich wie folgt veranschaulichen:

Zwei Personen sitzen während der Nacht in einem dunklen Raum vor einem Fenster und wollen jeweils mit Hilfe einer Taschenlampe ein Lichttelegramm nach draußen versenden. Es sind folgende Signalelemente vereinbart:

- Nullbit: Taschenlampe wird für eine Sekunde eingeschaltet (Raum ist hell),
- Einsbit: Taschenlampe wird für eine Sekunde ausgeschaltet (Raum ist dunkel).

Als Bitzeit wird 1 s definiert, d. h., die Bitrate beträgt 60 bit/s. Folgende Bitfolgen sollen verschickt werden:

- Person A: 0 1 1 0 (hell - dunkel - dunkel - hell),
- Person B: 0 1 0 1 (hell - dunkel - hell - dunkel).

Wenn es 50 Bitzeiten (hier: 50 s) lang dunkel war (keine Busaktivität), fangen beide Personen an zu senden, indem sie eine Sekunde lang ihre Taschenlampen einschalten (Nullbit, hell). Beide beobachten das Signalelement „hell", das mit dem von ihnen gesendeten Signalelement übereinstimmt, und senden daher weiter.

Auch beim zweiten Bit (Einsbit, dunkel) stimmt das Signalelement „dunkel" mit dem von beiden gesendeten Signalelement „dunkel" überein. Beide senden daher weiter.

Beim dritten Bit kommt es aber zu einer Kollision, bei der sich das dominante Nullbit (hell) von Person B durchsetzt. Es ist hell, obwohl Person A es dunkel haben will. Damit hat Person

3.7 Kommunikationsablauf

A die Busarbitrierung verloren, beendet ihren Sendebetrieb und wechselt in den Empfangsbetrieb. Person B hat die Busarbitrierung gewonnen und kann alle weiteren Bits ihres Telegramms vollständig versenden. Person A versucht es später noch einmal, wenn die Übertragung des Telegramms von Person B beendet ist.

Die schaltungstechnische Realisierung von CSMA/CA beim EIB/KNX soll im Rahmen dieser grundlegenden Einführung nicht näher erläutert werden. Hier sei auf [KNX04] verwiesen.

Eine mögliche technische Realisierung von dominanten und rezessiven Bits, die *Wired-And*-Schaltung (verdrahtetes Und), sei an dieser Stelle trotzdem noch erläutert, siehe **Bild 3.27**.

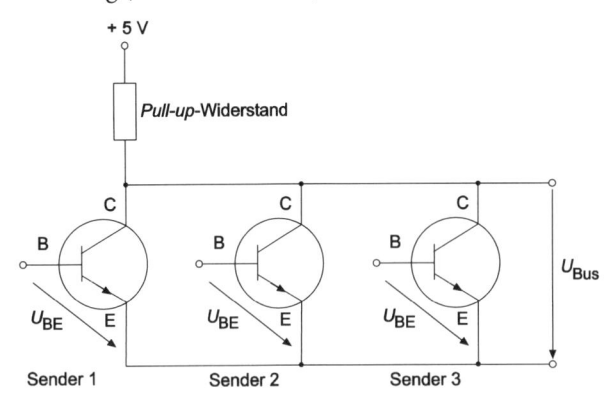

Bild 3.27 Wired-And-Schaltung: dominante und rezessive Bits

Die drei Transistoren (mit Basis B, Kollektor C und Emitter E) werden als elektronische Schalter in einer *Wired-And*-Schaltung verwendet. Wenn für die Basis-Emitter-Spannung eines Transistors gilt: $U_{BE} \leq 0$, kann vom Kollektor C zum Emitter E kein Strom fließen: Schalter geöffnet. Für $U_{BE} > 0$ fließt ein Strom, die Potenziale von C und E sind praktisch gleich: Schalter geschlossen. Wenn für alle (*wired and*) Transistoren gilt: $U_{BE} \leq 0$, dann kann kein Strom durch den *Pull-up*-Widerstand fließen, und es folgt: $U_{Bus} = 5$ V. Sobald die Basis-Emitter-Spannung nur eines Transistors größer null wird (Schalter geschlossen), wird das Potenzial am Kollektor auf Emitterpotenzial gezogen und U_{Bus} wird null. $U_{BE} > 0$ stellt daher das dominante Bit dar.

Mit CSMA/CA ist also eine bitweise Busarbitrierung möglich. Ein Teilnehmer gewinnt auf jeden Fall den Buszugriff und kann sein Telegramm vollständig ohne Zeitverlust versenden.

3.7.3.3 Prioritäten, Wiederholungsbit, Quelladresse und Zugriffsklassen

Beim EIB/KNX wird die Busarbitrierung entschieden mit Hilfe von:

- zwei Prioritätsbits D3 (P1) und D2 (P0) im Kontrollfeld,
- dem Wiederholungsbit D5 (R) im Kontrollfeld und
- den Bits der Quelladresse.

Auch Zugriffsklassen beeinflussen (noch vor dem Start des CSMA/CA-Verfahrens) die Reihenfolge, in welcher die Datentelegramme versendet werden.

Prioritäten

Die Prioritäten nach **Tabelle 3.6** werden beim EIB/KNX unterschieden. Ein Systemtelegramm hat die höchste Priorität, ein Normaltelegramm die niedrigste.

Tabelle 3.6 Prioritäten

D3 (P1)	D2 (P0)	Priorität (Telegrammtyp)
0	0	Systempriorität (Systemtelegramm)
1	0	Alarmpriorität (Alarmtelegramm)
0	1	Hohe Priorität (Vorzugstelegramm)
1	1	Niedrige Priorität (Normaltelegramm)

Da das Prioritätsbit P0 vor dem Prioritätsbit P1 und dem Wiederholungsbit R (*repeat flag*) gesendet wird, kommt ihm die größte Bedeutung bei der Busarbitrierung zu. Denn das Telegramm, das als erstes ein dominantes Bit besitzt, wenn die anderen rezessive Bits aufweisen, gewinnt den Buszugriff. In den meisten Fällen sind Datentelegramme Normaltelegramme mit niedriger Priorität. Bei Datentelegrammen mit gleicher Priorität kann das Wiederholungsbit bereits die Busarbitrierung entscheiden.

Wiederholungsbit

Ein erstmalig gesendetes Datentelegramm kann von einem oder mehreren Empfängern negativ quittiert werden (siehe Abschnitt 3.7.7.1). Daraufhin muss der Sender das Datentelegramm noch einmal senden. Damit nun diejenigen Empfänger, die das Datentelegramm beim erstmaligen Versenden bereits erfolgreich empfangen und verarbeitet haben, die Information nicht noch einmal verarbeiten, wird das Wiederholungstelegramm als solches gekennzeichnet, indem das Wiederholungsbit auf null gesetzt wird. Dies hat zur Folge, dass Wiederholungstelegramme eine höhere Priorität im Vergleich zu erstmalig gesendeten Datentelegrammen haben.

Quelladresse

Bei Datentelegrammen mit gleicher Priorität und gleichem Wiederholungsbit muss die Busarbitrierung mit Hilfe der (eindeutigen) Quelladresse entschieden werden. Da sich die Busarbitrierung immer nur innerhalb einer Linie oder eines Liniensegments abspielt (Koppler und Linienverstärker bilden sozusagen die Grenze des Gebiets der Busarbitrierung), wird der Buszugriffskonflikt durch die Teilnehmernummer entschieden. Hierbei gewinnt nicht immer der Sender mit der kleinsten Teilnehmernummer, sondern derjenige, der beim Bit-für-Bit-Vergleich der UART-Zeichen ein Nullbit hat, wenn die anderen ein Einsbit haben (vgl. Abschnitt 3.7.3.4).

Zugriffsklassen

Um die mögliche Anzahl von Buszugriffskonflikten zu reduzieren, sind beim EIB/KNX zwei Zugriffsklassen definiert worden. Datentelegramme der Zugriffsklasse 1 haben Vorrang vor den Datentelegrammen der Zugriffsklasse 2.

3.7 Kommunikationsablauf

Zur Zugriffsklasse 1 gehören:

- Systemtelegramme (Telegramme mit Systempriorität),
- Alarmtelegramme (Telegramme mit Alarmpriorität),
- Wiederholungstelegramme.

Zur Zugriffsklasse 2 gehören:

- Vorzugstelegramme (Telegramme mit hoher Priorität),
- Normaltelegramme (Telegramme mit niedriger Priorität).

Bevor die Busarbitrierung mit CSMA/CA überhaupt startet, werden Datentelegramme der Zugriffsklasse 1 dadurch bevorzugt, dass sie bereits nach 50 Bitzeiten ohne Busaktivität versendet werden dürfen. Datentelegramme der Zugriffsklasse 2 dürfen erst drei Bitzeiten später, also nach 53 Bitzeiten ohne Busaktivität, verschickt werden. Wenn ein Datentelegramm der Zugriffsklasse 1 versendet wird, ist für Datentelegramme der Zugriffsklasse 2 der Bus nicht mehr frei. Ihr Transport kann daher erst dann gestartet werden, wenn alle Datentelegramme der Zugriffsklasse 1 versendet worden sind. Bei Buszugriffskonflikten von Datentelegrammen der Zugriffsklasse 1 oder 2 untereinander kommt jeweils das CSMA/CA-Verfahren zum Einsatz.

3.7.3.4 Beispiel für die Busarbitrierung

Vier Teilnehmer wollen Datentelegramme versenden. Bis die Versendung dieser Telegramme abgewickelt worden ist, sollen keine Sendewünsche anderer Teilnehmer hinzukommen. In der **Tabelle 3.7** sind die für die Busarbitrierung relevanten Felder der Telegramme dargestellt.

Tabelle 3.7 Für die Busarbitrierung relevante Felder der Teilnehmer 1.1.1, 1.1.2, 1.1.11 und 1.1.42

Teilnehmer	Kontrollfeld					Quelladresse		
	D7 D6	W	D4	P1 P0	D1 D0	Bereich	Linie	Teilnehmer
1.1.1	1 0	1	1	1 1	0 0	0001	0001	00000001
1.1.2	1 0	1	1	0 1	0 0	0001	0001	00000010
1.1.11	1 0	0	1	0 1	0 0	0001	0001	00001011
1.1.42	1 0	0	1	0 1	0 0	0001	0001	00101010

Das erste zu beachtende Kriterium ist die Zugriffsklasse. Da Teilnehmer 1.1.1 ein Telegramm mit niedriger Priorität ohne Wiederholung und Teilnehmer 1.1.2 ein Telegramm mit hoher Priorität ohne Wiederholung versenden wollen und damit Datentelegramme der Zugriffsklasse 2 besitzen, können sie diese erst nach 53 Bitzeiten Businaktivität versenden. Zuerst werden daher die Telegramme der Teilnehmer 1.1.11 und 1.1.42 verschickt. Ihre Telegramme sind Wiederholungstelegramme, gehören damit der Zugriffsklasse 1 an und dürfen bereits nach 50 Bitzeiten versendet werden. Es kommt dennoch zu einem Buszugriffskonflikt, der wie folgt aufgelöst wird.

Die Teilnehmer 1.1.11 und 1.1.42 möchten je 8 Bits ihres jeweiligen Datentelegramms nacheinander als Folge von UART-Zeichen versenden („p" steht für Pausenbit):

Tabelle 3.8 Für Busarbitrierung relevante Felder der Teilnehmer 1.1.11 und 1.1.42

Teilnehmer	UART-Zeichen 1	UART-Zeichen 2	UART-Zeichen 3
1.1.11	0 00101001 11 pp	0 10001000 01 pp	0 11010000 11 pp
1.1.42	0 00101001 11 pp	0 10001000 01 pp	0 01010100 11 pp

Bei der Busarbitrierung werden nur die Datenbits der UART-Zeichen berücksichtigt!

Vergleicht man beim UART-Zeichen 1 (Kontrollfeld) Bit für Bit von links nach rechts, erkennt man keine Unterschiede: Prioritätsbits und Wiederholungsbit sind gleich. Auch beim UART-Zeichen 2 (höherwertiges Byte der Quelladresse mit Bereichs- und Liniennummer) sind alle Datenbits gleich. Erst das UART-Zeichen 3 (niederwertiges Byte der Quelladresse mit der Teilnehmernummer) löst den Konflikt auf: Das zuerst gesendete Datenbit des Teilnehmers 1.1.42 ist ein Nullbit, welches das entsprechende Einsbit des Teilnehmers 1.1.11 dominiert. Somit muss Teilnehmer 1.1.11 ausscheiden. Teilnehmer 1.1.42 hat die Busarbitrierung gewonnen und kann alle weiteren UART-Zeichen seines Telegramms versenden. Als Nächstes wird das Telegramm des Teilnehmers 1.1.11 versendet, da es das einzige der Zugriffsklasse 1 ist. Danach kommt es wieder zu einem Buszugriffskonflikt bei den Teilnehmern 1.1.1 und 1.1.2 (**Tabelle 3.9**).

Tabelle 3.9 Für die Busarbitrierung relevante Felder der Teilnehmer 1.1.1 und 1.1.2

Teilnehmer	UART-Zeichen 1	UART-Zeichen 2	UART-Zeichen 3
1.1.1	0 00111101 11 pp	0 10001000 01 pp	0 10000000 11 pp
1.1.2	0 00101101 01 pp	0 10001000 01 pp	0 01000000 11 pp

Vergleicht man beim UART-Zeichen 1 Datenbit für Datenbit von links nach rechts, erkennt man, dass Teilnehmer 1.1.1 zuerst ausscheidet. Sein Telegramm hat niedrige Priorität (zwei Einsbits an 4. und 5. Stelle), während das Telegramm des Teilnehmers 1.1.2 hohe Priorität (Nullbit an 4. Stelle und Einsbit an 5. Stelle) besitzt. Das Datentelegramm des Teilnehmers 1.1.2 wird daher als erstes versendet. Danach folgt dasjenige des Teilnehmers 1.1.1.

3.7.4 Begrenzte Anzahl von Weiterleitungen: Routingzähler

Wie bereits in Abschnitt 3.5.3 erläutert, können Standardtelegramme von Linienverstärkern (LV) und Kopplern (LK, BK) bis zu sechsmal weitergeleitet werden. Zur Kontrolle der Anzahl von Weiterleitungen enthält das Telegramm in Byte Nummer 6 einen Routingzähler mit einer Länge von 3 bit (R2, R1, R0), siehe **Tabelle 3.10**.

Tabelle 3.10 Routingzähler R2, R1, R0 (enthalten im 6. Byte des Telegramms)

D7	D6	D5	D4	D3	D2	D1	D0
DAF	R2	R1	R0	L3	L2	L1	L0
	1	1	1	unbegrenzte Weiterleitung			
	1	1	0	sechsmalige Weiterleitung			
	1	0	1	fünfmalige Weiterleitung			
	:	:	:	:			
	0	0	0	keine Weiterleitung			

Der Sender belegt bei Standardtelegrammen den Routingzähler mit der Zahl Sechs. Wenn von einem LV, LK oder BK ein Datentelegramm weitergeleitet wird, wird der darin enthaltene Routingzähler um eins verringert. Beim Zählerstand null erfolgt keine Weiterleitung mehr.

3.7.5 Nutzdaten

Ein EIB/KNX-Datentelegramm kann 1 Byte bis 16 Byte Nutzdaten enthalten. Bei Normalbetrieb werden sehr oft Nutzdaten mit einer Länge von 2 Byte gesendet. Dabei handelt es sich um Schalt- oder Dimmbefehle. Die Anzahl der Datenbytes richtet sich nach den EIS(EIB *Interworking Standards*)-Typen, die in der Norm bereits vordefiniert sind, um bestimmte Funktionen herstellerübergreifend abwickeln zu können [KNX04]. Einige Beispiele für EIS-Typen sind in **Tabelle 3.11** aufgelistet.

Tabelle 3.11 EIS-Typen

EIS-Typ	Funktion	Länge des K.Obj.	Länge der Nutzdaten
1	Schalten	1 bit	2 Byte
2	Dimmen	4 bit	2 Byte
5	Gleitkommazahl	2 Byte	4 Byte

Beispielsweise ist der EIS-Typ 1 für die Funktion Schalten vorgesehen. Das hierfür benötigte K.Obj. hat eine Länge von 1 bit. Man könnte daher meinen, dass eine Nutzdatenlänge von 1 Byte ausreichen würde, um diese Information zu übertragen. Das ist jedoch nicht der Fall, denn auch der Schaltbefehl muss in codierter Form vorliegen, so dass insgesamt doch 2 Nutzdatenbytes erforderlich sind. Zur Zeit sind in der Norm für die Codierung von Kommunikationsdiensten 4, 6 oder 10 Bits vorgesehen, siehe **Tabelle 3.12**.

Tabelle 3.12 Belegung der beiden ersten Nutzdatenbytes

Byte 1								Byte 2								Befehl
MSB							LSB	MSB							LSB	
D7	D6	D5	D4	D3	D2	D1 B9	D0 B8	D7 B7	D6 B6 D5	D5 B4 D4	D4 B3 D3	D3 B2 D2	D2 B1 D1	D1 B0 D0	D0	
0	0	0	0	0	0	0	0	1	0	0	0	0	0	0	1	Schalten
0	0	0	0	0	0	0	0	1	0	0	0	1	0	1	1	Dimmen

Die Codierung eines Schaltbefehls umfasst 5 Bits. Die Bits B9 bis B6 enthalten den Wert 0010 entsprechend einem Schreibbefehl. Für die eigentliche Schaltinformation wird nur 1 Bit (D0 in Byte 2) benötigt. Dieses Bit hat den Wert 1 mit der Bedeutung: „einschalten". Ein Schaltbefehl kann also in den beiden ersten Nutzdatenbytes untergebracht werden. Alle anderen Bits von Byte 1 und Byte 2 werden als Nullbits übertragen und nicht ausgewertet.

Analoges gilt für den Dimmbefehl. Die Codierung des Dimmbefehls benötigt insgesamt nur 8 Bits. Die Bits B9 bis B6 enthalten den Wert 0010 entsprechend einem Schreibbefehl. Für die eigentliche Dimminformation werden 4 Bits (D3 bis D0 in Byte 2) gebraucht.

Die Bedeutung dieser Bits ist wie folgt:

- Bit D3 ist ein Einsbit mit der Dimmrichtung „heller dimmen".
- Bits D2 bis D02 mit dem Wert 011 entsprechen der „Dimmstufe 4", d. h. „um 25 %".

Beim EIS-Typ 5 werden für die Übertragung von Gleitkommawerten 4 Nutzdatenbytes verwendet, weil die Codierung des Gleitkommawerts 2 Bytes benötigt, die in den beiden ersten Bytes mit dem Schreibbefehl nicht mehr unterzubringen sind und darum angehängt werden.

3.7.6 Datensicherung

Bei der digitalen Datenübertragung ist es nie auszuschließen, dass Fehler passieren. Ein solcher Übertragungsfehler liegt vor, wenn ein Nullbit gesendet, aber ein Einsbit empfangen wird oder umgekehrt. Zur Erkennung von Übertragungsfehlern kommt beim EIB/KNX das Blocksicherungsverfahren (auch: Kreuzparität) zum Einsatz. Mit diesem Verfahren lassen sich 1-Bit-Fehler, 2-Bit-Fehler und 3-Bit-Fehler sicher feststellen, was für den Einsatz in der Gebäudesystemtechnik ausreichend ist. Die Reaktion auf das Erkennen eines Fehlers ist die Wiederholung des Telegramms. Eine Fehlerkorrektur erfolgt nicht.

Das Verfahren der Blocksicherung basiert auf einer zweifachen Paritätsprüfung:

- Bei jedem UART-Zeichen wird das Datenbyte mit gerader Parität gesichert.
- Zusätzlich enthält das Datentelegramm noch ein UART-Zeichen mit einem Prüfbyte, dessen Bits so festgelegt werden, dass die Daten- und Paritätsbits aller anderen Datenbytes des Telegramms spaltenweise mit ungerader Parität gesichert werden.

Die Vorgehensweise soll an einem Beispiel gezeigt werden (**Tabelle 3.13**).

Tabelle 3.13 Beispiel für die Blocksicherung bei EIB/KNX

Feld	UART-Zeichen				
	Startbit	Datenbyte (D7 ... D0)	Paritätsbit (gerade)	Stoppbit	Pausenbits
Kontrollfeld	0	10111100	→1	1	11
Quelladresse	0	00101010	→1	1	11
Quelladresse	0	00100010	→0	1	11
Zieladresse	0	01001010	→1	1	11
Zieladresse	0	00101010	→1	1	11
DAF/Routing/Länge	0	11100001	→0	1	11
Nutzdaten	0	00000000	→0	1	11
Nutzdaten	0	10000001	→0	1	11
Prüffeld	0	↓↓↓↓↓↓↓↓ 01001011 (ungerade Parität)	→0	1	11

3.7 Kommunikationsablauf

Unter der Voraussetzung, dass beim Gruppentelegramm die 3-Ebenen-Adressierung eingestellt ist, ergibt die Analyse des Telegramms in **Tabelle 3.13**:

- niedrige Priorität,
- kein Wiederholungstelegramm,
- Sender: 2.10.34,
- Empfänger: Gruppe 9/2/42,
- Routingzähler: 6,
- Länge der Nutzdaten: 2 Byte,
- Nutzdaten: Schreibbefehl ein.

3.7.7 Bestätigungstelegramme

Nach Empfang eines Datentelegramms senden alle Teilnehmer der angesprochenen Gruppe nach 13 Bitzeiten Pause gleichzeitig ihr jeweiliges Bestätigungstelegramm. Es entsteht ein Summentelegramm. Dominante Nullbits überschreiben hierbei rezessive Einsbits wie bei der Busarbitrierung.

3.7.7.1 Inhalte von Bestätigungstelegrammen

Ein Bestätigungstelegramm besteht aus nur einem Byte und kann folgende Inhalte haben (Fälle 1 bis 3), siehe **Tabelle 3.14**.

Tabelle 3.14 Inhalte eines Bestätigungstelegramms (mit N1, N0: NACK-Bits; B1, B0: BUSY-Bits)

	MSB							LSB
	D7 N1	D6 N0	D5	D4	D3 B1	D2 B0	D1	D0
Fall 1	1	1	0	0	1	1	0	0 ACK
Fall 2	1	1	0	0	0	0	0	0 BUSY
Fall 3	0	0	0	0	1	1	0	0 NACK

Es bedeuten:

- ACK: Das Datentelegramm wurde korrekt empfangen (positive Bestätigung).
- BUSY: Der Empfänger konnte das empfangene Telegramm nicht verarbeiten (negative Bestätigung).
- NACK: Das Datentelegramm wurde fehlerhaft empfangen (negative Bestätigung).

3.7.7.2 Reaktionen des Senders auf das Bestätigungstelegramm

Wenn der Sender im Bestätigungstelegramm ein ACK erkennt, ist für ihn die Datenübertragung erfolgreich abgeschlossen.

Wenn der Sender im Bestätigungstelegramm ein BUSY oder/und ein NACK erkennt, wird er das Datentelegramm (als Wiederholungstelegramm) nochmals übertragen, maximal jedoch dreimal.

Wenn das Datentelegramm falsch adressiert war, z. B. an nicht existierende Teilnehmer, oder bei der Übertragung durch Störspannungen bis zur Unkenntlichkeit zerstört wurde, antwortet kein einziger Teilnehmer. Der Sender erfasst im für die Antwort vorgesehenen Zeitraum 13 Einsbits (Bus inaktiv). Auch jetzt wird er das Datentelegramm (als Wiederholungstelegramm) nochmals übertragen, maximal jedoch dreimal.

3.7.7.3 Beispiel für ein Bestätigungstelegramm (Summentelegramm)

Drei Empfänger eines Datentelegramms geben zeitsynchron ihre Bestätigungstelegramme auf den Bus. Dargestellt in **Tabelle 3.15** sind die (bitsynchron) gesendeten UART-Zeichen. Das Paritätsbit (gerade Parität) ist in allen Fällen ein Nullbit:

Tabelle 3.15 Bestätigungstelegramme dreier Empfänger

Empfänger	UART-Zeichen	Bedeutung
1	0 00110011 01	ACK
2	0 00000011 01	BUSY
3	0 00110000 01	NACK

Der Sender des Datentelegramms beobachtet als Empfänger des Bestätigungstelegramms den Bus und registriert folgende (Summen-)Antwort, da die Nullbits die Einsbits überlagern (**Tabelle 3.16**).

Tabelle 3.16 Summentelegramm dreier Empfänger

UART-Zeichen	Bedeutung
0 00000000 01	BUSY + NACK

Dies bedeutet für den Sender – nur die Datenbits des UART-Zeichens werden ausgewertet –, dass mindestens ein Empfänger beschäftigt war (BUSY – D3, D2 sind Nullbits) und mindestens ein Empfänger das Datentelegramm fehlerhaft erhalten hat (NACK – D7, D6 sind Nullbits).

Dass Empfänger 1 das Datentelegramm korrekt empfangen und mit ACK bestätigt hat, kann der Sender nicht erkennen, da die dominanten BUSY- und NACK-Nullbits die ACK-Einsbits überschrieben haben.

3.7.8 Beispiel für den zeitlichen Ablauf der Kommunikation

Viele Datentelegramme, insbesondere Telegramme mit Schaltbefehlen, enthalten nur zwei Datenbytes. In diesem Fall dauert der vollständige Datenaustausch zwischen Sender und Empfänger(n) insgesamt 20,072 ms (**Tabelle 3.17**).

3.7 Kommunikationsablauf

Tabelle 3.17 Zeitbedarf für Daten- und Bestätigungstelegramm

Aktivität	Dauer in Bitzeiten	Dauer in μs
Warten, bis der Bus frei ist	50	5.200
Datentelegramm wird gesendet	9·(11+2) = 117	12.168
Pause	11+2 = 13	1.352
Bestätigungstelegramm wird gesendet	11+2 = 13	1.352
Summe:	193	20.072

Die Pausenzeit nach dem Datentelegramm kann mit 13 oder 15 Bitzeiten angegeben werden, je nachdem, ob man die beiden Bitzeiten Pause nach dem letzten UART-Zeichen (mit dem Prüffeld) des Datentelegramms noch zu dem UART-Zeichen hinzurechnet. Zwischen dem letzten Stoppbit des Datentelegramms und dem Startbit des Bestätigungstelegramms liegen jedenfalls 15 Bitzeiten Pause (15 Einsbits).

Das Zeitdiagramm in **Bild 3.28** verdeutlicht grafisch den zeitlichen Ablauf der Kommunikation für das Beispiel. Unter der Zeitachse sind die jeweiligen Bitzeiten aufgetragen.

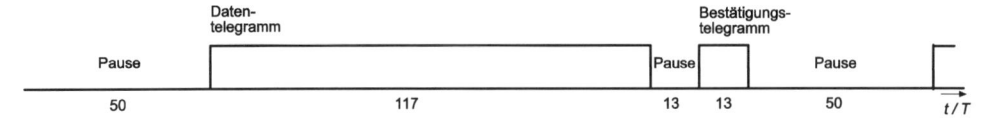

Bild 3.28 Zeitlicher Ablauf eines Datenaustauschs

Bei Datentelegrammen der Zugriffsklasse 2 ist die Pause von mindestens 50 Bitzeiten nach dem Bestätigungstelegramm um drei Bitzeiten, also um 0,321 ms, verlängert. Dadurch wird eine ganze Reihe von Buszugriffskonflikten von vornherein vermieden.

Als Faustregel kann man sich merken, dass ein Datenaustausch zwischen Sender und Empfängergruppe bei einem Kurztelegramm (z. B. Schaltbefehl) rund 20 ms dauert. Damit sind etwa 50 Schaltbefehle pro Sekunde möglich. Bei Datentelegrammen mit maximaler Anzahl von Bytes steigt die Dauer des Datenaustauschs auf rund 40 ms an.

Liegt ein Empfänger eines Datentelegramms in einer anderen Linie oder gar in einem anderen Bereich, sind mehrere Datenübertragungen abzuwickeln, denn jeder Koppler muss das empfangene Datentelegramm in die über- oder untergeordnete Linie weiterleiten. Die Gesamtübertragungszeit wird entsprechend größer. Hinzu kommt, dass ein Koppler für die von ihm durchzuführenden Aufgaben etwa 20 ms Zeit benötigt [s. a. MERZ01].

Wenn z. B. ein Datentelegramm vom Tastsensor 1.1.1 zum Schaltaktor 2.1.1 gesendet wird, muss es zwei Linienkoppler und zwei Bereichskoppler (1.1.0, 1.0.0, 2.0.0 und 2.1.0) passieren. Der jeweilige Koppler nimmt das Telegramm an, speichert es zwischen, prüft mittels seiner Filtertabelle, ob eine Weiterleitung erlaubt ist, und leitet es ggf. an den nächsten Koppler bzw. letztendlich zum Schaltaktor 2.1.1 weiter:

$$1.1.1 \rightarrow 1.1.0, 1.1.0 \rightarrow 1.0.0, 1.0.0 \rightarrow 2.0.0, 2.0.0 \rightarrow 2.1.0, 2.1.0 \rightarrow 2.1.1.$$

Insgesamt müssen also fünf Datenübertragungen stattfinden, ggf. sogar mit Telegrammwiederholungen, wenn es auf einer Linie zu Kollisionen oder Übertragungsfehlern kommt. Bis der Schaltaktor 2.1.1 den Schaltbefehl tatsächlich ausführt, vergehen also fast 0,2 s (5-mal ca.

20 ms für die Telegrammübertragung plus 4-mal ca. 20 ms für die Bearbeitung in den Kopplern). Dies ist allerdings für die Gebäudesystemtechnik eine noch akzeptable Reaktionszeit.

3.7.9 Zusammenfassung der Telegrammstruktur

Die Funktionsweise des EIB/KNX bildet sich in der Telegrammstruktur ab. Daher sollte man sich diese gut einprägen (**Tabelle 3.18**) bis **Tabelle 3.25**).

3.7.9.1 Datentelegramm und Bestätigungstelegramm

Tabelle 3.18 Datentelegramm

1 Byte	2 Byte	2 Byte	1 bit	3 bit	4 bit	1 bis 16 Byte	1 Byte
Kontrollfeld	Quelladresse	Zieladresse	Destination Address Flag	Routingzähler	Nutzdatenlänge	Nutzdaten	Prüffeld

Tabelle 3.19 Bestätigungstelegramm (mit N1, N0: NACK-Bits; B1, B0: BUSY-Bits)

D7 N1	D6 N0	D5	D4	D3 B1	D2 B0	D1	D0	
1	1	0	0	1	1	0	0	← ACK
1	1	0	0	0	0	0	0	← BUSY
0	0	0	0	1	1	0	0	← NACK

3.7.9.2 Datentelegramm: Kontrollfeld (1 Byte)

Tabelle 3.20 Kontrollfeld

D7	D6	D5	D4	D3	D2	D1	D0	
1	0	R	1	P2	P1	0	0	
				0	0			← Systempriorität
				1	0			← Alarmpriorität
				0	1			← hohe Priorität
				1	1			← niedrige Priorität
		0						← Wiederholung
		1						← keine Wiederholung

3.7 Kommunikationsablauf

3.7.9.3 Datentelegramm: Quelladresse (2 Byte)

Tabelle 3.21 Quelladresse

D15	D14	D13	D12	D11	D10	D9	D8	D7	D6	D5	D4	D3	D2	D1	D0
B3	B2	B1	B0	L3	L2	L1	L0	T7	T6	T5	T4	T3	T2	T1	T0
Bereich				Linie				Teilnehmer (je Linie)							

3.7.9.4 Datentelegramm: Zieladresse (2 Byte)

Tabelle 3.22 Physikalische Adresse

D15	D14	D13	D12	D11	D10	D9	D8	D7	D6	D5	D4	D3	D2	D1	D0
B3	B2	B1	B0	L3	L2	L1	L0	T7	T6	T5	T4	T3	T2	T1	T0
Bereich				Linie				Teilnehmer (je Linie)							

Tabelle 3.23 Gruppenadresse (2-Ebenen-Adressierung)

D15	D14	D13	D12	D11	D10	D9	D8	D7	D6	D5	D4	D3	D2	D1	D0
0	H3	H2	H1	H0	U10	U9	U8	U7	U6	U5	U4	U3	U2	U1	U0
X	Hauptgruppe				Untergruppe										

Tabelle 3.24 Gruppenadresse (3-Ebenen-Adressierung)

D15	D14	D13	D12	D11	D10	D9	D8	D7	D6	D5	D4	D3	D2	D1	D0
0	H3	H2	H1	H0	M2	M1	M0	U7	U6	U5	U4	U3	U2	U1	U0
X	Hauptgruppe				Mittelgruppe			Untergruppe							

3.7.9.5 Datentelegramm: DAF – Routingzähler – Nutzdatenlänge

Tabelle 3.25 DAF, Routingzähler (R2, R1, R0), Nutzdatenlänge (L3, L2, L1, L0)

D7	D6	D5	D4	D3	D2	D1	D0	
DAF	R2	R1	R0	L3	L2	L1	L0	
	1 Byte Nutzdaten →			0	0	0	0	
	2 Byte Nutzdaten →			0	0	0	1	
	:			:	:	:	:	
	16 Byte Nutzdaten →			1	1	1	1	
	1	1	1	← unbegrenzte Weiterleitung				
	1	1	0	← sechsmalige Weiterleitung				
	1	0	1	← fünfmalige Weiterleitung				
	:	:	:	:				
	0	0	0	← keine Weiterleitung				
0	← Zieladresse ist eine physikalische Adresse							
1	← Zieladresse ist eine Gruppenadresse							

Aufgabe 3.6

Aus wie viel UART-Zeichen besteht ein Datentelegramm?

Aufgabe 3.7

Wie viel Zeit benötigt die Datenübertragung bei einem Datentelegramm von 23 Byte Länge?

Aufgabe 3.8

Ein Datentelegramm soll vom Sensor 1.1.23 zum Aktor 6.4.12 übertragen werden. Welche Koppler (Typ, physikalische Adresse) sind daran beteiligt?

Aufgabe 3.9

Aus wie viel UART-Zeichen besteht ein Bestätigungstelegramm?

Aufgabe 3.10

Vier Empfänger eines Datentelegramms bestätigen den Empfang mit einem Summentelegramm. Zwei Empfänger haben das Datentelegramm erhalten, einer war beschäftigt (BUSY), einer hat einen Fehler festgestellt (NACK). Welche Bitkombination detektiert der Sender (im Hexadezimalformat)?

Aufgabe 3.11

Ein EIB/KNX-Datentelegramm (siehe **Tabelle 3.26**) wird mit Kreuzparität gesichert. Welche Werte haben die Paritätsbits (je UART-Zeichen) und die Datenbits des Prüffelds?

Tabelle 3.26 Kreuzparität

Feld	Datenbits (D7 ... D0)	Paritätsbit
Kontrollfeld	10111100	?
Quelladresse	00101010	?
Quelladresse	00100110	?
Zieladresse	01001010	?
Zieladresse	00101110	?
DAF/Routing/Länge	11100001	?
Nutzdaten	00000000	?
Nutzdaten	10001011	?
Prüffeld	????????	?

Aufgabe 3.12

In einem Datentelegramm wird die Nutzdatenlänge wie folgt angegeben: 0011. Wie viele Nutzdatenbytes enthält das Telegramm?

3.8 EIB/KNX-Hardware

In diesem Abschnitt wird eine kurze Einführung in die EIB/KNX-Hardware gegeben, soweit sie für ein grundlegendes Verständnis des EIB/KNX erforderlich ist.

Wie bereits in Abschnitt 3.4 beschrieben, werden zum Aufbau einer EIB/KNX-Anlage verschiedenartige Busgeräte benötigt, insbesondere Systemgeräte (z. B. 320-mA-Spannungsversorgung), Sensoren (z. B. 4-fach-Tastsensor) und Aktoren (z. B. 6-fach-Schaltaktor). Die Anforderungen an den mechanischen, elektrischen und elektronischen Aufbau der Geräte sind entsprechend dem Einsatzgebiet und den zu realisierenden Funktionen sehr unterschiedlich. Groß ist daher in der Folge auch die Vielfalt der Hardwarelösungen. Beispielsweise muss es für jedes Übertragungsmedium (z. B. KNX.TP, KNX.PL, KNX.RF) im Innern des Geräts eine spezielle Hardware, einen *Transceiver*, zur Ankopplung an den Bus geben, und je nach Einbauort muss das Gerät eine bestimmte Bauform haben (z. B. REG, UP). Die Geräte unterscheiden sich auch darin, wie die sonstigen Komponenten der Elektroinstallationstechnik (z. B. Motoren, Jalousien, Lampen) elektrisch angeschlossen werden.

Die Hardware eines EIB/KNX-Geräts kann also in eine „äußere" und eine „innere" Hardware unterschieden werden. Zur „äußeren" Hardware gehören z. B. die Gehäusebauform und die elektrischen Anschlüsse. Die „innere" Hardware ist für den Käufer eines EIB/KNX-Geräts nicht sichtbar und enthält diverse elektronische Bauelemente, insbesondere aber einen Mikrocontroller (µC). Detaillierte Informationen zur „äußeren" Hardware finden sich in den technischen Datenblättern der Hersteller. Die „innere" Hardware wird in [KNX04] ausführlich beschrieben.

3.8.1 „Äußere" Hardware

Für den Anwender unterscheiden sich die EIB/KNX-Geräte zunächst einmal in ihrer mechanischen Bauform: Reiheneinbaugerät (REG), Einbaugerät (EB), Unterputzgerät (UP) und Aufputzgerät (AP). Je nach den Bedingungen am Einbauort muss die entsprechende Bauform gewählt werden (vgl. Abschnitt 3.4.1).

Ein weiteres Unterscheidungsmerkmal ist, ob es sich um ein kompaktes oder um ein modulares Gerät handelt. Letzteres besteht aus einem Anwendungsmodul, welches auf einen Busankoppler aufgesteckt werden muss (vgl. Abschnitt 3.4).

Neben den mechanischen Eigenschaften (Bauform, Gehäuse, Abmessungen etc.) spielen auch die elektrischen Eigenschaften eine wichtige Rolle (z. B. Versorgungsspannung, Schutzart). Die Anschlussbilder und Anschlussbedingungen von EIB/KNX-Geräten sind in den technischen Datenblättern der Hersteller enthalten und müssen genauestens beachtet werden, insbesondere die elektrischen Spezifikationen, wie z. B. die maximal mögliche Leistung, die ein Aktor an einem Ausgang schalten kann.

Ein Beispiel für ein Anschlussbild und die dazugehörigen Anschlussbedingungen ist in **Bild 3.29** und **Bild 3.30** angegeben. Es handelt sich um einen 6-fach-Schaltaktor.

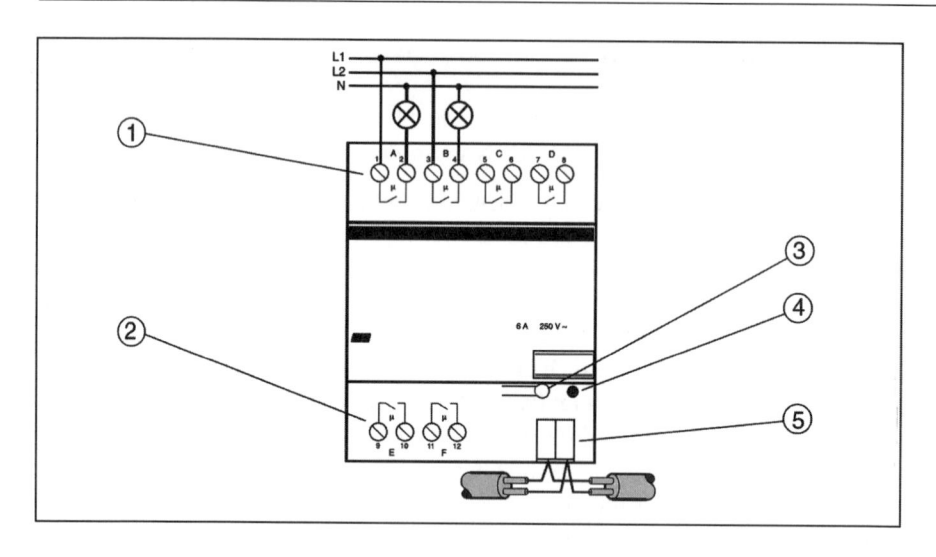

1 Anschlussklemmen Ausgänge A...D
2 Anschlussklemmen Ausgänge E...F
3 Programmiertaste
4 Programmier-LED
5 Busklemme

Bild 3.29 Anschlussbild eines 6-fach-Schaltaktors [ABB06]

Technische Daten

Versorgung	– EIB	24 V DC, erfolgt über die Buslinie
Ausgänge	– 6 potentialfreie Kontakte	
	– Schaltspannung	230 V AC + 10/– 15 %, 50 ... 60 Hz
	– Schaltstrom	10 A/AC1
	– Grundverzögerungszeit bei einmaliger Betätigung	typ. 20 ms pro Relais
Bedien- und Anzeigeelemente	– LED rot und Taste	zur Vergabe der physikalischen Adresse
Anschlüsse	– Laststromkreis	je zwei Schraubklemmen, Anschlussquerschnitt 0,5 ... 2,5 mm² feindrähtig 0,5 ... 4,0 mm² eindrähtig
	– EIB	Busklemme
Schutzart	– IP 20, EN 60 529	
Umgebungstemperaturbereich	– Betrieb	– 5 °C ... 45 °C
	– Lagerung	– 25 °C ... 55 °C
	– Transport	– 25 °C ... 70 °C
Bauform, Design	– modulares Installationsgerät, proM	
Gehäuse, Farbe	– Kunststoffgehäuse, grau	
Montage	– auf Tragschiene 35 mm, DIN EN 60 715	
Abmessungen	– 90 x 72 x 64 mm (H x B x T)	
Einbautiefe/Breite	– 68 mm/4 Module à 18 mm	
Gewicht	– 0,24 kg	
Approbation	– EIB-zertifiziert	
CE-Zeichen	– gemäß EMV Richtlinie und Niederspannungsrichtlinie	

Bild 3.30 Technische Daten, insbesondere Anschlussbedingungen eines 6-fach-Schaltaktors [ABB06]

Der 6-fach-Schaltaktor besitzt neben den Anschlussklemmen der Ausgänge A bis F noch eine Programmiertaste inkl. Programmier-LED und eine Busklemme zur Anschaltung des zweiadrigen Buskabels. Der maximale Schaltstrom je Ausgang beträgt 10 A/AC.

3.8.2 „Innere" Hardware

Einen umfassenden Einblick in die „innere" Hardware der Module (und die dazugehörige System- und Applikationssoftware) benötigt nur der Entwickler von EIB/KNX-Geräten. Zum Beispiel bestehen alle Geräte, die über den Bus kommunizieren können, aus zwei Komponenten: einem Kommunikationsmodul und einem (integrierten oder separaten) Anwendungsmodul. Das Kommunikationsmodul enthält ein Übertragungsmodul und einen Mikrocontroller (µC). Auch komplexere Anwendungsmodule können einen µC enthalten. Der Aufbau der „inneren" Hardware muss den Spezifikationen der KNX Association genau entsprechen, damit das Gerät zertifiziert werden kann [KNX04].

Ein Anwender muss sich nicht darum kümmern, wie die „Innereien" eines EIB/KNX-Geräts aussehen. Dennoch sollen im folgenden Abschnitt einige grundsätzliche Merkmale der „inneren" Hardware beschrieben werden, damit erkennbar wird, dass es sich bei EIB/KNX-Geräten um intelligente Kommunikationsgeräte handelt. Dies soll am Beispiel von KNX.TP erfolgen, denn die *Twisted-Pair*-Variante des EIB/KNX ist die am häufigsten eingesetzte.

3.8.2.1 Prinzipieller innerer Aufbau eines KNX.TP-Kommunikationsgeräts

Alle Geräte, die in der Lage sein sollen, über den KNX.TP zu kommunizieren, müssen aus zwei Hauptkomponenten bestehen (**Bild 3.31**):

- einem Kommunikationsmodul und
- einem (integrierten oder modularen) Anwendungsmodul.

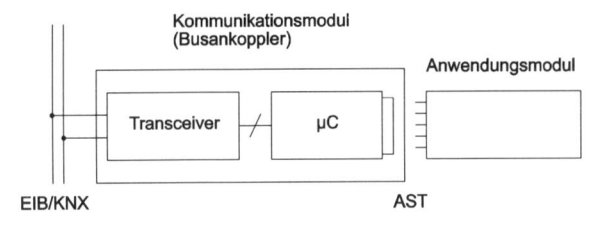

Bild 3.31 Prinzipieller Aufbau eines KNX.TP-Kommunikationsgeräts

Das Kommunikationsmodul besteht aus einem Übertragungsmodul (*Transceiver*) und einem Mikrocontroller (µC).

Es wird auch Busankoppler genannt, wenn es eine 10-polige Anwendungsschnittstelle (AST) enthält, die auch als *Physical External Interface* (PEI) bezeichnet wird. Auf den Busankoppler kann ein Anwendungsmodul gesteckt werden. In diesem Fall handelt es sich um ein modulares EIB/KNX-Gerät. Wenn das Kommunikations- und das Anwendungsmodul zusammen in ein Gehäuse integriert werden, wird dieses als Kompaktgerät bezeichnet.

3.8.2.2 Transceiver

Der *Transceiver* muss immer an das verwendete Übertragungsmedium (KNX.TP, KNX.PL, KNX.RF usw.) angepasst werden. Für die (induktive) Ankopplung eines µC an den KNX.TP gibt es integrierte Schaltkreise (IC) als standardisierte Lösungen, die von der KNX *Association* zertifiziert und freigegeben sind, insbesondere:

- Infineon FZE 1066,
- Siemens EIB-TP-UART.

Der FZE 1066 enthält u. a. die analoge Elektronik für das Senden und Empfangen, Verpolungsschutz, Schaltungen für die Überwachung von Temperatur und Busspannung, Schaltungen zur Erzeugung von stabilisierten Gleichspannungen (24 V und 5 V) für den µC und das Anwendungsmodul und schließlich eine Schnittstelle zum µC, z. B. dem MC68HC05B6 und dem MC68HC705BE12 von Motorola.

Mit dem EIB-TP-UART lassen sich ohne großen Aufwand Buszugriffe realisieren, denn er kommuniziert mit dem Host-Controller über eine serielle RS-232-Schnittstelle. Ein einfaches Beispiel zeigt **Bild 3.32**.

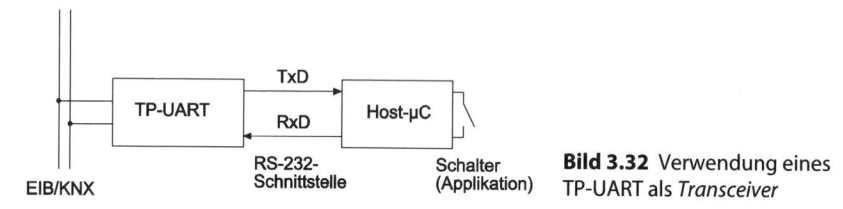

Bild 3.32 Verwendung eines TP-UART als *Transceiver*

Das Anwendungsmodul besteht hier aus einem einfachen Schalter, der z. B. von einem Helligkeitssensor geschlossen bzw. geöffnet wird. Beim Schließen des Kontakts sendet der Host-Controller, ein beliebiger µC mit serieller RS-232-Schnittstelle, unter Einhaltung des vorgegebenen UART-Protokolls ein Datentelegramm an den TP-UART, der die Telegrammbits dann in ein entsprechendes KNX.TP-Bussignal umwandelt. Dieses könnte dann z. B. von einem Schaltaktor ausgewertet werden.

Als Host-Controller könnte auch ein normaler PC mit einem *Visual-Basic*-Programm dienen, das nach Drücken einer bestimmten Taste ein Datentelegramm über die serielle Schnittstelle COM1 an den TP-UART schickt.

3.8.2.3 Mikrocontroller (µC)

Die Wahl des µC für den Einsatz in einem Kommunikationsmodul ist immer auch abhängig von den Applikationen, die mit dem EIB/KNX-Gerät erledigt werden sollen. Der Standard-Mikrocontroller MC68HC05B6 und der speziell für den EIB/KNX-Einsatz entwickelte MC68HC705BE12 unterscheiden sich z. B. in der Größe von ROM, RAM und EEPROM. Beide verfügen über Ports zur Kommunikation mit dem Anwendungsmodul. Diese Schnittstelle ist mechanisch und elektrisch genormt (AST bzw. PEI).

Um es den Entwicklern von EIB/KNX-Geräten leicht zu machen, die Zertifizierung zu bestehen, und darüber hinaus die Entwicklungskosten bei vollständig eigener Implementierung einzusparen, bietet die KNX *Association* zertifizierte *Transceiver*-µC-Komponenten an, z. B. das Businterfacemodul BIM M113 [KNX04], siehe **Bild 3.33**. Es enthält auf einer Platine den FZE 1066 und den MC68HC705BE12 sowie die Systemsoftware (KNX BCU 2.1).

3.8 EIB/KNX-Hardware

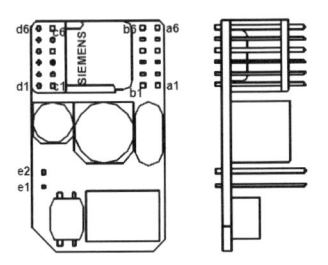

Bild 3.33 BIM M113 [SIEMENS01]

3.8.2.4 Anwendungsschnittstelle (AST) und Anwendungsmodul

Bei einfachen Anwendungen, wie z. B. Abfragen von Schalter- und Tasterkontakten oder Schalten von Relais, ist das Anwendungsmodul elektrisch und elektronisch sehr einfach aufgebaut und besteht nur aus wenigen Bauelementen. Die Applikationssoftware wird in diesem Fall im µC des Kommunikationsmoduls abgewickelt und die AST wird als einfacher Eingabe- oder Ausgabeport verwendet.

Bei komplexeren Anwendungen läuft die Applikationssoftware auf einem eigenen µC im Anwendungsmodul und der Datenaustausch mit dem Kommunikationsmodul erfolgt über die serielle Schnittstelle der AST.

Die AST ist ein 10- oder 12-poliger Steckverbinder (**Bild 3.34**) und erlaubt sowohl parallele als auch serielle Kommunikation zwischen dem Kommunikations- und dem Anwendungsmodul.

		10-poliger Steckverbinder			
PWM 5a	+5 V 5	I/O 3 4	I/O 1 3	I/O 2 2	GND 1
O 6 6a	Typ 6	I/O 4 7	+24 V 8	I/O 5 9	GND 10
		12-poliger Steckverbinder			

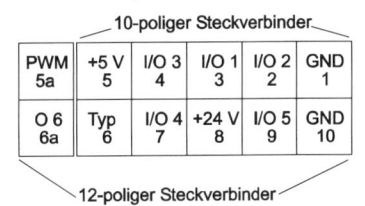

Bild 3.34 AST (10- und 12-polig)

Aufgabe 3.13

Welche Bauformen von EIB/KNX-Geräten gibt es?

Aufgabe 3.14

Welche Aufgabe hat ein *Transceiver*?

Aufgabe 3.15

Was versteht man unter einem modularen EIB/KNX-Gerät?

3.9 EIB/KNX-Software

In diesem Abschnitt wird eine Einführung in die wichtigsten Aspekte der EIB/KNX-Software – Systemsoftware, Applikationsprogramme, ETS 3 – gegeben. Einen umfassenden Einblick in Systemsoftware und Applikationsprogramme benötigt nur der Entwickler von EIB/KNX-Geräten. Der Anwender hingegen muss hauptsächlich mit der ETS 3 umgehen können und einige Softwarekonzepte verstehen, die bei der Projektierung mit der ETS 3 auftreten, z. B. die Einstellung von Geräteparametern und die Zuordnung von Kommunikationsobjekten zu Gruppenadressen. Detaillierte Informationen zur Software finden sich z. B. bei [KNX04] oder [DIETRICH00].

3.9.1 Überblick

Beim EIB/KNX kann man drei Arten von Software unterscheiden:

- Systemsoftware,
- Anwendungssoftware (Applikationsprogramme),
- ETS 3 (*Engineering-Tool-Software* Version 3).

Der EIB/KNX ist ein dezentrales System, bei dem die Systemsoftware und die Applikation (auch: Anwendungsprogramm oder Applikationsprogramm) dezentral in den EIB/KNX-Geräten enthalten sind.

- Die Systemsoftware, die insbesondere auch für die Abwicklung der Datenkommunikation über den Bus zuständig ist, wird bereits im Werk des Herstellers fest im Gerät (im ROM des Kommunikationsmoduls) gespeichert.
- Die Applikationssoftware für ein Gerät wird hingegen von den Herstellern in einer ETS-3-Produktdatenbank zur Verfügung gestellt, muss vom Anwender ausgewählt, parametriert und bei der Inbetriebnahme mit Hilfe der ETS 3 in das EIB/KNX-Gerät geladen werden.
- Die ETS 3 ist das einheitliche Programm zur Projektierung und Inbetriebnahme einer EIB/KNX-Anlage.

EIB/KNX-Geräte können üblicherweise mehrere Applikationen ausführen, und der Anwender bestimmt mit der Auswahl der gewünschten Applikation und der Einstellung deren Parameter die eigentliche Funktion des Geräts. Beispielsweise

- kann man durch Wahl des Applikationsprogramms bestimmen, ob ein Koppler als Linienverstärker (Applikation: Verstärken) oder als Linien- bzw. Bereichskoppler (Applikation: Koppeln) arbeitet,
- lässt sich im Parameter-Dialog eines 4-fach-Tastsensors festlegen, ob ein Taster als Schalter, als Dimmer oder als beides zugleich wirken soll,
- kann im Parameter-Dialog eines 6-fach-Schaltaktors eingestellt werden, ob ein Ausgang als Schließer oder als Öffner tätig wird.

3.9 EIB/KNX-Software

Um die richtige Applikation und die richtige Einstellung der Parameter eines EIB/KNX-Geräts festzulegen, ist es erforderlich, die technischen Unterlagen intensiv zu studieren. Der dafür anfallende Zeitaufwand ist im Einzelfall recht umfangreich, denn die Applikationen und Parametriermöglichkeiten eines Geräts können sehr vielfältig und komplex sein.

3.9.2 Softwarekomponenten eines Kompaktgeräts

Bild 3.35 zeigt die Softwarekomponenten eines Kompaktgeräts, bei dem Kommunikations- und Anwendungsmodul in einem Gehäuse integriert sind. Die Systemsoftware ist im Gerät bereits bei Auslieferung vorhanden. Ebenso wie die physikalische Adresse müssen die Applikation und ihre Parameter bei der Inbetriebnahme programmiert werden.

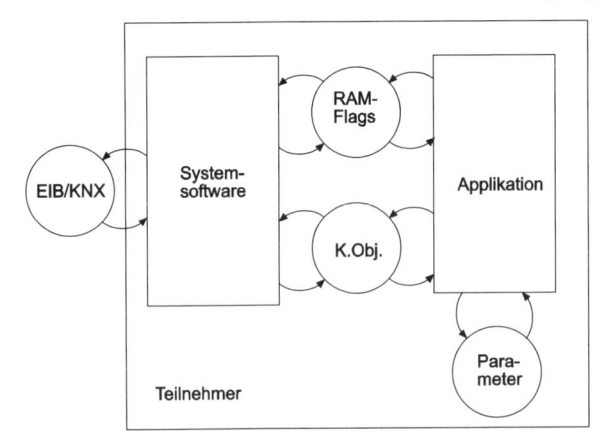

Bild 3.35 Softwarekomponenten bei einem Kompaktgerät

Die Applikation tauscht mit Hilfe von RAM-Flags und Kommunikationsobjekten (K.Obj.) Daten mit der Systemsoftware aus. Diese liest und schreibt Telegramme vom/auf den Bus. Mit Hilfe der RAM-Flags wird der Applikation von der Systemsoftware z. B. angezeigt, dass ein Telegramm empfangen und einem K.Obj. ein neuer Wert zugewiesen wurde. Die Applikation kann dann auf das K.Obj. zugreifen und seinen Inhalt auswerten. Entsprechend verläuft die Kommunikation in umgekehrter Richtung. Die Applikation greift bei der Erfüllung ihrer Aufgaben auf vom Benutzer mittels der ETS 3 eingestellte Parameter zu.

3.9.3 Softwarekomponenten eines modularen Geräts

Bei einem EIB/KNX-Gerät, das aus einem Busankoppler (als Kommunikationsmodul) und einem (aufsteckbaren) Anwendungsmodul (AM) besteht, ist es abhängig von dessen Komplexität erforderlich, die Applikationssoftware in eine interne und externe Applikation zu unterteilen, wie **Bild 3.36** veranschaulicht.

Die externe Applikation (im Anwendungsmodul) steht mit der internen Applikation (im Kommunikationsmodul) über die Anwendungsschnittstelle (AST) in Verbindung. Die interne Applikation tauscht mit Hilfe von RAM-Flags und Kommunikationsobjekten (K.Obj.) Daten mit der Systemsoftware aus. Diese liest und schreibt Telegramme vom/auf den Bus. Mit Hilfe der RAM-Flags wird der internen Applikation von der Systemsoftware z. B. angezeigt, dass ein Telegramm empfangen und einem K.Obj. ein neuer Wert zugewiesen wurde. Die interne Applikation kann dann auf das K.Obj. zugreifen und seinen Inhalt der externen Applikation übermitteln. Entsprechend verläuft die Kommunikation in umgekehrter Richtung. Die interne und die externe Applikation greifen bei der Erfüllung ihrer Aufgaben auf die bei der Projektierung eingestellten Parameter zu.

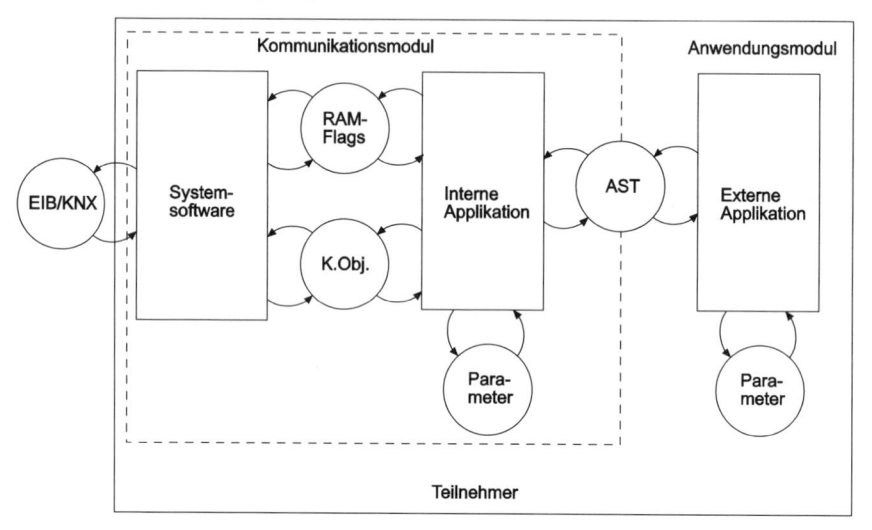

Bild 3.36 Komponenten der Software beim modularen Gerät

Wenn die im Anwendungsmodul implementierten Funktionen einfach sind, z. B. Abfragen von Tasterstellungen, kann die Abfrage der externen Sensoren über die Anwendungsschnittstelle (AST) vollständig als interne Applikation im Kommunikationsmodul abgewickelt werden.

Bei komplizierteren Funktionen (z. B. bei einem Display) läuft eine externe Applikation auf einem eigenen µC im Anwendungsmodul. Die externe Applikation kann dann über den AST-Typ 16 (serielle synchrone Schnittstelle) die Kommunikationsdienste der Systemsoftware im Kommunikationsmodul nutzen. Unter Umständen muss der Download der externen Applikation in das AM und ihre Parametrierung mit einer speziellen Software des Herstellers durchgeführt werden. In den meisten Fällen kann jedoch die Applikation mit der ETS 3 allein parametriert und programmiert werden.

3.9.4 Systemsoftware

Die Systemsoftware besteht aus einem sequentiell ablaufenden Teil und einem Interrupt-gesteuerten Teil. Nach der Initialisierung des EIB/KNX-Geräts beim Zuschalten der Busspannung werden die folgenden Aufgaben zyklisch abgearbeitet:

- Aufruf der Applikation,
- Abwicklung der Kommunikation,
- Aufruf von Prüfroutinen (Überwachung des EEPROM),
- Management der Anwendungsschnittstelle.

Bei der Initialisierung wird z. B. der Typ des Anwendungsmoduls festgestellt oder geprüft, ob die Programmiertaste gedrückt ist und daher das Anwendungsprogramm zunächst nicht starten soll.

Der Interrupt-gesteuerte Teil ist für die Abläufe beim Empfang eines Bitstroms vom Bus zuständig und für den Start der SAVE-Routine bei Spannungsausfall. Mit der SAVE-Routine werden z. B. Daten in das EEPROM gesichert.

Um die Systemsoftware muss sich ein Anwender nicht kümmern. Sie ist bereits bei Auslieferung im ROM des EIB/KNX-Geräts gespeichert. Die Zertifizierung durch die KNX *Association* stellt sicher, dass auch Geräte unterschiedlicher Hersteller in einer EIB/KNX-Anlage miteinander kommunizieren können. Es wird auch garantiert, dass die Geräte mit Hilfe der ETS 3 programmiert werden können.

3.9.5 Anwendungsprogramme

Das Anwendungsprogramm (auch: Applikationsprogramm oder kurz Applikation) und seine Parameter bestimmen die Funktionalität eines EIB/KNX-Geräts. Dieses hat im Normalfall mehrere Applikationen, die vom Anwender zur Erfüllung der von ihm gewünschten Gebäudefunktionen ausgewählt werden können. Die Applikationen werden von den Herstellern in einer Produktdatenbank auf CD oder im Internet zur Verfügung gestellt.

Für einen 4-fach-Schaltaktor gibt es z. B. folgende Applikationen [ABB06]:

- Schalten LED,
- Schalten Dimmen LED,
- Schalten Jalousie LED,
- Schalten Dimmen Jalousie,
- Schalten Flanke Flexible Zuordnung,
- Wert (EIS 6) LED.

Je nach gewählter Applikation versendet der 4-fach-Tastsensor dann Schalttelegramme, Dimmtelegramme, Jalousiesteuerungstelegramme oder 1-Byte-Wertetelegramme.

Eine Applikation kann, wie beim 4-fach-Tastsensor dargestellt, entweder nur eine einzige Funktion erfüllen, z. B. Schalten, aber auch mehrere Funktionen gleichzeitig, z. B. Schalten, Dimmen und Jalousie (verstellen).

3.9.5.1 Parameter von Applikationen

Applikationsprogramme haben Parameter, die vom Anwender mit Hilfe der ETS 3 oder (bei komplexeren Geräten) einer speziellen Plug-In-Software eingestellt werden. Diesen Vorgang nennt man auch Parametrierung. Der Parameter-Dialog besteht häufig aus mehreren Seiten und kann recht umfangreich und komplex sein. Sein Inhalt hängt einerseits vom Gerätetyp und andererseits vom Hersteller ab. (Die Parameter-Dialoge einer bestimmten Applikation bei einem bestimmten Gerätetyp können sich, abhängig vom Hersteller, zum Teil beträchtlich unterscheiden! Dies macht es teilweise nicht ganz einfach, gleichartige Geräte, z. B.

Schaltaktoren, verschiedener Hersteller in gleicher Art und Weise zu parametrieren, denn es gibt unterschiedliche Bedien- und Einstellphilosophien und unterschiedliche Parametriermöglichkeiten.)

Beispielsweise kann man bei einer Taste eines 4-fach-Tastsensors nach Auswahl der Applikation „Schalten Dimmen Flexible Zuordnung" folgende Reaktionen auf einen Druck auf den oberen Kontakt einer Taste einstellen [ABB06]:

- keine Reaktion,
- Einschalttelegramm senden,
- Ausschalttelegramm senden,
- Umschalttelegramm senden.

Ein weiteres Beispiel für eine Parametrierung ist die Festlegung der LED-Farben bei einem Schaltsensor. Eine LED kann z. B. den Wert des der Taste zugeordneten Kommunikationsobjekts anzeigen. Sie leuchtet z. B. rot, wenn der Objektwert „1" ist, und grün beim Objektwert „0". Alternativ könnte sie auch als Orientierungslicht dauerhaft grün leuchten.

3.9.5.2 Kommunikationsobjekte

Um eine Funktion, z. B. Schalten oder Dimmen, zu erfüllen, müssen das Anwendungsprogramm (mindestens) eines Sensors und das Anwendungsprogramm (mindestens) eines Aktors Daten austauschen. Hierzu benutzen die das Telegramm sendende und die das Telegramm empfangende Applikation jeweils eine bestimmte Anzahl von Kommunikationsobjekten.

Begriffsdefinition

Ein Kommunikationsobjekt (K.Obj.) ist ein Speicherbereich im jeweiligen µC eines EIB/KNX-Geräts, der für die Kommunikation mit Applikationen anderer Geräte genutzt wird.

- Ein K.Obj. besitzt einen strukturierten Aufbau: K.Obj. können Bitfelder (mit 1 Bit, 4 Bits, 8 Bits usw.), Variable (Integer, Float), Zeit- und Datumsangaben, aber auch Texte (z. B. ASCII-Zeichen) sein.
- Ein K.Obj. ist mit Attributen versehen: Nummer, Name, Funktion, Gruppenadresse, Länge (1 bit, 4 bit, 1 Byte usw.), Flags (Kommunikation, Lesen, Schreiben, Übertragen, Aktualisieren), Priorität u. a. m.
- Auf das K.Obj. wird von der ETS 3, der Systemsoftware und der Applikation mit bestimmten Funktionen (Methoden) lesend und schreibend zugegriffen.
- Die Attribute der Kommunikationsobjekte, insbesondere die Flags, sind beim EIB/KNX zum großen Teil standardmäßig vorgegeben und sollten bei der Projektierung nur im Sonderfall geändert werden.

Beispiele für Kommunikationsobjekte

Bild 3.37 zeigt als Beispiel die acht Kommunikationsobjekte eines 4-fach-Tastsensors (gewählte Applikation: „Schalten Dimmen LED") und die sechs Kommunikationsobjekte eines 6-fach-Schaltaktors (gewählte Applikation: „Schalten Vorzug Treppenhausfunktion").

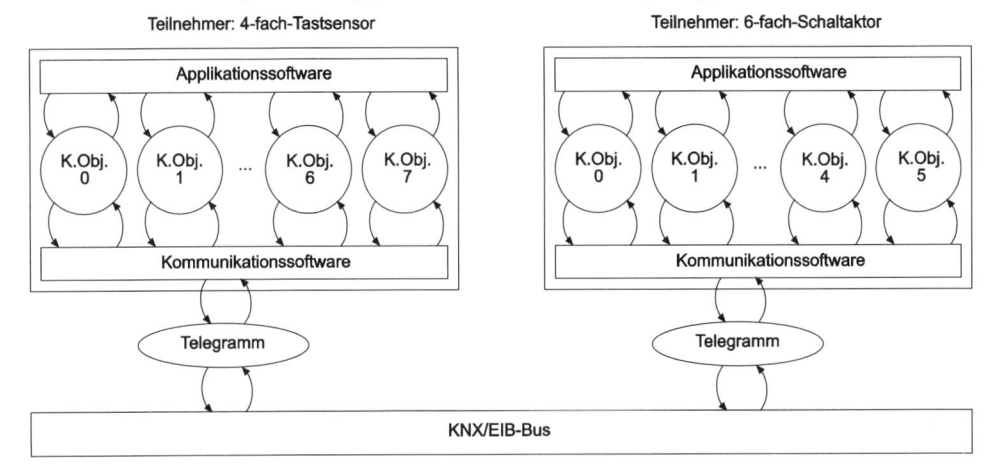

Bild 3.37 Kommunikationsobjekte eines 4-fach-Tastsensors und eines 6-fach-Schaltaktors

Üblicherweise werden die Objekte einer Applikation einfach durchnummeriert, beginnend mit der Nummer 0. Zusätzlich sind die Kommunikationsobjekte aber auch, abhängig von der gewählten Applikation, mit einem Objektnamen versehen, wie die folgenden Beispiele zeigen.

Kommunikationsobjekte bei Sensoren

Sensorapplikationen haben im Normalfall nur Kommunikationsobjekte, die zum Versenden von Telegrammen eingesetzt werden. Dies wird dadurch gekennzeichnet, dass in der dem K.Obj. zugeordneten Funktion das Wort „Telegramm" benutzt wird, z. B. „Telegramm schalten" oder „Telegramm dimmen". Als Beispiel sind in **Tabelle 3.27** die Kommunikationsobjekte der Applikation „Schalten Dimmen LED" eines 4-fach-Tastsensors in der Einstellung „Schalt-/Dimmsensor" aufgelistet [ABB06].

Tabelle 3.27 Kommunikationsobjekte der Applikation „Schalten Dimmen LED" eines 4-fach-Tastsensors

Nr.	Typ	Objektname	Funktion
0	1 bit	Taste links - kurz	Telegramm schalten
1	1 bit	Taste Mitte links - kurz	Telegramm schalten
2	1 bit	Taste Mitte rechts - kurz	Telegramm schalten
3	1 bit	Taste rechts - kurz	Telegramm schalten
4	4 bit	Taste links - lang	Telegramm relativ dimmen
5	4 bit	Taste Mitte links - lang	Telegramm relativ dimmen
6	4 bit	Taste Mitte rechts - lang	Telegramm relativ dimmen
7	4 bit	Taste rechts - lang	Telegramm relativ dimmen

Die Applikation „Schalten Dimmen LED" in der Standardeinstellung „Schalt-/Dimmsensor" besitzt also acht Kommunikationsobjekte für vier Tasten. Sie werden benutzt, um folgende Funktionalitäten zu erfüllen [ABB06]:

- Bei einem kurzen Druck auf den oberen Kontakt einer Taste (das entsprechende K.Obj. enthält dann eine „1") wird ein Einschalttelegramm und bei einem kurzen Druck auf den unteren Kontakt einer Taste (das entsprechende K.Obj. enthält dann eine „0") ein Ausschalttelegramm gesendet.
- Bei einem langen Druck auf den oberen Kontakt einer Taste wird ein Heller-Dimmen-Telegramm und bei einem langen Druck auf den unteren Kontakt einer Taste ein Dunkler-Dimmen-Telegramm gesendet. Beim Loslassen der Taste sendet der Taster ein Telegramm „Dimmen Stopp".

Kommunikationsobjekte bei Aktoren

Applikationen von Aktoren haben üblicherweise nur Kommunikationsobjekte, die zum Empfangen von Daten aus Telegrammen und zur Erfüllung von Funktionen verwendet werden. Als Beispiel sind in **Tabelle 3.28** die Kommunikationsobjekte der Applikation „Schalten Vorzug Treppenhausfunktion" eines 6-fach-Schaltaktors in der Betriebsart „Normalbetrieb" aufgelistet [ABB06].

Tabelle 3.28 Kommunikationsobjekte der Applikation „Schalten Vorzug Treppenhausfunktion/3" eines 6-fach-Schaltaktors

Nr.	Typ	Objektname	Funktion
0	1 bit	Ausgang A	Schalten
1	1 bit	Ausgang B	Schalten
2	1 bit	Ausgang C	Schalten
3	1 bit	Ausgang D	Schalten
4	1 bit	Ausgang E	Schalten
5	1 bit	Ausgang F	Schalten

Wenn der Parameter „Schaltverhalten" auf „Schließer" eingestellt ist, schaltet der Aktor das Relais am entsprechenden Ausgang nach Empfang eines Telegramms mit dem Wert „1" ein – das entsprechende K.Obj. enthält dann eine „1" – und nach Empfang eines Telegramms mit dem Wert „0" aus – das entsprechende K.Obj. enthält dann eine „0". Wenn der Parameter „Schaltverhalten" auf „Öffner" eingestellt ist, schaltet der Aktor das Relais nach Empfang eines Telegramms mit dem Wert „0" ein und nach Empfang eines Telegramms mit dem Wert „1" aus.

Kommunikationsobjekte und Gruppenadressen

Damit eine sendende Applikation weiß, wohin ein Telegramm mit den Daten eines K.Obj. gesendet werden soll, muss eine Verbindung zwischen dem K.Obj. der sendenden Applikation und den K.Obj. aller empfangenden Applikationen definiert werden. Dies geschieht bei der Projektierung mittels Gruppenadressen. Zunächst werden also Gruppenadressen erstellt,

3.9 EIB/KNX-Software

die zur Erfüllung der gewünschten Funktionen gebraucht werden. Diesen Gruppenadressen müssen dann die K.Obj. aller an der Funktion beteiligten Busgeräte zugeordnet werden. Dies kann in der ETS 3 mittels Drag & Drop geschehen. Zu beachten ist, dass der Typ (auch: Länge) der einander zugeordneten K.Obj., z. B. 1 bit, 4 bit oder 1 Byte, bei allen K.Obj. übereinstimmen muss. (Die ETS 3 erlaubt allerdings die Zuordnung nicht, wenn dies nicht erfüllt ist.) Einer Gruppenadresse können also z. B. nur 1-bit-K.Obj. oder nur 4-bit-K.Obj. zugeordnet werden.

Die Anzahl von K.Obj. und Gruppenadressen, die bei einer Applikation verwendet werden, ist ebenso wie die Anzahl von Zuordnungen der K.Obj. zu Gruppenadressen begrenzt. Die maximalen Werte sind in den technischen Datenblättern der EIB/KNX-Geräte angegeben. Ein Beispiel zeigt **Bild 3.38**.

ABB i-bus® EIB / KNX Schaltaktor, 6-fach, 10 A, REG
AT/S 6.6.1, GH Q631 0023 R0111

Anwendungsprogramme	Anzahl Kommunikationsobjekte	max. Anzahl Gruppenadressen	max. Anzahl Zuordnungen
Schalten Logik Vorzug /3	12	16	17
Schalten Status Vorzug /1	12	18	18
Schalten Vorzug Zeit /3	6	18	18
Schalten Vorzug Trepph.fkt /3	6	21	22
Schalten Priorität Status Vorzug /6	12	14	14
Gebläsekonv. 4-Leiter Heizen u. Kühlen /1	5	5	5

Bild 3.38 Anwendungsprogramme mit K.Obj., Gruppenadressen und Zuordnungen [ABB06]

Abhängig von der Applikation und der Einstellung deren Parameter gibt es eine unterschiedliche Anzahl von K.Obj. Auch die den K.Obj. zugeordneten Funktionen ändern sich in der Regel von Applikation zu Applikation.

Beispiel für die Zuordnung von Kommunikationsobjekten zur Gruppenadresse

Folgende Funktion soll mit dem EIB/KNX erfüllt werden: Mit der „Taste links" eines 4-fach-Tastsensors sollen zwei Lampenkreise ein- und ausgeschaltet werden. Ein kurzer Druck auf den oberen Kontakt der Taste (auch: Wippe) soll das Einschalten bewirken, ein kurzer Druck auf den unteren Kontakt der Taste das Ausschalten. Die Lampenkreise werden mit den beiden Ausgängen A und B eines 6-fach-Schaltaktors geschaltet.

Bild 3.39 zeigt die elektrische und die informationstechnische Verbindung der beiden Geräte. Der „Taste links" des 4-fach-Tastsensors ist das K.Obj. 0 (Objektname: Taste links - kurz) zugeordnet, das K.Obj. 0 (Objektname: „Ausgang A") des 6-fach-Schaltaktors dem Ausgang (Relais) A und das K.Obj. 1 (Objektname: „Ausgang B") des 6-fach-Schaltaktors dem Ausgang (Relais) B. Der Typ aller K.Obj. ist identisch (1 bit).

Diese Zuordnungen, d. h., welche K.Obj. zu welchem Ausgang gehören, müssen ggf. durch Einstellung der Applikationsparameter erst definiert werden. Daher gilt:

> Zuerst die Parameter einer Applikation einstellen, dann die Kommunikationsobjekte den Gruppenadressen zuordnen!

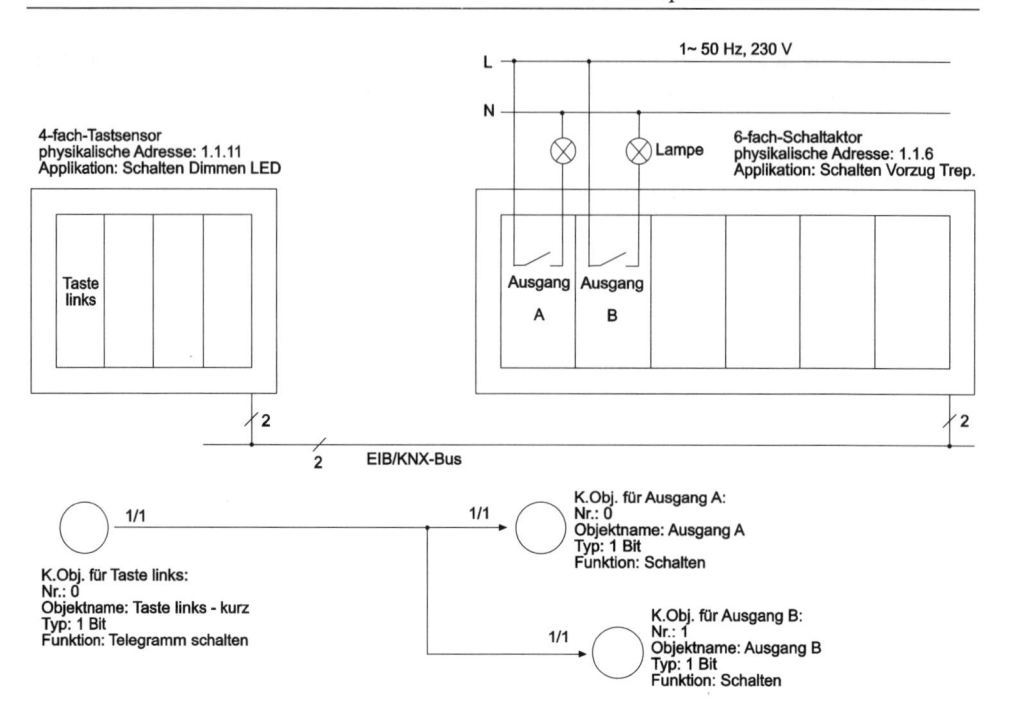

Bild 3.39 Zuordnung von Kommunikationsobjekten zu einer Gruppenadresse

Damit die Schaltfunktion ausgeführt werden kann, muss nun zunächst eine Gruppenadresse definiert werden, im Beispiel die Gruppenadresse 1/1. Als Namen könnte man verwenden: „Ausgänge A und B ein/aus".

Werden jetzt mittels der ETS 3 sowohl das K.Obj. 0 des 4-fach-Tastsensors als auch das K.Obj. 0 und das K.Obj. 1 des 6-fach-Schaltaktors der Gruppenadresse 1/1 zugewiesen, ist die informationstechnische Verbindung zwischen der Taste links des Sensors und den Ausgängen A und B des Aktors hergestellt. Die Gruppe 1/1 enthält dann die K.Obj.:

- 0: Taste links - kurz (Funktion: Telegramm schalten),
- 0: Ausgang A - (Funktion: Schalten),
- 1: Ausgang B - (Funktion: Schalten).

Nach Programmierung der beiden Geräte (Inbetriebnahme) ist die Anlage betriebsbereit.

Durch Druck auf den oberen Kontakt der „Taste links" wird dann ein Einschalttelegramm (mit der Gruppenadresse 1/1, dem Befehl *Value Write* und dem Objektwert „1") gesendet, welches die Relaiskontakte der Ausgänge A und B schließt und die Lampen einschaltet. Entsprechend wird durch Druck auf den unteren Kontakt der „Taste links" ein Ausschalttelegramm (mit der Gruppenadresse 1/1, dem Befehl *Value Write* und dem Objektwert „0") gesendet, welches die Relaiskontakte der Ausgänge A und B öffnet und die Lampen ausschaltet.

Dies setzt natürlich voraus, dass der Parameter „Schaltverhalten" der Ausgänge A und B jeweils auf „Schließer" eingestellt ist. Weiterhin muss vorausgesetzt werden, dass beim K.Obj. 0 des Tastsensors das K-Flag und das Ü-Flag gesetzt sind. Das K.Obj. hat dann eine normale Verbindung zum Bus und bei Änderung des Objektwerts wird ein Telegramm gesendet. Bei den K.Obj. 0 und 1 des Schaltaktors müssen das K-Flag und das S-Flag gesetzt sein. Das K.Obj. hat dann ebenfalls eine normale Verbindung zum Bus und der Objektwert kann über den Bus geändert werden.

Die beiden Nutzdatenbytes eines Schreibtelegramms mit einem K.Obj. der Länge 1 bit haben folgenden Inhalt, siehe **Tabelle 3.29**:

Tabelle 3.29 Nutzdatenbytes eines Schreibbefehls mit einem K.Obj. der Länge 1 bit

Nutzdatenbyte 1							Nutzdatenbyte 2						
MSB						LSB	MSB						LSB
D7	D6	D5	D4	D3	D2	D1	D0	D7	D6	D5	D4	D3	D2	D1	D0
X	X	X	X	X	X	B3	B2	B1	B0	X	X	X	X	X	D0
0	0	0	0	0	0	0	0	1	0	0	0	0	0	0	1
0	0	0	0	0	0	0	0	1	0	0	0	0	0	0	0
keine Auswertung						Schreibbefehl				keine Auswertung					Wert

Die mit „X" gekennzeichneten Bits sind Nullbits, die nicht ausgewertet werden. Von den sechs für Daten reservierten Bits (D5 bis D0 im Nutzdatenbyte 2) wird bei einem Schreibbefehl „*Value Write*" (0010) ebenfalls nur das Bit D0 (als Datenbit) ausgewertet. Wenn sein Inhalt (auch: Wert) eine „1" ist, handelt es sich um einen Einschaltbefehl, wenn sein Inhalt eine „0" ist, um einen Ausschaltbefehl.

Bei anderen Schreibbefehlen werden mehr Datenbits benötigt, z. B. 4 Bits bei einem Dimmbefehl. Sie sind im Nutzdatenbyte 2 enthalten. Der Wert von Bit D3 steht dann für die Dimmrichtung („1": heller – „0": dunkler), die Werte der Bits D2, D1 und D0 codieren die Dimmstufe. Beispielsweise entspricht der Wert „100" einer Helligkeitsänderung um 25 %. Die Länge des K.Obj. beträgt somit 4 bit.

3.9.6 Die ETS 3 (Engineering Tool Software, Version 3)

Die ETS ist das einheitliche Programm zur Projektierung und Inbetriebnahme von EIB/KNX-Anlagen. Sie liegt aktuell in der dritten Version vor: ETS 3. Darstellung und Bedienung der Software sind aktuellen Standards angepasst, wie sie zum Beispiel vom Microsoft Windows Explorer bekannt sind. Die ETS 3 wird auf CD ausgeliefert und vollständig auf dem Rechner installiert. Je nach Lizenz [www.konnex.org >KNX Tools] arbeitet sie dann in einem der folgenden Modi (**Tabelle 3.30**):

Tabelle 3.30 Funktionalität der ETS 3 (Stand: Dezember 2006)

Modus	Funktionalität
Tester	kostenlose Trainingssoftware ohne Buszugriff
Starter	kostenlose Software, maximal ein Projekt, maximal 64 Geräte, volle Funktionalität incl. Buszugriff, zeitlich begrenzt auf 30 Tage
Professional	volle Funktionalität, insbesondere zeitlich unbegrenzter Buszugriff über serielle, USB- oder IP-Schnittstelle

3.9.6.1 Projektdatenbank

Beim ersten Aufruf legt die ETS 3 eine Datenbank mit dem Namen eib.db (oder einem vom Benutzer vorgegebenen Namen) im Verzeichnis C:\Programme\Ets3prof\Database (oder einem vom Benutzer vorgegebenen Verzeichnis) an. Diese Datenbank ist die Datenbank des Projekts (oder ggf. die zentrale Datenbank aller Projekte). Sie enthält sowohl die Produktdaten der Gerätehersteller als auch die vom Benutzer eingegebenen Projektdaten. Vor der Auswahl von Geräten und deren Parametrierung im Rahmen der Projektierung müssen zunächst die Produktdaten aus den Produktdatenbanken der Hersteller in die Projektdatenbank importiert werden (Menüpunkt **Datei/Import...**), siehe Abschnitt 3.10.2.3.

3.9.6.2 Projektierung

Nach dem Import der Produktdaten kann mit der ETS 3 eine Projektierung durchgeführt werden. Die Projektierung ist das Umsetzen des bei der Planung erstellten Konzepts (Lastenheft) in ein Pflichtenheft. Dabei werden der Liefer- und Leistungsumfang festgelegt, die räumliche Anordnung sowie die Gerätetypen definiert und die logischen Verknüpfungen vorgenommen [ZVEI97].

Eine Projektierung mit der ETS 3 läuft typischerweise nach folgendem Schema ab [KNX04A], das im Folgenden als Schema 1 bezeichnet werden soll:

- Anlegen eines neuen Projektes,
- Gebäudestruktur anlegen, eventuell auch verschiedene Gewerke,
- Geräte auswählen und einfügen,
- Geräte dokumentieren,
- Geräteparameter bearbeiten,
- optional: Topologie festlegen,
- physikalische Adressen vergeben,
- Funktionen festlegen (Gruppenadressen definieren),
- Gruppenadressen zuordnen.

Es ist nicht erforderlich, dieses Schema genau einzuhalten. Schritte können ausgelassen oder in anderer Reihenfolge erledigt werden. Beispielsweise kann auch wie folgt vorgegangen werden (Schema 2):

- Anlegen eines neuen Projektes,
- Topologie festlegen (Bereiche, Linien),
- Geräte auswählen und (in die Linien) einfügen,
- physikalische Adressen vergeben,
- Geräteparameter bearbeiten,
- Funktionen festlegen (Gruppenadressen definieren),
- Gruppenadressen zuordnen.

Nach Anlegen eines neuen Projekts werden drei Fenster geöffnet: das Topologie-, das Gebäude- und das Gruppenadressenfenster. Im Topologiefenster wird die Topologie der Anlage (Bereiche und Linien) festgelegt. Nach dem Einfügen der Teilnehmer in die Linien sind deren Kommunikationsobjekte sichtbar. Auch die Geräteparameter können bearbeitet werden. Im Fenster Gruppenadressen werden die Haupt- und Untergruppen (bei 2-Ebenen-Adressierung) definiert. Mittels Drag & Drop lassen sich dann die Gruppenadressen den Kommunikationsobjekten der Sensoren und Aktoren zuordnen. Die Zuordnungen werden im Gruppenadressenfenster und im Topologiefenster angezeigt.

3.9.6.3 Inbetriebnahme

Nach der Projektierung müssen die eingestellten physikalischen Adressen und das Applikationsprogramm (Geräteparameter, Zuordnungen der Kommunikationsobjekte zu den Gruppenadressen und die eigentliche Applikation) in die jeweiligen Geräte geladen werden (Menüpunkt **Inbetriebnahme/Programmieren...**).

Hierzu muss zunächst die verwendete Schnittstelle (seriell, USB, IP) im Register Kommunikation des Menüpunkts **Extras/Optionen...** ausgewählt bzw. konfiguriert werden.

Die zu programmierenden Geräte werden, z. B. im Topologiefenster, mit der Maus angeklickt. Es kann sich um ein einzelnes Gerät handeln, aber auch um mehrere Geräte gleichzeitig.

Beim allerersten Programmiervorgang muss auf jeden Fall zunächst die physikalische Adresse in das jeweilige Gerät geladen werden (Ablauf: Programmierung in der ETS 3 starten, Programmiertaste des Geräts nach Aufforderung drücken) und anschließend das Applikationsprogramm (inkl. Geräteparametern und zugeordneten Gruppenadressen). Es ist allerdings auch möglich, beide Schritte in einem Arbeitsgang durchzuführen. Nachdem die physikalische Adresse einmal programmiert wurde, ist es bei folgenden Programmierungen, wenn z. B. ein Geräteparameter geändert oder eine andere Applikation des Geräts ausgewählt wurde, nur noch erforderlich, das Applikationsprogramm zu downloaden.

Nach dem Download der Applikationsprogramme in die Geräte ist die EIB/KNX-Anlage betriebsbereit und kann getestet werden. Die ETS 3 stellt hierfür Diagnosewerkzeuge zur Verfügung, z. B. den Busmonitor (Menüpunkt **Diagnose/Busmonitor**). Diese Software dient zum Mitlesen und Analysieren des Telegrammverkehrs auf dem Bus. Alle auf dem Bus existierenden Telegramme werden aufgezeichnet.

3.10 Anwendungsbeispiel

Wer den EIB/KNX richtig kennen lernen will, sollte die theoretischen Kenntnisse gleich in die Praxis umsetzen! Hierzu ist es sinnvoll, eine kleine EIB/KNX-Anlage aufzubauen, die mit dem Projektierungsrechner z. B. über eine USB-Schnittstelle verbunden ist. Eine Anlage, welche für die ersten Gehversuche mit dem EIB/KNX bestens geeignet ist, wird im Folgenden vorgestellt.

Bei der Konzeption einer solchen Anlage und der Auswahl der Basisgeräte stellt sich die Frage, welche Projekte mit dem EIB/KNX am häufigsten realisiert werden. Dies ist allerdings sehr eindeutig zu beantworten: Der Großteil aller EIB/KNX-Projekte betrifft die Realisierung von Licht-, Rollladen- und Jalousiefunktionen.

Für den Einsteiger in die EIB/KNX-Technik eignen sich daher Lichtsteuerungsprojekte sehr gut, den Umgang mit dem EIB/KNX und der ETS 3 zu erlernen. Die dabei gewonnenen Kenntnisse lassen sich dann relativ leicht auf gewerkeübergreifende Projekte übertragen, z. B auf Heizungsfunktionen. Bei (meist kostenlosen) Produktschulungen der Hersteller können die gewonnenen Kenntnisse vertieft und bei der Projektierung anderer Geräte bzw. Applikationen gut verwendet werden.

3.10.1 EIB/KNX-Basisanlage zu Übungszwecken

Um kleinere Lichtsteuerungsprojekte mit dem EIB/KNX zu realisieren, sind nur wenige Komponenten erforderlich. Eine solche EIB/KNX-Basisanlage muss nur eine Spannungsversorgung, eine Schnittstelle, einen Tastsensor und einen Schaltaktor enthalten und natürlich die anzusteuernden Lampen. Für die Lastkreise empfiehlt es sich hierbei, Schutzkleinspannung zu verwenden, z. B. 24 V~ am Ausgang eines Sicherheitstransformators.

Die im Folgenden beschriebene Anlage hat sich an der Hochschule Mannheim bei der Vermittlung der EIB/KNX-Technik an Studierende der Elektro- und Informationstechnik bestens bewährt [www.et.hs-mannheim.de]. Folgende EIB/KNX-Komponenten aus dem Angebot der Firmen ABB und Busch-Jaeger Elektro (BJE) werden verwendet (**Tabelle 3.31**):

Tabelle 3.31 Geräte für eine EIB/KNX-Übungsanlage

Hersteller	Bezeichnung im Katalog	Typ (ABB) bzw. Artikel-Nr. (BJE)
ABB	EIB-Spannungsversorgung, 320 mA, REG	SV/S 30.320.5
	Schaltaktor, 10A, REG (6-fach) *)	AT/S 6.6.1
	Busankoppler, UP	BA/U 3.2
	Tastsensoren, 4-fach, UP	TASTER 4F, WS
BJE	REG-Schnittstelle USB	6186 USB

*) Dieser Schaltaktor wird mittlerweile nicht mehr angeboten. Er müsste z. B. durch den ABB-Schaltaktor SA/S 8.6.1 (8-fach) ersetzt werden. Aktuelle Geräte und Preise siehe Produktkataloge der Hersteller.

Um die Anlage zu programmieren und in Betrieb zu nehmen, wird weiterhin eine ETS-3-Lizenz der KNX *Association* mit Buszugriff benötigt. Aktuelle Preise für eine ETS-3-Professional-Vollversion oder eine Vollversion für Schüler und Studenten finden sich bei [www.konnex.org].

Um die EIB/KNX-Basisanlage gut transportieren zu können und aus Gründen des Personenschutzes, sollten die Geräte in ein Gehäuse eingebaut werden (**Bild 3.40**). Über einen Kaltgerätestecker wird die EIB-Spannungsversorgung der Basisanlage mit 230 V~ versorgt. Die sechs Ausgänge A bis F des 6-fach-Schaltaktors sind über Steckbuchsen kontaktierbar.

Entsprechend sollte auch eine Lampenbaugruppe hergestellt werden (**Bild 3.41**). Hierzu werden ein Sicherheitstransformator sowie sechs Lämpchen in ein Gehäuse eingebaut. Der Transformator wird primärseitig über einen Kaltgerätestecker mit 230 V~ versorgt und liefert sekundärseitig eine Schutzkleinspannung von 24 V~. Diese ist an sieben schwarzen und sieben blauen Buchsen verfügbar. Die sechs Lämpchen können über je zwei Steckbuchsen mit Strom versorgt werden.

3.10 Anwendungsbeispiel   125

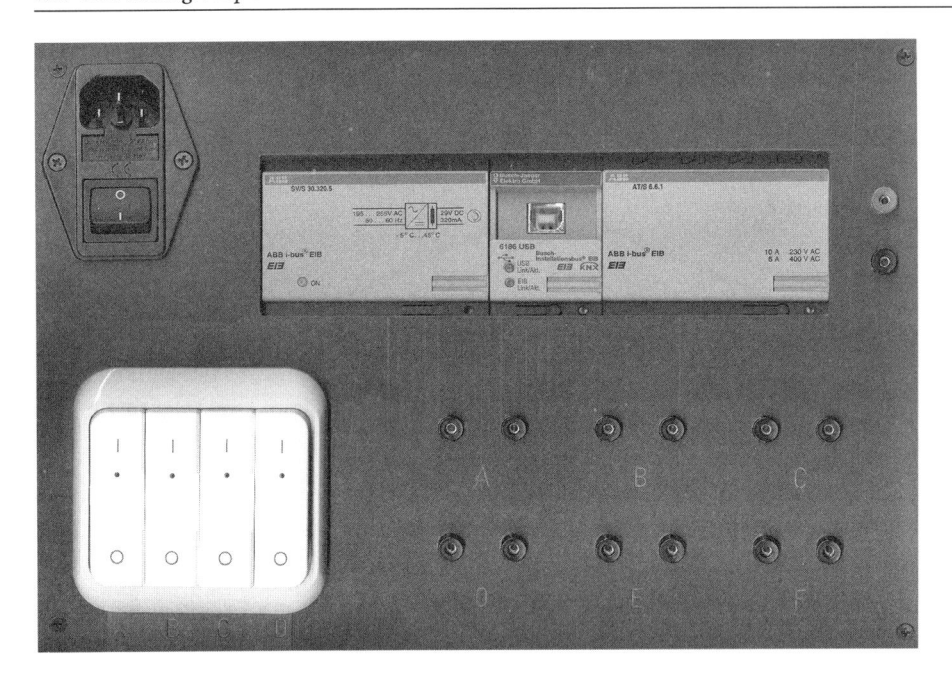

Bild 3.40 EIB/KNX-Basisanlage mit Kaltgerätebuchse, Spannungsversorgung [ABB], USB-Schnittstelle [Busch-Jaeger Elektro], 6-fach-Schaltaktor [ABB] und 4-fach-Tastsensor [Busch-Jaeger Elektro] und sechs Ausgängen (Relais) A bis F

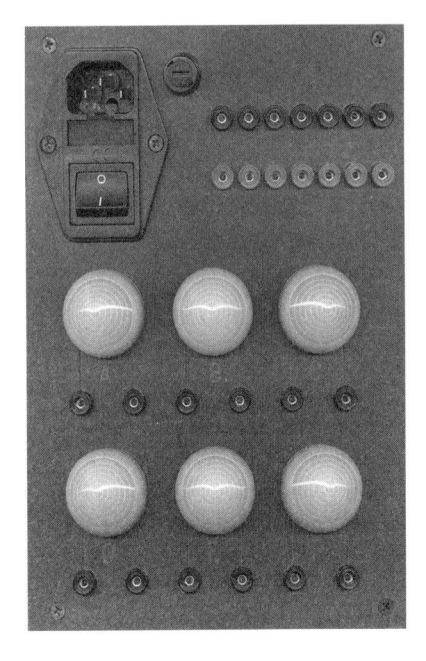

Bild 3.41 Lampenbaugruppe mit Kaltgerätebuchse, sieben Ausgängen mit 24 V~ Schutzkleinspannung und sechs Lämpchen A bis F

3.10.2 Übungsprojekt Lichtsteuerung

Stellen Sie sich vor, Sie sind ein Elektroinstallateur mit EIB/KNX-Zertifikat, ein Kunde kommt zu Ihnen und möchte eine Lichtinstallation für sein Haus (**Bild 3.42**) bestellen.

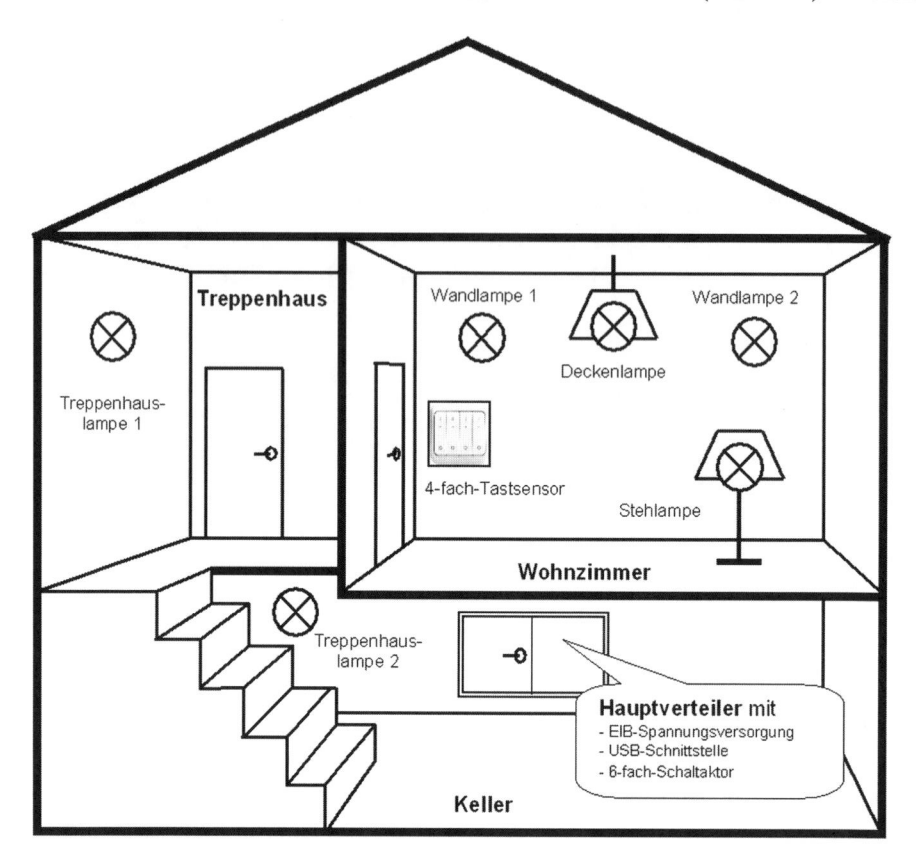

Bild 3.42 EIB/KNX-Lichtinstallation für ein Einfamilienhaus

3.10.2.1 Kundenauftrag

Folgende Lichtfunktionen sollen realisiert werden (Lastenheft):

- Mit einer Taste soll das Deckenlicht (Deckenlampe) im Wohnzimmer geschaltet werden. Bei Druck auf den oberen Kontakt soll ein-, bei Druck auf den unteren Kontakt soll ausgeschaltet werden.
- Mit einer weiteren Taste soll das Wandlicht (Wandlampe 1 und Wandlampe 2) im Wohnzimmer geschaltet werden. Bei Druck auf den oberen Kontakt soll ein-, bei Druck auf den unteren Kontakt soll ausgeschaltet werden.
- Eine dritte Taste soll folgende Funktionalität aufweisen: Bei Druck auf den oberen Kontakt soll die Stehlampe umgeschaltet werden. Bei Druck auf den unteren Kontakt soll das

3.10 Anwendungsbeispiel   127

Treppenhauslicht eingeschaltet werden. Die Treppenhauslampe 1 soll dann nach ca. 2,5 s automatisch ausgeschaltet werden, die Treppenhauslampe 2 nach ca. 5 s.
- Bei Druck auf den oberen Kontakt eines vierten Tasters sollen alle Lampen im Wohnzimmer eingeschaltet werden.
- Bei Druck auf den unteren Kontakt eines vierten Tasters sollen alle Lampen im Wohnzimmer ausgeschaltet werden.
- Die Taster sollen ein grünes Orientierungslicht haben.
- Die Taster sollen im Wohnzimmer eingebaut werden, alle anderen EIB/KNX-Geräte in einem Hauptverteiler im Keller.

3.10.2.2 Benötigte Geräte

Um die vom Kunden geforderten Lichtfunktionen mit dem EIB/KNX realisieren zu können, überlegen Sie sich, dass folgende EIB/KNX-Geräte benötigt werden:

- Tastsensor, 4-fach, UP, mit Busankoppler, UP,
- Schaltaktor, 10A, REG (6-fach),
- EIB-Spannungsversorgung, 320 mA, REG,
- REG-Schnittstelle USB.

(Andere Realisierungen sind natürlich möglich. Beispielsweise könnte man zwei 2-fach-Tastsensoren an Stelle des 4-fach-Tastsensors verwenden oder einen 8-fach-Schaltaktor an Stelle des 6-fach-Schaltaktors, um eine Reserve für den Anschluss weiterer Lastkreise (Lampenkreise) zu haben.)

Weiterhin werden ein Verteilerkasten, Niederspannungs- und EIB/KNX-Kabel sowie die sechs Lampen benötigt. Sie überlegen sich, bei welchem Hersteller Sie das Material kaufen, schätzen Ihre Arbeitszeit ab und senden dem Kunden Ihr Angebot.

Angenommen, der Kunde ist mit Ihrem Angebot einverstanden, dann können Sie das Projekt starten. Die Komponenten werden beschafft und die Anlage wird mit der ETS 3 projektiert. Zum Testen der Anlage verwenden Sie Ihre EIB/KNX-Basisanlage (siehe Abschnitt 3.10.1). Wenn dann alles funktioniert, kann die Anlage im Haus des Kunden eingebaut werden.

3.10.2.3 Projektierung mit der ETS 3

Vorüberlegungen

Vor dem Starten der ETS 3 ist es sinnvoll, sich zu überlegen, welche Funktionen den Tasten des 4-fach-Tastsensors zugewiesen und welche Lampen an welche Ausgänge des 6-fach-Schaltaktors angeschlossen werden sollen.

Folgende Lösung ist, ggf. nach Rücksprache mit dem Kunden (Belegung der Tasten), möglich (**Tabelle 3.32**).

Tabelle 3.32 Funktionstabelle für die Lichtsteuerung

Taste des 4-fach-Tastsensors	Funktion	Ausgang des 6-fach-Schaltaktors	Funktion
links oben	Deckenlampe einschalten	A	Stromkreis Deckenlampe schließen
links unten	Deckenlampe ausschalten	A	Stromkreis Deckenlampe öffnen
Mitte links oben	Wandlampe 1 einschalten Wandlampe 2 einschalten	B C	Stromkreis Wandlampe 1 schließen Stromkreis Wandlampe 2 schließen
Mitte links unten	Wandlampe 1 ausschalten Wandlampe 2 ausschalten	B C	Stromkreis Wandlampe 1 öffnen Stromkreis Wandlampe 2 öffnen
Mitte rechts oben	Stehlampe umschalten	D	Stromkreis Stehlampe schließen/öffnen
Mitte rechts unten	Treppenhauslampe 1 ein Treppenhauslampe 2 ein	E F	Stromkreis Treppenhauslampe 1 schließen *) Stromkreis Treppenhauslampe 2 schließen *)
rechts oben	Alle Wohnzimmerlampen einschalten	A bis D	Alle Wohnzimmerstromkreise schließen
rechts unten	Alle Wohnzimmerlampen ausschalten	A bis D	Alle Wohnzimmerstromkreise öffnen

*) Das Öffnen der Schaltkontakte bei den Ausgängen E und F wird vom Aktor selbsttätig, d. h. ohne weiteren Befehl, nach einer eingestellten Zeit erledigt (Treppenhausfunktion).

Wie die **Tabelle 3.32** zu interpretieren ist, soll am Beispiel der ersten Zeile erläutert werden: Ein Druck auf den oberen Kontakt der Taste links sendet ein Einschalttelegramm an den Ausgang A des 6-fach-Schaltaktors, wodurch der Deckenlampenstromkreis geschlossen wird und die Deckenlampe leuchtet.

Die Grafik in **Bild 3.43** verdeutlicht nochmals die Belegung des 4-fach-Tastsensors. In Klammern sind die für die Funktion benutzten Ausgänge des 6-fach-Schaltaktors angegeben.

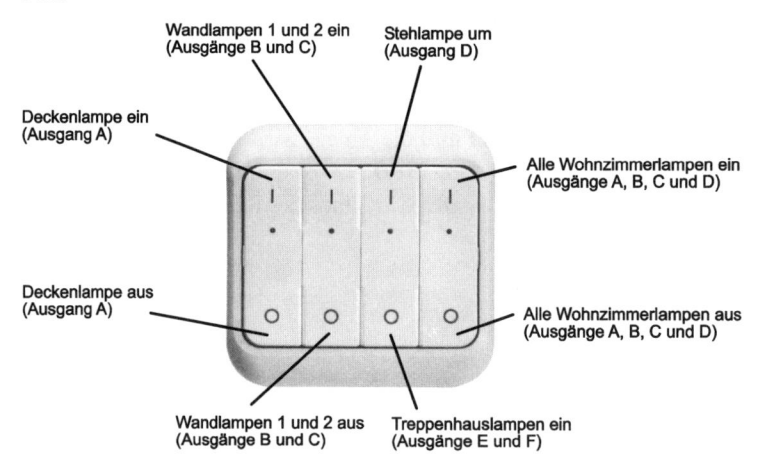

Bild 3.43 Funktionsbelegung der Tasten des 4-fach-Tastsensors mit Bezug zu den Ausgängen A bis F des 6-fach-Schaltaktors

Starten der ETS 3

Nach dem Start der ETS 3 erscheint zunächst das Fenster „Datenbank öffnen". Klicken Sie auf die Schaltfläche **Neu...** und geben Sie einen Namen für die neue Datenbank ein, z. B. „Kunde_1". Nach Klick auf die Schaltfläche **Speichern** wird die neue Datenbank von der ETS 3 erzeugt. Danach öffnet sich die ETS 3 in der Grundansicht. Die Hauptarbeitsfläche ist allerdings noch leer und enthält keine Arbeitsfenster. Als Nächstes ist daher ein neues Projekt anzulegen.

Neues Projekt anlegen

Das Anlegen eines Projekts geschieht mit der Menüfunktion **Datei/Neues Projekt**. Im darauf erscheinenden Eigenschaftskatalog des Projekts ist ein eindeutiger Projektname einzugeben, z. B. „Kunde_1". Nach Klick auf die Schaltfläche **OK** erscheint dann die Grundansicht der ETS 3 mit drei Arbeitsfenstern:

- Topologie in Kunde_1,
- Gruppenadressen in Kunde_1,
- Gebäude in Kunde_1,

die verschiedene Ansichten des Projekts Kunde_1 darstellen.

Nun wird als Erstes entweder das Gebäudefenster oder das Topologiefenster bearbeitet. Im Folgenden soll Schema 2 gemäß Abschnitt 3.9.6.2 angewandt werden. Demzufolge ist jetzt das Topologiefenster an der Reihe.

Produktdaten importieren

Im Topologiefenster werden die Bereiche und Linien einer Anlage definiert. Weiterhin werden den Linien Geräte hinzugefügt. Damit dies möglich ist, müssen die Produktdaten eines jeden im Projekt verwendeten Geräts aus den Produktdatenbanken der Hersteller in das Projekt importiert werden. Hierzu ist wie folgt vorzugehen:

Nach Wahl des Menüpunkts **Datei/Import...** erhält man ein Dialogfenster zur Auswahl der Herstellerdatenbank. Der Datenimport direkt von der jeweiligen Produktdaten-CD ist möglich. Allerdings ist es sinnvoll, bereits vor dem Start der ETS 3 die Produktdatenbanken der Hersteller von der jeweiligen CD auf die Festplatte in ein geeignetes Verzeichnis zu kopieren, z. B. nach C://Programme/Ets3prof/Database. Die Produktdatenbanken für die ETS 3 haben die Endung .VD3, z. B. BJE_V32_0606.VD3 [Busch-Jaeger Elektro, Stand 06/2006] oder IBUS0505.VD3 [ABB, Stand 05/2005].

Es empfiehlt sich, immer die neuesten Produktdatenbanken von den Webseiten der Hersteller herunterzuladen. Unter Umständen ist es günstig, die Einzelproduktdatenbanken der Geräte zu verwenden, denn der Import der Gesamtdatenbank kann recht lange dauern – viele Minuten. Für ältere Produkte gibt es unter Umständen nur noch Produktdatenbanken mit der Endung .VD2 oder gar .VD1. Dies ist allerdings kein Problem, denn die ETS 3 kann auch diese lesen.

Um ein Produkt in der Produktdatenbank eines Herstellers zu finden, braucht man die Bezeichnung des Produkts. Weiterhin muss man sich darüber im Klaren sein, welches Applikationsprogramm verwendet werden soll. Hierzu hilft ein Blick in das Produktdatenblatt (technische Beschreibung), das ebenfalls mit der Hersteller-CD ausgeliefert wird oder auf den Webseiten des Herstellers zu finden ist.

In unserem Beispiel müssen vier Produkte mit den in **Tabelle 3.33** angegebenen Applikationsprogrammen importiert werden. Für die Spannungsversorgung ist kein Applikationsprogramm erforderlich.

Tabelle 3.33 Zu importierende Geräte und zugehörige EInzelproduktdatenbanken

Hersteller	(B) Bezeichnung, (A) Applikationsprogramm	Einzelproduktdatenbank
ABB	(B) SV/S30.320.5 Spannungsversorgung, 320 mA, REG (A) -	SV303205.VD1
	(B) AT/S6.6.1 6f-Schaltaktor, 10 A, REG (A) Schalten Vorzug Treppenhausfunktion/3	ATS661.VD1
	(B) 4F, WS 4f-Taster, UP (A) Schalten Flanke Flexible Zuordnung/3.1	4F_WS.VD1
BJE	(B) 6186 USB-Schnittstelle (A) USB-Schnittstelle/1	6186 USV.VD3

Das Produkt (z. B. SV/S30.320.5 Spannungsversorgung, 320 mA, REG) muss im Import-Dialogfenster markiert werden, und durch einen Klick auf die Schaltfläche **Import** wird es in der Projektdatenbank abgelegt.

Bereiche und Linien definieren sowie Geräte einfügen

Nach dem Import aller für das Projekt erforderlichen Produktdaten können im Topologiefenster Bereiche und Linien definiert und Geräte in die Linien eingefügt werden.

Beim Projekt Kunde_1 können alle Geräte in eine Linie eingebaut werden. Dies bedeutet, dass man auch nur einen Bereich benötigt.

Nach Markieren des Begriffs **Bereiche** in der linken Fensterhälfte des Topologiefensters wird durch Klick auf den Menüpunkt **Bearbeiten/Bereiche hinzufügen...** ein Bereich hinzugefügt. Es ist sinnvoll, dem Bereich einen Namen zu geben, z. B. „Haus". Die Bereichsnummer kann ebenfalls vorgegeben werden, z. B. die „1".

Anschließend wird nach Markieren des Bereichs **1 Haus** über den Menübefehl **Bearbeiten/Linien hinzufügen** eine Linie hinzugefügt. Es bietet sich an, der Linie einen Namen zu geben, z. B. „KG-EG". Die Liniennummer kann auch hier vorgegeben werden, z. B. die „1".

Durch Klick auf das Zeichen + oder – in der linken Fensterhälfte können die Bereiche und Linien sichtbar gemacht oder verborgen werden (Aus- und Einklappen).

Nach Markieren der Linie 1 KG-EG wird über den Menübefehl **Bearbeiten/Geräte hinzufügen** das Fenster **Produktsucher** (siehe **Bild 3.44**) geöffnet. Mit Hilfe des Produktsuchers können die in der Projektdatenbank eingetragenen Geräte angezeigt werden. Zunächst wird z. B. der Hersteller gewählt. Die Anzeige aller Geräte dieses Herstellers erfolgt dann durch Klick auf die Schaltfläche **Suchen**.

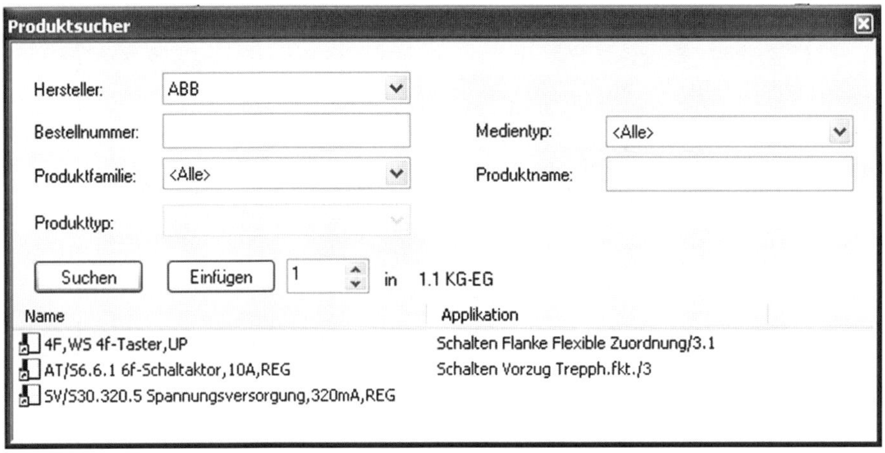

3.10 Anwendungsbeispiel

Bild 3.44 ETS-3-Dialogfenster Produktsucher

Die benötigten Geräte werden markiert und über die Schaltfläche **Einfügen** in die Linie eingebaut. Nun hat das Topologiefenster das Aussehen von **Bild 3.45**. Die Geräte und deren Applikationsprogramme werden dargestellt.

Die von der ETS 3 beim Einfügen der Geräte automatisch vergebenen physikalischen Adressen (hier: 1.1.1, 1.1.2 und 1.1.3) können nach Markieren des jeweiligen Geräts über den Menüpunkt **Bearbeiten/Eigenschaften** angepasst werden, z. B., wenn das verwendete Gerät schon einmal programmiert worden und somit die physikalische Adresse bereits vorgegeben ist.

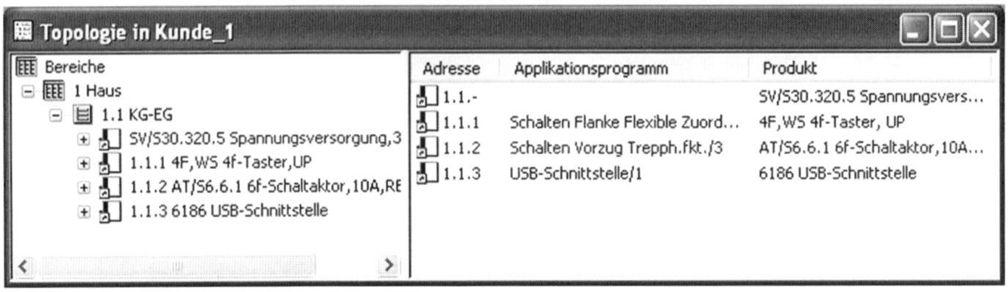

Bild 3.45 Fenster Topologie des Projekts Kunde_1 mit allen eingefügten Geräten

Geräteparameter einstellen

Damit der 4-fach-Tastsensor und der 6-fach-Schaltaktor die gewünschten Funktionen richtig erfüllen, müssen die Parameter ihrer Applikationsprogramme entsprechend eingestellt werden. Der Parameterdialog eines Geräts wird nach Markieren des Geräts und Wahl des Menübefehls **Bearbeiten/Parameter bearbeiten...** geöffnet.

a) Parameterdialog des 4-fach-Tastsensors (**Bild 3.46**)

Die Funktionen der vier LEDs werden so ausgewählt, dass alle LEDs auf „Orientierungslicht (grün)" eingestellt sind. Die Funktionen der LED „links" und der LED „Mitte links" sind bereits richtig aktiviert.

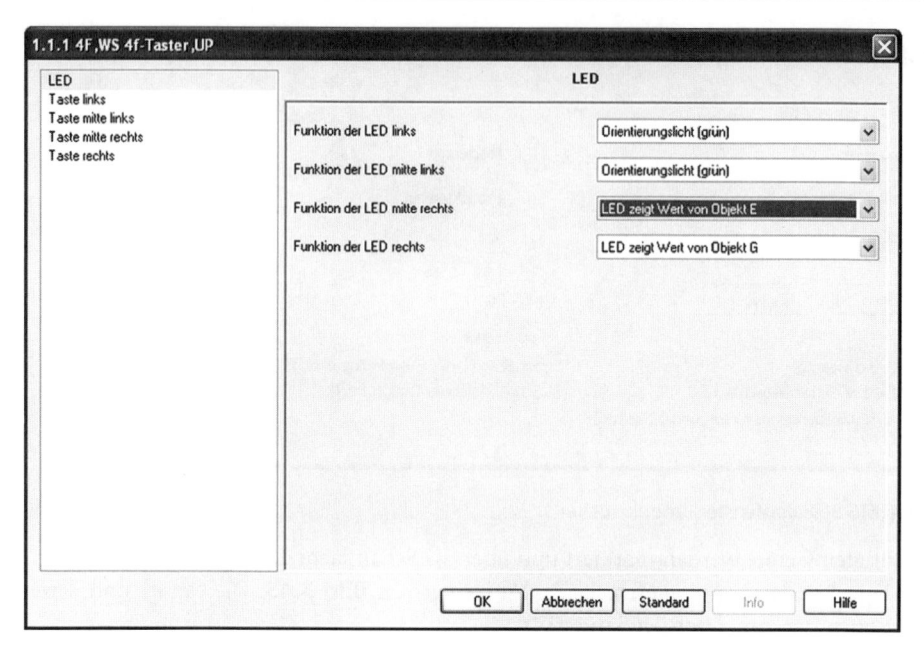

Bild 3.46 Parameterdialog LED des 4-fach-Tastsensors

Nun werden die Parameter der Tasten ausgewählt. Die Parameter der Tasten „links", „Mitte links" und „rechts" müssen eingestellt werden, wie in **Bild 3.47** für die Taste „links" gezeigt: Reaktion auf Kontakt oben schließen: EIN, Reaktion auf Kontakt unten schließen: AUS.

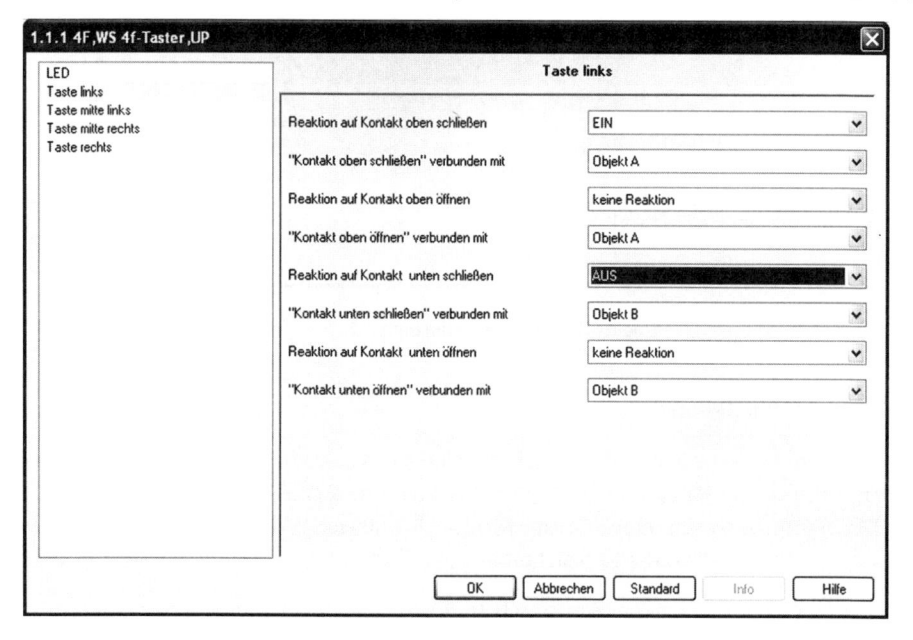

Bild 3.47 Parameterdialog für die Taste „links" des 4-fach-Tastsensors

3.10 Anwendungsbeispiel

Bei der Taste „Mitte rechts" wird eingestellt: Reaktion auf Kontakt oben schließen: UM, Reaktion auf Kontakt unten schließen: UM.

Alle anderen Parameter in den Parameterdialogen der Tasten können so übernommen werden, wie sie standardmäßig eingestellt sind. Wichtig ist, dass man sich merkt, welche Ereignisse mit welchen Kommunikationsobjekten verknüpft sind (**Tabelle 3.34**).

Tabelle 3.34 Zuordnung von Ereignissen zu Kommunikationsobjekten

Taste	„Ereignis" verbunden mit: Kommunikationsobjekt
links	„Kontakt oben schließen" verbunden mit: Objekt A „Kontakt unten schließen" verbunden mit: Objekt B
Mitte links	„Kontakt oben schließen" verbunden mit: Objekt C „Kontakt unten schließen" verbunden mit: Objekt D
Mitte rechts	„Kontakt oben schließen" verbunden mit: Objekt E „Kontakt unten schließen" verbunden mit: Objekt F
rechts	„Kontakt oben schließen" verbunden mit: Objekt G „Kontakt unten schließen" verbunden mit: Objekt H

Hinweis: Es ist auch ohne weiteres möglich, bei den Tastern nur jeweils ein Objekt, z. B. das Objekt A bei der Taste „links", für die Übermittlung der Schaltinformation zu verwenden.

b) Parameterdialog des 6-fach-Schaltaktors (**Bild 3.48**)

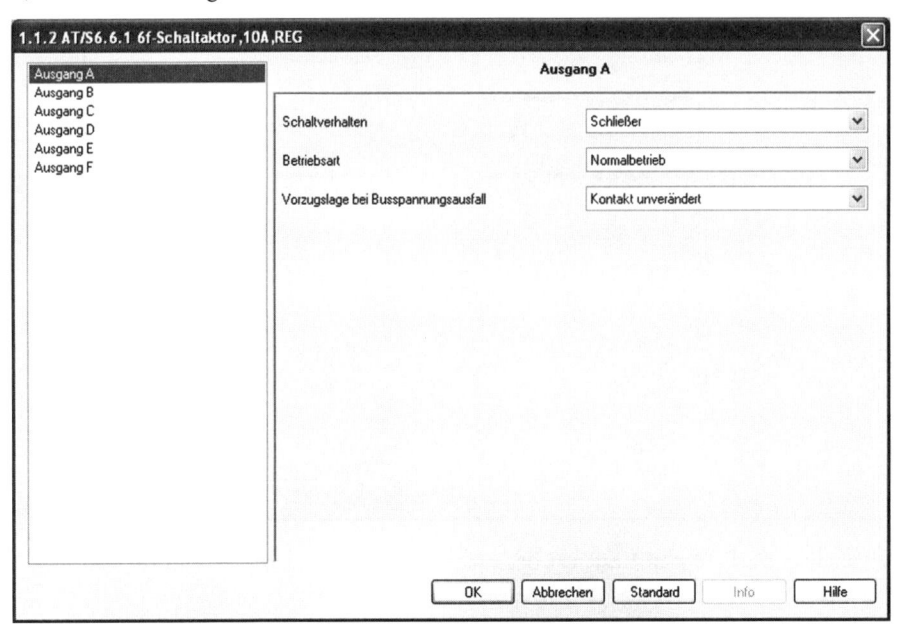

Bild 3.48 Parameterdialog für den Ausgang A des 6-fach-Schaltaktors

Die Standardeinstellungen für die Ausgänge A bis D können übernommen werden, denn das Schaltverhalten „Schließer" und die Betriebsart „Normalbetrieb" entsprechen bereits der Vorgabe im Lastenheft: Bei einem Einschaltbefehl wird der Kontakt geschlossen, bei einem Ausschaltbefehl wird der Kontakt geöffnet. Über die Vorzugslage bei Busspannungsausfall sagt das Lastenheft nichts aus: Die Standardeinstellung „Kontakt unverändert" kann daher übernommen werden.

Bei den Ausgängen E und F muss allerdings die Betriebsart „Treppenhauslichtfunktion" gewählt werden (**Bild 3.49**).

Um die gewünschten Zeiten von ca. 2,5 s bei der Treppenhauslampe 1 (Ausgang E) bzw. ca. 5. s bei der Treppenhauslampe 2 (Ausgang F) zu erhalten, werden folgende Einstellungen vorgenommen (**Tabelle 3.35**):

Tabelle 3.35 Einstellungen bei der Betriebsart Treppenhauslichtfunktion

Ausgang	Treppenhauslichtfunktion	
	Zeitbasis	Faktor
E	130 ms	20
F	130 ms	40

Somit wird die Treppenhauslampe 1 nach 2,6 s ausgeschaltet, die Treppenhauslampe 2 nach 5,2 s.

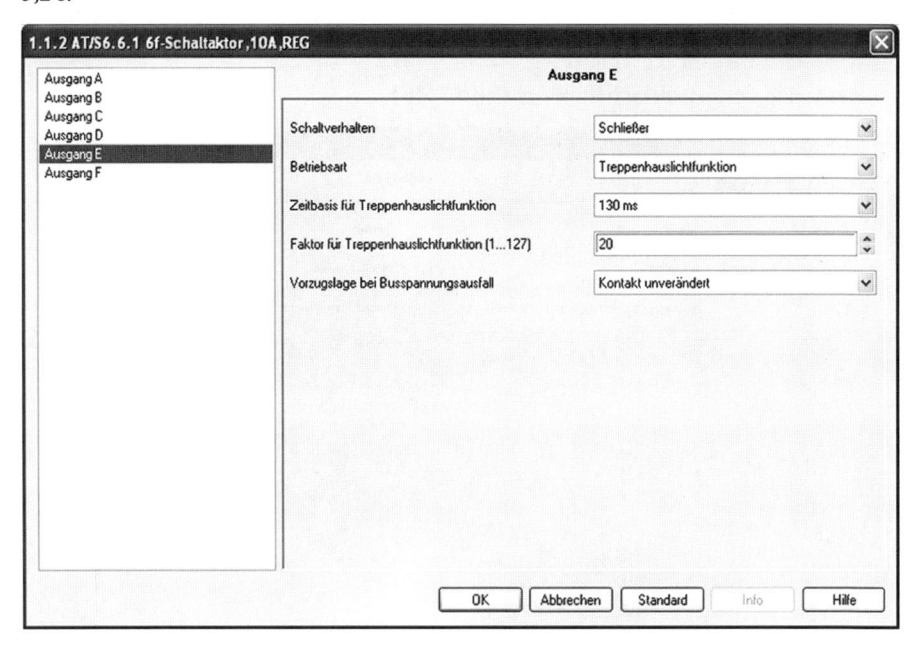

Bild 3.49 Parameterdialog für den Ausgang E des 6-fach-Schaltaktors in der Betriebsart Treppenhauslichtfunktion

Im Parameterdialog des 6-fach-Schaltaktors sind im Gegensatz zum Parameterdialog des 4-fach-Tastsensors keine Kommunikationsobjekte zu finden. Die Information darüber, welche Funktionen, z. B. Schalten Ausgang A, mit welchen Kommunikationsobjekten verbunden sind, findet sich im Topologiefenster.

Nach Markieren des 6-fach-Schaltaktors kann man erkennen, welches Kommunikationsobjekt welchem Ausgang zugeordnet ist (**Bild 3.50**).

3.10 Anwendungsbeispiel   135

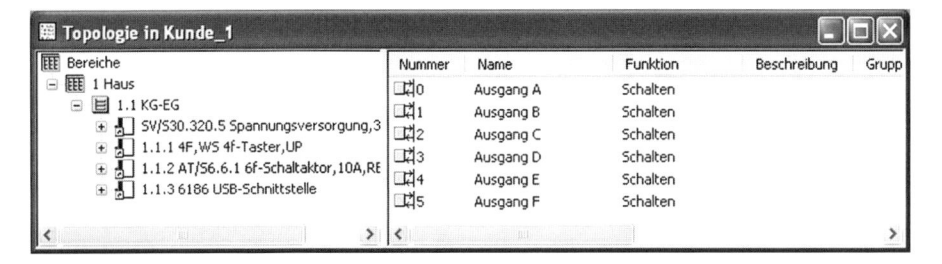

```
Topologie in Kunde_1
Bereiche                              Nummer  Name        Funktion    Beschreibung  Grupp
  1 Haus                                 0    Ausgang A   Schalten
    1.1 KG-EG                             1    Ausgang B   Schalten
      SV/S30.320.5 Spannungsversorgung,3   2    Ausgang C   Schalten
      1.1.1 4F,WS 4f-Taster,UP              3    Ausgang D   Schalten
      1.1.2 AT/S6.6.1 6f-Schaltaktor,10A,RE  4    Ausgang E   Schalten
      1.1.3 6186 USB-Schnittstelle          5    Ausgang F   Schalten
```

Bild 3.50 Kommunikationsobjekte des 6-fach-Schaltaktors

Das Kommunikationsobjekt mit der Nummer 0 (und dem Namen „Ausgang A") ist folglich dem Ausgang A zugeordnet, das mit der Nummer 1 (und dem Namen „Ausgang B") dem Ausgang B usw.

Gruppenadressen anlegen

Damit die Kommunikationsobjekte des 4-fach-Tastsensors mit den Kommunikationsobjekten des 6-fach-Schaltaktors verbunden werden können, müssen zunächst Gruppenadressen für alle gewünschten Funktionen angelegt werden.

Im Folgenden wird davon ausgegangen, dass die 2-Ebenen-Adressierung verwendet wird (siehe Menüpunkt **Extras/Optionen...** Registerkarte **Darstellung/Browser**).

Auf Grund der gewünschten Funktionen (siehe Lastenheft) müssen die folgenden Gruppenadressen angelegt werden (**Tabelle 3.36**):

Tabelle 3.36 Gruppenadressen mit Haupt- und Untergruppen

Gruppenadresse	Hauptgruppe	Untergruppe
1/1	1 Licht	1 Deckenlampe Wohnzimmer ein/aus
1/2		2 Wandlampen Wohnzimmer ein/aus
1/3		3 Stehlampe Wohnzimmer um
1/4		4 Treppenhauslampen ein
2/1	2 Zentral	1 Alle Wohnzimmerlampen ein
2/2		2 Alle Wohnzimmerlampen aus

Nach Markieren des Begriffs **Hauptgruppen** in der linken Fensterhälfte des Gruppenadressenfensters wird durch Klick auf den Menüpunkt **Bearbeiten/Hauptgruppen hinzufügen...** eine Hauptgruppe hinzugefügt. Es ist sinnvoll, der Hauptgruppe einen Namen zu geben, z. B. „Licht" oder „Zentral". Die Bereichsnummer kann ebenfalls vorgegeben werden. Es ist ratsam, mit der „1" zu starten. (Die Hauptgruppe 0 wird i. Allg. für Alarmfunktionen vorgesehen.)

Untergruppen werden analog angelegt: Nach Markieren der entsprechenden Hauptgruppe in der linken Fensterhälfte des Gruppenadressenfensters, z. B. „1 Licht", wird durch Klick auf den Menüpunkt **Bearbeiten/Gruppenadressen hinzufügen...** eine Untergruppe erzeugt. Es ist sinnvoll, der Untergruppe einen Namen zu geben, der einen Hinweis auf die zu erledigende Funktion gibt, z. B. „Deckenlampe Wohnzimmer EIN/AUS". Die Nummer der Untergruppe (Adresse) kann ebenfalls vorgegeben werden. Es ist zu empfehlen, mit der „1" zu beginnen.

Nach dem Anlegen der Gruppenadressen sollte das Gruppenadressfenster des Projekts Kunde_1 das Aussehen in **Bild 3.51** haben.

```
Gruppenadressen in Kunde_1
Hauptgruppen                                    Adresse   Name      Beschreibung   Durch Linienkoppler durchlassen
  1 Licht                                          1      Licht                    Nein
    1 Deckenlampe Wohnzimmer EIN/AUS               2      Zentral                  Nein
    2 Wandlampen Wohnzimmer EIN/AUS
    3 Stehlampe Wohnzimmer UM
    4 Treppenhauslampen EIN
  2 Zentral
    1 Alle Wohnzimmerlampen EIN
    2 Alle Wohnzimmerlampen AUS
```

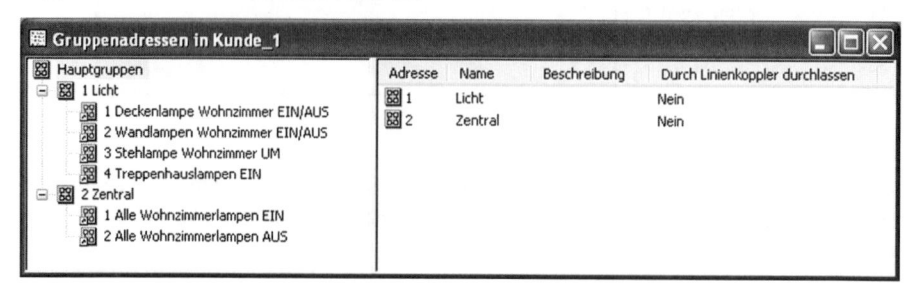

Bild 3.51 Gruppenadressen des Projekts Kunde_1

Kommunikationsobjekte den Gruppenadressen zuordnen

Damit der EIB/KNX eine gewünschte Funktion ausführen kann, muss ein Kommunikationsobjekt (mindestens) eines Sensors mit den entsprechenden Kommunikationsobjekten (mindestens) eines Aktors über eine Gruppenadresse verbunden werden.

Um beispielsweise die Funktion „Deckenlampe Wohnzimmer ein/aus" zu ermöglichen, müssen das Kommunikationsobjekt 0 (Objekt A – Telegramm schalten) und das Kommunikationsobjekt 1 (Objekt B – Telegramm schalten) des 4-fach-Tastsensors sowie das Kommunikationsobjekt 0 (Ausgang A – Schalten) des 6-fach-Schaltaktors der Gruppenadresse 1/1 zugeordnet werden.

Entsprechend wird mit allen weiteren Gruppenadressen verfahren. **Tabelle 3.37** gibt einen Gesamtüberblick.

Tabelle 3.37 Gruppenadressen mit zugeordneten Kommunikationsobjekten

Gruppen-adresse	(Sendende) Kommunikationsobjekte des 4-fach-Tastsensors: Nummer (Name)	(Empfangende) Kommunikationsobjekte des 6-fach-Schaltaktors: Nummer (Name)
1/1	0 (Objekt A), 1 (Objekt B)	0 (Ausgang A)
1/2	2 (Objekt C), 3 (Objekt D)	1 (Ausgang B), 2 (Ausgang C)
1/3	4 (Objekt E)	3 (Ausgang D)
1/4	5 (Objekt F)	4 (Ausgang E), 5 (Ausgang F)
2/1	6 (Objekt G)	0 (Ausgang A), 1 (Ausgang B), 2 (Ausgang C), 3 (Ausgang D)
2/2	7 (Objekt H)	0 (Ausgang A), 1 (Ausgang B), 2 (Ausgang C), 3 (Ausgang D)

Die Zuordnung einer Gruppenadresse zu Kommunikationsobjekten ist per Drag & Drop möglich. Hierzu müssen das Topologiefenster und das Gruppenadressfenster geöffnet und die Kommunikationsobjekte des 4-fach-Tastsensors und des 6-fach-Schaltaktors sichtbar sein (**Bild 3.52**).

3.10 Anwendungsbeispiel

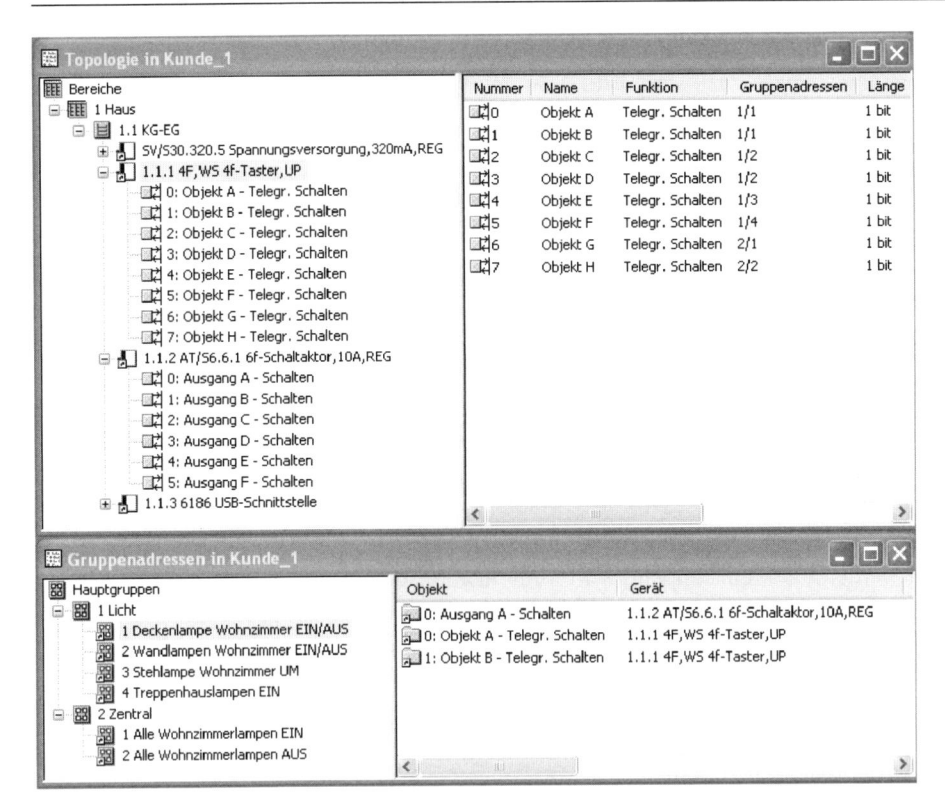

Bild 3.52 Kommunikationsobjekte der Funktion „Deckenlampe Wohnzimmer EIN/AUS"

Im Topologiefenster werden alle Zuordnungen von Kommunikationsobjekten eines Geräts zu Gruppenadressen dargestellt, wenn das Gerät markiert wird, z. B. der 6-fach-Schaltaktor, siehe **Bild 3.53**.

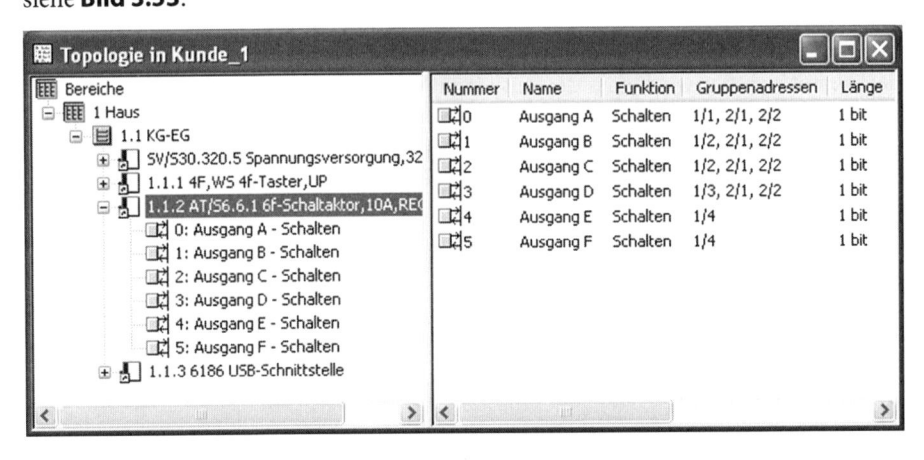

Bild 3.53 Kommunikationsobjekte und Gruppenadressen des 6-fach-Schaltaktors im Fenster Topologie

Seine sechs Kommunikationsobjekte wurden insgesamt 14 Gruppenadressen zugeordnet.

Man kann sich auch alle Kommunikationsobjekte anzeigen lassen, die einer bestimmten Gruppenadresse zugeordnet sind. **Bild 3.54** zeigt z. B. alle Kommunikationsobjekte des 4-fach-Tastsensors und des 6-fach-Schaltaktors, die der Gruppenadresse 2/1 (Alle Wohnzimmerlampen EIN) zugeordnet sind.

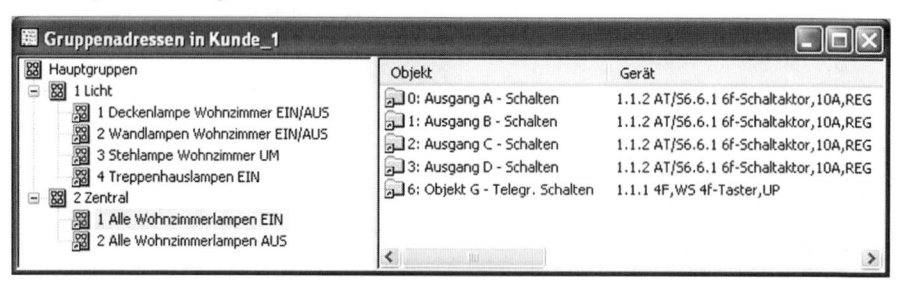

Bild 3.54 Kommunikationsobjekte der Gruppenadresse 2/1 im Fenster Gruppenadressen

Bei der Zuordnung von Kommunikationsobjekten zu Gruppenadressen muss immer beachtet werden, dass ein sendendes Kommunikationsobjekt nur einer Gruppenadresse zugeordnet werden kann. Es ist durchaus erlaubt, dass in einer Gruppenadresse z. B. zwei sendende Kommunikationsobjekte enthalten sind. Diese dürfen aber nicht mehr in einer anderen Gruppenadresse auftauchen!

Nach der Zuordnung der Kommunikationsobjekte zu allen Gruppenadressen kann die Anlage in Betrieb genommen werden.

3.10.3 Inbetriebnahme

3.10.3.1 Hardware

Um die Projektierung des Projekts Lichtsteuerung zu testen, wird die EIB/KNX-Basisanlage verwendet. Damit sichtbar wird, dass die Ausgänge A bis F des 6-fach-Schaltaktors korrekt arbeiten, muss die Lampenbaugruppe mit der EIB/KNX-Baugruppe verbunden werden. (Dies entspricht der elektrischen Installation der Geräte im Haus.) Jede Lampe übernimmt hierbei eine besondere Funktion, siehe **Tabelle 3.38**.

Tabelle 3.38 Funktionen der Lampen im Testbetrieb

Lampe	Funktion
1	Deckenlampe
2	Wandlampe 1
3	Wandlampe 2
4	Stehlampe
5	Treppenhauslampe 1
6	Treppenhauslampe 2

In **Bild 3.55** ist gezeigt, wie die Lampe 1 mit der Schutzkleinspannung verbunden werden muss. Ein Anschlusspunkt des 24 V-Wechselspannungsnetzes wird über den Ausgang A des 6-fach-Schaltaktors geführt (Relais als Schalter) und dann mit einem Anschlusspunkt der

3.10 Anwendungsbeispiel 139

Lampe A verbunden. Deren zweiter Anschlusspunkt wird an den verbleibenden Anschlusspunkt des Netzes angeschlossen. Es empfiehlt sich, verschiedenfarbige Kabel zu verwenden. Für die anderen Lampen und Schaltaktorausgänge ist analog vorzugehen.

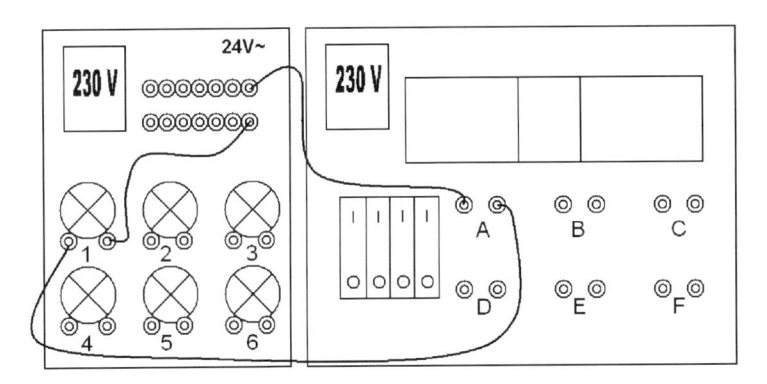

Bild 3.55 Anschließen der Testlampen an die Ausgänge des 6-fach-Schaltaktors

Nach dem Einschalten der Netzspannung bei beiden Baugruppen und der Installation eines USB-Kabels als Verbindungsleitung zwischen dem PC und der USB-Schnittstelle der EIB/KNX-Anlage können der 4-fach-Tastsensor und der 6-fach-Schaltaktor mit Hilfe der ETS 3 programmiert und in Betrieb genommen werden.

3.10.3.2 Programmierung der Geräte

Nach Markieren eines Geräts im Topologiefenster und Wahl des Menübefehls **Inbetriebnahme/Programmieren...** wird das Dialogfenster Programmieren geöffnet (**Bild 3.56**).

Bild 3.56 Dialogfenster Programmieren

Bei der erstmaligen Inbetriebnahme eines Geräts muss auf jeden Fall zuerst dessen physikalische Adresse programmiert werden. In diesem Zusammenhang ist es erforderlich, zuerst der Schnittstelle, hier der USB-Schnittstelle, ihre physikalische Adresse zuzuweisen. Da dies nicht über den Bus geschieht, denn die Schnittstelle ist ja über ein USB-Kabel mit dem PC verbunden, muss der Zugriff „Lokal" sein. Für alle weiteren Geräte erfolgt dann der Zugriff „über Bus". Nach dem Download der physikalischen Adressen in den 4-fach-Tastsensor und den 6-fach-Schaltaktor müssen noch deren Applikationsprogramme geladen werden (Schaltfläche **Applikations-Programm** wählen). Der Fortschritt der Programmierung kann im Fenster **Laufende Operationen** (Registerkarte **Aktiv**) beobachtet werden. Ein typischer Programmiervorgang (z. B. das Applikationsprogramm des 6-fach-Schaltaktors komplett downloaden) dauert etwa 15 Sekunden.

Nach Änderungen von Parametern oder der Zuordnung von Kommunikationsobjekten zu Gruppenadressen kann der Ladevorgang dadurch abgekürzt werden, dass die Schaltfläche **Partiell programmieren** benutzt wird. Es werden dann nur die tatsächlich geänderten Werte übertragen, und die Downloadzeit verkürzt sich im Allgemeinen.

Nach dem Download der Applikationsprogramme kann die Anlage getestet werden.

3.10.4 Test der Lichtsteuerung

Die betriebsbereite Anlage testet man nach Maßgabe des Lastenhefts. Im Falle einer fehlerhaften Funktion müssen die Parameter der Geräte überprüft und ggf. neu eingestellt werden. Unter Umständen ist auch ein anderes Applikationsprogramm auszuwählen. Alle Änderungen werden immer erst nach dem Download der Applikationsprogramme in die jeweiligen Geräte wirksam!

3.10.5 Diagnose/Busmonitoring

In der ETS 3 ist eine Software zum Mitlesen und Analysieren des Telegrammverkehrs integriert. Sie ist über den Menüpunkt **Diagnose/Busmonitor** aufrufbar. Durch spezielle Einstellungen kann man sich z. B. alle Telegramme anzeigen lassen, die ein Gerät mit einer bestimmten Quelladresse sendet. Ein typisches Diagnoseergebnis zeigt **Bild 3.57**.

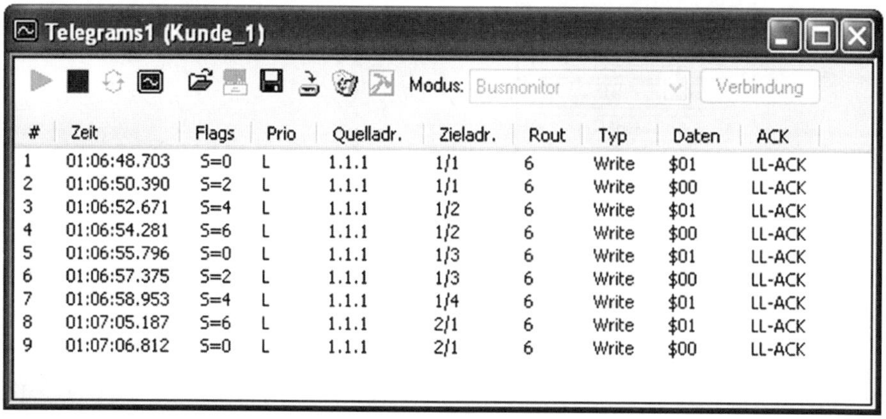

#	Zeit	Flags	Prio	Quelladr.	Zieladr.	Rout	Typ	Daten	ACK
1	01:06:48.703	S=0	L	1.1.1	1/1	6	Write	$01	LL-ACK
2	01:06:50.390	S=2	L	1.1.1	1/1	6	Write	$00	LL-ACK
3	01:06:52.671	S=4	L	1.1.1	1/2	6	Write	$01	LL-ACK
4	01:06:54.281	S=6	L	1.1.1	1/2	6	Write	$00	LL-ACK
5	01:06:55.796	S=0	L	1.1.1	1/3	6	Write	$01	LL-ACK
6	01:06:57.375	S=2	L	1.1.1	1/3	6	Write	$00	LL-ACK
7	01:06:58.953	S=4	L	1.1.1	1/4	6	Write	$01	LL-ACK
8	01:07:05.187	S=6	L	1.1.1	2/1	6	Write	$01	LL-ACK
9	01:07:06.812	S=0	L	1.1.1	2/1	6	Write	$00	LL-ACK

Bild 3.57 Telegramme beim Testen der Lichtsteuerungsfunktionen

Hier sind Telegramme aufgelistet, die beim Testen der Lichtsteuerungsfunktionen nach und nach vom 4-fach-Tastsensor (Quelladresse 1.1.1) über den Bus versendet wurden. Da immer

3.10 Anwendungsbeispiel

mindestens ein Kommunikationsobjekt des 6-fach-Schaltaktors in einer Gruppenadresse enthalten ist, wurden alle Telegramme von ihm empfangen, quittiert und verarbeitet.

Das Telegramm mit der Nummer (#) 1 wurde versendet beim Druck auf den oberen Kontakt der Taste „links" des 4-fach-Tastsensors. Es ist ein Telegramm mit der Gruppenadresse 1/1, der Routingzähler ist auf 6 gesetzt, der Typ des Befehls ist ein Schreibbefehl (*Write*) und das Datenbit hat den Inhalt „1" (im Hexadezimalformat: $01). Der Empfänger, in diesem Fall nur der 6-fach-Schaltaktor, hat eine positive Empfangsbestätigung zurückgesendet (LL-ACK).

Die Telegramme kann man sich noch detaillierter anschauen, indem man die entsprechende Zeile per Doppelklick auswählt. Für das Telegramm mit der Nummer (#) 1 ergibt sich die in **Bild 3.58** dargestellte Detailinformation.

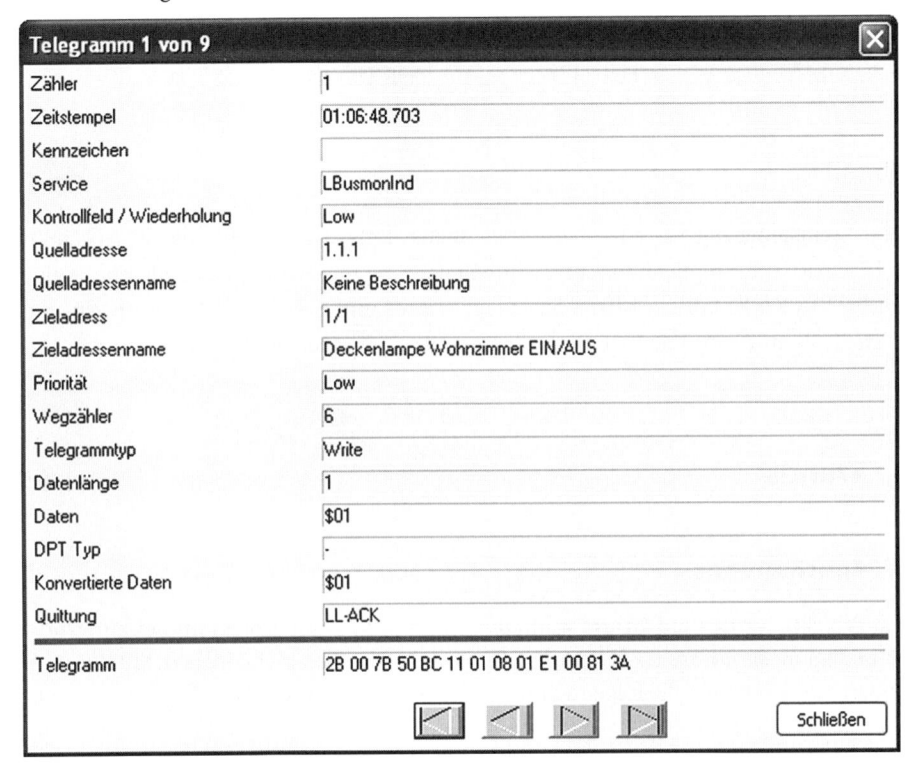

Telegramm 1 von 9	
Zähler	1
Zeitstempel	01:06:48.703
Kennzeichen	
Service	LBusmonInd
Kontrollfeld / Wiederholung	Low
Quelladresse	1.1.1
Quelladressenname	Keine Beschreibung
Zieladress	1/1
Zieladressenname	Deckenlampe Wohnzimmer EIN/AUS
Priorität	Low
Wegzähler	6
Telegrammtyp	Write
Datenlänge	1
Daten	$01
DPT Typ	-
Konvertierte Daten	$01
Quittung	LL-ACK
Telegramm	2B 00 7B 50 BC 11 01 08 01 E1 00 81 3A

Bild 3.58 Detailinformationen zum Telegramm mit der Nummer 1

In der letzten Zeile (mit der Bezeichnung Telegramm) von **Bild 3.58** findet sich auch der Telegramminhalt im Hexadezimalcode:

2B 00 7B 50 | BC 11 01 08 01 E1 00 81 3A
    | Telegramminhalt

Nach Umsetzung in Binärcode lässt sich die Bedeutung des Telegramminhalts leicht erkennen, siehe **Tabelle 3.39**.

Tabelle 3.39 Bedeutung des Telegramminhalts

Feld	Hexadezimalcode	Binärcode	Bedeutung
Kontrollfeld	BC	10 1 1 11 00	niedrige Betriebspriorität, keine Wiederholung
Quelladresse	11 01	0001 0001 00000001	1.1.1
Zieladresse	08 01	0 0001 0000000001	1/1
DAF Routingzähler Länge	E1	1 110 0001	Zieladresse ist eine Gruppenadresse, Routingzählerinhalt: 6, zwei Nutzdatenbytes
Nutzdaten	00 81	000000 0010 000001	Befehl „*Write*" (0010), ein Bit mit Wert „1"
Prüffeld	3A	00111010	ungerade Parität

Aufgabe 3.16

Projekt Lichtsteuerung für ein Mehrfamilienhaus: Entwerfen Sie für die in Abschnitt 3.1.6 beschriebene Treppenhaus- und Flurbeleuchtung in einem Mehrfamilienhaus eine mögliche EIB/KNX-Anlage. Setzen Sie 2-fach-Taster und 6-fach-Schaltaktoren ein und versuchen Sie mit möglichst wenig Systemgeräten, Sensoren und Aktoren auszukommen.

3.11 Trends

3.11.1 Touchscreens

EIB/KNX-Projekte werden auf Grund zahlreicher komplexer Funktionen immer aufwändiger. Der Bedienungskomfort rückt für den Endkunden immer mehr in den Mittelpunkt. Insbesondere werden häufig die folgenden Anforderungen genannt [KNX06]:

- Komfortable und einfache Bedienung und Überwachung aller Funktionen von einer oder mehreren Stellen aus,
- Möglichkeit von anwenderspezifischen Anpassungen der EIB/KNX-Installation durch den Kunden selbst, z. B. Verlängerung der Einschaltdauer der Treppenhausbeleuchtung,
- Verknüpfung von Gebäudesystemtechnik, Multimedia, Internet und Telekommunikation.

Mit designorientierten, berührungsempfindlichen Displays, so genannten Touchscreens, bieten die EIB/KNX-Hersteller die gewünschte Funktionalität, verbunden mit hohem Bedienkomfort, in immer breiterer Vielfalt an. Stellvertretend sei das in **Bild 3.59** dargestellte Controlpanel vorgestellt.

Bild 3.59 Controlpanel [Busch-Jaeger Elektro]

Dieser Touchscreen bietet folgende Möglichkeiten:

- Es stehen bis zu 210 Schalt- und Steuerfunktionen zur Verfügung.
- Die einzelnen Seiten können beliebig miteinander verbunden werden und sind frei konfigurierbar.
- Der Bildschirm zeigt bis zu zehn Touchflächen oder acht große Bedienbuttons, die mit einem PDA-Stift oder per Fingertipp zu aktivieren sind. Dargestellt werden z. B. die Struktur des Gebäudes oder Funktionsgruppen.
- Durch die Integration von Medienseiten besteht in Verbindung mit einem Zusatzgerät die Möglichkeit, hochwertige Audio- und Videosysteme direkt vom Touchscreen aus zu steuern.

Touchscreens bieten hervorragende Möglichkeiten, eine EIB/KNX-Installation zentral zu bedienen. Beispielsweise ist es mit der in **Bild 3.60** dargestellten Oberfläche möglich, alle Lampen des Erdgeschosses zu schalten und zu dimmen. Mit dem Symbol ◐ wird eine Lampe auf dem Bildschirm dargestellt und mit einem kurzen Fingertipp ein- bzw. ausgeschaltet. Mit einem langen Fingertipp kann gedimmt werden. Der Zustand einer Lampe wird grafisch angezeigt, z. B. bedeutet grau, dass sie ausgeschaltet, und gelb, dass sie eingeschaltet ist. Man kann also auf einen Blick die gesamte Beleuchtung des Erdgeschosses sehen. Mit weiteren Seiten ist die Beleuchtung des kompletten Hauses bedien- und beobachtbar.

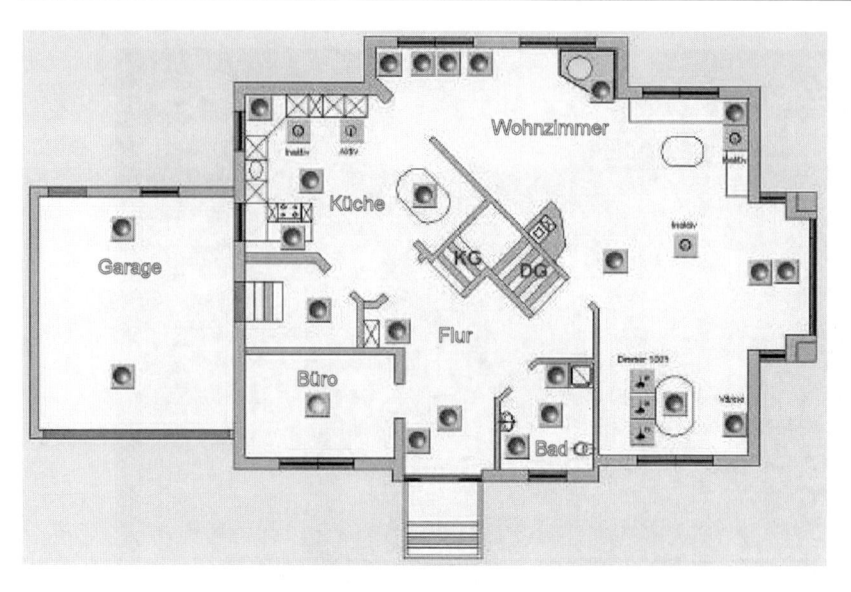

Bild 3.60 Touchscreenbild für die Lampensteuerung des Erdgeschosses im Cibek-Musterhaus in Limburgerhof, Rheinland-Pfalz [CIBEK06]

3.11.2 Integration der Gebäudesystemtechnik in IP-Netze

In vielen Gebäuden existiert neben einer EIB/KNX-Anlage auch ein lokales Netz (LAN) mit Internetanbindung. Es liegt auf der Hand, die beiden Systeme miteinander zu verbinden und die vorhandene Netzinfrastruktur z. B. für den schnellen Datenaustausch zwischen Bereichen zu nutzen. Die Kopplung von EIB/KNX-Systemen mit LAN geschieht mit Hilfe von IP-*Gateways*, siehe **Bild 3.61**.

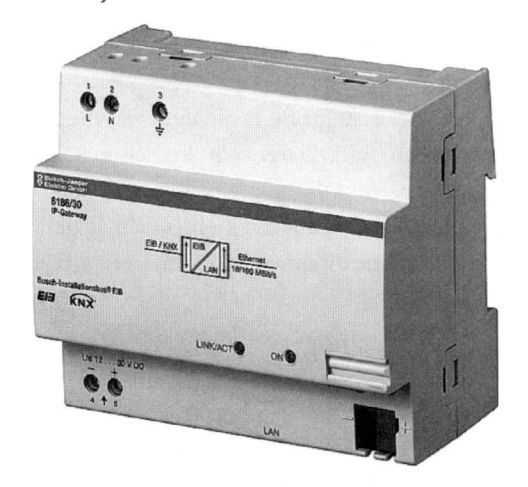

Bild 3.61 IP-*Gateway* [Busch-Jaeger Elektro]

Ein IP-*Gateway* ist die Schnittstelle zwischen EIB/KNX-Netzen und IP-Netzen (siehe Kapitel 5). Dadurch können Daten zwischen EIB/KNX-Geräten und Geräten am IP-Netz ausgetauscht werden. Dies ermöglicht z. B. die Einbindung der Gebäudesystemtechnik in die Gebäudeautomation oder die Fernbedienung einer EIB/KNX-Anlage über das Internet.

3.11 Trends

Ein IP-*Gateway* kann auch als Linien- oder Bereichskoppler eingesetzt werden und dabei das LAN für den schnellen Austausch von Telegrammen zwischen Linien/Bereichen nutzen. Dies ist z. B. dann anzuraten, wenn eine Visualisierung an die Bereichslinie angeschlossen ist und Daten in größerem Umfang aus der EIB/KNX-Anlage empfängt bzw. ausliest. Hierbei kommt es auf der Bereichslinie zu einem erheblichen Telegrammverkehr (Flaschenhalseffekt). Über ein LAN lässt sich der Datenverkehr wesentlich schneller (z. B. mit 10 Mbit/s) als mit dem EIB/KNX abwickeln.

Zusammen mit der ETS 3 kann ein IP-*Gateway* EIB/KNX-Geräte über LAN programmieren. Serielle oder USB-Schnittstellen werden dann nicht mehr benötigt.

3.12 Literatur

[ABB06]	Technische Unterlagen zu EIB/KNX-Geräten. ABB, 2006
[CIBEK06]	www.cibek.de
[DIETRICH00]	*Dietrich, D.; Kastner, W.; Sauter, T.*: EIB Gebäudebussystem. Heidelberg: Hüthig, 2000
[KNX04]	KNX *Handbook Version 1.1 Revision 1. Konnex Association*, 2004
[KNX04A]	ETS 3 *Professional Tutorial. Konnex Association*, 2004
[KNX06]	Touch @ home mit KNX. KNX Journal, 2/2006, S. 17 bis 21
[KRANZ97]	*Kranz, R. u. a.: Building Control*. Renningen-Malmsheim: expert, 1997
[MERZ00]	*Merz, H. (Hrsg.)*: Kommunikationssysteme für die Gebäudeautomation – Grundlagen, Anwendungen, Projekte. Aachen: Shaker, 2000
[MERZ01]	*Merz, H. (Hrsg.)*: Kommunikationssysteme für die Gebäudeautomation – Theoretische Grundlagen und Praxisbeispiele. Aachen: Shaker, 2001
[MERZ03]	*Merz, H.; Hansemann, T. (Hrsg.)*: Kommunikationssysteme für die Gebäudeautomation – Wirtschaftlicher Bedienungskomfort in Gebäuden mit Hilfe von Bussystemen. Aachen: Shaker, 2003
[ROSCH98]	*Rosch, R.; Dostert, K.; Lehmann, K.; Zapp, R.*: Gebäudesystemtechnik – Datenübertragung auf dem 230-V-Netz. Landsberg/Lech: moderne industrie, 1998
[RUDOLPH99]	*Rudolph, W.*: Einführung in die DIN VDE 0100. Berlin, Offenbach: VDE, 1999
[SIEMENS01]	Technische Unterlagen zu BIM M113. Siemens, 2001
[STAUB01]	*Staub, R.; Kranz, H. R.*: Raumautomation im Bürogebäude. Die Bibliothek der Technik, Band 210. Landsberg/Lech: moderne industrie, 2001
[ZVEI97]	Handbuch Gebäudesystemtechnik. Frankfurt a. M.: ZVEI (Zentralverband Elektrotechnik- und Elektronikindustrie e.V., Fachverband Installationsgeräte und -systeme) und ZVEH (Zentralverband der Deutschen Elektrohandwerke), 1997

4 Gebäudeautomation mit LONWORKS

Bei der LONWORKS-Technologie handelt sich um ein universelles, für Automatisierungsaufgaben einsetzbares System, das von der amerikanischen Firma Echelon entwickelt wurde. Auf dem europäischen Markt hat sich diese Technologie besonders im Bereich der Gebäudeautomation durchgesetzt. Die Leistungsfähigkeit ermöglicht einen Einsatz sowohl in den Regelbausteinen der Gebäudeautomation als auch in den dezentralen Komponenten der Gebäudesystemtechnik.

> Die LONWORKS-Technologie ist ein nach EN 14908 genormtes Bussystem. Die eingesetzten Geräte besitzen eine eigene Intelligenz und werden miteinander zu einem lokal operierenden Netz verbunden. Die für diese Technik gebräuchliche Abkürzung LON geht auf die englische Bezeichnung *Local Operating Network* zurück.

4.1 Einführende Übersicht

Über viele Jahre ist die Gebäudeautomation in erster Linie von herstellerspezifischen Entwicklungen geprägt gewesen (**Bild 4.1**).

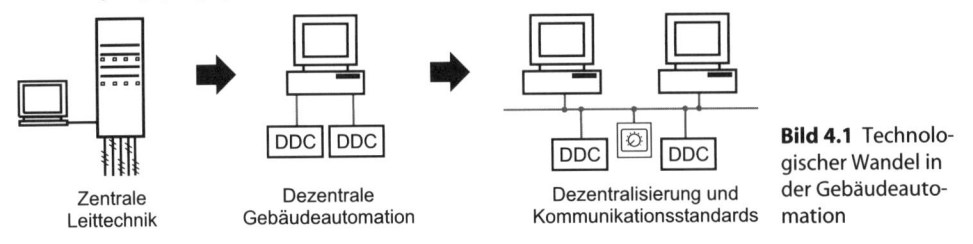

Bild 4.1 Technologischer Wandel in der Gebäudeautomation

Zentrale Leittechnik → Dezentrale Gebäudeautomation → Dezentralisierung und Kommunikationsstandards

Hier wurde eine Vielzahl von Komponenten und Systemfunktionalitäten entwickelt, um vorrangig die Aufgaben zum Messen, Steuern und Regeln der betriebstechnischen Anlagen wie der Lüftungs- und Klimaanlagen zu übernehmen. Der Ursprung dieser Technologien lag in der Adaption der für die Prozessautomation entwickelten Komponenten und Strukturen an die Aufgabenstellungen der Gebäudeautomation.

4.1.1 Zentrale Leittechnik und herstellergebundene Techniken

Ursprünglich sind die erforderlichen Signale der Sensoren und Aktoren über eine Vielzahl von drahtgebundenen Einzelmeldungen und ebenso große Entfernungen auf ein zentral angeordnetes Leitsystem geschaltet worden. Man sprach in diesem Zusammenhang von einer zentralen Leittechnik (ZLT).

Ein solches System war von seinen Bedienmöglichkeiten her stark eingeschränkt. Die Kommunikation mit den Anlagen basierte in erster Linie auf spannungsgebundenen Stellungsmeldungen und Befehlen sowie Messwerten und Stellbefehlen auf der Grundlage von Stromschleifen nach dem 0-20-mA-Prinzip. Die Abarbeitung der Funktionen war auf ein einziges Gerät beschränkt und dementsprechend gefährdet gegen Ausfälle [KRANZ97].

4.1.2 Dezentrale Gebäudeautomation und Datenaustausch

Der nächste Schritt ergab sich Ende der 1980er Jahre durch die Einführung immer leistungsfähigerer Mikrocomputersysteme. Hierdurch war es möglich, die Abarbeitung von Regelungsaufgaben bereits ortsnah zur Anlagentechnik durchzuführen. Diese Rechnerbausteine hatten eine Funktionalität wie die aus der Fabrikautomation bekannten speicherprogrammierbaren Steuerungen (SPS). Sie wurden maßgeschneidert für die Aufgaben in der Gebäudetechnik. Man bezeichnete sie in der Branche der Gebäudetechnik auf Grund ihrer Nähe zur Anlage und der Ausstattung mit einem Digitalprozessor als *Direct Digital Controller* (DDC). Diese DDC-Bausteine ersetzten durch die integrierte Kommunikationsschnittstelle die bis dahin nötigen, umfangreichen Leitungsverbindungen zum Leitrechner. Man sprach in diesem Zusammenhang von dezentralen Lösungen.

Insbesondere die verwendeten Protokolle für die Kommunikationsverbindungen waren ausschließlich herstellerspezifische Lösungen. Eine Aufschaltung von Gewerken, die mit systemfremden Produkten ausgestattet waren, war nur mit großem Zusatzaufwand möglich. Zum einen gab es die Option, die von dem Fremdsystem benötigten Informationen über drahtgebundene Einzelsignalverbindungen aufzuschalten. Dieses schränkte jedoch die Funktionalität stark ein, da sie aus Kostengründen meist auf den Austausch nur der wichtigsten Meldungen und Befehle beschränkt war.

Andererseits war es auch möglich, ein derartiges Fremdsystem über einen weiteren als *Gateway* eingesetzten Mikrorechner anzubinden (**Bild 4.2**).

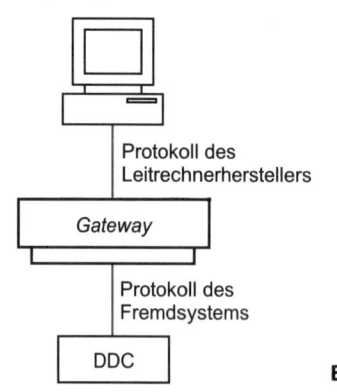

Bild 4.2 *Gateway* zur Kopplung von Fremdsystemen

Hierdurch ergab sich der Vorteil einer großen zur Verfügung stehenden Datenmenge bei nur einer leitungsgebundenen Verbindung. Aber auch das war nicht so einfach, da es hierzu nötig war, dass sich zwei vielleicht sogar in Konkurrenz zueinander stehende Firmen untereinander abzustimmen hatten und darüber hinaus das von ihnen entwickelte Kommunikationsprotokoll offenlegen mussten.

Als Lösung für ein derartiges *Gateway* wurde dann meist auf Protokolle zurückgegriffen, die von beiden Firmen bereits in vorherigen Projekten ausgeführt wurden. Vorrangig führte man eine solche Kopplung dann mit folgenden Fabrikaten aus:

- Modbus-Protokoll (AEG Modicon),
- Protokoll 3964R (Siemens Simatic S5/S7).

Beide Protokolle wurden von den Herstellerfirmen offengelegt, um in erster Linie die Einbindung der dazugehörigen speicherprogrammierbaren Steuerungen zu fördern. Dieses führte dazu, dass die Protokolle häufig für diesen Zweck eingesetzt wurden.

Trotz der Tatsache, dass es sich bei diesen Lösungen wieder um herstellerspezifische Ansätze handelte, konnte man von einem Quasi-Standard sprechen. Es war also der erste Schritt in Richtung eines herstellerunabhängigen Kommunikationsprotokolls unternommen worden.

4.1.3 Stärkere Dezentralisierung und offene Kommunikationsstandards

Ein weiterer Schritt ergab sich durch die fortschreitende Miniaturisierung der Mikrocomputer bei gleichzeitigem Ansteigen der Leistungsfähigkeit. Hierdurch war es möglich, die Funktionalitäten in der Gebäudeautomation noch stärker zu dezentralisieren.

Ende der 1990er Jahre entstand daraus erstmals der Begriff der Gebäudesystemtechnik. Sensoren und Aktoren ließen sich direkt mit lokaler Intelligenz ausstatten. Ein auf der gleichen Platine untergebrachter Busanschluss sorgte für die Kommunikation mit anderen Komponenten. Hieraus entstand ein Verbundsystem zur Abarbeitung der regeltechnischen Aufgabe [ZVEI97].

Insbesondere im Einsatz für eine komfortable und flexibel zu programmierende Steuerung von Licht und Jalousien setzten sich derartige Systeme erstmals am Markt durch. Nahezu zeitgleich fassten die mittlerweile genormten Systeme

- Europäischer Installationsbus (EIB, heute EIB/KNX) und
- LONWORKS-Technologie, abgekürzt: *Local Operating Network* (LON),

am deutschen Markt Fuß.

Neben der weiteren Dezentralisierung war bei beiden Systemen aber auch gleichzeitig der Aspekt eines offenen Busstandards vorhanden. Hierdurch war es dann erstmals möglich, aus einem breiten Angebot von Komponenten unterschiedlicher Hersteller das jeweils optimal zur Aufgabe passende Gerät auswählen, z. B. das in **Bild 4.3** dargestellte Raumbediengerät mit LON-Schnittstelle.

Heutzutage haben sich beide Systeme ihren festen Platz am Markt gesichert. Im Bereich der Gebäudesystemtechnik steht die LON-Technik damit in Konkurrenz zum Europäischen Installationsbus EIB/KNX. Beide Systeme haben hierbei einen ähnlichen Systemansatz.

Bild 4.3 Raumbediengerät mit LON-Schnittstelle zur dezentralen Montage [ELKA/GIRA]

Teilweise ergänzen sich die Systeme derart, dass auf einen Busankopplungsbaustein der LON-Technik auch ein EIB/KNX-Bedienoberteil montiert werden kann (**Bild 4.4**).

Bild 4.4 LON-Buskoppler mit EIB/KNX-Bedienoberteil [ELKA/JUNG]

4.1.4 Lernziele

Dieses Buch ist ein Lehrbuch, in dem grundlegende Sachverhalte der LON-Technik dargestellt werden. Darüber hinausgehende, weiterführende Literatur ist im Text angegeben. Das Ziel dieses Abschnitts über die LON-Technik ist es, den Leser/die Leserin in die Lage zu versetzen, diese Technik und deren Anwendung in der Gebäudeautomation grundsätzlich zu verstehen.

Darüber hinaus soll der Leser/die Leserin eine LON-Anlage prinzipiell planen und projektieren sowie die LON-Geräte mit den wichtigsten Tools programmieren und in Betrieb nehmen können. Es wendet sich neben dem Einsatz in der Lehre damit auch an Planer und Inbetriebnehmer sowie das Vertriebspersonal in den Firmen der Gebäudetechnik.

Hierzu ist erforderlich, dass der Leser/die Leserin nach dem Durcharbeiten der nachfolgenden Abschnitte:

- die theoretischen Grundlagen des LON kennt,
- die Funktionsweise wichtiger LON-Geräte, insbesondere von Tastsensoren und Schaltaktoren sowie Sollwertstellern, versteht,
- das Inbetriebnahme-Tool LONMAKER zur Projektierung und Programmierung von LON-Netzen in den Grundzügen nutzen kann.

4.2 Nutzen der LONWORKS-Technologie

4.2.1 Einsatz in der Gebäudesystemtechnik

Im Bereich der Gebäudesystemtechnik hat die LON-Technik einen festen Platz eingenommen. Durch die Verteilung von Mess-, Steuer- und Regelfunktionen auf örtlich dezentral angebrachte Komponenten werden vielfältige, auf einen einzelnen Raum abgestimmte Komfortlösungen möglich. So ist am Markt eine Fülle von Sensoren und Aktoren für die Übernahme der Funktionen:

- Heizung, Kälte, Lüftung,
- Lichtsteuerung,
- Beschattung/Jalousie,
- Sicherheit und
- Multimedia

verfügbar.

Der Schwerpunkt der Gebäudesystemtechnik liegt dabei auf der Wahrnehmung der Aufgaben im Rahmen der Raumautomation. Diese gewinnt sowohl im privaten Wohnungsbau als auch im Zweckbau zunehmend an Bedeutung. So bieten bereits einige Fertighaus-Hersteller die Option, ein Haus statt mit konventioneller Installationstechnik in LON-Technik ausgestattet zu erhalten.

4.2.1.1 Ersatz der konventionellen Verdrahtung in der Raumautomation

Konventionelle Steuerungen in einzelnen Räumen erfolgen ausschließlich drahtgebunden. Hier werden Befehle für die Lichtsteuerung und die Betätigung der Jalousien über das herkömmliche 230-Volt-Netz gegeben. Die Einschaltsignale erfolgen direkt über die mechanisch zu betätigenden Bedientaster. Sie versorgen das Leuchtmittel ohne Umweg mit elektrischer Energie (**Bild 4.5**).

Die konventionelle Installationstechnik zeichnet sich auf der einen Seite durch die Einfachheit der Verlegung und Inbetriebnahme aus, auf der anderen Seite sind automatisch ablaufende Funktionen nur mit erheblichem zusätzlichen Aufwand umsetzbar.

Betrachtet man jedoch die gestiegenen Anforderungen im Hinblick auf Komfortfunktionen wie beispielsweise die Umsetzung von Lichtszenen, so kann man feststellen, dass derartige Funktionen mit konventioneller Technik so gut wie gar nicht umsetzbar sind. Es ist nahezu unmöglich, in einem Raum mit nur einem Befehl unterschiedliche Leuchten zu- und abzuschalten. Auch die Vergabe unterschiedlicher Stellbefehle an die Dimmeinrichtungen der zuzuschaltenden Leuchten gestaltet sich als sehr aufwändig.

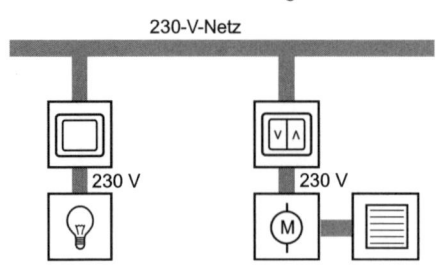

Bild 4.5 Konventionelle Installationstechnik

4.2.1.2 Wirtschaftliche Vorteile durch vernetzte Gewerke

Ein weiterer Aspekt ist die Ausführung von Energiemanagementfunktionen. Im Zweckbau ist ein Gebäude als Produkt zu verstehen, eine wirtschaftliche Betriebsweise ist dabei unabdingbar. Sollen beispielsweise im Rahmen von Zeitschaltprogrammen nach Büroschluss alle Leuchten abgeschaltet werden, so erfordert dieses einen enorm hohen konventionellen Verdrahtungsaufwand. Sollen gleichzeitig noch die Raumthermostaten in den unbenutzten Räumen auf niedrigere Sollwerte abgesenkt werden, so sind derartige funktionale Vernetzungen von einzelnen Gewerken in der konventionellen Technik gar nicht vorgesehen. Hier ergeben sich die eigentlichen Vorteile der dezentralen Struktur der LON-Technik [HAN03].

Wie in **Bild 4.6** ersichtlich besteht das Prinzip der LON-Technik in der Trennung zwischen Sensoren und Tastern auf der einen Seite sowie Aktoren auf der anderen, der befehlsausführenden Seite.

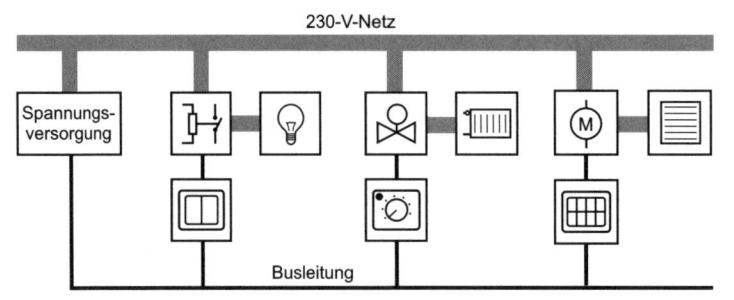

Bild 4.6 Funktionsprinzip der LON-Technik in der Raumautomation

Die Sensoren und Aktoren tauschen ihre Befehle über das Bussystem aus, die Leitungen des 230-Volt-Netzes werden von den Sensoren separiert und örtlich mit den Aktoren verbunden. So lassen sich auch funktionale Kombinationen zwischen der Lichtsteuerung und der Heizungsregelung über ein einziges Gerät steuern. **Bild 4.7** zeigt hierzu einen Sollwertsteller zur Beeinflussung der Raumtemperatur mit einem eingebauten Temperatursensor und Präsenztaster.

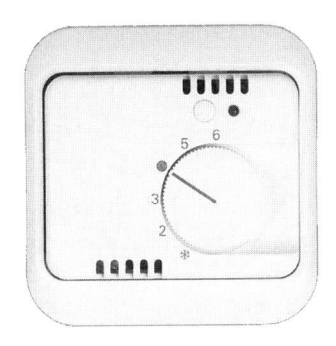

Bild 4.7 Sollwertsteller mit Temperatursensor und Präsenztaster [BJE06, THERMOKON00]

Bei Anwesenheit wird der oben angebrachte Präsenztaster betätigt und es erfolgt eine Bestätigung durch die daneben eingebaute Leuchtdiode. Hierdurch erfolgt über das Bussystem eine Freigabe an die neben den Lampen montierten Schalt-/Dimmaktoren und es wird eine mit Helligkeitssensoren verbundene Konstantlichtregelung aktiviert. Das hierfür notwendige Programm ist direkt im Schalt-/Dimmaktor hinterlegt.

Gleichzeitig wird in dem abgebildeten Gerät der Sollwert für die Raumtemperatur auf eine Komforthöhe von beispielsweise 20°C angehoben. Die im Sollwertsteller eingebaute Regelung vergleicht diesen neuen Wert mit der gemessenen Raumtemperatur und sendet bei Abweichungen ein entsprechendes Signal über das Bussystem an den elektronischen Stellantrieb am Heizkörper.

Zusätzlich können die aktuellen Zustände und Werte an den Leitrechner der Gebäudeautomation übertragen werden. Im Rahmen von übergeordneten Zeitschaltprogrammen kann die Ausschaltung des Lichts bei gleichzeitiger Absenkung des Raumtemperatursollwerts auch vom Leitrechner erfolgen. Nach Dienstschluss ermöglicht dieses dann den energiesparenden Nachtbetrieb der Räumlichkeiten.

4.2.1.3 Höhere Flexibilität durch Umprogrammierung statt Umverdrahtung

Im Laufe der Zeit kann sowohl im Privathaushalt wie auch im Bürogebäude der Bedarf bestehen, die Nutzung von Räumlichkeiten geänderten Bedürfnissen anzupassen. Dieses wäre im Zweckbau die Umnutzung von bisherigen Konferenzräumen als zusätzliche Büroräume für neue Angestellte oder es kann in der eigenen Wohnung die Umgestaltung eines Raums sein.

Ergeben sich hieraus beispielsweise neue Zuordnungen von Lichtschaltern zu Leuchten – im Konferenzraum hat ein Taster die gesamte Beleuchtung im Raum eingeschaltet, jetzt sollen zwei Taster getrennte Lichtkreise schalten –, so ist das in der konventionellen Verdrahtungstechnik nur durch das Umklemmen der elektrischen Leitungen zu bewerkstelligen [MEZ01].

Im Rahmen der Gebäudesystemtechnik ermöglicht dagegen die LON-Technik die Anpassung an die neuen Forderungen durch eine Umprogrammierung an Stelle der sonst notwendigen Umverdrahtung. Diese Vorgehensweise ist meist mit einem zeitlichen Vorteil verbunden, darüber hinaus ergibt sich die neue Dokumentation direkt aus dem Programmiertool zur LON-Technik.

4.2.1.4 Bereitstellung zusätzlicher Sicherheitsfunktionen

Sowohl die Vernetzung der Komponenten unterschiedlicher Gewerke als auch das Senden eines Befehls an mehrere Busteilnehmer bieten gegenüber der konventionellen Technik einen Zusatznutzen an sicherheitstechnischen Möglichkeiten.

So kann das Signal von Rauchmeldern im Büroraum mit der Ansteuerung elektrischer Fenster und Türen sowie einer Lüftungsanlage gekoppelt werden. Im Brandfall erfolgt dann ein automatisches Schließen der Bürotür mit Abschaltung der Lüftungsanlage und einem Rauchabzug über ein elektrisch öffnendes Bürofenster. **Bild 4.8** zeigt hierzu eine LON-Komponente zur Ansteuerung des Volumenstromreglers einer Lüftungsvorrichtung.

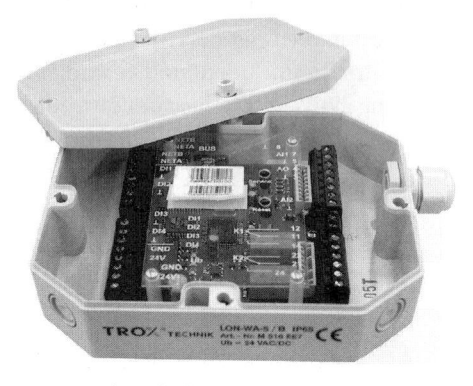

Bild 4.8 LON-Komponente zur Ansteuerung eines Volumenstromreglers [TROX04]

Im Privathaushalt ergibt sich durch eine frei programmierbare Verknüpfung auch mehrerer Schalt-/Dimmaktoren mit nur einem Taster die Möglichkeit einer Panikschaltung. Im Falle der Wahrnehmung nächtlicher Geräusche durch die Bewohner lässt sich mit nur einem Tastendruck die Beleuchtung im gesamten Haus einschalten. Eine logische Verknüpfung mit einer Alarmanlage ist ebenfalls denkbar.

Zusammenfassend ergibt sich bei Verwendung der LON-Technik in der Gebäudesystemtechnik also folgender Nutzen:

- Komfortfunktionen,
- Wirtschaftlichkeit durch Energiemanagementfunktionen,
- Flexibilität durch Umprogrammiermöglichkeiten,
- Sicherheitsfunktionen.

4.2.2 Einsatz der LON-Technik auf der Automationsebene

Im Bereich der Gebäudesystemtechnik steht bei der LON-Technik die dezentrale Abarbeitung von Automationsfunktionen in der Raumautomation im Vordergrund. Die Leistungsfähigkeit ist durch den Einsatz unterschiedlicher Prozessoren skalierbar, das System erlaubt daher auch den Einsatz auf der Automationsebene. Hier können Mess-, Steuer- und Regelaufgaben für betriebstechnische Anlagen, wie sie in Heiz- und Lüftungszentralen vorkommen, übernommen werden.

Diese breit gefächerten Einsatzgebiete ermöglichen dann eine Durchgängigkeit des Bussystems von den Anforderungen im einzelnen Raum bis zur Signalweitergabe an die Primäranlagen. Sind beispielsweise in den Büroräumen alle Stellantriebe an den statischen Heizkörpern bereits voll geöffnet, so kann dieser Zustand an den als Regler eingesetzten DDC-Baustein (**Bild 4.9**) in der Heizzentrale übermittelt werden. Hier kann dann die Vorlauftemperatur des Heizwassers erhöht und diese somit an den Bedarf in den Büroräumen angepasst werden.

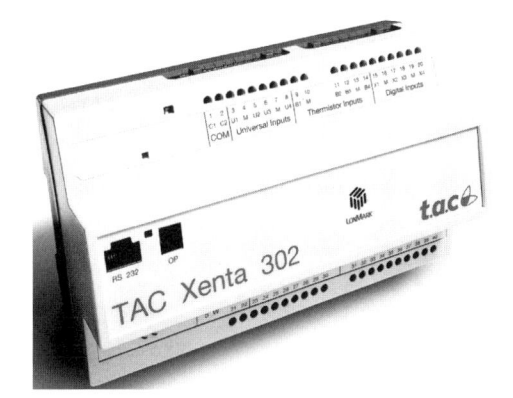

Bild 4.9 DDC-Baustein für eine Heizzentrale in LON-Technik [TAC02]

Beim Einsatz der LON-Technik auf der Automationsebene steht damit nicht die starke Dezentralisierung von Einzelfunktionen, sondern die Verfügbarkeit eines genormten, durchgängigen Bussystems im Vordergrund.

4.3 Historie der LonWorks-Technologie

Der Grundstein zur LON-Technik wurde in den 1980er Jahren von dem Mitbegründer der Firma Apple Computer, Mike Markkula, gelegt. Hier entstand die Idee, einen Mikrocomputer so klein und kostengünstig zu bauen, dass er in Haushaltsgeräte wie Kaffeemaschinen eingebaut werden kann. Darüber hinaus sollte er eine Kommunikationsschnittstelle zum Datenaustausch mit anderen Geräten enthalten.

Zusammen mit Dr. Ken Oshmann gründete Mike Markkula 1986 die Firma Echelon mit Sitz im kalifornischen Palo Alto. Der Zweck der Firma war die Entwicklung einer universellen Technologie für dezentrale Netzwerke. Hierzu wurde die LONWORKS-Technologie, abgekürzt LON, entworfen. Das Kernstück der LON-Technik bildet der eigentliche Mikrocontroller, der Neuron-Chip. Dieser wurde 1990 vorgestellt, als Hersteller hierfür konnten zunächst die Firmen Toshiba und Motorola gewonnen werden. Nach dem späteren Ausstieg von Motorola übernahm die Firma Cypress die Rolle des zweiten Chip-Herstellers.

Es folgte 1997 die Einführung der LONWORKS-*Network-Services*, einer Entwicklungs- und Anwendungsplattform für herstellerunabhängige Anwendungen und Inbetriebnahmewerkzeuge. Durch diesen Schritt in Kombination mit der Einführung einer herstellerneutralen Instanz zur Festlegung standardisierter Variablen und Applikationen gelang der eigentliche Durchbruch der Technik.

Heute sind weltweit mehr als 160 Mitarbeiter mit Schwerpunkten in Nordamerika, Europa, China und Japan beschäftigt. Sie entwickeln und vertreiben Tools und Geräte sowie die passenden Anwendungen [LON00].

4.3.1 Einsatzgebiete der LONWORKS-Technologie

Die eigentliche Vielzahl der Anwendungen und Geräte ergibt sich jedoch dadurch, dass die Firma Echelon ihre Technik offen zugänglich gestaltet hat. Hersteller und Anwender aus allen Branchen und Erdteilen haben Zugriff auf die Entwicklungswerkzeuge, die Neuron-Chips und die passenden Programmier- und Inbetriebnahme-Tools. So finden sich Einsatzgebiete für die LON-Technik in allen Branchen (**Bild 4.10**).

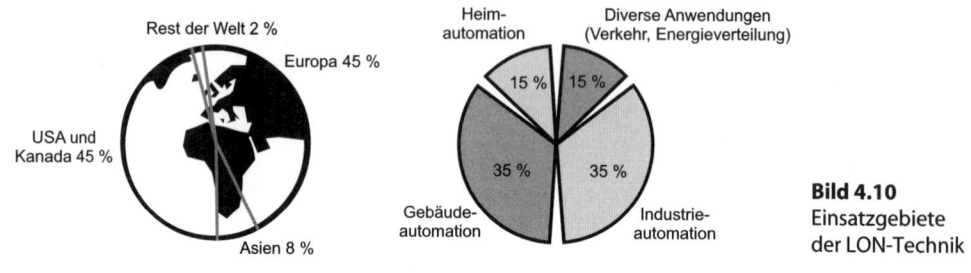

Bild 4.10 Einsatzgebiete der LON-Technik

Weltweit findet sich etwa ein Drittel der Anwendungen im Bereich der Industrieautomation. Einen gleich großen Anteil bildet die Gebäudeautomation im Zweckbau. Sie wird ergänzt durch Applikationen auf dem Gebiet der Gebäudesystemtechnik für die Heimautomation. Weitere Anwendungen ergeben sich in den Bereichen Verkehr und Energieverteilung.

Die Produktdatenbank der Firma Echelon weist insgesamt mehr als 1300 Produkte verschiedener Hersteller zu den oben genannten Branchen aus. Europaweit ergibt sich eine deutliche Dominanz der Anwendungen auf den Gebieten der Gebäudeautomation, die Einsatzgebiete in der Industrieautomation sind hier nachrangig.

4.3.2 Organisationseinheiten

Neben der Firma Echelon als Inhaber der Systemhoheit haben sich die Hersteller und Anwender in Deutschland zur LON-Nutzer-Organisation LNO zusammengeschlossen, sie firmiert unter dem Namen *LONMARK*-Deutschland [www.lno.de]. Hier existieren verschiedene Arbeitskreise aus den Bereichen Heim- und Gebäudeautomation, Ausbildung und Schulung, Industrie, Kältetechnik sowie Systemintegration.

Darüber hinaus hat die weltweit operierende *LONMARK Interoperability Association* die Aufgabe der Sicherstellung einer herstellerunabhängigen Weiterentwicklung der *LONWORKS*-Technologie [www.lonmark.com]. Hier sind insgesamt mehr als 300 Firmen organisiert. Die Hauptaufgabe besteht in der Festlegung von standardisierten LON-Variablen sowie von Mindestanforderungen an neu entwickelte Baugruppen.

4.3.3 Normung

LON ist als ANSI/EIA-709.x und EIA-852 standardisiert und wurde als EN 14908 in das europäische Normenwerk übernommen.

Aufgabe 4.1

Welche Bedeutung hat die Abkürzung LON?

Aufgabe 4.2

Welche beiden aus der Industrieautomation kommenden Protokolle sind zu einem Quasi-Standard geworden?

Aufgabe 4.3

Was versteht man unter einem DDC-Baustein?

Aufgabe 4.4

Welche genormten Bussysteme werden in der Gebäudesystemtechnik eingesetzt?

Aufgabe 4.5

Welche Funktionen können durch die LON-Technik im Bereich der Gebäudesystemtechnik übernommen werden? Geben Sie hierzu die Oberbegriffe an!

Aufgabe 4.6

Skizzieren Sie das Funktionsprinzip der LON-Technik unter Berücksichtigung von zwei Leuchten und drei Lichttastern!

Aufgabe 4.7

Welcher Nutzen ergibt sich durch den Einsatz der LON-Technik in der Gebäudesystemtechnik?

Aufgabe 4.8

Welche Firma hat die LON-Technologie entwickelt?

Aufgabe 4.9

Welche Aufgabe hat die LONMARK *Interoperability Association*?

Aufgabe 4.10

In welcher europäischen Norm wird die LON-Technik als Standard festgelegt?

4.4 Grundlagen der LonWorks-Technologie

4.4.1 Elemente der LonWorks-Technologie

Die LonWorks-Technologie besteht aus einer Vielzahl von miteinander verbundenen Elementen. Hierbei handelt es sich einerseits um hardwaremäßig verfügbare Komponenten, andererseits gehören zu dieser Technik auch Softwareanwendungen und organisatorische Strukturen.

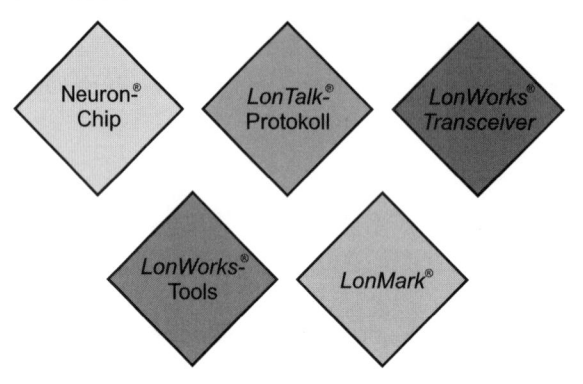

Bild 4.11 Elemente der LonWorks-Technologie

4.4.1.1 Neuron-Chip

Das Herzstück der LON-Technik bildet der Neuron-Chip (**Bild 4.12**).

Bild 4.12 Neuron-Chip als Herzstück der LON-Technologie [ECHELON]

Hierbei handelt es sich um ein von der Firma Echelon entwickeltes Prozessorsystem. Intern besteht der Neuron-Chip aus mehreren Einzelprozessoren, die unterschiedliche Aufgaben übernehmen. Mit wenigen zusätzlichen Bauelementen bildet er in einem lokal operierenden Netzwerk (LON = *Local Operating Network*) einen vollständigen Teilnehmer.

Der Begriff Neuron-Chip ist aus der Systemtopologie der LON-Technik abgeleitet und deutet auf ein neuronales Verbundsystem hin. Das Vorhandensein eines physikalischen Neuron-Chips ist mit der Existenz eines Netzwerkknotens gleichzusetzen. Man spricht in der LON-Technik daher auch von einem Knoten oder benutzt das englische Wort *node*.

4.4.1.2 LonTalk-Protokoll

Mit dem LONTALK-Protokoll wird beschrieben, in welcher Art und Weise die Neuron-Chips für unterschiedliche Applikationen programmiert werden und wie sie in der Funktion als Netzwerkknoten miteinander kommunizieren. Hierzu ist eine einheitliche Sprache, das Kommunikationsprotokoll, notwendig. Das LONTALK-Protokoll ist ein fester Bestandteil des Neuron-Chips und wird als sogenannte Firmware bei der Herstellung direkt in den Prozessor implementiert. Mit dieser Maßnahme ist eine grundsätzliche Einheitlichkeit aller LON-Knoten gegeben.

4.4.1.3 Transceiver

Der Anschluss des Neuron-Chips an das physikalische Netzwerk erfolgt durch einen separaten Baustein auf der Geräteplatine (**Bild 4.13**). Je nach gewünschtem oder verfügbarem Medium sind unterschiedliche *Transceiver* erhältlich. Das Wort *Transceiver* ergibt sich aus der Funktion als Sender (*Transmitter*) und Empfänger (*Receiver*).

Bild 4.13 *Transceiver* zur Anbindung an das physikalische Netzwerk [ECHELON]

Das am häufigsten genutzte Medium ist die als verdrillte Zweidraht-Leitung bekannte Busleitung. Es sind jedoch auch *Transceiver* zur Nutzung der Datenübertragung über das 230-Volt-Netz oder über Funkverbindungen verfügbar.

4.4.1.4 LonWorks-Tools

Zur vollständigen Nutzung der LON-Technologie werden seitens des Herstellers Echelon wie auch von Fremdfirmen verschiedene Programmier- und Inbetriebnahme-Tools angeboten. Zum einen handelt es sich hierbei um Software-Werkzeuge, welche die Programmierung eigener Anwendungen in den Neuron-Chips erlauben. Dieses sind die sogenannten Entwicklerwerkzeuge. Hier werden auf der Basis einer Programmier-Hochsprache neue Funktionalitäten für den LON-Knoten entwickelt und getestet. Ein solches Werkzeug stellen die Programme LONBUILDER und NODEBUILDER dar, die von der Firma Echelon angeboten werden. Der normale Anwender und Nutzer eines LON-Systems greift üblicherweise auf bereits fertige LON-Geräte mit einer vorgegebenen Applikation zu und kommt mit diesen Werkzeugen nicht in Berührung.

Zum anderen ist es erforderlich, einzelne LON-Geräte innerhalb ihrer durch den Entwickler vorgegebenen Funktionalität anzupassen und zu einem funktionierenden Netzwerk zusammenzuschalten. Hierfür gibt es Software-Werkzeuge, die als Inbetriebnahmewerkzeuge dienen. Ein solches stellt das Programm LONMAKER der Firma Echelon dar. Es gibt darüber hinaus eine Vielzahl derartiger Inbetriebnahme-Tools von unterschiedlichen Herstellern.

4.4.1.5 LONMARK Interoperability Association

Eine sehr wichtige Aufgabe kommt der Interoperabilität der einzelnen Komponenten zu. Unter Interoperabilität versteht man den Datenaustausch zwischen mehreren Komponenten auch unterschiedlicher Hersteller. Die Vielfalt der LON-Technologie erlaubt die freie Entwicklung von Funktionalitäten. So hat jeder Hersteller seine eigenen Vorstellungen davon, welche Funktionen das von ihm entwickelte Gerät haben soll, um sich am Markt gut verkaufen zu können. Die LONMARK Interoperability Association hat dabei die Aufgabe, sowohl die Grundfunktionalität und Mindestanforderungen für ein Gerät als auch die Art der verwendeten Variablen sicherzustellen. Lässt ein Hersteller seine Komponente nach Abschluss der Entwicklung bei der LONMARK Interoperability Association erfolgreich prüfen, so soll dieses die problemlose Zusammenschaltung mit den Komponenten anderer Hersteller ermöglichen. Vertieft werden die daraus resultierenden Anforderungen im Abschnitt 4.5.5. Erst die Einführung eines solchen Verfahrens hat auf dem europäischen Markt für den wirtschaftlichen Durchbruch der LON-Technologie gesorgt.

4.4.2 Aufbau und Funktionsweise eines LON-Knotens

Vom Prinzip her besitzen alle LON-Knoten den gleichen Aufbau.

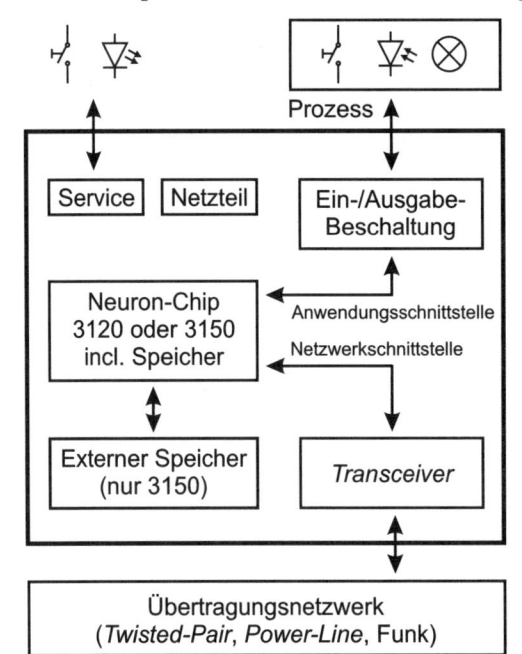

Bild 4.14 Prinzipieller Aufbau eines LON-Knotens

Ihre Grundplatine besteht aus den in **Bild 4.14** gezeigten Komponenten.

4.4 Grundlagen der LonWorks-Technologie

Die Bedeutung der einzelnen Baugruppen im LON-Knoten wird anhand des in **Bild 4.15** dargestellten Sollwertstellers mit Temperatursensor und Präsenztaster erläutert [DIETRICH01].

Bild 4.15 Sollwertsteller mit zugehörigem Buskoppler [ELKA]

4.4.2.1 Funktionsweise des Neuron-Chips mit Speicher

Die Intelligenz eines LON-Geräts bildet der Neuron-Chip. Er enthält das LONTALK-Protokoll. In seinem Speicher sind alle Programme abgelegt, um die Funktionalität und damit die gewünschten Applikationen bereitzustellen. Am häufigsten findet man als Neuron-Chip die Typen 3120 und 3150. Sie werden von den Firmen Toshiba und Cypress gefertigt. Für einfache Geräte ohne aufwändige Regelungsfunktionen reicht üblicherweise der Neuron-Chip 3120 aus.

Bei dem in **Bild 4.15** dargestellten Sollwertsteller wird beispielsweise das Signal des eingebauten Temperatursensors ausgewertet und als Variable auf dem Bus zur Verfügung gestellt. Das Gleiche erfolgt mit dem am Drehsteller vorgewählten Wert zur Sollwertanpassung sowie dem neben der Leuchtdiode angebrachten Taster zur Präsenzerfassung.

Bei aufwändigeren Geräten wie dem in **Bild 4.9** gezeigten DDC-Baustein ist eine höhere Komplexität der Anwendungsprogramme gefordert. Hierzu wird dann der Neuron-Chip 3150 in Kombination mit einem zusätzlichen, externen Speicher verwendet. In ihm lassen sich dann auch komplexe Regelalgorithmen ablegen.

Beide *Neuron-Chips* verfügen über jeweils drei interne Prozessoren, die unterschiedliche Aufgaben übernehmen (**Bild 4.16**).

Die CPU 1 ist für den physikalischen Medienzugriff zuständig. Der Zugriff auf den *Transceiver* erfolgt über eine Netzwerkschnittstelle. Hier werden die Schichten 1 (Bitübertragungsschicht) und 2 (Sicherungsschicht) des ISO/OSI-Modells (siehe Kapitel 2) repräsentiert.

Die CPU 2 ist für den Versand der Netzwerkvariablen verantwortlich. Damit werden die Schichten 3 bis 6 des ISO/OSI-Modells wahrgenommen.

Die Abarbeitung der Anwendungsprogramme erfolgt durch die CPU 3. Sie wird dabei von den Netzwerkzugriffen befreit, die durch die beiden anderen internen Prozessoren übernommen werden. Der Datenaustausch zwischen den CPUs geschieht durch Zugriffe auf den gemeinsamen RAM-Speicher.

Das Applikationsprogramm und die bei der Inbetriebnahme gewählten Konfigurationsparameter werden im EEPROM abgelegt. Bei den Konfigurationsdaten handelt es sich beispielsweise um den voreingestellten Raumtemperatur-Sollwert des in **Bild 4.15** gezeigten Sollwertstellers. Ein EEPROM ist ein wiederbeschreibbarer, nichtflüchtiger Speicher. Die Daten bleiben auch bei einem Spannungsausfall erhalten und stehen bei Spannungswiederkehr erneut unverändert zur Verfügung.

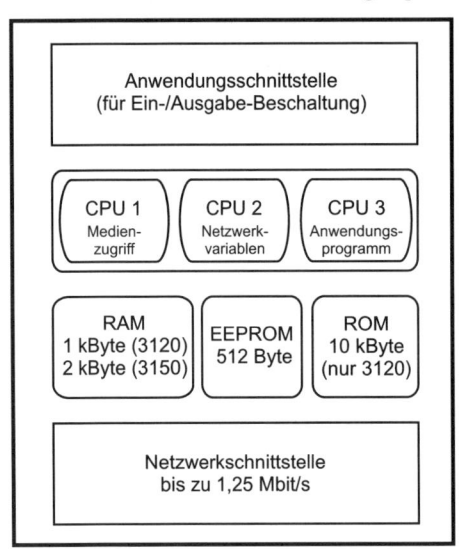

Bild 4.16 Innenaufbau der Neuron-Chips 3120 und 3150

Im ROM werden beim Neuron-Chip 3120 das *LONTALK*-Protokoll, das Neuron-Betriebssystem sowie vorgefertigte Betriebsroutinen für den Zugriff auf die Eingabe- und Ausgabebeschaltung gespeichert. Beim Modell 3150 entfällt das interne ROM zu Gunsten eines externen Speicherbereichs, der neben den bereits aufgezählten Funktionen des EEPROM darüber hinaus ausreichend Platz für aufwändige Applikationsprogramme bietet.

4.4.2.2 Eingabe- und Ausgabebeschaltung

Damit der Neuron-Chip seine Verbindung zur Außenwelt sicherstellen kann, sind noch weitere Komponenten nötig. Um das Signal des auf der Platine aufgebrachten Temperaturfühlers zu erhalten, muss es dem Prozessor über eine Eingabe-Baugruppe zugeführt werden (**Bild 4.14**). Diese wandelt den temperaturabhängigen Widerstandswert des Fühlers mit

Hilfe eines Analog/Digital-Wandlers so um, dass der Neuron-Chip diesen als Byte-Eingabe versteht. Hierzu ist eine Eingabe- und Ausgabebeschaltung notwendig. Sie variiert je nach Hersteller und gewünschter Applikation.

Bei dem Sollwertsteller in **Bild 4.15** wird hier zusätzlich zur Temperatur auch der Wert des Potentiometers zur Sollwertverstellung erfasst und dem Prozessor als Byte-Eingabe übermittelt. Ebenso wird ausgewertet, ob der auf dem Gerät angebrachte Drucktaster zur Präsenzerfassung betätigt wurde. Ist der Taster gedrückt, so sendet die Eingabe- und Ausgabebaugruppe ein 1-Bit-Signal an den Prozessor. Dieser wertet es aus, stellt es als Variable auf dem Bus zur Verfügung und gibt über die Ausgabebaugruppe wiederum ein 1-Bit-Signal zur Aktivierung der neben dem Taster angebrachten Leuchtdiode aus.

Die Verbindung zwischen dem Neuron-Chip und der Eingabe- und Ausgabebaugruppe wird als Anwendungsschnittstelle bezeichnet. Sie kann vom Gerätehersteller frei konfiguriert und mit vorprogrammierten Betriebssystemroutinen an die Funktion des Gerätes angepasst werden. Für die Konfiguration stehen beispielsweise die folgenden Funktionen zur Verfügung:

- Bit-Eingabe und Bit-Ausgabe,
- Byte-Eingabe und Byte-Ausgabe,
- Serielle Eingabe und serielle Ausgabe,
- Flankengesteuerter Eingang,
- Periodenmessung und Pulszählereingang,
- Frequenzausgang.

Zur Vereinfachung der Programmierung seitens der Entwickler stehen hierfür standardisierte Schnittstellen-Steuerprogramme für den Neuron-Chip zur Verfügung.

4.4.2.3 Spannungsversorgung und Netzteil

Zur erforderlichen Versorgung mit elektrischer Spannung existieren unterschiedliche Methoden.

Bei aufwändigeren Geräten mit einem hohen Bedarf an elektrischer Leistung erfolgt der Anschluss an die Betriebsspannung über separate Kontakte am Gerät. Hier wird eine von einer externen Spannungsquelle gelieferte Gleichspannung in Höhe von 24 Volt angeschlossen. In dieser Art und Weise verfährt man üblicherweise bei dem in **Bild 4.9** gezeigten DDC-Baustein.

Insbesondere für die Ausrüstung von einzelnen Räumen mit Komponenten der Gebäudesystemtechnik bietet sich eine einfachere Möglichkeit an. Da die Leistungsaufnahme beispielsweise eines Sollwertstellers sehr gering ist, erfolgt hierbei die Spannungsversorgung über das Buskabel. Dafür ist dann ein spezieller *Transceiver* notwendig.

Eine weitere Möglichkeit bietet der direkte Anschluss an das 230-Volt-Netz. Damit werden sowohl die Spannungsversorgung wie auch die Übertragung der Daten des Geräts realisiert. Auch hierzu ist ein speziell auf diesen Zweck angepasster *Transceiver* notwendig.

In allen Fällen erfolgt geräteintern eine Wandlung und Stabilisierung der erforderlichen Spannungsversorgung. Dieses wird durch das auf der Platine untergebrachte Netzteil (**Bild 4.14**) geleistet.

4.4.2.4 Service-Taste und Neuron-ID

Bei Betätigung des üblicherweise als Drucktaste ausgeführten Service-Pins (**Bild 4.14** und **Bild 4.17**) sendet der Neuron-Chip seine Identifikationsnummer an das Netz. Bei der Identifikationsnummer, der sogenannten Neuron-ID, handelt es sich um eine weltweit einmalige 48-Bit-Seriennummer, die bereits bei der Chip-Herstellung vergeben wird. Sie dient dazu, das Gerät bei der programmtechnischen Einbindung mittels der LONWORKS-Tools eindeutig zuzuordnen. Alternativ kann die *Neuron-ID* auch über eine Eingabemaske per Hand oder durch das Scannen mit einem Barcodeleser eingegeben werden. Hierzu werden alle LON-Geräte ab Werk mit einem Aufkleber versehen, der die *Neuron-ID* als Text und als Strichcode trägt.

4.4.2.5 Service-LED

Nahezu jedes LON-Gerät verfügt über eine in der Regel gelbe Service-LED. Diese stellt ein gut geeignetes Hilfsmittel bei der Inbetriebnahme oder der Fehlersuche dar. Sie meldet durch Blinksignale den aktuellen Zustand des LON-Knotens.

Beim Zuschalten der Spannungsversorgung des Geräts führt der *Neuron-Chip* einen Selbsttest durch. Das Ergebnis dieses Selbsttests wird durch die Service-LED gemäß **Tabelle 4.1** angezeigt.

Tabelle 4.1 Anzeigen der Service-LED

Zustand der Service-LED	Zustand des LON-Knotens
nach Selbsttest 0,5 s an, dann aus	Applikation des Knotens ist geladen und ins Netzwerk eingebunden, alles o.k.
nach Selbsttest blinkt im 2 s-Takt	Applikation des Knotens ist geladen, aber nicht ins Netzwerk eingebunden.
nach Selbsttest 1 s an, 2 s aus, dann Dauerlicht	Applikation des Knotens ist nicht geladen.
blinkt im 0,8-s-Takt	*Watch-Dog* löst ständig *Reset* aus.

Manche LON-Geräte müssen durch ein Applikationsprogramm an die gewünschte Funktion angepasst werden. Insbesondere ein Buskoppler, wie er in **Bild 4.17** dargestellt wird, erlaubt die Kombination mit verschiedenen Bedienoberteilen. So kann er die Funktion eines Jalousieschalters, eines Lichttasters oder auch die eines Sollwertstellers übernehmen. In diesem Fall wird in den LON-Knoten eine Applikation geladen, die dem Buskoppler die Eigenschaften des Bedienoberteils mitteilt. Die Service-LED gibt dann Auskunft, ob ein solches Programm geladen und ob der Buskoppler bereits zur Kommunikation mit anderen LON-Knoten ins Netzwerk eingebunden ist.

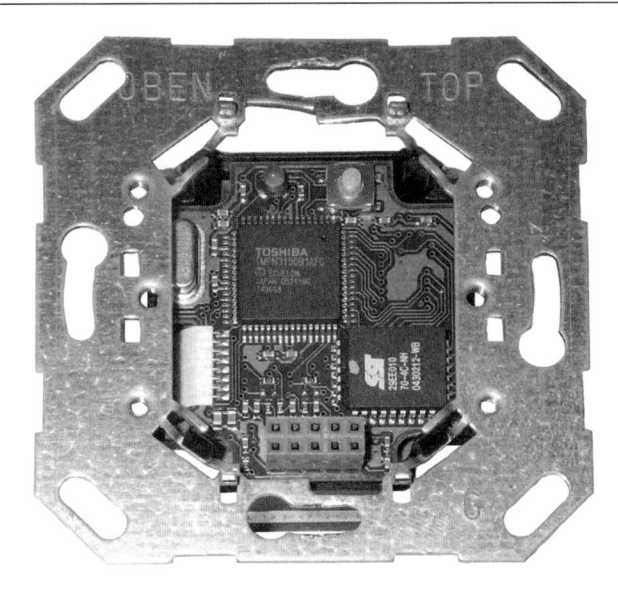

Bild 4.17 Buskoppler mit Neuron-Chip, Speicher sowie Service-LED und Service-Taste [ELKA]

Zusätzlich wird während des Betriebs ständig der Zustand der Applikation überprüft. Hierzu ist eine sogenannte *Watch-Dog*-Funktion hinterlegt. Das Auslösen der *Watch-Dog*-Funktion wird bei intakter Applikation durch ein wiederkehrendes Signal verhindert. Tritt innerhalb der Applikation ein Fehler auf, so fehlt dieses Signal und der *Watch-Dog* löst aus. Parallel zur Anzeige dieser Auslösung durch die Service-LED führt der LON-Knoten eine Reset-Funktion durch und startet die Applikation neu. Sollte durch das Rücksetzen der Applikation der Fehler nicht behoben werden können, so wiederholt sich dieser Vorgang und führt zu den in **Tabelle 4.1** beschriebenen Fehlermeldungen [MEYER03].

4.4.2.6 Transceiver

Die Anbindung des Neuron-Chips an das Übertragungsnetz erfolgt mit Hilfe eines *Transceivers* (**Bild 4.14**). Die Verbindung zwischen dem Chip und dem *Transceiver* bezeichnet man als Netzwerkschnittstelle. Sie kann eine Übertragungsrate von bis zu 1,25 Mbit/s erreichen.

Durch *Transceiver* ist sichergestellt, dass das gleiche Gerät an unterschiedliche Übertragungsmedien angepasst werden kann. Hierzu stehen verschiedene *Transceiver*-Typen zur Verfügung. Einige Hersteller bauen ihre Geräte dabei modular auf, so dass es durch einen Tausch des *Transceivers* an unterschiedliche Medien angepasst werden kann. Die im Neuron-Chip abgelegte Grundfunktionalität bleibt dabei gleich. Die Ausführung kann als eigenständige Platine (**Bild 4.13**) oder als vergossenes Modul (**Bild 4.18**) erfolgen. In beiden Fällen wird durch eine Steckverbindung die Austauschbarkeit ermöglicht.

Für den Datenaustausch mit anderen LON-Geräten über das physikalische Netzwerk stehen die in **Tabelle 4.2** aufgeführten Typen zur Verfügung.

Bild 4.18 Transceiver FTT-10A für freie Netztopologie als vergossenes Modul [ECHELON]

Tabelle 4.2 Transceiver für häufig verwendete Medien und Netzstrukturen

Medium	Transceiver	Übertragungsrate	Netzstruktur	Netzgröße	Spannungsversorgung
Zweidrahtleitung (twisted pair)	FTT-10A	78 kbit/s	freie Topologie, Linie	500 m, 2700 m	getrennt
Zweidrahtleitung	LPT-10	78 kbit/s	freie Topologie, Linie	500 m, 2700 m	über Bus
Zweidrahtleitung	TPT/XF-78	78 kbit/s	Linie	1400 m	getrennt
Zweidrahtleitung	TPT/XF-1250	1,25 Mbit/s	Linie	130 m	getrennt
230-V-Netz	PLT-22	5 kbit/s	freie Topologie	*)	über spezielles Netzteil

*) je nach Dämpfung und Störung

Freie-Topologie-Transceiver FTT-10A

In der Gebäudeinstallation bietet sich insbesondere in Einzelräumen eine unstrukturierte, freie Verlegung des Bussystems an. Hierbei kann die Busverbindung je nach Lage im Raum von einem LON-Gerät zum folgenden erstellt werden. Dieses kommt der Ausstattung der Räume mit Sensoren und Aktoren am nächsten, auf eine Einhaltung bestimmter Linienstrukturen kann dabei verzichtet werden. Es ist sogar möglich, die LON-Geräte in einem Kreis zu verbinden. Auf Grund dieser großen Freiheitsgrade bei der Verlegung ist jedoch die Ausdehnung des Netzwerks auf maximal 500 m beschränkt. Sollen größere Netzausdehnungen bis zu 2700 m erreicht werden, so müssen die Busteilnehmer in einer Linienstruktur angeschlossen werden. Als Medium kommt die sehr preiswert erhältliche, verdrillte Zweidrahtleitung (twisted pair) zum Einsatz.

Der FTT-10A-*Transceiver* ist zur galvanischen Trennung des LON-Geräts vom Netzwerk transformatorgekoppelt. Zusätzlich ermöglicht diese Art der Kopplung, die Komponenten in beliebiger Polung an die Busleitung anzuschließen. Lediglich bei einer Ringstruktur muss die Polung beachtet werden. Die Spannungsversorgung der LON-Knoten hat separat über die in der Automationswelt übliche 24-Volt-Gleichspannung oder über das 230-V-Netz zu

4.4 Grundlagen der LonWorks-Technologie

erfolgen. Die Übertragungsgeschwindigkeit ist mit 78 kbit/s ausreichend schnell, um auch analoge Werte zu übertragen.

Link-Power-Transceiver LPT-10

Zur Vermeidung der Verlegung einer separaten Spannungsversorgung eignet sich der *Link-Power-Transceiver*. Die Versorgung der LON-Knoten erfolgt dann direkt über die Busleitung. Es wird dem eigentlichen Daten-Wechselspannungssignal eine Gleichspannung in Höhe von 42 V überlagert (**Bild 4.19**). Hierzu schließt man an einer beliebigen Stelle ein Netzteil an den Bus an und versorgt somit alle Knoten mit der erforderlichen Betriebsspannung.

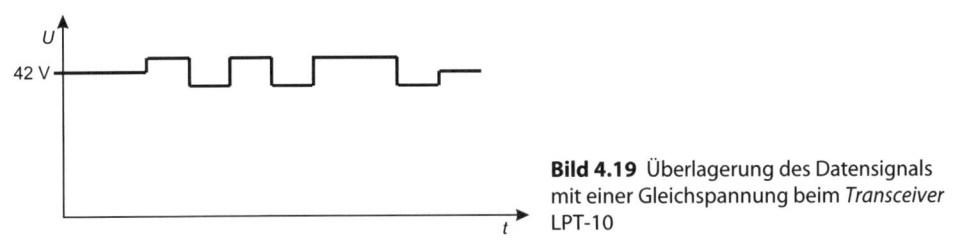

Bild 4.19 Überlagerung des Datensignals mit einer Gleichspannung beim *Transceiver* LPT-10

Im *Transceiver* erfolgt die Auftrennung in das Bussignal und die Betriebsspannung für das Gerät. Es kann dem Netzwerk dann seitens der LON-Knoten ein Strom von bis zu 100 mA entnommen werden. Dies ist ausreichend, um Stellantriebe für Heizventile zu versorgen und um Leuchtdioden und Relais zu betreiben.

> Die Verwendung von Freie-Topologie-*Transceivern* (FTT) und *Link-Power-Transceivern* (LPT) ist in einem gemeinsamen Netzwerk möglich. Die Busleitung kann in beliebiger Verlegungsart angeschlossen werden. Die Polung der Busleitung ist bei allen Topologien beliebig, nur bei der Ringstruktur muss sie beachtet werden.

Wie beim FTT ist beim LPT eine freie Topologie möglich, die Ausdehnung des Netzes ist auf maximal 500 m beschränkt. Sollen größere Netzausdehnungen bis zu 2700 m erreicht werden, so müssen auch hier die Busteilnehmer in einer Linienstruktur angeschlossen werden. Als Medium kommt wiederum die sehr preiswert erhältliche, verdrillte Zweidrahtleitung (*twisted pair*) zum Einsatz. Die Übertragungsgeschwindigkeit ist mit 78 kbit/s bei FTT und LPT identisch.

Twisted-Pair-Transceiver TPT/XF-78 und TPT/XF-1250

Zusätzlich zu den oben beschriebenen Typen gibt es für die Verwendung mit Zweidrahtleitungen weitere Varianten. Sie haben einen eingebauten Übertrager zur galvanischen Entkopplung vom Netzwerk, dieses wird durch den Zusatz XF gekennzeichnet. Die Spannungsversorgung der LON-Geräte erfolgt getrennt.

Die Eigenschaften erlauben nur eine Netzstruktur in Linienform ohne weitere Verzweigungen. Die Busteilnehmer werden entweder über kurze Teilstücke angeschlossen oder es erfolgt eine Durchschleifung des Signals von Gerät zu Gerät. Hierdurch werden einerseits große

Netzausdehnungen erreicht, andererseits sind diese Typen damit für die Anbindung von LON-Komponenten in einem Einzelraum eher ungeeignet.

Insbesondere der Typ TPT/XF-1250 zeichnet sich aber durch eine sehr große Datenübertragungsrate in Höhe von 1,25 Mbit/s aus. Er eignet sich damit für Verbindungen, bei denen eine große Datenmenge übertragen werden soll. Als Einsatzort bietet sich die Verbindung leistungsfähiger DDC-Bausteine mit der Managementebene an. Eine weitere Möglichkeit ist der Einsatz als *Backbone* zur Kopplung unterschiedlicher LON-Teilnetze über die in Abschnitt 4.5.1.3 beschriebenen Router.

> LON-Geräte mit *Twisted-Pair-Transceivern* (TPT) und Freie-Topologie-*Transceivern* (FTT) beziehungsweise *Link-Power-Transceivern* (LPT) können trotz des gleichen verwendeten Übertragungsmediums nicht miteinander gemischt werden.

Power-Line-Transceiver PLT-22

Power-Line-Transceiver (PLT) stellen insbesondere in der Nachrüstung von bereits bestehenden Gebäuden eine Alternative zu den FT- und LP-*Transceivern* dar. Beispielsweise werden Energiezähler mit einem PLT ausgestattet (**Bild 4.20**).

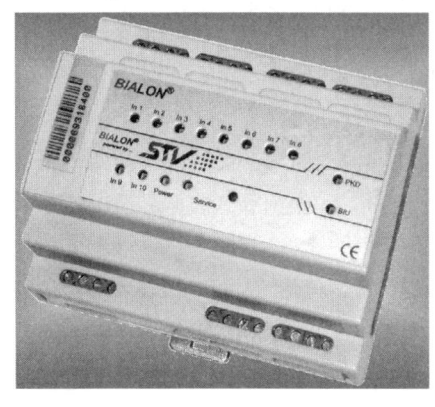

Bild 4.20 Energiezähler mit *Power-Line-Transceiver* [STV03]

Mit PLT ist die Übertragung der Bussignale über das 230-Volt-Netz möglich. Die Aufmodulierung des LON-Signals auf die Starkstromleitung macht eine Verlegung zusätzlicher Busleitungen überflüssig. Damit entfällt bei Bestandsbauten der sonst zur Nachrüstung nötige Installationsaufwand einschließlich möglicher Stemmarbeiten zur Leitungsverlegung.

Die Datenübertragung erfolgt beim *Transceiver* PLT-22 in einem speziellen, dafür frei gegebenen Frequenzband von 125 bis 140 kHz. Erfolgt die Informationsübertragung bei den vorher genannten *Transceivern* über jeweils separate Busleitungen, so sind bei der *Power-Line*-Technik auch andere Verbraucher am 230-V-Netz parallel zu den LON-Geräten angeschlossen.

Durch die Art der Verbraucher können unterschiedliche Signalstörungen entstehen. So belasten Energiesparlampen und ältere Schaltnetzteile das Netz besonders. Zusätzlich kann es durch die elektrischen Eigenschaften des bestehenden 230-V-Netzes zu Signaldämpfungen kommen. Diese Tatsachen führen dazu, dass die maximale Netzausdehnung abhängig von Dämpfungen und Störungen ist. Die Verlegung kann wie beim 230-Volt-Netz in freier Topologie erfolgen. Die Datenübertragungsrate ist zur Erhöhung der Störsicherheit auf maximal 5 kbit/s abgesenkt.

Mit dem *Transceiver* PLT-30 gibt es einen weiteren Typ, der in dem für europäische Energieversorgungsunternehmen reservierten Frequenzband von 9 bis 95 kHz arbeitet. Hiermit werden insbesondere Energiezähler zur Datenfernabfrage ausgerüstet.

Weitere Transceiver

Die in **Tabelle 4.2** aufgeführten *Transceiver* zählen zu den am häufigsten eingesetzten Typen. Darüber hinaus gibt es weitere Arten für die nachfolgenden Einsatzbereiche und Medien:

- RS-485/EIA-485-*Twisted-Pair*-Standardnetz,
- 900-MHz- und 2,4-GHz-Funkübertragung,
- 400-MHz- bis 450-MHz-Funkübertragung
- 1,25-Mbit/s-Koaxialleitung,
- Lichtwellenleiter,
- Infrarot-Übertragung.

Aufgabe 4.11

Aus welchen Baugruppen besteht ein LON-Knoten?

Aufgabe 4.12

Welche Bedeutung hat die Service-Taste eines LON-Geräts?

Aufgabe 4.13

Welche Hauptarten von *Transceivern* gibt es bei LON und welche Vor- und Nachteile haben sie jeweils?

4.5 Informationsübertragung zwischen LON-Geräten

In diesem Abschnitt soll aufzeigt werden, wie aus einzelnen LON-Geräten ein Gesamtnetz aufgebaut wird. Hierzu wird als Erstes eine physikalische Verbindung zwischen den Komponenten hergestellt. Für die in Abschnitt 4.4.2.6 beschriebenen *Transceiver*-Typen sind entsprechende Netzstrukturen zu berücksichtigen.

In einem zweiten Schritt werden dann die logischen Verbindungen zwischen den LON-Knoten hergestellt. Hierbei erfolgt der Datenaustausch über die in den Applikationsprogrammen zur Verfügung stehenden Variablen der Geräte.

4.5.1 Physikalische Netzstrukturen

Ein LON-Netz zeichnet sich physikalisch durch eine eindeutige Struktur aus. Die kleinste Einheit des Netzes bildet der durch einen Neuron-Chip repräsentierte LON-Knoten. Enthält ein Gerät, beispielsweise ein besonders leistungsfähiger DDC-Baustein, mehrere Neuron-Chips, so stellt jeder eingebaute Neuron-Chip einen LON-Knoten dar. Anhand der am häufigsten verwendeten Freie-Topologie-*Transceiver* (FTT) und *Link-Power-Transceiver* (LPT) wird im Folgenden der Aufbau eines LON-Netzes erläutert.

4.5.1.1 Netze in Linienstruktur

Sinnvollerweise werden LON-Knoten, die in einer unmittelbaren Beziehung zueinander stehen, durch eine möglichst direkte physikalische Verbindung berücksichtigt. Die größte Netzwerkausdehnung erreicht man bei einer Anordnung gemäß **Bild 4.21** (Linienstruktur).

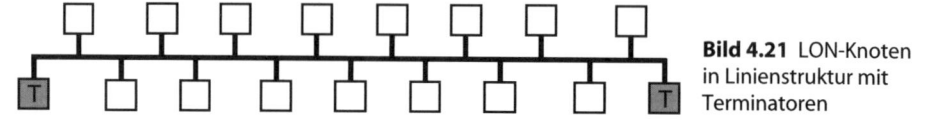

Bild 4.21 LON-Knoten in Linienstruktur mit Terminatoren

Hierbei ist je nach verwendetem Kabeltyp beim FTT und LPT eine Ausdehnung des Netzes bis zu einer Länge von 2700 m möglich. Die einzelnen Verbindungsleitungen zu den LON-Knoten sollten die Länge von 3 m nicht überschreiten.

Zur Vermeidung von Signalreflexionen sollte an beiden Enden der Busleitung ein Abschlusswiderstand mit dem Wert $R = 107\ \Omega$ angebracht werden. Einen solchen Abschlusswiderstand bezeichnet man als Terminator (T). Bei Verwendung von LPT beinhaltet das dann erforderliche 42-Volt-Netzteil üblicherweise bereits einen dieser Terminatoren.

Eine Linienstruktur ist bei der Unterputzinstallation nur schwer einzuhalten und daher meist unbrauchbar. Sie kommt aber insbesondere in der industriellen Anwendung und als Verbindung zwischen den Automationsstationen und der Managementebene zum Einsatz.

4.5.1.2 Netze in Stern- und Ringstruktur

Die Sternstruktur (**Bild 4.22** a) und die Ringstruktur (**Bild 4.22** b) gehören zu den Möglichkeiten bei Verwendung von *Transceivern* für eine freie Verlegung der Busleitung.

Hierbei ist eine Ausdehnung des Netzes bis zu einer Länge von 500 m möglich. Der maximale Abstand zwischen zwei LON-Knoten sollte je nach verwendetem Kabeltyp die Länge von 320 m nicht überschreiten. Als Netzabschluss ist jeweils ein Terminator mit dem Wert $R = 52,3\ \Omega$ vorzusehen. Bei Einsatz von LPT-Geräten ist dieser im dann erforderlichen Netzteil bereits eingebaut.

In sich geschlossene Ringstrukturen bieten sich insbesondere bei der Installation von LON-Geräten in Räumen an. Sie erlauben die spätere Nachrüstung von Komponenten, ohne über die Einhaltung bestimmter Verlegerichtlinien nachdenken zu müssen. Hierbei ist jedoch darauf zu achten, dass die Polung der Busleitung einzuhalten ist. Bei Nichtbeachtung erfolgt ein Zusammenbruch des LON-Netzes infolge eines Kurzschlusses.

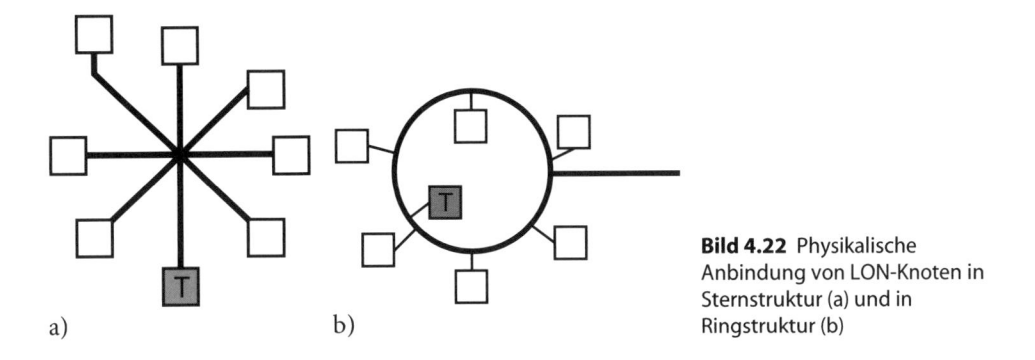

Bild 4.22 Physikalische Anbindung von LON-Knoten in Sternstruktur (a) und in Ringstruktur (b)

4.5.1.3 Subnet als physikalische Netzstruktur

Innerhalb des kleinsten Netzsegments lassen sich bis zu 128 LON-Knoten adressieren. Ein solches Teilnetz bezeichnet man in der LON-Terminologie als *Subnet* (**Bild 4.23**).

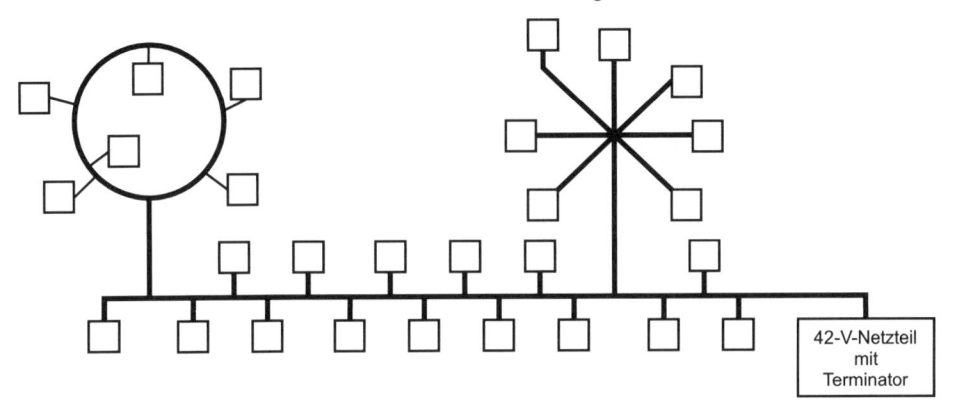

Bild 4.23 *Subnet* in freier Topologie mit bis zu 128 adressierbaren LON-Knoten

Handelt es sich dabei um LON-Knoten mit *Link-Power-Transceivern*, so stellen diese Teilnehmer auf Grund der Versorgung des Netzabschnitts mit einem eigenen Netzteil nur eine geringe Busbelastung dar. Der Zusammenschluss von bis zu 128 Knoten innerhalb eines *Subnets* ist dann ohne weitere Maßnahmen möglich.

Geräte mit Freie-Topologie-*Transceivern* bilden dagegen eine höhere Buslast. In einem Leitungssegment ist die Anzahl der LON-Knoten daher auf maximal 64 Teilnehmer beschränkt. In Netzen mit gemischten *Transceivern* werden zur Ermittlung der maximalen Knotenanzahl pro Segment die Geräte mit FT-*Transceiver* doppelt und die Geräte mit LP-*Transceiver* einfach gezählt.

LON-Geräte, deren Funktionen unmittelbar miteinander zu tun haben, sollten im selben *Subnet* platziert werden. Mit dieser Maßnahme lassen sich ungewollt lange Reaktionszeiten bei der Befehlsausführung vermeiden. So sollten sich beispielsweise Lichttaster und die zugehörigen Schaltaktoren für die Leuchten nach Möglichkeit immer im selben *Subnet* befinden.

Repeater

Ist es erforderlich, mehr als 64 FTT-Teilnehmer innerhalb eines *Subnets* zu adressieren, so wird ein sogenannter *Repeater* benötigt (**Bild 4.24**). Darüber hinaus kann dieser eingesetzt werden, wenn die maximal zulässige Länge innerhalb eines Segments überschritten wird.

Der *Repeater* verbindet zwei Teilsegmente des gleichen Mediums miteinander. Hierbei leitet er gültige Telegramme zwischen den Segmenten weiter, eine Filterung erfolgt nicht. Es dürfen maximal drei *Repeater* in Reihe hintereinandergeschaltet werden, da es sonst zu Kommunikationsproblemen durch zeitliche Signalverschiebungen kommt.

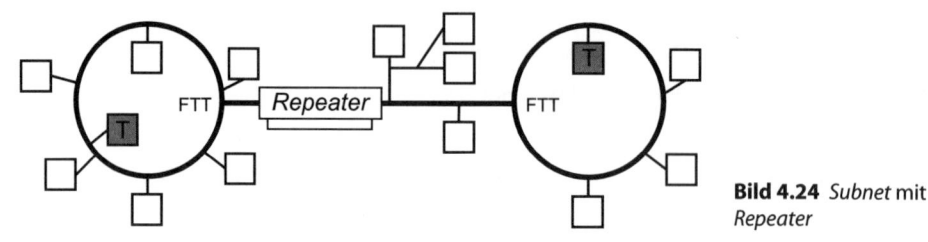

Bild 4.24 *Subnet* mit *Repeater*

Router und Channels

Sollen in einem LON-Netzwerk unterschiedliche Medien genutzt werden, so ist zur Verbindung ein *Router* einzusetzen (**Bild 4.25**).

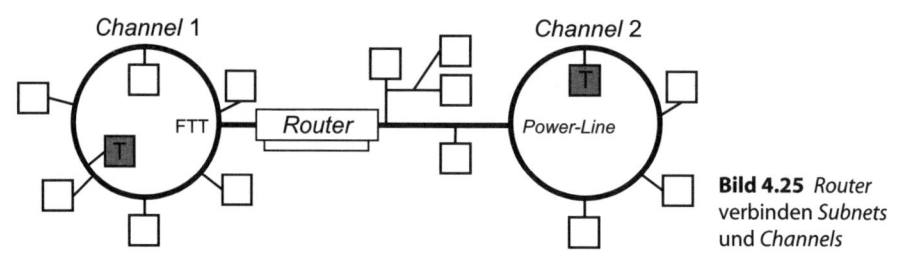

Bild 4.25 *Router* verbinden *Subnets* und *Channels*

Die beiden Teilsegmente bezeichnet man in der LON-Terminologie als *Channels*. Beispielsweise lassen sich auf diese Weise *Power-Line*-Geräte mit FTT-Knoten verbinden.

Es ist jedoch zu beachten, dass sich der Adressierungsbereich von *Subnets* nicht über einen *Router* erstrecken kann. Ein *Router* teilt damit die unterschiedlichen physikalischen *Channels* auch gleich in unterschiedliche *Subnets* auf.

Als weiteren Unterschied zu *Repeatern* beinhalten die *Router* auch Filterfunktionen. Sie können anhand von Vermittlungs-Tabellen feststellen, ob ein gesendetes Telegramm seinen Adressaten innerhalb des gleichen Netzsegments hat. Nur wenn dieses nicht der Fall ist, leitet der *Router* es an das nächste Netzsegment. Auf diese Art lassen sich mehrere *Subnets* zu einem Gesamtnetz zusammenschalten. Der eingesetzte *Router* zählt dabei als zusätzlicher LON-Knoten.

4.5.1.4 Domain als größte Netzstruktur

Werden die Grenzen von 128 LON-Knoten innerhalb eines *Subnets* erreicht, so muss das Netzwerk erweitert werden. Hierzu nutzt man die in Abschnitt 4.5.1.3 vorgestellten *Router*. Bei der Erweiterung der Netzstruktur bietet es sich dann an, den Datenaustausch zwischen den *Subnets* über eine Verbindung mit hoher Übertragungsrate zu wählen.

Sehr geeignet ist hierbei der Einsatz von *Routern*, die einen *Transceiver* TPT/XF-1250 eingebaut haben. So lässt sich die höhere Datenmenge auf dieser als *Backbone* bezeichneten Linie durch eine höhere Übertragungsgeschwindigkeit wieder ausgleichen (**Bild 4.26**).

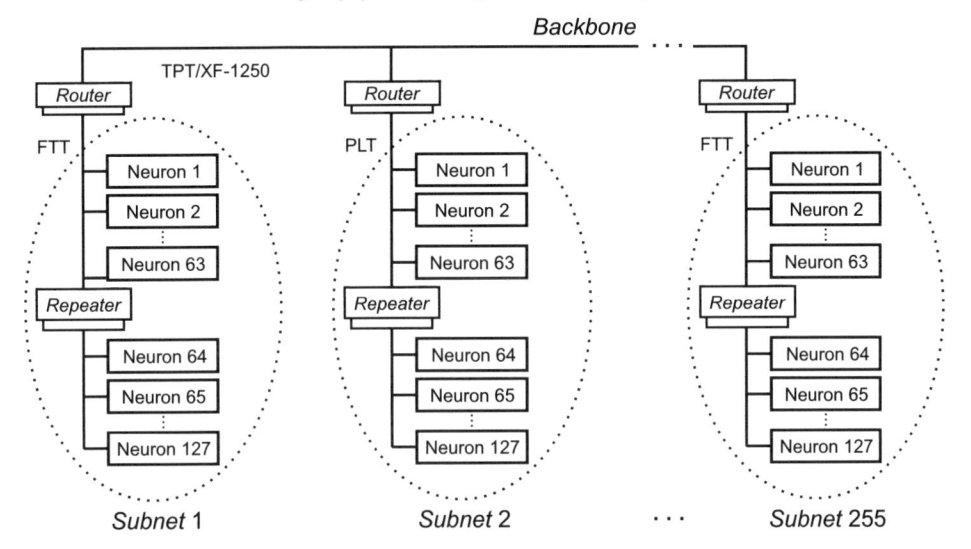

Bild 4.26 Zusammenführung mehrerer *Subnets* zu einer *Domain*

Den Zusammenschluss mehrerer *Subnets* über *Router* bezeichnet man in der LON-Terminologie als *Domain*. Mit Hilfe des LONTALK-Protokolls lassen sich innerhalb eines *Subnets* bis zu 128 Knoten adressieren. Hierbei stellt der verwendete *Router* den 128sten Teilnehmer dar. Hiervon lassen sich dann wiederum bis zu 255 *Subnets* verbinden.

Befinden sich alle Busteilnehmer innerhalb der gleichen *Domain*, so kann bei der Adressierung die *Domain*-Information entfallen. Dadurch ergeben sich kürzere Telegramme und damit eine höhere Nutzdatenrate.

> Innerhalb einer *Domain* lassen sich 255 *Subnets* mit bis zu 127 LON-Knoten, also maximal 32.385 Teilnehmer, adressieren.

Für den eher unwahrscheinlichen Fall, dass diese Teilnehmerzahl dennoch überschritten werden sollte, lassen sich zwei *Domains* über einen leistungsfähigen *Router* koppeln.

4.5.2 Buszugriffsverfahren und Signalcodierung

4.5.2.1 Prädiktives p-persistent-CSMA-Verfahren

Im LONTALK-Protokoll wird für die Kommunikation zwischen den Teilnehmern das prädiktive p-*persistent*-CSMA-Verfahren (*predictive p-persistent Carrier Sense Multiple Access*) verwendet.

Es handelt sich hierbei um ein Protokoll zum Datenaustausch zwischen gleichberechtigten Busteilnehmern. Alle hören das Übertragungsmedium ab und erkennen dadurch das Ende einer Datenübertragung seitens der anderen Teilnehmer. Wird das Busfreigabesignal vernommen, beginnt für alle Teilnehmer nach einer Wartezeit für alle eine individuelle, zufallsgesteuerte Wartezeit (**Bild 4.27**, oben). Die Länge der Wartezeiten (und der Telegramme) ist abhängig vom verwendeten *Transceiver*.

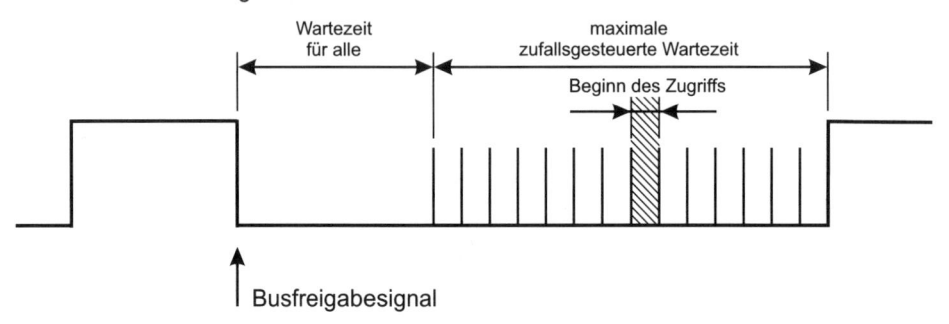

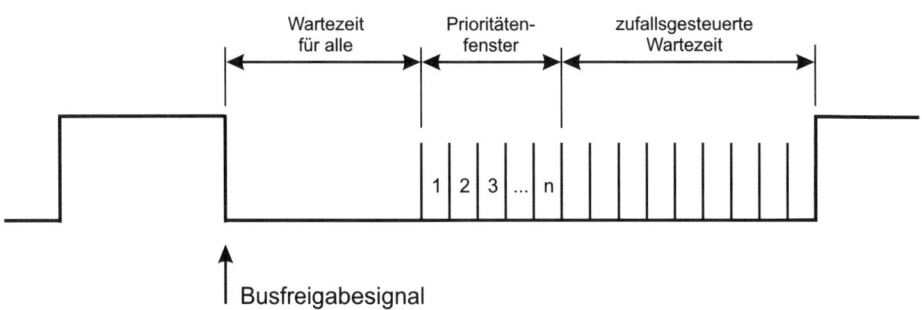

Bild 4.27 Prädiktives p-persistentes CSMA-Verfahren für den Netzzugriff durch die LON-Knoten

Übt während der Wartezeit eines bestimmten Teilnehmers kein anderer LON-Knoten einen Zugriff auf das Netz aus, so beginnt dieser Teilnehmer mit seiner Telegrammsendung. Haben zwei Teilnehmer genau die gleiche Wartezeit und wollen gleichzeitig senden, so wird dies von beiden erkannt und der Buszugriff abgebrochen. Insbesondere bei einer großen Knotenzahl können sich hierdurch erhebliche Wartezeiten ergeben.

Eine Abhilfe kann hierbei die Vergabe von Prioritäten schaffen (**Bild 4.27**, unten). Einzelnen Knoten kann dabei eine feste Wartezeit entsprechend der Wichtigkeit des Teilnehmers zugeordnet werden. Dieser muss damit nicht mehr die zufallsgesteuerte Wartezeit einhalten, sondern kann im Bedarfsfall gemäß dem ihm zugewiesenen Prioritätenfenster mit dem Senden beginnen [MEYER03].

4.5.2.2 Differential-Manchester-Code

Bei der Vorstellung der *Transceiver* FTT-10A und LPT in Abschnitt 4.4.2.6 wurde beschrieben, dass diese an das physikalische Netz in beliebiger Polung angeschlossen werden können. Der Grund hierfür liegt in der Verwendung des *Differential-Manchester*-Codes zur physikalischen Signalcodierung.

Bei diesem Verfahren wird bei jeder Bit-Übertragung eine Taktflanke erzeugt. Die logische „0" wird durch eine zusätzliche Flanke innerhalb der Taktperiode dargestellt. Dabei ist es unbedeutend, ob zuerst ein *Low*-Signal oder ein *High*-Signal erfolgt. Fehlt die zusätzliche Flanke, so wird das als logische „1" interpretiert (**Bild 4.28**).

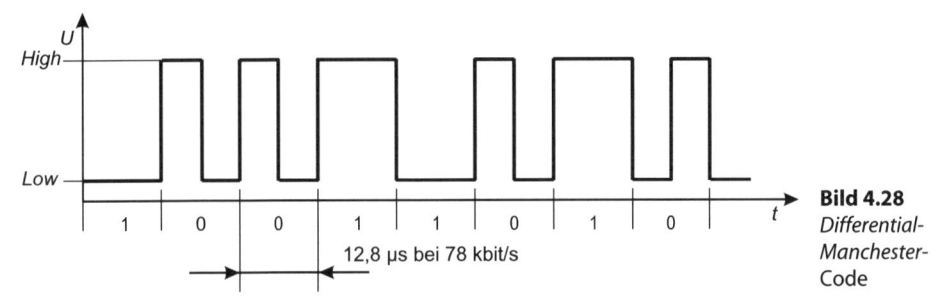

Bild 4.28 Differential-Manchester-Code

Somit ist für die Unterscheidung zwischen „0" und „1" nur die Anzahl der Flanken innerhalb einer Taktperiode ausschlaggebend. Eine Abhängigkeit von der Polung der Busleitung ist nicht gegeben. Ein weiterer Vorteil des Verfahrens besteht darin, dass sich auch bei einer Übertragung mehrerer logischer „1" stets ein Flankenwechsel ergibt. Dieses kann gut zur Synchronisierung der Teilnehmer genutzt werden.

4.5.3 Telegrammstruktur

Zur Erstellung der Netzstruktur werden die in Abschnitt 4.6.2.2 beschriebenen Inbetriebnahme-Tools verwendet. Die Zuordnung der LON-Knoten zu den oben beschriebenen *Subnets* und *Domains* erfolgt dabei grafisch. Für den Anwender ist die dabei hinterlegte Telegrammstruktur weder ersichtlich noch zugänglich. Für das grundlegende Verständnis der LON-Technik ist sie auch nicht nötig.

Weiter gehende Informationen hierzu, die sich speziell an Entwickler eines LON-Geräts oder eines Inbetriebnahme-Tools wenden, können den Literaturhinweisen am Ende dieses Kapitels entnommen werden [DIETRICH98].

Aufgabe 4.14

Strukturieren Sie das erforderliche physikalische LON-Netz für ein Bürohochhaus mit 570 identisch aufgebauten Räumen mit jeweils zwei Fenstern und einer Tür. Es soll eine belegungsabhängige Steuerung des Lichts sowie der Funktionen Heizen und Kühlen erfolgen. Bei der Netzauslegung ist jeweils eine Ausbaureserve in Höhe von 20 % zu berücksichtigen.

Aufgabe 4.15

Warum ist es möglich, eine Busverbindung zwischen zwei LON-Knoten zu erstellen, ohne dass die Polung der Leitung beachtet werden muss?

4.5.4 Logische Netzwerkstrukturen mit Netzwerkvariablen

Die Voraussetzung für eine Kommunikation von LON-Geräten ist die in Abschnitt 4.5.1 beschriebene physikalische Verbindung. Der eigentliche Datenaustausch erfolgt dann über sogenannte Netzwerkvariablen.

4.5.4.1 Bedeutung der Netzwerkvariablen

Bei der Entwicklung eines LON-Knotens wird bereits festgelegt, welche Funktionen und Informationen das Gerät bereithalten soll. Bei einem LON-Netz in der Gebäudesystemtechnik handelt es sich um ein dezentral arbeitendes Netz mit verteilten, intelligenten Komponenten. Damit eine Systemfunktionalität entsteht, ist ein Datenaustausch zwischen einzelnen LON-Knoten über das Netzwerk also notwendig. Der Informationsaustausch erfolgt über Netzwerkvariablen (nv). Der Datenaustausch zwischen einem Sensor und einem Aktor wird in **Bild 4.29** gezeigt.

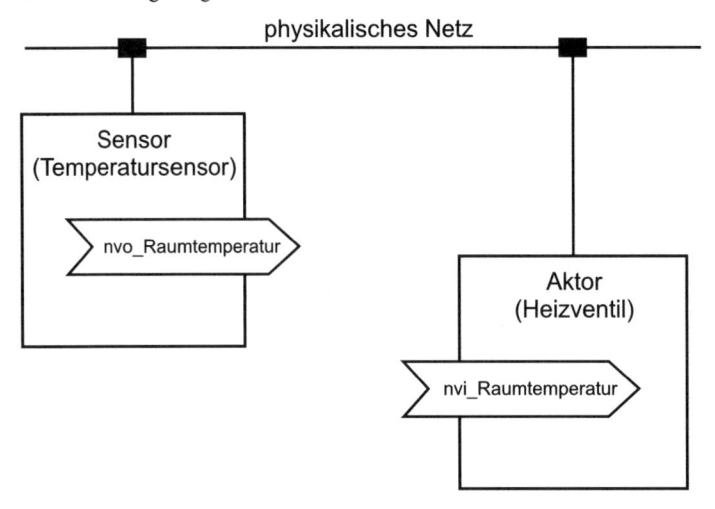

Bild 4.29 Kommunikation zwischen LON-Knoten über Netzwerkvariablen

In diesem Falle soll ein Temperatursensor den aktuellen Wert der Raumtemperatur an ein Heizventil übermitteln. Im Sensor wird hierzu eine Ausgangsvariable, in der LON-

Terminologie eine *Output*-Netzwerkvariable (nvo), deklariert. Die zur Verfügung stehenden Ausgangsvariablen und deren Bezeichnung wurden bei der Entwicklung des Geräts festgelegt. Sie lässt sich durch einen Blick in das Datenblatt des Herstellers des Temperatursensors ermitteln. Die gewählte Variable enthält dann den aktuellen Wert der vom Sensor gemessenen Raumtemperatur. Im obigen Beispiel ist dies die *Output*-Netzwerkvariable nvo_Raumtemperatur.

Das Heizventil soll den Raumtemperaturwert als aktuellen Ist-Wert erhalten. Das vom Hersteller des Aktors gelieferte Applikationsprogramm vergleicht diesen Ist-Wert dann mit dem Soll-Wert für die Raumtemperatur. In Abhängigkeit von der Größe der Abweichung zwischen Soll- und Ist-Wert wird dann das Heizventil weiter geöffnet oder geschlossen.

Im Aktor wird hierzu die passende Eingangsvariable, in der LON-Terminologie eine *Input*-Netzwerkvariable (nvi), deklariert. Damit die richtige Variable gewählt wird, empfiehlt sich auch hier wieder ein Blick in das Datenblatt. Es ist jedoch das Datenblatt des Herstellers des Heizventils zu berücksichtigen, da dieser die zur Verfügung stehenden Eingangsvariablen und deren Bezeichnungen festgelegt hat. Im obigen Beispiel ist dies die *Input*-Netzwerkvariable nvi_Raumtemperatur.

Es ist zu berücksichtigen, dass es insbesondere bei unterschiedlichen Herstellern von Sensor und Aktor möglich ist, dass die Variablen nicht die gleichen Bezeichnungen tragen. Die Auswahl der passenden Variablen erfolgt mit Hilfe der in Abschnitt 4.6 beschriebenen Programmiertools.

4.5.4.2 Binding

Nachdem in beiden LON-Geräten die passenden Variablen gemäß Abschnitt 4.5.4.1 ausgewählt wurden, werden diese mit Hilfe eines so genannten *Binding*-Tools miteinander verknüpft. Diese Verknüpfung erfolgt mit den später in Abschnitt 4.6 beschriebenen Programmier-Tools auf grafische Weise (**Bild 4.30**).

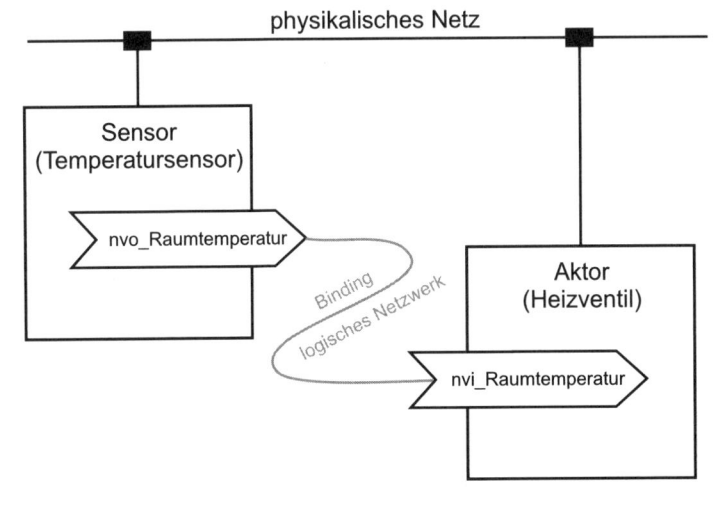

Bild 4.30 Verknüpfung der Netzwerkvariablen durch grafisches Binding

Nach diesem Schritt sind die gewählten Variablen des Sensors und des Aktors logisch miteinander verknüpft. Das *Binding*-Tool prüft dabei automatisch, ob die verwendeten Variablen prinzipiell zueinander passen. Sollte das nicht der Fall sein, so wird die Ausführung des *Bindings* verhindert. Es ist nur möglich, eine Ausgangsvariable mit einer Eingangsvariablen zu verbinden.

Die Weitergabe des neuen Temperaturwerts seitens des Sensors an den Aktor erfolgt dann automatisch. Die Häufigkeit der Werteübertragung durch einen Sensor kann während der Inbetriebnahme konfiguriert werden:

- bei prozentualer Änderung (nur bei Analogwerten),
- bei Zustandsänderungen (nur bei Binärwerten),
- nach fest programmierten Zeiten (*heart beat*, Herzschlagfunktion).

4.5.4.3 Quittierungsprinzipien

Zur Verhinderung von Übertragungsstörungen kann bei der Inbetriebnahme der LON-Knoten für jede Verbindung von Netzwerkvariablen festgelegt werden, welcher Mechanismus zur Quittierung einer Übertragung verwendet werden soll (**Tabelle 4.3**).

Tabelle 4.3 Quittierungsprinzipien für logische Netzverbindungen

Quittierungsprinzip	Auswirkung
Unacknowledged	Telegramm wird einmal gesendet und nicht bestätigt
Unacknowledged repeated	Telegramm wird n-mal gesendet und nicht bestätigt
Acknowledged	Telegramm wird einmal gesendet und von jedem angesprochenen Teilnehmer bestätigt
Request/Response	Telegramm wird einmal gesendet, Antwort enthält die angeforderten Daten

Die Wahl des am besten geeigneten Prinzips ist von der Wichtigkeit der Meldungen sowie der Anzahl der Busteilnehmer und der Telegramme im Netz abhängig.

Zur Reduzierung der Buslast wird das Prinzip *Unacknowledged* angewendet. Es wird keine Bestätigung vom Empfänger erwartet, das Telegramm wird nur einmal gesendet und auch nicht wiederholt. Der Nachteil ist hierbei, dass Übertragungsstörungen nicht erkannt werden können.

Eine Abwandlung bildet das Prinzip *Unacknowledged repeated*. Auch hier wird vom Empfänger keine Bestätigung erwartet, das Telegramm wird jedoch mehrfach wiederholt. Kurzzeitige Übertragungsstörungen sind dann unbedeutend, längerfristige Störungen werden ebenfalls nicht erkannt.

Das Quittierungsprinzip *Acknowledged* ist die Standardeinstellung für die Netzwerkverbindungen. Für jeden Befehl wird durch alle Adressaten eine Bestätigung erwartet. Andernfalls wird das Telegramm solange wiederholt, bis alle Quittierungen vorliegen. Es entsteht damit eine gesicherte Datenübertragung. Bedenkt man jedoch, dass bei einem Sammelbefehl an mehrere Teilnehmer von jedem eine Quittierung gesendet wird, so kann daraus eine hohe Buslast entstehen.

Für die Datenübertragung zu Visualisierungssystemen oder Alarmanlagen bietet sich das Prinzip *Request/Response* an. Schickt das Alarmsystem beispielsweise eine Anfrage (*Request*) an einen oder mehrere Knoten, so geben die Knoten nur auf diese spezielle Anfrage eine Antwort (*Response*). Erfolgt keine Anfrage, so werden keine Daten zwischen den Geräten ausgetauscht.

4.5.5 Interoperabilität von LON-Geräten

Um einen Datenaustausch auch zwischen Geräten unterschiedlicher Hersteller fehlerfrei zu gewährleisten, werden durch die LONMARK *Interoperability Association* Regeln für die Programmierung von Applikationen festgelegt. Die Einhaltung dieser Regeln basiert auf Freiwilligkeit. Es werden jedoch bei Nichteinhaltung die Marktchancen für ein solches Gerät eingeschränkt, weil es nicht mit anderen Produkten kompatibel ist.

Das Regelwerk fußt dabei auf folgenden Vereinbarungen:

- Jeder LONMARK-Knoten muss bestimmte anwendungsbezogene Objekte und Funktionsprofile mit einem vorgegebenen Mindestumfang der Applikation besitzen. (Ein als Lichttaster einzusetzender Buskoppler muss z. B. ein Objekt mit dem Funktionsprofil *Switch* enthalten.)
- Innerhalb der Objekte müssen mindestens bestimmte anwendungsbezogene Netzwerkvariablen zur Verfügung stehen. (Ein Lichttaster muss z. B. eine Netzwerkvariable für das Schalten und Dimmen ausgeben können.)
- Jeder LONMARK-Knoten beinhaltet anwendungsbezogene Konfigurationsparameter. (Bei einem Lichttaster sollte beispielsweise ein maximaler auszugebender Helligkeitswert für einen Dimmer einstellbar sein.)
- Alle verwendeten Netzwerkvariablen müssen standardisierten Typen entsprechen.

4.5.5.1 Objekte und Funktionsprofile nach LONMARK

Ein LON-Gerät ist in der Lage, unterschiedliche Aufgaben wahrzunehmen. So kann der bereits in **Bild 4.4** gezeigte LON-Buskoppler [ELKA] mit EIB/KNX-Bedienoberteil [JUNG] für Lichtsteuerung oder Sollwertverstellung beispielsweise als Taster zur Lichtsteuerung oder Jalousiesteuerung, aber auch als Sollwertsteller eingesetzt werden.

Die Unterscheidung wird einerseits durch die Wahl des Bedienoberteils vorgenommen, andererseits wird hierzu in der im Gerät ab Werk einprogrammierten Software-Applikation das entsprechende Objekt für das Bedienoberteil ausgewählt. Das Funktionsprofil für ein solches Objekt enthält dann alle für die Ausführung benötigten Eingangs- und Ausgangs-Netzwerkvariablen sowie eventuell nötige Konfigurationsdaten. Die Auswahl der passenden Objekte geschieht bei der Inbetriebnahme des LON-Knotens mit Hilfe der in Abschnitt 4.6 beschriebenen LONWORKS-Tools.

Damit der Datenaustausch mit den Produkten anderer Hersteller ohne weitere Absprachen vorgenommen werden kann, wurden seitens der LONMARK Interoperability Association bestimmte Funktionsprofile der Objekte festgelegt. Eine Auswahl dieser Funktionsprofile zeigt **Tabelle 4.4**

Tabelle 4.4 Funktionsprofile

Funktionsprofil	Zweck
#0 *Node object* (Knotenobjekt)	Basisfunktionen und -informationen des LON-Knotens
#3200 *Switch*	allgemeine Schaltaufgaben und Ausgabe von Steuersignalen zwischen 0 % und 100 %, auch für Dimmfunktionen
#3250 *Scene Panel*	Anwahl von Lichtszenen
#1060 *Occupancy sensor*	Objekt für Präsenztaster und Präsenzmelder
#1040 *Temperature sensor*	Ausgabe eines gemessenen Temperaturwerts
#8060 *Thermostat*	Objekt für Temperaturregler mit Ausgang für Heiz- und Kühlventile
#3040 *Lamp actuator*	Ankopplung von Schalt- und Dimmaktoren

Eine vollständige Auflistung der Funktionsprofile ist unter [www.LONmark.com] erhältlich.

Soll beispielsweise eine Lichtsteuerung in einem Raum realisiert werden, so werden aus den Produktkatalogen der Hersteller die geeigneten LON-Geräte, ein Lichttaster und ein Schaltaktor, ausgesucht. In den Produktbeschreibungen der Geräte sind die verwendeten Funktionen aufgeführt. Handelt es sich um LONMARK-konforme Geräte, so beinhalten diese entsprechende Funktionsprofile gemäß der obigen Auflistung.

Im Falle der gewünschten Lichtsteuerung sollte der Schaltaktor das Funktionsprofil #3040 *Lamp actuator* (**Bild 4.31**) und der Lichttaster das Funktionsprofil #3200 *Switch* (**Bild 4.32**) beinhalten.

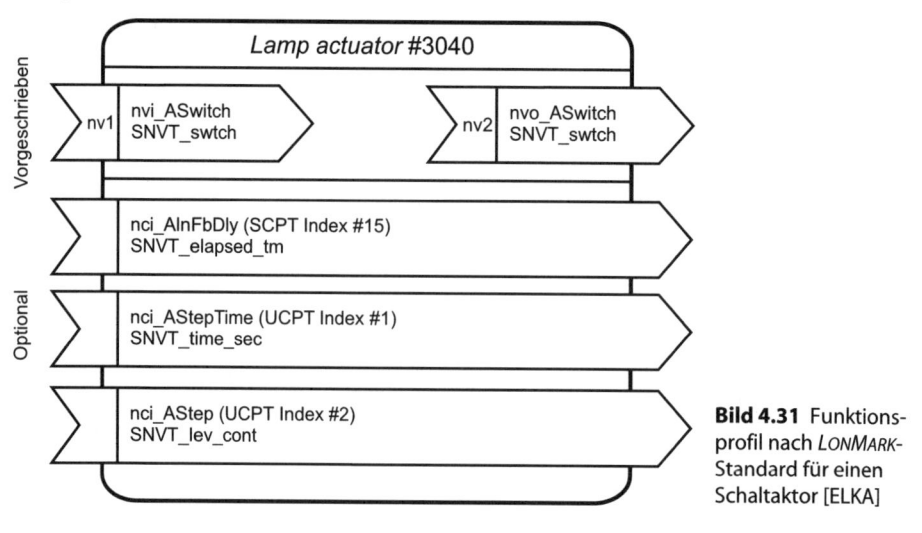

Bild 4.31 Funktionsprofil nach LONMARK-Standard für einen Schaltaktor [ELKA]

4.5 Informationsübertragung zwischen LON-Geräten

Node object #0

Vorgeschrieben:
- nvi_Request — SNVT_obj_request
- nvo_Status — SNVT_obj_status

Optional:
- nvo_Atn — SNVT_obj_status
- nci_PressTTrshld — SNVT_time_sec

Switch #3200

Vorgeschrieben:
- nvo_Switch — SNVT_switch

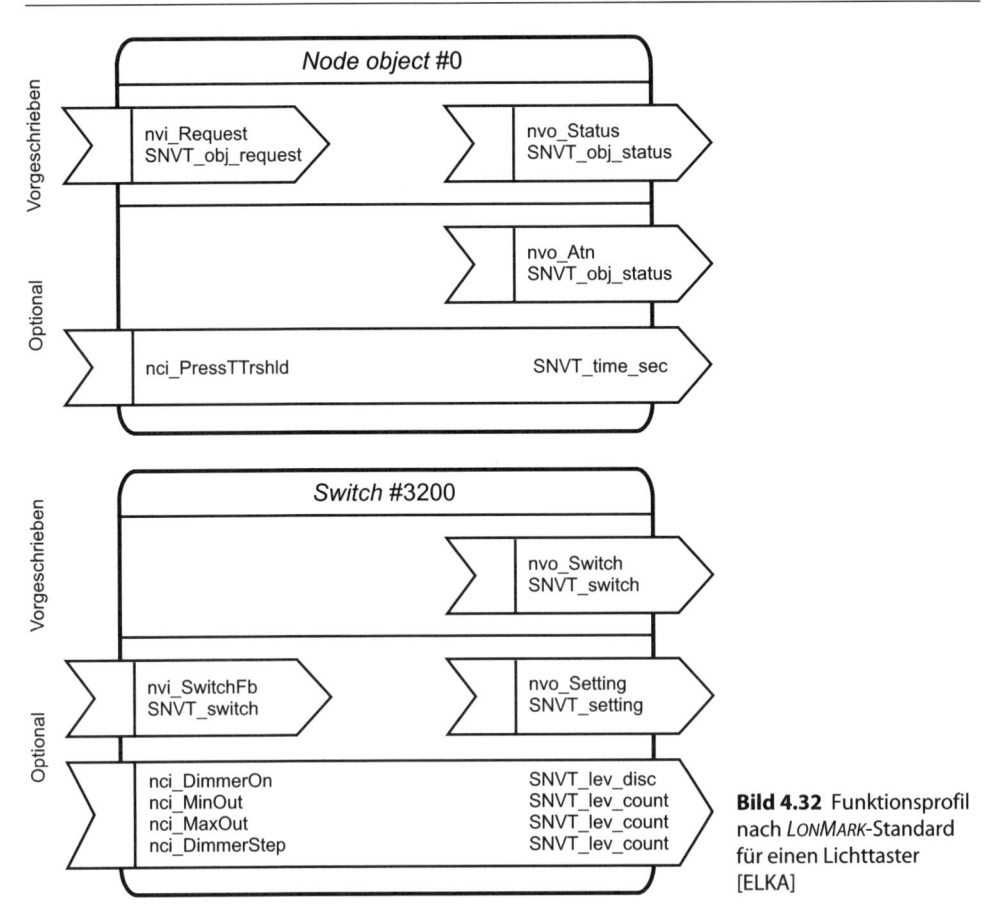

Optional:
- nvi_SwitchFb — SNVT_switch
- nvo_Setting — SNVT_setting
- nci_DimmerOn — SNVT_lev_disc
- nci_MinOut — SNVT_lev_count
- nci_MaxOut — SNVT_lev_count
- nci_DimmerStep — SNVT_lev_count

Bild 4.32 Funktionsprofil nach LONMARK-Standard für einen Lichttaster [ELKA]

Mit Hilfe der in den Funktionsprofilen festgelegten Netzwerkvariablen können die benötigten *Bindings* zwischen dem Taster und dem Schaltaktor erstellt werden. Durch diese Methodik ist gewährleistet, dass ein Mindestumfang an Funktionen auch bei der Verwendung von LON-Geräten unterschiedlicher Hersteller zur Verfügung steht.

4.5.5.2 Konfigurationsparameter

In den Funktionsprofilen des Lichttasters und der Schaltaktors sind neben den im Netzwerk genutzten Variablen auch noch sogenannte Konfigurationsparameter aufgeführt. Bei den in **Bild 4.31** und **Bild 4.32** abgebildeten Profilen handelt es sich um optionale, also nicht vorgeschriebene Netzwerk-Konfigurationseingänge (*network configuration inputs – nci*).

Der Entwickler legt bei der Erstellung der Applikation fest, über welche Konfigurationsparameter das Gerät verfügen soll. Der spätere Anwender kann dann die Eigenschaften des Geräts mit Hilfe seines Inbetriebnahme-Tools anpassen.

In **Bild 4.33** wird der Konfigurationsparameter nci_MaxOut mit dem Inbetriebnahme-Tool LONMAKER geändert. Es wird die maximal auszugebende Helligkeitsstufe für einen zu schaltenden Dimmer auf den Wert 85 % festgelegt.

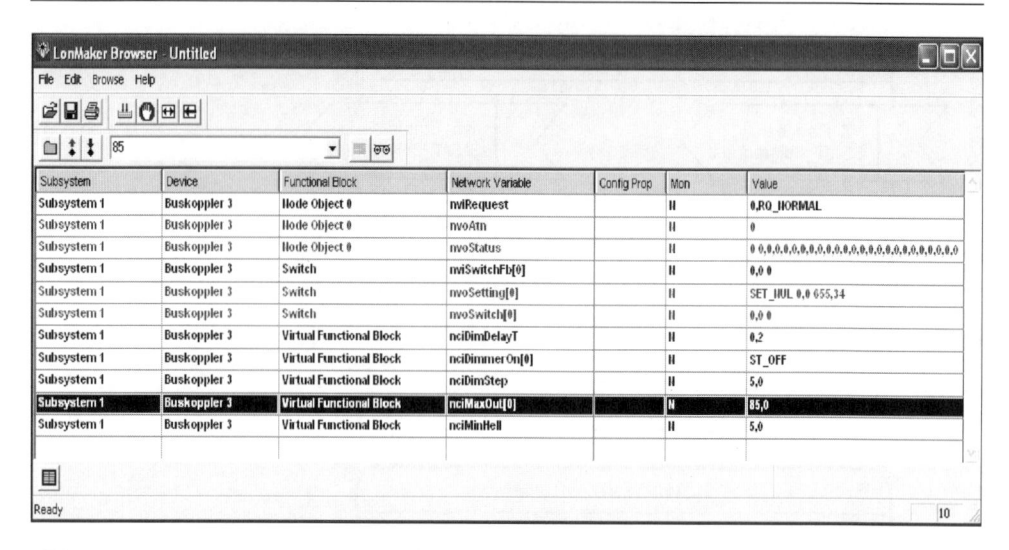

Bild 4.33 Einstellung von Konfigurationsparametern mit dem Inbetriebnahme-Tool LONMAKER

Über derartige Konfigurationsparameter sind auch weitere Eigenschaften wie beispielsweise eine Dimmfunktion, die Schrittweite der Dimmstufen oder ein minimaler Helligkeitswert einstellbar. Für die Anpassung der Geräteeigenschaften stehen unterschiedliche Arten der Konfiguration zur Verfügung:

- Netzwerk-Konfigurationsvariablen (NCV, *Network Configuration Variables*): Sie werden wie Netzwerkvariablen verwendet. Damit lassen sich auch die Konfigurationen über das Netzwerk ändern. Dies ist sinnvoll bei der Anpassung von Sollwerten.
- Konfigurationsparameter (CP, *Configuration Properties*): Sie werden geräteintern mit Hilfe der Inbetriebnahme-Tools geändert und in der Datenbank der Tools gespeichert. Sie können daher bei einem Austausch des Knotens wieder abgerufen werden.
- Standard-Konfigurationsparameter-Typen (SCPT, *Standard Configuration Property Types*): Hierbei handelt es sich um Konfigurationsparameter, die in eine durch LONMARK geführte Liste als Standards aufgenommen wurden.
- Nutzerspezifische Konfigurationsparameter (UCPT, *User defined Configuration Property Types*): Diese Parameter werden durch den Nutzer frei festgelegt und entsprechen nicht dem LONMARK-Standard.

4.5.5.3 Standard-Netzwerkvariablen-Typen in der Gebäudeautomation

Frei definierte Netzwerkvariablen

Der Hersteller eines Geräts ist in der Auswahl und Festlegung seiner Netzwerkvariablen völlig frei. Möchte der Entwickler eines Temperatursensors den Wert dem LON-Netzwerk zur Verfügung stellen, so legt er hierbei den Wertebereich und die Auflösung fest. In dem in **Tabelle 4.5** gezeigten Beispiel hat er sich für einen zu übertragenden Temperaturbereich von 0 °C bis 6.553,5 °C entschieden. Der Sensor soll eine Auflösung von 0,5 °C besitzen. Der

Entwickler definiert hierzu eine Netzwerkvariable mit der Bezeichnung nvo_Temperatur und einer Datenlänge von 2 Byte. Eine derartige Variable kann dann Zahlenwerte von 0 bis 65.535, entsprechend $2^8 \times 2^8$ oder 256 x 256, annehmen.

Tabelle 4.5 Beispiel eines Konflikts für den Wertebereich einer 2-Byte-Netzwerkvariablen

Temperaturwert seitens des Sensorherstellers	Wert der Netzwerkvariablen des Sensorherstellers	Wert der Netzwerkvariablen des Aktorherstellers	Temperaturwert seitens des Aktorherstellers
0,0 °C	0	0	0,00 °C
5,0 °C	50	50	0,50 °C
10,0 °C	100	100	1,00 °C
21,5 °C	215	215	2,15 °C
50,0 °C	500	500	5,00 °C
215,5 °C	2.150	2.150	21,55 °C
550,0 °C	5.500	5.500	55,00 °C
6.553,5 °C	65.535	65.535	655,35 °C

Der Hersteller des in Abschnitt 4.5.4 erwähnten Heizventils kann dagegen andere Vorstellungen haben. Er möchte seinen Aktor vielleicht so entwickeln, dass er Temperaturen im Bereich von 0 °C bis 655,35 °C mit einer Auflösung von 0,01 °C verarbeiten kann. Er legt hierfür ebenfalls eine Netzwerkvariable mit der Länge von 2 Byte an. Bei einem späteren *Binding* der beiden Netzwerkvariablen wird es dann zu inhaltlichen Problemen kommen.

Derartige Missverständnisse lassen sich durch gezielte Absprachen zwischen den Entwicklern vermeiden. Schwierig gestaltet sich dieses aber, wenn die Entwickler unterschiedlichen Firmen angehören und deren Entwicklungsaktivitäten unbekannt sind. Hierzu sind dann herstellerübergreifende Regeln notwendig.

Standard-Netzwerkvariablen-Typen gemäß LONMARK-Standard

Die wichtigste Festlegung seitens der *LONMARK Interoperability Association* bezieht sich auf die verwendeten Netzwerkvariablen. Man bezeichnet diese festgelegten Variablen dann als Standard-Netzwerkvariablen-Typen (SNVT).

Um die oben dargelegten Missverständnisse zu vermeiden, wurde ein Regelwerk festgelegt. Für die am häufigsten verwendeten Größen wurden folgende Definitionen bestimmt:

- Anwendungsbereich,
- Name des Typs der Netzwerkvariablen,
- Zusammensetzung der Variablen,
- Gesamtlänge in Byte,
- Wertebereich, Auflösung und Einheit.

Einen Auszug aus der Menge der zur Verfügung stehenden Standard-Netzwerkvariablen zeigt **Tabelle 4.6**.

Tabelle 4.6 Beispiele für Standard-Netzwerkvariablen-Typen (SNVT) in der Gebäudeautomation

Anwendungsbereich	Name des Typs	Wertebereich	Auflösung/Einheit
Dimmen und Schalten	SNVT_switch	0 bis 100 0/1	0,5 % aus/ein
Temperatur, allgemein	SNVT_temp	−274 bis +6.279,5	0,1 °C
Temperatur für Heizung, Kälte, Lüftung	SNVT_temp_p	−273,17 bis +327,66	0,01 °C
Prozentwerte, allgemein	SNVT_lev_cont	0 bis 100	0,5 %
Helligkeit	SNVT_lux	0 bis 65.535	1 lux
Durchfluss	SNVT_flow	0 bis 6.553,5	0,1 Liter/s

Besondere Bedeutung haben die beiden letzten Spalten der **Tabelle 4.6**. Werden für eine Netzwerkvariable neben der Einheit auch der Wertebereich und die Auflösung vorgegeben, kann es nicht mehr zu einer Missdeutung wie bei frei definierten Netzwerkvariablen kommen [TIERSCH01].

Die Hersteller des Temperatursensors und des Heizventils legen dazu in ihrer Applikation ein passendes Funktionsprofil gemäß Abschnitt 4.5.4.1 an. In dem Profil #1040 des Temperatursensors wird dann der für den Anwendungszweck passende Standard-Netzwerkvariablen-Typ zur Temperaturausgabe verwendet. Die geeignete Variable ist gemäß **Tabelle 4.6** der Typ SNVT_temp_p für die Anwendung in der Gebäudetechnik.

Hat der Entwickler des Heizventils sich ebenfalls an die *LONMARK*-Vorgaben gehalten, so benutzt er das Profil #8060 und damit für den Empfang der aktuellen Temperatur über das Netzwerk den gleichen Standard-Netzwerkvariablen-Typ (**Bild 4.34**).

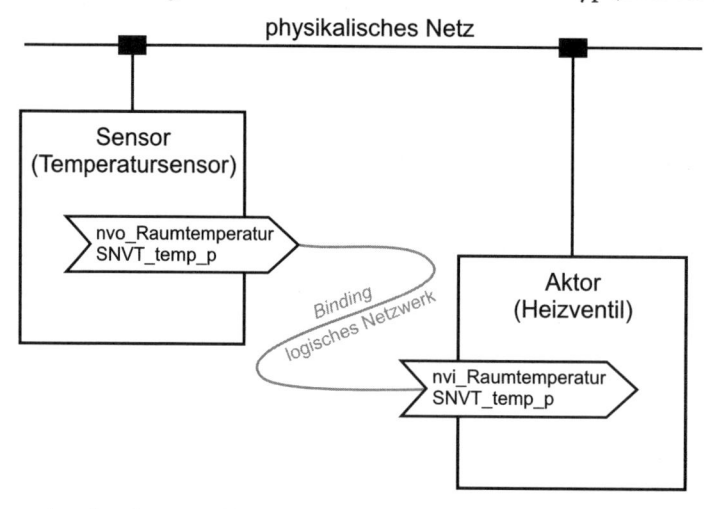

Bild 4.34 Kommunikation zwischen LON-Knoten über Standard-Netzwerk-variablen-Typen

Haben beide Hersteller sich an die *LONMARK*-Vorgaben gehalten, so interpretiert das Heizventil einen über die Standard-Netzwerkvariable SNVT_temp_p empfangenen Wert von 29317 in seiner Applikation dann automatisch als eine Raumtemperatur von +20,00 °C.

Die Auflösung des Temperaturwerts mit zwei Nachkommastellen ist übrigens deshalb nötig, damit der zur Verfügung gestellte Ist-Wert besser ist als die Regelgenauigkeit des Geräts. Im besten Fall kann die Temperatur durch einen Heizungsregler mit einer Abweichung von 0,1 °C eingehalten werden. Ein Wert kleiner als der absolute Nullpunkt bei –273,15 °C wird als Kabelbruch interpretiert.

Aufgabe 4.16

Welche Eigenschaften muss ein LON-Gerät aufweisen, damit es LONMARK-konform ist?

Aufgabe 4.17

Was versteht man in der LON-Technik unter dem Begriff SNVT?

Aufgabe 4.18

Eine 2-Byte-Netzwerkvariable des Typs SNVT_temp_p hat den binären Wert

0111 0010 1000 0100.

Welcher Größe und Einheit entspricht das?

4.6 LONWORKS-Tools

Bei den LONWORKS-Tools unterscheidet man zwischen Hilfsmitteln zur Programmierung der Neuron-Chips und zur Inbetriebnahme eines LON-Netzes. In diesem Abschnitt sollen schwerpunktmäßig die Eigenschaften von Inbetriebnahmewerkzeugen vorgestellt werden.

4.6.1 Entwicklerwerkzeuge LONBUILDER und NODEBUILDER

Bei den Programmiertools LONBUILDER und NODEBUILDER handelt es sich um eine Ausrüstung für Entwickler. Den Geräteherstellern wird damit ein Werkzeug zum Programmieren der Neuron-Chips sowie eine Testumgebung an die Hand gegeben. Die Entwicklungsumgebung besteht aus Hardware- und Softwarekomponenten, sie kann über die Firma Echelon käuflich erworben werden.

Die Programmierung der Applikationen erfolgt am PC unter Verwendung einer Hochsprache mit dem Namen Neuron C. Mit den enthaltenen Hilfsprogrammen ist die direkte Erstellung von LONMARK-konformen Knoten möglich. Des Weiteren können mit den Softwarepaketen die in Abschnitt 4.5.5.1 vorgestellten Objekte und Funktionsprofile erstellt werden.

Die eigentliche Applikation wird im Speicherbereich des LON-Knotens dauerhaft abgelegt und kann dann durch den Nutzer nicht mehr verändert werden. Ihm werden jedoch Dateien als Mustervorlagen oder ein *PlugIn* zur Verfügung gestellt, welche die Übernahme der Knoten-Funktionalitäten in die Inbetriebnahmewerkzeuge ermöglichen.

4.6.2 Inbetriebnahmewerkzeuge

Die Parametrierung der LON-Knoten sowie die Einbindung der vom Gerät bereitgestellten Variablen in das Netz erfolgt mit speziellen Inbetriebnahmewerkzeugen. Hierzu wird auf dem Markt eine Vielzahl solcher Tools von verschiedenen Herstellern angeboten. Im Zweckbau setzt man bei der Ausstattung der in Abschnitt 1.5 beschriebenen Raumautomation mit LON-Komponenten eine Vielzahl von Geräten ein. Die dafür nötigen Netze erreichen eine große Dimension. Soll bei einer später nötigen Erweiterung ein anderes Inbetriebnahme-Tool als bei der Erstinbetriebnahme eingesetzt werden, so ist es nötig, dass die Projektdaten gesondert zur Verfügung stehen.

4.6.2.1 LonWorks-Network-Services

Die *LonWorks-Network-Services* (LNS) stellen ein von den Inbetriebnahme-Tools unabhängiges Datenbanksystem dar. Es funktioniert nach dem *Client-Server*-Prinzip.

Hierbei verwaltet der *Server* das zentrale Datenbanksystem, auf dem die für das Netz relevanten Daten abgelegt werden. Alle Indices der Geräte, die Netzwerkvariablen wie auch die Namensbezeichnungen werden hier in einem standardisierten Format gespeichert. Als *Clients* arbeiten die eigentlichen Inbetriebnahme-Tools, welche die grafischen Verknüpfungen und *Bindings* vornehmen. Das Übertragen der Daten in die LON-Geräte wird dann über das LNS-Datenbanksystem vorgenommen. Es stellt also die unabhängige Schnittstelle zwischen den Inbetriebnahmewerkzeugen und der Hardware her.

Ein weiterer Vorteil dieser Struktur ergibt sich durch den gleichzeitigen Zugriff mehrerer *Clients* auf den *Server*. So kann insbesondere bei großen Projekten gleichzeitig gearbeitet werden. Auch ist der parallele Ablauf einer Visualisierung der Betriebszustände im Gebäude und der Umparametrierung einer Anwendung möglich. Der Zugriff auf den *Server* kann wahlweise über ein PC-Netzwerk oder auch über das Internet erfolgen.

4.6.2.2 Inbetriebnahmewerkzeug LonMaker

Das am häufigsten eingesetzte Inbetriebnahmewerkzeug ist das kostenpflichtige Programm *LonMaker* der Firma Echelon. Mit dessen Hilfe ist es möglich, ein LON-Netz mit allen erforderlichen Netzkomponenten sowie den gewünschten Sensoren und Aktoren aufzubauen.

Die Anbindung des Inbetriebnahmerechners an das physikalische Netzwerk kann über einen externen USB-Adapter erfolgen. Dieser arbeitet als *Gateway* zwischen dem LON-Netz und der seriellen Schnittstelle des PC. Der Adapter selbst enthält einen Neuron-Chip und ist ebenfalls Teilnehmer im LON-Netz (**Bild 4.35**).

Eine weitere Möglichkeit besteht in der Kopplung über eine direkt im PC zu montierende Steckkarte. Für stationäre Systeme bietet sich eine PCI-Steckkarte, für transportable Systeme wie Inbetriebnahme-Laptops eine PCMCIA-Karte an.

Als dritte Variante kann das LON-Netz auch mit einem *Webserver* ausgestattet werden. Der Zugriff seitens des Inbetriebnahme-Tools kann über diesen Baustein erfolgen.

4.6 LonWorks-Tools

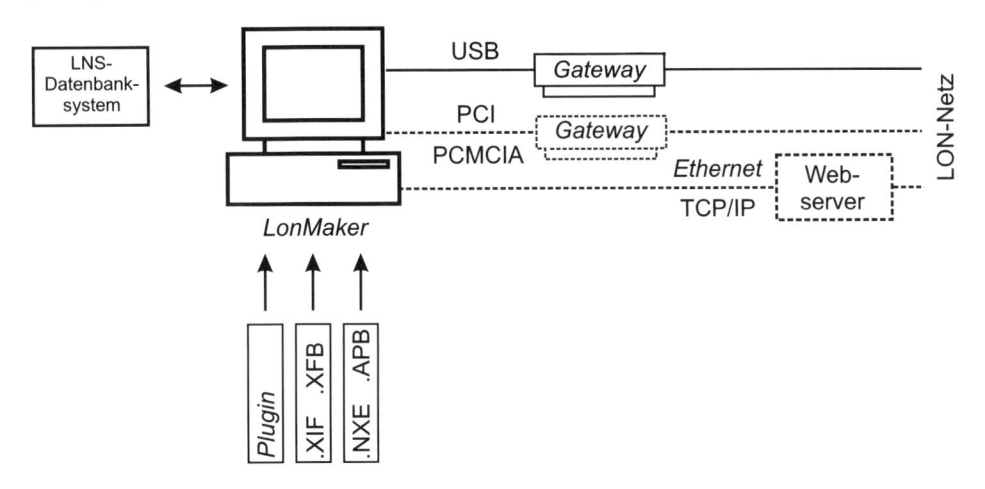

Bild 4.35 Anbindung eines Inbetriebnahmerechners an ein LON-Netz

Im Gegensatz zu anderen Systemen geschehen die Netzwerkerstellung sowie das *Binding* von Netzwerkvariablen mit einer grafischen Oberfläche (**Bild 4.36**). Hierzu ist das Grafikprogramm Microsoft Visio als fester Bestandteil integriert. Die Zuordnung der LON-Komponenten zu den in Abschnitt 4.5.1.3 erläuterten Subsystemen geschieht durch Platzierung auf der Bildschirmoberfläche. Im Moment der Platzierung wird auch die zu der Komponente gehörige Knotenvorlage, in der LON-Terminologie als *Device Template* bezeichnet, geladen. Eine Bildleiste ermöglicht dann die Auswahl der vom Hersteller vorgesehenen Objekte und Funktionsprofile mit allen bereits hinterlegten Netzwerkvariablen. Die Erstellung der Bindings erfolgt durch eine grafische Verbindung zwischen den entsprechenden Variablen. Sollten diese in ihrer Struktur nicht übereinstimmen, also nicht auf den gleichen Standard-Netzwerkvariablen-Typen basieren, so wird automatisch eine Fehlermeldung erzeugt.

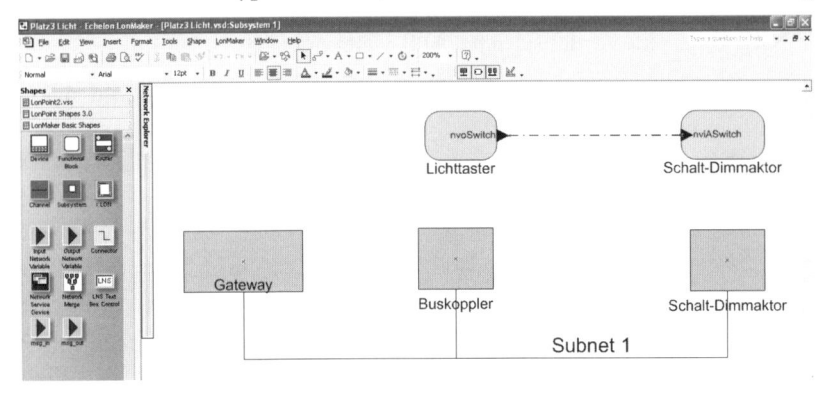

Bild 4.36 Projekterstellung mit *LONMAKER*

Bild 4.36 zeigt die Zuordnung eines Lichttasters und eines Schalt-/Dimmaktors (Schreibweise beim *LONMAKER*: Schalt-Dimmaktor) zu einem *Subnet*. Zusätzlich ist das *Gateway* zur Ankopplung des Inbetriebnahmerechners zu sehen. Die physikalische Verbindung zwischen den Komponenten wird durch die Grundlinie unterhalb der Komponenten symbolisiert. Oberhalb von diesen sind die den Objekten zugeordneten Funktionsprofile zu sehen. Für die innerhalb dieser Profile ausgewählten Standard-Netzwerkvariablen-Typen ist das *Binding* zwischen den Variablen (nvoSwitch und nviASwitch), zu erkennen durch die gestrichelte Linie, bereits vorgenommen worden. Abhängig von den Einstellungen innerhalb der Inbetriebnahme-Software kann dabei eine sofortige Übertragung der Daten an die Komponenten im Netzwerk erfolgen. Die Auswirkungen sind dann unmittelbar wirksam und sichtbar.

Knotenvorlagen .XIF, .NXE und PlugIn

Zur Vereinfachung der Inbetriebnahme werden vom Entwickler eines LON-Geräts neben der fest im LON-Gerät abgelegten Applikation noch weitere Dateien erstellt. Die in den Anwendungsprogrammen enthaltenen Funktionsprofile und Netzwerkvariablen werden seitens des Herstellers als Mustervorlagen oder *PlugIn* erstellt. Den Komponenten sind diese beigefügt oder sie liegen auf der Internetseite des Herstellers zum Abruf bereit. Diese Zusatzdateien können von den Inbetriebnahmewerkzeugen eingelesen werden, die Eigenschaften und Daten der betroffenen LON-Komponente stehen damit ohne zusätzliche Eingaben zur Verfügung.

Die einfachste Ausführung einer solchen Datei ist ein sogenanntes *External Interface File* (.XIF). Es enthält alle Daten zu den Netzwerkvariablen im Klartext. Parallel hierzu gibt es eine binär codierte, komprimierte Form als .XFB-Datei, sie wird vom Inbetriebnahmeprogramm als Knotenvorlage eingelesen.

Eine etwas aufwändigere Ausführung stellt die .NXE-Datei dar. Sie wird für LON-Komponenten geladen, die je nach Einsatzzweck unterschiedliche Applikationsprogramme ausführen können. Ein Beispiel hierfür ist der bereits in **Bild 4.4** gezeigte Buskoppler. Er ist für die Aufnahme verschiedener Bedienoberteile mit abweichenden Applikationen einsetzbar. Auch zu dieser Datei gibt es eine binär codierte, komprimierte Form. Sie wird als .APB-Datei vom Inbetriebnahmeprogramm für die Knotenvorlage eingelesen. Notfalls gibt es Hilfsprogramme, die aus einer .NXE-Datei eine versionsgleiche .APB-Datei erzeugen.

PlugIns werden für besonders komplexe Anwendungen wie Heizungsregler (**Bild 4.37**) vorgesehen.

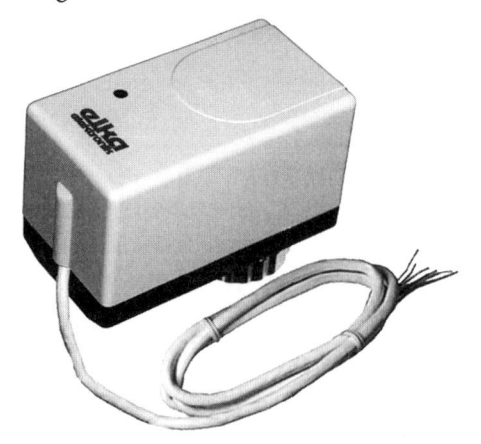

Bild 4.37 Heizungsregler [ELKA]

4.6 LonWorks-Tools

Sind die Einstellmöglichkeiten für die Reglerparameter sehr vielfältig, so halten die Hersteller hierfür häufig Zusatzprogramme bereit. Diese werden beim Start des Inbetriebnahmeprogramms als Unterprogramm geladen. Beim Aufruf aus dem Inbetriebnahme-Tool erscheinen sie in einem eigenen Fenster und mit einer eigenständigen Bedienoberfläche (**Bild 4.38**).

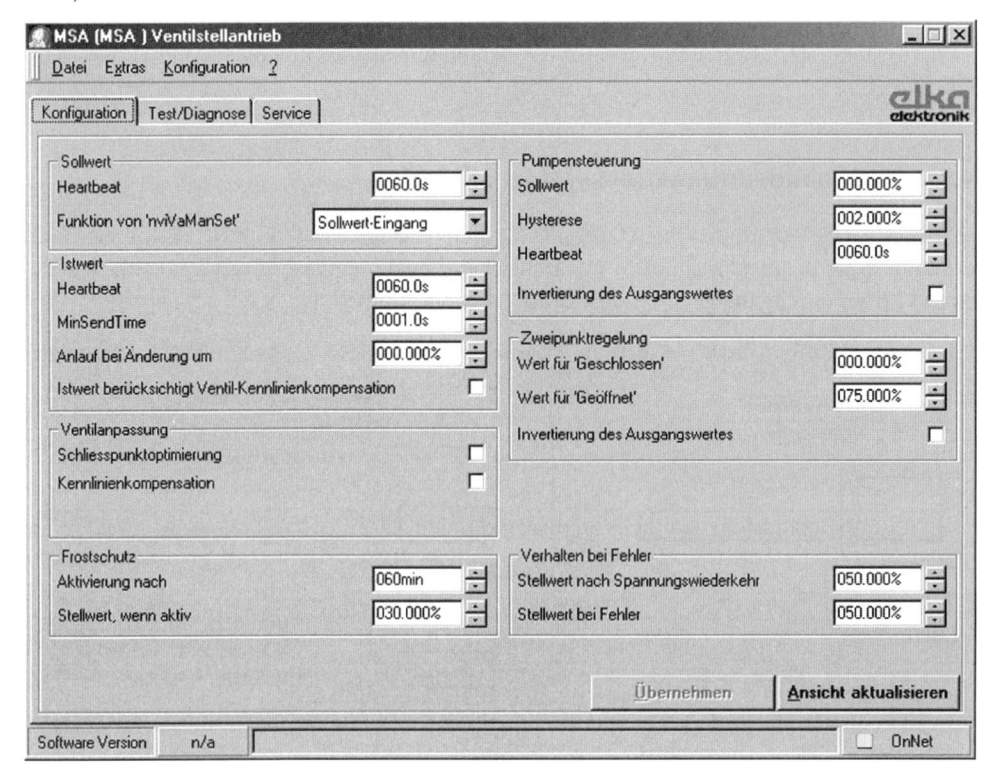

Bild 4.38 Stellantrieb für Heizventil mit Reglerfunktion und dazugehörigem *PlugIn* [ELKA]

Werden über das *PlugIn* Änderungen von Parametern vorgenommen, so werden diese über das oben beschriebene LNS-Datenbanksystem an die LON-Komponenten übertragen. Die Auswahl von Netzwerkvariablen und die Erstellung von *Bindings* ist mit einem *PlugIn* nicht möglich. Das ist die Aufgabe des Inbetriebnahme-Tools.

Aufgabe 4.19

Welche Bedeutung haben die *LONWORKS-Network-Services* (LNS)?

4.7 Systemstrukturen der LONWORKS-Technologie

In den vorhergehenden Abschnitten wurden auf Basis der LON-Technik Lösungen im Bereich der Gebäudeautomation und auch speziell im Bereich der Gebäudesystemtechnik vorgestellt. Zur Regelung von betriebstechnischen Anlagen werden gemäß Abschnitt 4.2.2 LON-fähige DDC-Bausteine eingesetzt, zur Raumautomation nutzt man nach Abschnitt 4.2.1 vorrangig stark dezentralisierte Komponenten mit eigener Intelligenz und Funktionalität.

4.7.1 Gebäudeautomationssystem mit LON

In einem Gebäudekomplex bietet gerade die LON-Technik den Vorteil, dass hierbei ein durchgängiges Bussystem auf allen hierarchischen Ebenen eingesetzt werden kann. Die Erstellung einer durchgängigen Systemstruktur ist dabei möglich.

Ein typischer Aufbau eines Gebäudeautomationssystems mit LON wird in **Bild 4.39** gezeigt.

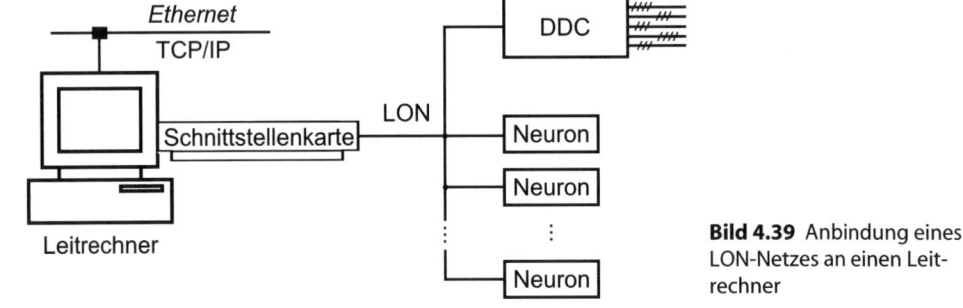

Bild 4.39 Anbindung eines LON-Netzes an einen Leitrechner

Die DDC-Bausteine und die in der Raumautomation eingesetzten Systemkomponenten werden entsprechend den örtlichen und logischen Gegebenheiten zu *Subnets* zusammengefasst. Über die in den Leitrechner eingebaute Schnittstellenkarte ist die Kommunikation mit dem LON-Netz möglich. Je nach verwendetem Leitrechnersystem lässt sich die grafische Darstellung aller Betriebszustände und Messwerte der Anlagen realisieren. Zusätzlich kann die Vorgabe neuer Sollwerte oder die Übernahme der in Abschnitt 1.4.3 erläuterten Energiemanagementfunktionen erfolgen. Der Datenaustausch mit anderen Leitrechnern wird über die eingezeichnete Ethernet-Verbindung vorgenommen.

4.7.2 Web-Anbindung von LON-Netzen

Auf der Managementebene bieten sich neben der Ausrüstung mit konventionellen Leitrechnern der Gebäudeautomationssysteme auch webbasierte Lösungen an. Zum einen könnte der in **Bild 4.39** dargestellte Leitrechner die Funktion eines *Webservers* übernehmen. Hierzu sind auf dem Markt vielfältige Produkte erhältlich.

Insbesondere bei kleineren LON-Netzen kann an Stelle des Leitrechners auch direkt eine als *Webserver* dienende Baugruppe eingesetzt werden (**Bild 4.40**).

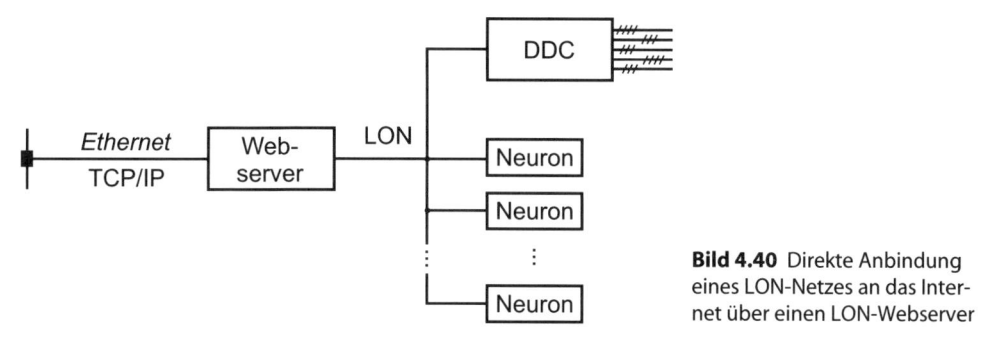

4.7 Systemstrukturen der LonWorks-Technologie

Bild 4.40 Direkte Anbindung eines LON-Netzes an das Internet über einen LON-Webserver

Ein solches Gerät (**Bild 4.41**) beinhaltet einen Speicherbereich für die grafische Darstellung der Anlagenzustände sowie Ereignis- und Alarmlisten. Darüber hinaus kann die Ausführung von Zeitschaltprogrammen übernommen werden. Die Abarbeitung umfangreicher Energiemanagementfunktionen ist jedoch nicht möglich.

Besonders zu erwähnen ist jedoch, dass alle Anlagenzustände mittels der eingebauten Ethernet-Schnittstelle auch über das Internet abgerufen werden können.

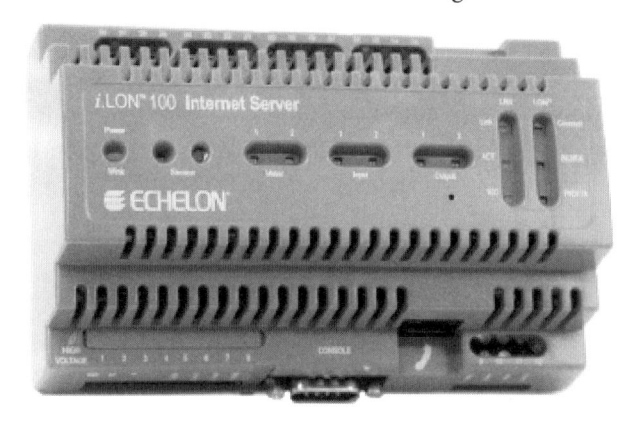

Bild 4.41 LON-Webserver *i*.LON [ECHELON]

Das stellt sowohl für den privaten Wohnungsbau als auch für kleine Gebäude ohne eigene Leitzentrale eine Alternative dar.

Aufgabe 4.20

Strukturieren Sie ein LON-Netz für einen Gebäudekomplex mit drei Lüftungszentralen, einer Heiz- sowie einer Kältezentrale!

Diese Gewerke sollen zusammen mit den Informationen aus der Elektroversorgung und der Sanitärtechnik auf einen Leitrechner aufgeschaltet werden.

Der Leitrechner muss an einem abgesetzten Bedienplatz einen Zugriff über das Internet ermöglichen.

4.8 Applikationsbeispiele

4.8.1 Lichtsteuerung über LON

In einem Raum sollen an Stelle einer konventionellen Lichtsteuerung LON-Komponenten eingesetzt werden. Dazu wählt man als Erstes die passenden Geräte aus. Für eine einfache Lichtsteuerung sind folgende Baugruppen nötig:

- 1 Buskoppler,
- 1 Bedienteil als Taster für den Buskoppler,
- 1 Schaltaktor mit oder ohne Dimmfunktion,
- 1 Spannungsversorgung mit Abschlusswiderstand,
- 3 Meter verdrillte Zweidraht-Leitung,
- 1 Laptop mit installiertem Inbetriebnahme-Tool LONMAKER,
- 1 LON-USB-*Gateway*.

Der Buskoppler dient zur Aufnahme des Bedienteils. Über den Bedientaster können je nach Konfiguration entweder Schaltbefehle oder Dimmwerte gesendet werden. Da es nicht möglich ist, jedes beliebige Bedienteil mit jedem beliebigen Buskoppler zu verbinden, wird zur Auswahl des Bedienteils die Dokumentation zum Buskoppler studiert. Der Entwickler des Buskopplers muss die möglichen Kombinationen bei der Erstellung der Applikation berücksichtigen und hält dann die entsprechenden .XIF-Dateien oder ein *PlugIn* bereit.

Die Befehlsausführung erfolgt über den ausgewählten Schaltaktor (**Bild 4.42**).

Bild 4.42 LON-Schaltaktor zur Montage in der Zwischendecke [ELKA]

Er wird mit Hilfe einer verdrillten Zweidraht-Leitung gemäß **Bild 4.43** mit dem Buskoppler verbunden.

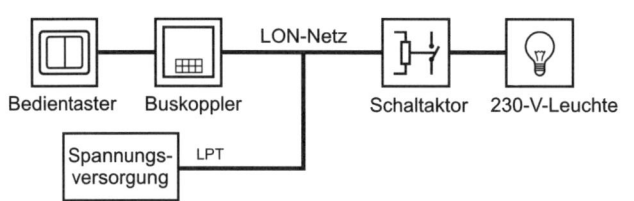

Bild 4.43 Auswahl der Komponenten und Erstellung der physikalischen Verbindung

Zusätzlich ist eine Spannungsversorgung nötig. Sie stellt die Energie für die an das LON-Netz angeschlossenen Geräte mit *Link-Power-Transceiver* zur Verfügung. Der für das Netzsegment nötige Abschlusswiderstand ist integriert.

Damit es bei der später vorzunehmenden logischen Verknüpfung keine Probleme gibt, sollte darauf geachtet werden, dass alle Geräte dem LONMARK-Standard entsprechen. Ist dies der Fall, so weist der Buskoppler für das ausgewählte Bedienteil ein Objekt mit dem Funktionsprofil #3200 *Switch* und der Schaltaktor ein Objekt mit dem Funktionsprofil #3040 *Lamp Actuator* auf (**Bild 4.44**).

4.8 Applikationsbeispiele

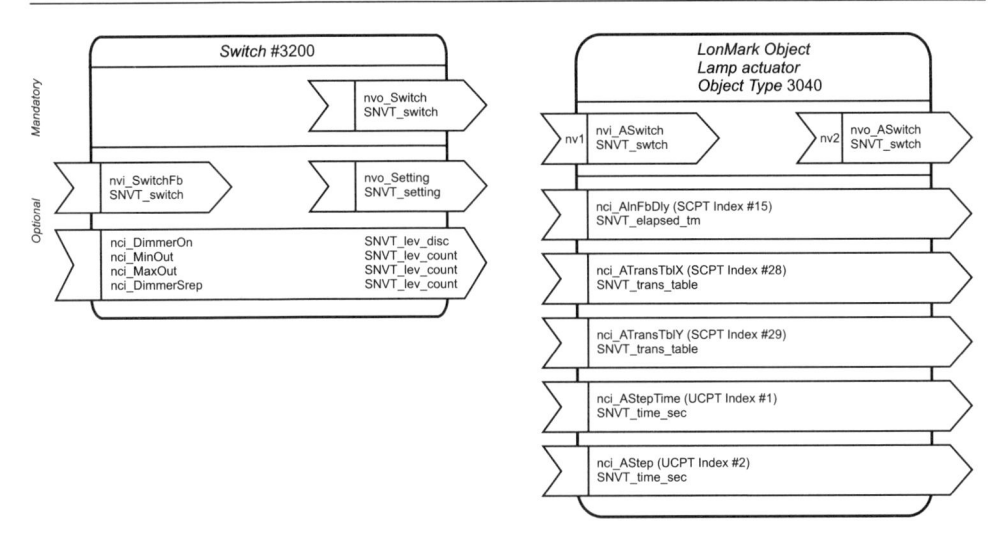

Bild 4.44 Funktionsprofile #3200 *Switch* des Buskopplers und #3040 *Lamp actuator* des Schaltaktors

Im nächsten Schritt wird mit dem Laptop und dem darauf bereits installierten Inbetriebnahme-Tool LONMAKER über ein LON-USB-*Gateway* eine Verbindung zum LON-Netz erstellt. Wie im Abschnitt 4.6.2.2 beschrieben, werden der Buskoppler und der Schaltaktor grafisch einem *Subnet* zugeordnet und die nötigen Funktionsprofile ausgewählt. Als Netzwerkvariable wird für den Buskoppler die im Funktionsprofil #3200 hinterlegte Ausgangsvariable nvoSwitch deklariert. Für den Schaltaktor wird die passende Eingangsvariable des gleichen Typs, hier nviASwitch, ausgesucht. Als abschließender Schritt erfolgt die grafische Erstellung des *Bindings* zwischen beiden Variablen (**Bild 4.45**).

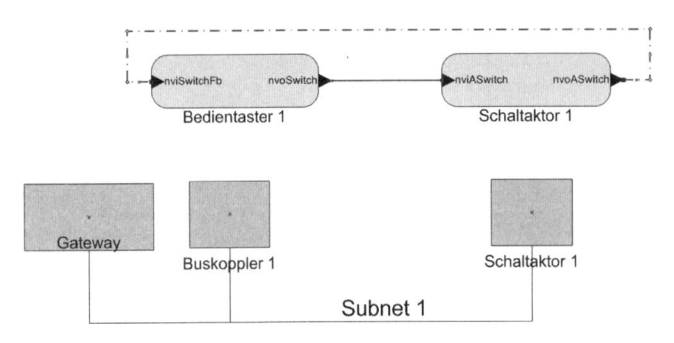

Bild 4.45 Applikationsbeispiel für eine Lichtsteuerung

Die Auswahl der Dimmfunktion kann durch Aufruf der in der Knotenvorlage hinterlegten Konfigurationsparameter (vgl. **Fehler! Verweisquelle konnte nicht gefunden werden.**) erfolgen. Ist die Dimmfunktion auf diesem Wege aktiviert worden, so sollte zusätzlich die in **Bild 4.45** dargestellte Verbindung einer Ausgangsvariable nvoASwitch des Schaltaktors mit der Eingangsvariable nviSwitchFb des Buskopplers vorgenommen werden. Dieses dient der Rückkopplung des aktuellen Schaltaktorzustands an den Bedientaster. Insbesondere wenn eine Leuchte von mehreren, örtlich verteilten Tastern bedient werden kann, ist eine solche Rückkopplung sinnvoll. Befindet sich die Leuchte in einem gedimmten Zustand, so erhält jeder Taster diesen aktuellen Wert. Bei einer erneuten Betätigung durch einen beliebigen

Taster wird dann ein Dimmsignal ausgehend von dem aktuell eingestellten Wert gesendet. Andernfalls könnte jeder Taster nur sein eigenes zuletzt gesendetes Signal berücksichtigen, die Folge wären sprungartige Übergänge der Leuchte bei jeder Tasterbetätigung.

4.8.2 Lichtsteuerung mit Panikschaltung über LON

Ein besonderer Vorteil der Bustechnik ergab sich daraus, dass mehrere Teilnehmer gleichzeitig adressiert werden können. So lassen sich mit vergleichsweise geringen Aufwendungen Schaltungen realisieren, bei denen durch einen einzigen Taster eine Vielzahl von Leuchten ein- und ausgeschaltet werden kann. Eine solche Anordnung kann zur Erhöhung der Sicherheit als Panikschaltung eingesetzt werden. In diesem Applikationsbeispiel soll die gesamte Einrichtung aus zwei unabhängigen Schaltkreisen für jeweils eine Leuchte sowie einem zusätzlichen Paniktaster aufgebaut werden. Insgesamt sind dazu folgende Komponenten nötig:

- 3 Buskoppler,
- 3 Bedienteile als Taster für die Buskoppler,
- 2 Schaltaktoren mit oder ohne Dimmfunktion,
- 1 Spannungsversorgung mit Abschlusswiderstand,
- 5 Meter verdrillte Zweidraht-Leitung,
- 1 Laptop mit installiertem Inbetriebnahme-Tool *LONMAKER*,
- 1 LON-USB-*Gateway*.

Die zu einem physikalischen Netzwerk zusammenzuschaltenden Baugruppen sind **Bild 4.46** zu entnehmen.

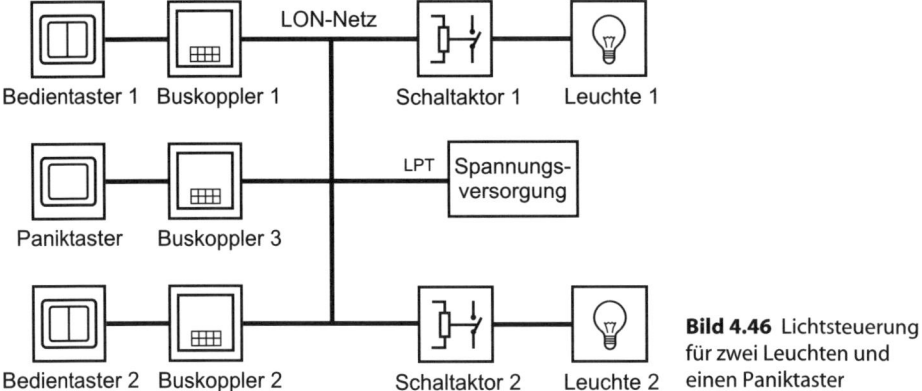

Bild 4.46 Lichtsteuerung für zwei Leuchten und einen Paniktaster

Mit Taster 1 soll wie im vorherigen Applikationsbeispiel die Leuchte 1 geschaltet werden. Ergänzt wurde der Taster 2, mit dem die zusätzliche Leuchte 2 angesteuert wird. Der mittlere Buskoppler mit Bedientaster soll als Paniktaster fungieren und bei Betätigung beide Leuchten gleichzeitig schalten.

Das *Binding* der Eingangs- und Ausgangsvariablen aller Taster und Schaltaktoren ist in **Bild 4.47** dargestellt.

4.8 Applikationsbeispiele

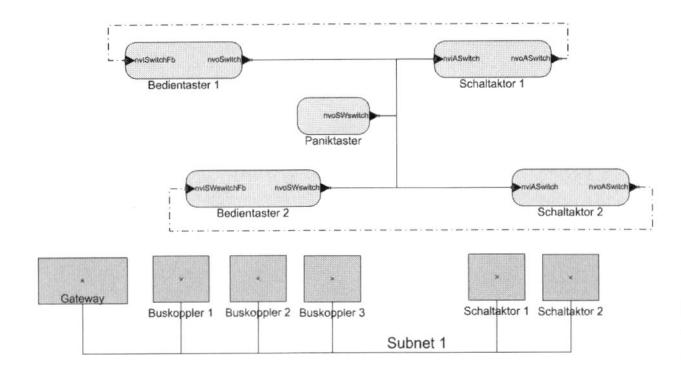

Bild 4.47 Applikationsbeispiel für eine Lichtsteuerung mit Paniktaster

Für die logische Verknüpfung wurde die aus Abschnitt 4.8.1 bekannte Schaltung erst einmal um den zweiten Taster und den zweiten Schaltaktor erweitert. Diese sind in der gleichen Weise wie Taster 1 und Leuchte 1 verknüpft worden.

Als Nächstes wurde der als Paniktaster einzusetzende Buskoppler dem *Subnet* zugeordnet und für ihn ebenfalls das Funktionsprofil #3200 *Switch* ausgewählt. Die anschließend deklarierte Ausgangsvariable nvoSwitch des Paniktasters kann dann in zwei Schritten mit den Leuchten 1 und 2 verbunden werden:

Als Erstes wird ein *Binding* zur Eingangsvariable nviASwitch der Leuchte 1 erstellt, danach wird ein weiteres *Binding* zwischen derselben Ausgangsvariablen und der Eingangsvariablen der Leuchte 2 erzeugt. Somit wirken auf jede Leuchte nun zwei Ausgangsvariablen. Beide sind gleichberechtigt in der Lage, die entsprechende Leuchte zu schalten.

Aufgabe 4.21

Skizzieren Sie alle nötigen Komponenten für die Temperaturregelung in einem Raum mit vier statischen Heizkörpern! Erstellen Sie in einem zweiten Schritt auch alle erforderlichen logischen Verknüpfungen auf der Basis von LONMARK-konformen Funktionsprofilen!

4.9 Literatur

[BJE06] Technische Unterlagen zu EIB/KNX-Geräten. Lüdenscheid: Firma Busch-Jaeger Elektro, 2006

[DIETRICH01] *Dietrich, D.; Fischer, P.*: LONWORKS-Planerhandbuch. Berlin: VDE, 2001

[DIETRICH98] *Dietrich, D.; Loy, D.; Schweinzer, H.-J. (Hrsg.)*: LON-Technologie. Heidelberg: Hüthig, 1998

[ECHELON] www.echelon.com

[ELKA06] Technisches Handbuch LON. Lüdenscheid: Firma ELKA, 2006

[KRANZ97] *Kranz, R. u. a.*: Building Control. Renningen-Malmsheim: expert, 1997

[HAN03] *Hansemann, Th. (Hrsg.); Merz, H*: Kommunikationssysteme für die Gebäudeautomation – Wirtschaftlicher Bedienungskomfort in Gebäuden mit Hilfe von Bussystemen. Aachen: Shaker, 2003

[LON00] LON *Nutzer Organisation e.V.*: LONWORKS-Installationshandbuch. Berlin: VDE, 2000

[MERZ00] *Merz, H. (Hrsg.)*: Kommunikationssysteme für die Gebäudeautomation – Grundlagen, Anwendungen, Projekte. Aachen: Shaker, 2000

[MERZ01] *Merz, H. (Hrsg.)*: Kommunikationssysteme für die Gebäudeautomation – Theoretische Grundlagen und Praxisbeispiele. Aachen: Shaker, 2001

[MEYER03] *Meyer, W.; Stock, G.*: Praktische Gebäudeautomation mit LON. München, Heidelberg: Hüthig & Pflaum, 2003

[STV03] Zählererfassungsmodul. Schloß-Holte: Firma STV Automation, 2003

[TAC02] Handbuch TAC Xenta® 280-300-401. Malmö: Firma TAC, 2002

[THERMOKON00] LONWORKS-Technologie. Mittenaar: Firma Thermokon, 2000

[TIERSCH01] *Tiersch, F.*: Die LONWORKS-Technologie. Erfurt: Desotron, 2001

[TROX04] Automation und Systemtechnik LON-WA5/B. Neunkirchen-Vluyn: Firma Trox, 2004

[ZVEI97] Handbuch Gebäudesystemtechnik. Frankfurt a. M.: Zentralverband Elektrotechnik- und Elektronikindustrie e.V., Fachverband Installationsgeräte und -systeme, 1997

5 BACnet

5.1 Einführende Übersicht

> Unter BACnet (*Building Automation and Control Network*) versteht man das von der *American Society of Heating, Refrigeration, and Air-Conditioning Engineers* (ASHRAE) entwickelte und 1995 standardisierte Kommunikationsprotokoll für die Gebäudeautomation, mit dem Geräte und Systeme untereinander Informationen austauschen können. Die gemeinsame Sprache BACnet wird weltweit in zahlreichen Anlagen zur Gebäudeautomation eingesetzt und ist seit 2003 auch als DIN EN ISO 16484-5 genormt.

BACnet entstand aus der Notwendigkeit, die unterschiedlichsten Automations- und Steuerungskomponenten in einem Gebäude mit einem einheitlichen, standardisierten Datenkommunikationsprotokoll anzusprechen zu können. Damit sollen erstrebenswerte Ziele wie Interoperabilität und Herstellerunabhängigkeit gewährleistet werden.

Vor der Einführung von BACnet war die Gebäudeautomation vielfach durch proprietäre Technologien der verschiedenen Hersteller gekennzeichnet. So konnte beispielsweise die Heizungssteuerung eines Herstellers A nicht mit der Leitstellensoftware des Herstellers B kommunizieren. Die einzelnen Gewerke, wie z. B. Klima, Lüftung, Beleuchtung oder Gefahrenmeldetechnik, wurden häufig unabhängig voneinander geplant und ohne geeignete Schnittstellen zum gegenseitigen Informationsaustausch und zur Anbindung an eine gemeinsame Leitstelle versehen.

Für den Bauherrn ergaben sich dadurch erhebliche Nachteile. Entweder verzichtete er auf eine einheitliche Steuerung und Überwachung aller Automationseinrichtungen und die daraus folgenden Synergien, oder er musste sich an einen einzigen Hersteller binden und von diesem eine Gesamtlösung erstehen. Bei Erweiterungen war er dann wieder auf diesen Hersteller angewiesen und konnte nicht auf eventuell günstigere oder geeignetere Komponenten anderer Hersteller zurückgreifen.

BACnet bietet hingegen ein offenes und herstellerübergreifendes Kommunikationsprotokoll, das den gemischten Betrieb von Komponenten unterschiedlicher Hersteller ermöglicht und damit mehr Markttransparenz und -wettbewerb verspricht.

Eine ähnliche Entwicklung wie in der Gebäudeautomation war zuvor bei Rechnernetzen zu beobachten. Offene Protokolle, wie z. B. das im Internet gebräuchliche TCP/IP (*Transmission Control Protocol/Internet Protocol*), haben sich weitgehend gegenüber proprietären Protokollen durchgesetzt. Für den Endanwender ist es heute selbstverständlich, dass er sowohl bezüglich Hardware (Netzwerkkarten, Modem) als auch Software (Betriebssystem, Anwendungsprogramme) freie Auswahl unter einer Vielzahl von Herstellern hat.

Mit BACnet als herstellerneutraler und lizenzfreier Spezifikation rückt dieses Ziel auch für die Gebäudeautomation in greifbare Nähe und erleichtert dadurch die funktionale Verbindung gebäudetechnischer Systeme mit dem dazugehörigen Gewinn an Komfort, Energieoptimierung, Sicherheit und Kostensenkungspotenzialen.

Aufgabe 5.1

Welche Bedeutung hat die Abkürzung BACnet?

Aufgabe 5.2

Welche Vorteile haben offene gegenüber proprietären Protokollen?

5.1.1 Lernziele

Dieses Buch ist ein Lehrbuch. Demzufolge werden die grundlegenden Sachverhalte von BACnet dargestellt. Weiterführende Literatur ist im Literaturverzeichnis angegeben [KRANZ05, TAN97]. Nach dem Durcharbeiten der folgenden Abschnitte soll die Leserin/der Leser:

- die theoretischen Grundlagen und Einsatzgebiete von BACnet kennen,
- die Funktionsweise von BACnet und der dazugehörigen Datenübertragungsverfahren verstehen,
- die Konfigurations- und Verknüpfungsmöglichkeiten von BACnet-Objekten überblicken,
- BACnet-Geräte auswählen können.

5.1.2 BACnet-Organisationen

Die *BACnet Interest Group Europe* BIG-EU [www.big-eu.org] koordiniert die BACnet-Aktivitäten in Europa und vertritt die Interessen der europäischen Mitglieder und Länder gegenüber der ASHRAE [www.ashrae.org], der amerikanischen Herstellervereinigung [www.bacnetassociation.org] sowie den weltweit verteilten anderen *BACnet Interest Groups* [z. B. www.big-na.org]. In der BIG-EU haben sich Betreiber, Planer, Berater, Hersteller und Institute zu einer Interessengemeinschaft zusammengeschlossen.

Von der BIG-EU erhält man umfangreiche Informationen über Referenzlösungen und Beispielanwendungen, die im *BACnet Europe Journal* veröffentlicht werden. Die BIG-EU gibt darüber hinaus Literaturhinweise. Neben dem Standard und seinen Erweiterungen sind dies vor allem der Leitfaden zur Ausschreibung interoperabler Gebäudeautomation auf Basis von DIN EN ISO 16484-5 und das Buch „BACnet Gebäudeautomation" von Hans R. Kranz [KRANZ05], die als die wichtigsten Anlaufstellen zur weiteren Vertiefung des Themas dienen können.

5.1.3 Einsatzgebiete

Zweckbauten haben oft eine erhebliche räumliche Ausdehnung. Gleichzeitig bestehen unterschiedliche Anforderungen an die Heizungs-, Lüftungs- und Klimaregelung in einzelnen Bereichen. Aus diesem Grund arbeitet man nicht mit einer zentralen Steuerung, sondern mit verteilten Stationen, die für die Regelung von Gebäudeteilen bis hin zum einzelnen Raum zuständig sind. Die Daten der dezentralen Stationen (Messwerte, Betriebszustände, Alarmierungen) werden von einer Leitzentrale erfasst, die mit einer grafischen Darstellung den vereinheitlichten gewerkeübergreifenden Zugriff auf alle Gebäudedaten und Steuerungsfunktionalitäten ermöglicht. In der Gebäudeautomation bildet man dieses verteilte System mit einem Schichtenmodell ab (**Bild 5.1**).

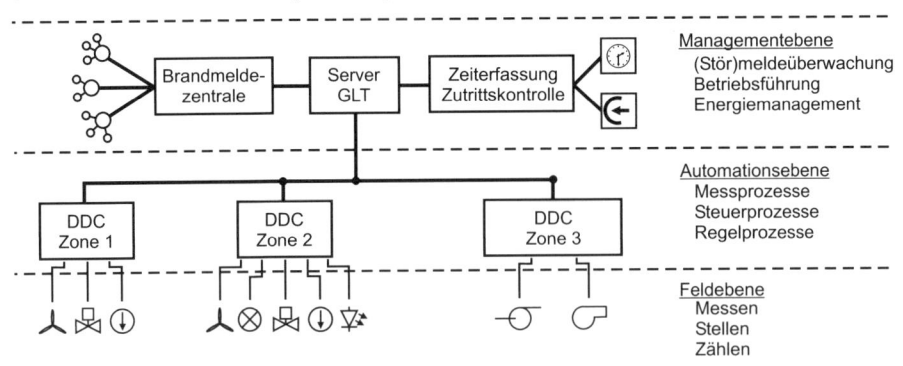

Bild 5.1 Schichtenmodell der Gebäudeautomation

Die Feldebene beinhaltet einzelne Sensoren (Temperaturfühler, Schalter), Aktoren (Regelventile, Antriebe, Relais) und Raumbediengeräte sowie deren Anbindung an Automationsstationen (DDC) auf der Automationsebene. Diese Stationen sind wiederum mit der Managementebene verbunden, von wo aus alle Teile des Netzes überwacht werden können. Dort erfolgt die Betriebsführung und die Auswertung von Störungsmeldungen. Auf zentrale Gebäudeleittechnik-*Server* kann mit entsprechenden *Clients* von Netzen zur Bürokommunikation aus zugegriffen werden.

Während auf der Feldebene der Austausch von Prozessdaten in der Regel nur geringe Datenübertragungsraten verlangt, steigen die Anforderungen zur Managementebene. Dort laufen die gesammelten Daten aller Teilbereiche zusammen. Auf der Managementebene werden jedoch geringere Ansprüche an die Reaktionszeiten gestellt. Beispielsweise darf die Anzeige des Betriebszustands einer Heizungsanlage mit einigen Sekunden Verzögerung an der Leitstelle erscheinen. Auf der Feldebene erwartet man hingegen eine schnellere Reaktion. So soll z. B. die Betätigung eines EIB/KNX-fähigen Tasters innerhalb einiger zehn Millisekunden zum Ein- oder Ausschalten einer Lampe führen. BACnet ist grundsätzlich für alle Ebenen der Gebäudeautomation geeignet, zeichnet sich aber durch besondere Stärken in den Managementfunktionen aus. Deshalb wird es auch gerne als übergeordnetes System in größeren Installationen verwendet, die ansonsten auf der Feldebene mit LONWORKS und EIB/KNX arbeiten.

Eines der bekanntesten Referenzprojekte für den Einsatz von BACnet ist der Verbund der Parlamentsbauten in Berlin. Diese bestehen aus zahlreichen vernetzten Liegenschaften, in denen unterschiedliche Fabrikate für die Gebäudeautomation und -leittechnik eingesetzt werden. Über BACnet findet die Anbindung an die Hauptleitzentrale im Reichtagsgebäude statt. Mehr als 100.000 Datenpunkte (Eingabe- oder Ausgabefunktion wie z. B. Sensorwerte, Ventilstellungen usw.) aus Geräten von sieben unterschiedlichen Herstellern werden in der gemeinsamen BACnet-Management-Einrichtung zusammengeführt. Die inzwischen erweiterte Systemfunktionalität ermöglicht es, auf dezentrale Zeitprogramme in Automationsstationen anderer Hersteller zuzugreifen, einen zentralen Betriebskalender zu verwalten oder die Parameter dezentraler Regler, unabhängig vom Fabrikat, zu optimieren.

Zahlreiche weitere Installationen sind diesem Vorzeigeprojekt interoperabler Gebäudeautomation inzwischen gefolgt. Ein typisches Beispiel ist die Universität Rostock, deren 262 Liegenschaften im Radius von 15 km um das Hauptgebäude schrittweise an eine zentrale Leittechnik mit Hilfe von BACnet angebunden werden. Über diese und weitere Referenzprojekte wird im *BACnet Europe Journal* [www.big-eu.org] berichtet.

Aufgabe 5.3

Auf welchen Ebenen der Gebäudeautomation arbeitet man vorwiegend mit BACnet, LONWORKS bzw. EIB/KNX?

5.1.4 Grundkonzepte im Überblick

BACnet legt in seiner Protokollbeschreibung fest, wie und welche Nachrichten von einem Gerät oder System zu einem anderen transportiert werden können. Die Nachrichten können dabei folgende Informationen enthalten:

- digitale Eingangs- und Ausgangswerte (z. B. „Pumpe ein/aus", „Fenster zu/offen"),
- analoge Eingangs- und Ausgangswerte (z. B. „Strom durch Temperaturfühler", „Steuerspannung für Ventil"),
- errechnete digitale und analoge Eingangs- und Ausgangswerte (z. B. über eine Kennlinie aus dem Strom durch einen Temperaturfühler berechnete Temperatur in °C),
- Zeitschaltprogramme (z. B. Heizungssteuerung mit Kalender zur Berücksichtigung von Sonn- und Feiertagen),
- Ereignis- und Alarmfunktionen (z. B. Bewegungsmelder, Türkontakte),
- Dateien (zur Sicherung von Konfigurationseinstellungen),
- Steuer- und Regelinformationen und vieles mehr.

Die Weiterleitung der Nachrichten kann über unterschiedliche Transportwege erfolgen. Besonders günstig ist die Mitverwendung vorhandener lokaler Netze (LAN) zur Bürokommunikation. BACnet-Nachrichten lassen sich über solche, als *Ethernet* bezeichneten Netze, übertragen. Daneben können andere lokale Netze, wie MS/TP, LONTALK oder ARCNET verwendet werden. Für größere Entfernungen eignen sich *Point-to-Point*-Wählverbindungen über Telefonleitungen.

Um einzelne Geräte mit ihren Funktionen in einem BACnet ansprechen zu können, verwendet man so genannte Objekte. Jedes Gebäudeautomationsgerät wird dabei als Menge von Datenstrukturen bzw. Objekten abgebildet. Hat man beispielsweise 4 digitale Ausgänge, 2 analoge Eingänge und einen Regler in einem Gerät, so gehört eine entsprechende Anzahl an Objekten dazu. Jedes von ihnen besitzt bestimmte Eigenschaften (z. B. Name und aktueller Zustand), die man abfragen oder einstellen kann. Mit Hilfe dieser Objekte erhält man Informationen über das jeweilige Gerät, ohne im Detail dessen inneren Aufbau oder die Konfiguration kennen zu müssen. Das Objektkonzept hängt unmittelbar mit der Interoperabilität zusammen. Gleiche Funktionalitäten können mit unterschiedlicher Hard- und Software realisiert werden. Standardisierte Objekte ermöglichen dabei einen herstellerunabhängigen Zugriff.

5.1.5 BACnet-Kommunikationsarchitektur

BACnet orientiert sich an dem ISO/OSI-Modell, das für die strukturierte Beschreibung von Kommunikationssystemen entwickelt wurde. **Bild 5.2** zeigt die BACnet-Schichten und ihre Zuordnung zu den Schichten des OSI-Modells.

BACnet-Schichten							Äquivalente OSI-Schichten
BACnet-Anwendungsschicht							Anwendung
BACnet-Vermittlungsschicht							Vermittlung
ISO 8802-2 (IEEE 802.2) Type 1		MS/TP	PTP	LONTALK	BVLL UDP IP		Sicherung
ISO 8802-3 (IEEE 802.3)	ARCNET	EIA-485	EIA-232				Bitübertragung

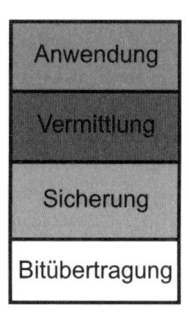

Bild 5.2 Zuordnung der BACnet-Schichten zum OSI-Modell

Die Funktionen der Darstellungs-, Sitzungs- und Transportschicht (Schicht 4 bis 7 des OSI-Modells) sind, soweit erforderlich, in die BACnet-Anwendungsschicht integriert.

Die Gründe für diese schlanke Kommunikationsarchitektur waren die Reduzierung des *Overheads*, der mit zunehmender Anzahl der Schichten wächst, und möglichst geringe Anforderungen an die Hard- und Software für die Datenübertragung. Das Ziel war die kostengünstige Entwicklung und Produktion von BACnet-Geräten. Sie sollen mit preiswerten Mikrocontrollern ausgestattet werden, die gegenüber einem heute aktuellen PC weniger Rechenleistung und insbesondere weniger Speicher zur Verfügung haben. Auch wird man in diesen BACnet-Geräten weder eine Festplatte noch einen Lüfter finden. Sie müssen ohne diese Komponenten mit ihrer begrenzten Lebensdauer auskommen und haben deshalb zwangsläufig eine geringere Leistungsfähigkeit.

Bei der Ausgestaltung der Schichten berücksichtigte man, dass BACnets vorwiegend lokale Netze sind, die über wenige Schnittstellen nach außen (Internet) verfügen und deren Komponenten an festen Standorten über lange Zeiten gleich bleibende Funktionalitäten liefern sollen.

Die Bitübertragungsschicht zur Definition der Anschlüsse und der elektrischen Verbindung der Geräte wird bei BACnet selbstverständlich benötigt. Auch die Sicherungsschicht mit ihren Aufgaben, die Bits in Rahmen zu gliedern, den Zugriff auf das Übertragungsmedium zu regeln, Adressierung, Flusskontrolle und Fehlersicherung vorzunehmen, ist erforderlich.

Bei der Vermittlungsschicht konnte der Aufwand reduziert werden. Innerhalb eines einzelnen Teilnetzes wird sie nicht benötigt. Es kommt jedoch häufig vor, dass Teilnetze mit unterschiedlichen Schicht-2-Technologien über eine Vermittlungsstation (*Router*) verbunden werden sollen. Hier ist sowohl eine globale Adressierung als auch eine Weiterleitung der Daten über den *Router* erforderlich. Der BACnet-Standard fordert dabei, dass nur ein einziger Pfad bzw. Weg zwischen zwei Stationen vorhanden sein darf. Deshalb ist die Pfadfindung und Weiterleitung (*Routing*) wesentlich einfacher als im Internet. Dessen Topologie entspricht eher einem teilvermaschten Netz (siehe Kapitel 2) mit mehreren alternativen Wegen. Dort werden wesentlich aufwändigere *Routing*verfahren als bei BACnet benötigt, um die Weiterleitung von Paketen an weltweit verstreute Empfänger über unterschiedliche Wege zu ermöglichen.

Bei der Transportschicht sind viele Funktionen, wie die Zerlegung der Daten in Teilstücke und die Flusskontrolle, schon von der Sicherungsschicht bekannt. Dort werden sie jedoch nur auf einem Teilstück zwischen zwei Stationen eingesetzt, während Schicht 4 die Ende-zu-Ende-Verbindung behandelt. Die genannten Funktionalitäten der Transportschicht sind bereits in der BACnet-Anwendungsschicht enthalten.

Sitzungs- und Darstellungsschicht brauchen ebenfalls nicht separat ausgeführt zu werden, da BACnet-Nachrichten in der Regel sehr kurz sind und keine Unterbrechungs- und Wiederaufnahmemechanismen benötigen. Auch Formatkonvertierung oder Datenkomprimierung haben keine Bedeutung.

Aus diesen Gründen kann sich BACnet auf vier Schichten beschränken und dadurch eine einfache und kostengünstige Implementierung in Hard- und Software ermöglichen.

Bei der Erstellung einer Nachricht in BACnet werden die in **Bild 5.3** gezeigten Schichten durchlaufen.

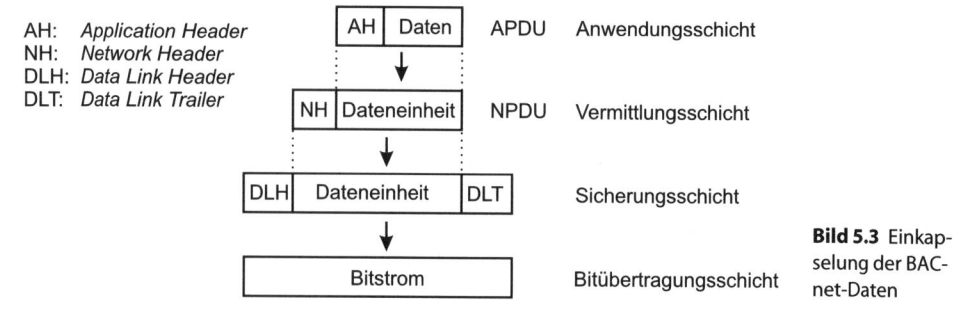

AH: *Application Header*
NH: *Network Header*
DLH: *Data Link Header*
DLT: *Data Link Trailer*

| AH | Daten | | APDU | Anwendungsschicht |

| NH | Dateneinheit | | NPDU | Vermittlungsschicht |

| DLH | Dateneinheit | DLT | | Sicherungsschicht |

| Bitstrom | | | | Bitübertragungsschicht |

Bild 5.3 Einkapselung der BACnet-Daten

Die Anwendungsdaten (Befehle zur Manipulation von Objekten) werden mit einem Kopf (AH – *Application Header*) versehen und bilden die Dateneinheit der Anwendungsschicht

(APDU – *Application Protocol Data Unit*). Sie wird an die Netzwerkschicht weitergereicht und mit einem weiteren Kopf (NH – *Network Header*) versehen, der globale Netzadressen enthält. Diese NPDU (*Network Protocol Data Unit*) bekommt von der Sicherungsschicht noch Informationen zu Adressen im lokalen Netz und wird dann von der Bitübertragungsschicht auf dem Übertragungsmedium gesendet. Der Vorgang der Einkapselung wird auf der Empfangsseite rückgängig gemacht und die Daten werden an das dortige Anwendungsprogramm ausgeliefert.

Wie die dazugehörigen Protokolle und Übertragungsverfahren aufgebaut und technisch umzusetzen sind, ist in den nachfolgenden Abschnitten beschrieben.

Aufgabe 5.4

Aus welchen Gründen werden bei BACnet nur 4 Schichten an Stelle der 7 Schichten des OSI-Modells verwendet?

Aufgabe 5.5

Was versteht man unter der Einkapselung von Daten? Überlegen Sie, welche Schritte durch Hardwarebausteine und welche durch Softwaremodule durchgeführt werden?

5.2 Übertragungsmedien, Bitübertragung und Sicherung

Die Datenübertragung bei BACnet kann über unterschiedliche Netze erfolgen. BACnet unterstützt die in **Bild 5.4** gezeigten LAN-Technologien sowie zusätzlich Wählverbindungen über Telefonnetze.

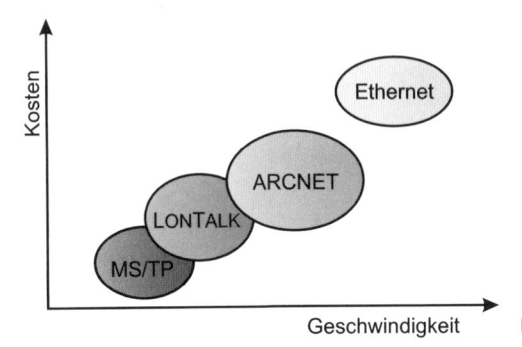

Bild 5.4 LAN-Technologien für BACnet

Diese Technologien unterscheiden sich in ihrer Leistungsfähigkeit, den Kosten und den zur Verfügung stehenden Übertragungsmedien, die von der einfachen Zweidrahtleitung über Koaxialkabel bis hin zu Lichtwellenleitern reichen.

Bei der Auswahl einer geeigneten LAN-Technologie für ein BACnet wird man sich unter anderem an folgenden Kriterien orientieren:

- Übertragungsgeschwindigkeit: Dabei ist zu beachten, dass der tatsächliche Datendurchsatz oft erheblich geringer als die Übertragungsgeschwindigkeit ist. Ein Grund dafür sind

die Zusatzinformationen (Adressen, Fehlersicherung usw.), die durch das Kommunikationsprotokoll zu den Nutzdaten hinzugefügt werden und so den Nettodatendurchsatz schmälern.
- Reaktionszeit: Die Reaktionszeit gibt an, wie lange es dauert, bis ein Befehl übertragen und eine Aktion ausgelöst wird. Bei nicht deterministischen Übertragungsverfahren wie z. B. *Ethernet* ist diese Zeitdauer nicht genau vorhersagbar, meist jedoch vernachlässigbar klein.
- Anzahl der Teilnehmer,
- Maximale Leitungslänge,
- Kosten.

In den folgenden Abschnitten werden die charakteristischen Eigenschaften der verschiedenen Übertragungstechnologien beschrieben.

Aufgabe 5.6

Welche unterschiedliche Bedeutung haben die Auswahlkriterien Übertragungsgeschwindigkeit und Reaktionszeit auf der Feld- und auf der Managementebene?

5.2.1   Master-Slave/Token-Passing (MS/TP), EIA-485 und EIA-232

Mit MS/TP steht eine einfache und kostengünstige Übertragungstechnologie zur Verfügung. Sie eignet sich insbesondere für kleinere Steuerungen und Bedienelemente mit geringen Anforderungen an die Datenübertragungsrate. Als Kabel wird ein abgeschirmtes verdrilltes Leitungspaar mit einer Länge bis zu 1200 m verwendet. Die Bitübertragungsschicht basiert auf dem EIA-485-Standard (RS-485).

Eine EIA-485-Verbindung stellt eine serielle Datenübertragung dar, d. h., die Bits werden nacheinander auf die Leitung gegeben (**Bild 5.5**).

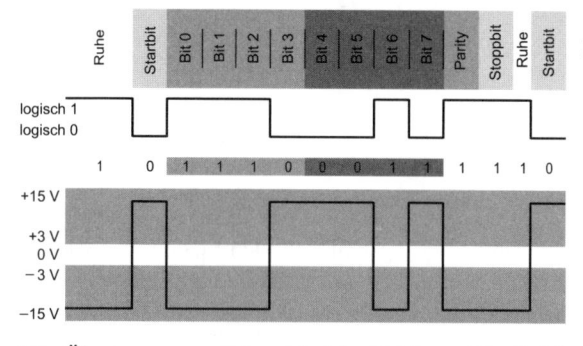

Bild 5.5 Asynchrone Zeichenübertragung am Beispiel von EIA-485 und EIA-232. Die Zuordnung der logischen Zustände zu Spannungen auf der Leitung gilt nur für EIA-232.

Die Übertragung erfolgt dabei in Zeichen. Ein Zeichen entspricht in der Regel 8 Bits. Der Beginn eines Zeichens wird durch ein Startbit und das Ende durch 1 oder 2 Stoppbits gekennzeichnet (1 Stoppbit bei MS/TP). Der Zeitabstand zwischen zwei Zeichen (Ruhephase) kann prinzipiell beliebig lang sein. Man spricht deshalb auch von einer asynchronen Datenübertragung. Bei MS/TP ist die Standardgeschwindigkeit 9.600 Bd, es können jedoch auch

19.200, 38.400 oder 76.800 Bd von den Geräteherstellern unterstützt werden. Auf Grund der geringen Geschwindigkeiten und des einfachen Protokolls ist eine Implementierung auf preiswerten Mikrocontrollern möglich.

Zu der vom PC bekannten seriellen Schnittstelle EIA-232 (RS 232) gibt es zwei wesentliche Unterschiede: Die EIA-232 ist eine massebezogene Spannungsschnittstelle, d. h., die Bits werden in Spannungspegel umgesetzt, wobei eine Spannung zwischen –3 und –15 V gegenüber Masse eine logische Eins und eine Spannung zwischen +3 V und +15 V eine logische Null darstellt. Im einfachsten Fall benötigt man deshalb nur drei Leitungen zur Verbindung von zwei Stationen (**Bild 5.6**).

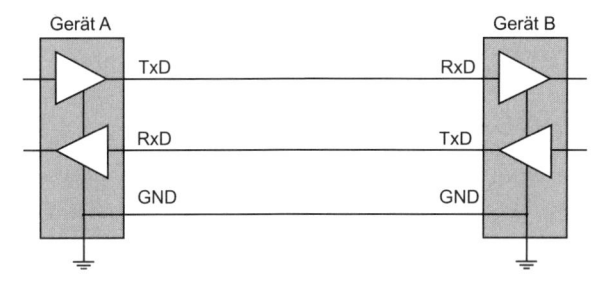

Bild 5.6 EIA-232 (RS 232) mit 3 Leitungen: TxD (*Transmit Data*), RxD (*Receive Data*) und GND (*Ground*)

Die EIA-485 hingegen ist eine differentielle Spannungsschnittstelle, bei der auf der Empfangsseite nur Spannungsunterschiede ausgewertet werden (**Bild 5.7**).

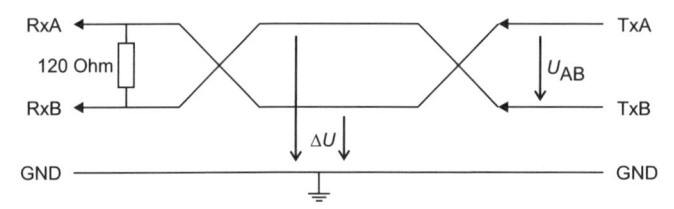

Bild 5.7 EIA-485 (RS 485) mit 3 Leitungen (Halbduplex)

Der Sender legt dazu eine Spannung $U_{AB} = \pm 3$ bis 6 V zwischen den Leitern A und B an. Eine positive Spannung U_{AB} wird als logische Eins und eine negative Spannung U_{AB} als logische Null betrachtet.

Bei großen Leitungslängen und in der Nähe von elektrischen Verbrauchern können Störungen auf dem Kabel entstehen, die auf beiden Leitern zu einer Potenzialerhöhung ΔU führen. Die Spannungsdifferenz U_{AB} bleibt von diesen so genannten Gleichtaktstörungen jedoch unbeeinflusst. Aus diesem Grund ist die EIA-485-Schnittstelle besonders störsicher. Sie ermöglicht größere Leitungslängen und ist deshalb in der industriellen Kommunikationstechnik weit verbreitet. EIA-232 wird hingegen nur für kurze Distanzen, meist deutlich kleiner als 15 m, mit typischen Geschwindigkeiten von 9600 Bd bis 115 kBd eingesetzt.

Ein weiterer Unterschied ist, dass die EIA-232 Schnittstelle als so genannte *Point-to-Point*-Verbindung Vollduplex, d. h. die gleichzeitige Datenübertragung in beide Richtungen, erlaubt. Bei EIA-485 ist nur Halbduplex möglich, d. h. ein abwechselndes Senden in die eine oder andere Richtung. Dafür bietet EIA-485 als *Multipoint*-Bussystem den Anschluss von bis zu 32 Teilnehmern an eine Leitung (**Bild 5.8**).

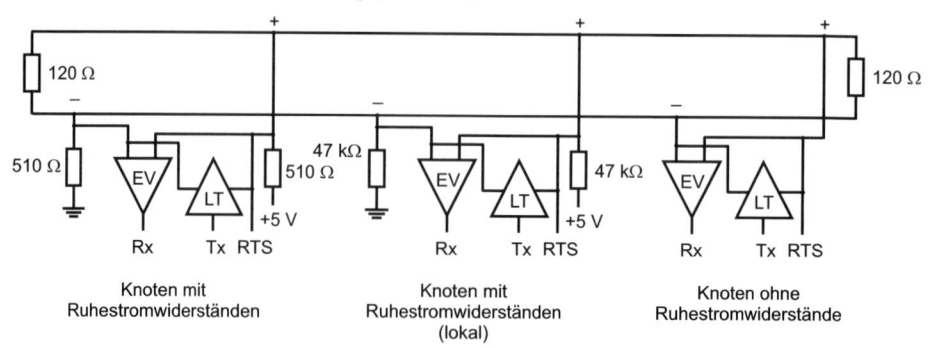

Bild 5.8 EIA-485-Netz mit mehreren Stationen im Halbduplexbetrieb

Dabei ist die korrekte Terminierung an den Enden des Kabels zu beachten. Darunter versteht man das Anbringen von ohmschen Widerständen, die dem Wellenwiderstand der Leitung entsprechen. Dies ist erforderlich, um störende Reflexionen der Datensignale an offenen Leitungsenden zu vermeiden.

Speist ein Sender ein elektrisches Signal auf der Leitung ein, so breitet sich dieses mit einer charakteristischen Ausbreitungsgeschwindigkeit (typisch etwa 2/3 der Lichtgeschwindigkeit) auf dem Kabel aus. Gelangt das Signal an das offene Ende eines Kabels, so wird es vollständig reflektiert. Dies folgt aus dem Energieerhaltungssatz, da die Signalenergie nicht verloren gehen kann. Ähnliche Effekte kennt man von akustischen oder mechanischen Wellen (Echo, Wasserwelle trifft auf Hindernis). Das reflektierte Signal kann sich mit dem Sendesignal überlagern und beim Empfänger zu Störungen führen. Man terminiert deshalb die Leitungsenden mit einem Widerstand, wandelt die ankommende Signalenergie in Wärme um und verhindert somit Reflexionen. Der Widerstand ist so zu wählen, dass er dem Wellenwiderstand der Leitung entspricht.

Unter dem Wellenwiderstand versteht man eine von der Leitungslänge unabhängige Eigenschaft der Leitung mit der Einheit Ohm, die nicht mit dem ohmschen Leitungswiderstand der Kupferdrähte verwechselt werden darf. Vielmehr gibt der Wellenwiderstand das Verhältnis von Spannung und Strom einer elektromagnetischen Welle an, mit der Daten über die Leitung transportiert werden. Das Produkt aus Spannung und Strom ergibt die Signalenergie. Entspricht der Abschlusswiderstand dem Wellenwiderstand, so kann diese Energie ohne Reflexion in Wärme umgewandelt werden.

Bei EIA-485 wird man eine Leitung darüber hinaus mit Bias- bzw. Ruhestromwiderständen versehen (**Bild 5.8**). Ohne diese Widerstände würde die Differenzspannung gegen null gehen, wenn gerade kein Sender aktiv ist. Rauschen auf der Leitung könnte dazu führen, dass die Differenzspannung ständig leicht zwischen positiven und negativen Werten schwankt. Die angeschlossenen Stationen würden dann fälschlicherweise eine Datensendung vermuten. Deshalb ist es besser, für die Ruhephasen eine feste Spannungsdifferenz auf der Leitung über ein Widerstandsnetzwerk vorzugeben (siehe in **Bild 5.8** den Spannungsteiler: + 5 V – 510 Ω – Terminatoren mit je 120 Ω – 510 Ω – GND). Einzelnen Stationen ist darüber hinaus eine

5.2 Übertragungsmedien, Bitübertragung und Sicherung

zusätzliche lokale Ruhestromeinstellung erlaubt. Die Empfangssignale werden dabei über einen Eingangsverstärker und die Sendedaten über einen Leitungstreiber verstärkt.

Auf der Sicherungsschicht von MS/TP werden die einzelnen Zeichen zu Rahmen verknüpft. Dabei wird folgendes Format angewendet (**Bild 5.9**):

2 Oktette	1 Oktett	1 Oktett	1 Oktett	2 Oktette	1 Oktett		2 Oktette
Präambel	Rahmentyp	Ziel-adresse	Quell-adresse	Länge	Prüfsumme Kopf	Daten	Prüfsumme Daten

Bild 5.9 Rahmenaufbau bei MS/TP

Mit der Präambel wird der Beginn eines Rahmens signalisiert. Der Rahmentyp gibt an, ob es sich um eine Datensendung oder um Steuerinformationen für das *Token-Passing*-Protokoll handelt. Quell- und Zieladresse belegen jeweils ein Oktett. Die Adresse 255 ist für Sendungen an alle Teilnehmer reserviert (*Broadcast*). Die restlichen 254 Adressen stehen für die angeschlossenen Stationen zur Verfügung. Danach folgt eine Längenangabe mit 2 Oktetten für den Datenteil, wobei jedoch nur Werte zwischen 0 und 501 zugelassen sind. Sowohl der Rahmenkopf als auch der Datenteil werden durch eine eigene CRC-Prüfsumme gesichert.

Die Sicherungsschicht regelt auch den Zugriff auf das Übertragungsmedium. Beim *Token-Passing* wird dazu eine Sendeberechtigung (*Token*) von einer Station zur anderen weitergeleitet. Sobald eine Station das *Token* erhält, darf sie mit anderen Stationen kommunizieren. Im MS/TP-Netz unterscheidet man dabei zwischen *Master*- und *Slave*-Stationen. Nur ein *Master* kann ein *Token* erhalten und einen Datenaustausch initiieren. *Slave*-Stationen warten hingegen auf Anfragen und sind nicht an der *Token*-Weitergabe beteiligt. Als *Master* wird man z. B. eine Automationsstation vorsehen, an die BACnet-fähige Feldgeräte (z. B. Sensoren, Aktoren) als *Slaves* über MS/TP angeschaltet werden. Bei mehreren *Mastern* muss das *Token* nach einer gewissen Zeit weitergegeben werden. Nach einer berechenbaren Wartezeit kommt somit jeder *Master* wieder an die Reihe. Man bezeichnet das Übertragungsverfahren deshalb auch als deterministisch.

| **Aufgabe 5.7**

Warum wird für MS/TP der EIA-485 Standard und nicht EIA-232 verwendet?

| **Aufgabe 5.8**

Welche Topologie wird bei EIA-485 basierten Netzen verwendet?

5.2.2 Point-to-Point (PTP)

Zwei BACnet-fähige Geräte (Halb*router*) können über eine *Point-to-Point*-Verbindung (PTP) auf der Basis von EIA-232 Nachrichten austauschen (**Bild 5.10**). Weit entfernte Liegenschaften ohne Internetanschluss lassen sich so über eine Wählverbindung mit einem Modem erreichen.

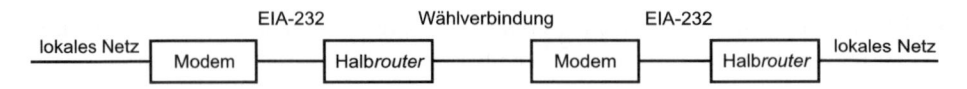

```
lokales Netz ─── Modem ─── EIA-232 ─── Halbrouter ─── Wählverbindung ─── Modem ─── EIA-232 ─── Halbrouter ─── lokales Netz
```

Bild 5.10 *Point-to-Point*-Wählverbindung mit zwei Halbroutern

In der BACnet-Norm ist nicht festgelegt, wie der Aufbau der physikalischen Verbindung erfolgt. Die Norm befasst sich nur mit den Protokollen auf der Sicherungsschicht, um auf einer existierenden Schicht-1-Verbindung eine gesicherte Datenübertragung von Rahmen zu ermöglichen. Dabei ist zu beachten, dass PTP-Verbindungen zwar Vollduplex erlauben, aber in der Regel nur zeitweise verfügbar sind und eine geringe Übertragungsgeschwindigkeit aufweisen.

Sicherheitsmechanismen wie Passwortabfragen werden durch die Norm nicht festgelegt. Viele Modems bieten jedoch die Möglichkeit zum automatischen Rückruf (*Callback*). Ist dieser aktiviert, so trennt das Modem bei einem Anruf sofort nach erfolgreichem Verbindungsaufbau die Leitung und ruft eine voreingestellte Nummer zurück. Dadurch wird verhindert, dass ein nicht autorisierter Anrufer von einem anderen Telefonanschluss den Modem-Zugang missbrauchen kann. Manche Modems bieten zudem die Möglichkeit, einen automatischen Rückruf mit einer Passwortabfrage zu kombinieren.

Sobald die physikalische Verbindung steht, werden Steuerrahmen zum Aufbau der Schicht-2-Verbindung ausgetauscht. Danach können BACnet-Datenrahmen transportiert werden, bis ein Verbindungsabbau durch Steuerrahmen ausgelöst oder die physikalische Verbindung unterbrochen wird. Das Rahmenformat kommt bei einer *Point-to-Point*-Verbindung selbstverständlich ohne Adressen aus, da nur zwei Stationen beteiligt sind.

Die Präambel signalisiert den Beginn des Rahmens (**Bild 5.11**).

2 Oktette	1 Oktett	2 Oktette	1 Oktett		2 Oktette
Präambel	Rahmentyp	Länge	Prüfsumme Kopf	Daten	Prüfsumme Daten

Bild 5.11 Rahmenaufbau bei einer *Point-to-Point*-Verbindung

Der Rahmentyp gibt an, ob es sich um eine Datensendung oder eine Steuerinformationen handelt. Beispielsweise kann über einen Rahmen vom Typ *Connect Request* eine Verbindung aufgebaut und über einen Rahmen vom Typ *Disconnect Request* wieder abgebaut werden. Diese Anfragen zum Auf- oder Abbau werden durch die entsprechenden Steuerrahmen *Connect Response* bzw. *Disconnect Response* von der Gegenstation beantwortet. Eine Besonderheit des PTP-Protokolls ist, dass jeder Datenrahmen durch eine Bestätigung mit speziellen Steuerrahmen gesichert wird. So wie bei MS/TP wird im Rahmen auch die Datenlänge angegeben und der Rahmenkopf sowie die Daten werden mit einer CRC-Prüfsumme gesichert.

5.2.3 Ethernet

Bei *Ethernet* handelt es sich um die am meisten verbreitete LAN-Technologie, die ihren Ursprung in der Bürokommunikation hat und inzwischen auch für den industriellen Einsatz und Weitverkehrsverbindungen verwendet wird. Büro- und Industriebauten werden heutzutage durchgängig mit *Ethernet* vernetzt, so dass die Anwendung in der Gebäudeautomation eine logische Folge ist.

Ethernet umfasst nur die Schichten 1 und 2 des OSI-Modells, höhere Protokolle sind vorzugsweise TCP/IP in der Bürokommunikation und BACnet in der Gebäudeautomation. *Ethernet* wurde bereits Anfang der 70er Jahre entwickelt und als IEEE-802.3-Standard bekannt. Im Laufe der Jahre hat *Ethernet* eine Reihe von Weiterentwicklungen durchlaufen, deren wesentliches Merkmal die Vervielfachung der Bitrate (10 Mbit/s, 100 Mbit/s, 1 Gbit/s, 10 Gbit/s) bei gleichzeitig weitgehender Abwärtskompatibilität war. Zudem wurden Übertragungsmedien wie Lichtwellenleiter für *Ethernet* verfügbar gemacht. Auch Funktechnologien wie *Wireless LAN* sind eine Erweiterung des ursprünglichen *Ethernets*.

5.2.3.1 Übertragung mit Twisted Pair

Twisted Pair

Unter *Twisted Pair* versteht man Kupferkabel mit mehreren verdrillten Leitungspaaren, die sich durch einfache Installation der Steckverbindungen und geringe Kosten auszeichnen. Im einfachsten Fall benötigt man zwei Paare (4 Adern) für die Signalübertragung. Ein Paar dient zum Senden (Tx), das andere für den Empfang (Rx) (**Bild 5.12**).

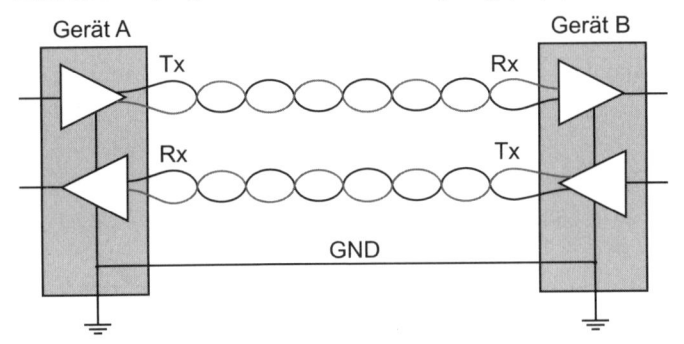

Bild 5.12 Verdrillte Leitungen zur Datenübertragung (*Twisted Pair*)

Die Verdrillung der Leitungspaare reduziert Störungen durch elektromagnetische Felder, die von benachbarten signalführenden Leiterpaaren oder von der Umgebung des Kabels einwirken. Zusätzlich kann man die beiden Leiterpaare mit einer metallischen Abschirmung und das Kabel mit einem Gesamtschirm versehen. Die Auswahl eines geeigneten Kabels hängt von den Anforderungen der Datenübertragung ab. In der Regel gilt, dass eine höhere Übertragungsrate der digitalen Signale mit höheren darin enthaltenen Frequenzkomponenten korrespondiert. Dies hat Auswirkungen auf die Dämpfung und das Übersprechen zwischen Leiterpaaren.

Unter der Dämpfung versteht man dabei die Verringerung der Signalenergie auf dem Weg vom Sender zum Empfänger. Ursächlich verantwortlich dafür sind die ohmschen Verluste im metallischen Draht und die dielektrischen Verluste im Isolationsmaterial. Beide steigen mit zunehmender Frequenz, so dass die maximal erlaubte Kabellänge mit höherer Übertragungsgeschwindigkeit abnimmt.

Unter Übersprechen versteht man eine unerwünschte Signalübertragung von einem Leiterpaar auf das andere, die auf der gesamten Länge der Kabelstrecke erfolgen kann. Die Ursachen sind kapazitive und induktive Kopplungen zwischen benachbarten Leiterpaaren durch sich überlagernde elektrische und magnetische Felder. Auch dieser Effekt nimmt mit steigender Frequenz zu und zwingt deshalb ggf. zur Verwendung von Abschirmungen um jedes einzelne Leiterpaar. Dämpfung und Übersprechen begrenzen somit die maximal mögliche Datenübertragungsrate.

Übertragungsvarianten: 100Base-TX, 1000Base-T

Bei *Ethernet* werden die in **Tabelle 5.1** aufgeführten Varianten bevorzugt eingesetzt, wobei die 100-Mbit/s-Version üblicherweise für die Anbindung von Arbeitsplatzrechnern und die 1-Gbit/s-Version zur Verbindung zwischen Netzkomponenten wie *Switchen* und *Routern* oder für den Anschluss von *Servern* verwendet wird.

Tabelle 5.1 *Ethernet*-Varianten bei *Twisted Pair*

Bezeichnung	Geschwindigkeit	Maximale Leitungslänge
100Base-TX	100 Mbit/s	100 m
1000Base-T	1 Gbit/s	100 m

100Base-TX wird häufig auch als *Fast Ethernet* bezeichnet, da es um den Faktor 10 schneller als der davor übliche 10Base-T-Standard ist. Die enorme Geschwindigkeitssteigerung gegenüber 10Base-T wurde durch die Verwendung eines besonderen Übertragungsverfahrens möglich, das als MLT-3 (*Multi Level Transmission*) bezeichnet wird. Es handelt sich um eine dreiwertige Übertragung, d. h., es gibt 3 mögliche Symbole (–1, 0, +1) oder Ausgangszustände des Senders (**Bild 5.13**).

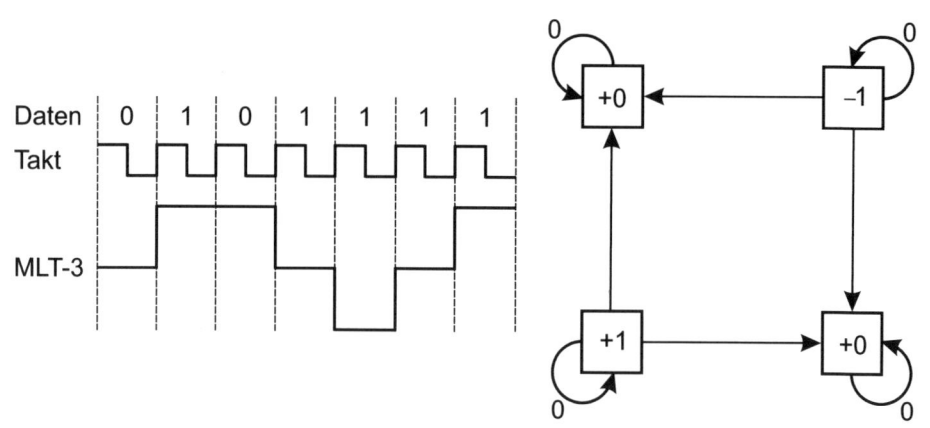

Bild 5.13 MLT-3-Übertragung (Beispielsignal und Zustandsdiagramm)

Bei einer logischen 0 bleibt das Ausgangssignal auf dem vorherigen Pegel, während bei einer logischen 1 ein Pegelwechsel nach oben oder unten gemäß dem Zustandsdiagramm stattfindet. Der Vorteil dieses Verfahrens ist, dass sich die Spannungspegel immer nur langsam ändern (kein Sprung von +1 nach –1) und somit die im Signal enthaltenen Frequenzen vergleichsweise niedrig sind. Niedrige Frequenzen sind wiederum günstig, da sich die Dämpfung und das Übersprechen zwischen benachbarten Leitern verringern. Aus diesem Grund können mit *Fast Ethernet* bis zu 100 m Kabellänge sicher erreicht werden.

Die üblicherweise verwendeten Kabel besitzen 8 Adern, von denen jedoch nur 4 genutzt werden (2 Adern für Tx und 2 Adern für Rx). Die verbleibenden Adern lassen sich anderweitig einsetzen, z. B. um Telefonsignale zu übertragen (*cable sharing*). Aus Gründen der Erweiterbarkeit für Gigabit-*Ethernet*, das alle 8 Adern benötigt, sollte man aber darauf verzichten.

Bei der Auswahl eines Kabels kann man auf eine Klassifizierung nach EIA/TIA-568 (*Electronic Industries Association/Telecommunications Industry Association*) zurückgreifen. Dort werden bestimmte Anwendungsklassen und dazugehörige Kabeleigenschaften beschrieben. Für *Fast Ethernet* eignet sich ein Kategorie-5-Kabel, das hinsichtlich der frequenzabhängigen Dämpfung und des Übersprechens bestimmte Mindestkriterien erfüllt.

In Deutschland verwendet man in der Regel Kabel mit einem Gesamtschirm, die als *Screened Twisted Pair* (ScTP) bezeichnet werden (**Bild 5.14**).

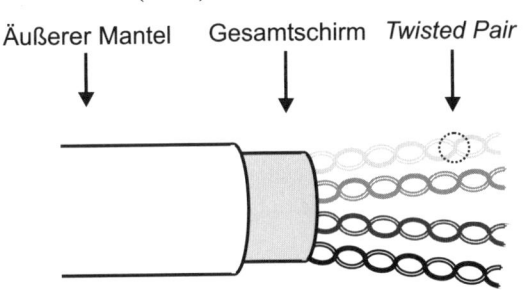

Bild 5.14 *Screened Twisted Pair*

Der Gesamtschirm reduziert sowohl Störungen durch von außen kommende Signale als auch die unerwünschte Abstrahlung von Signalenergie.

In der USA sind hingegen unabgeschirmte Kabel (*Unshielded Twisted Pair* – UTP) verbreitet (**Bild 5.15**).

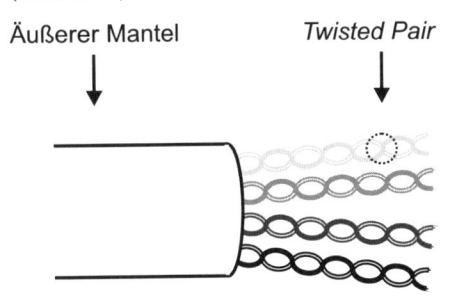

Bild 5.15 *Unshielded Twisted Pair*

Dort vertraut man allein auf die Störungsverminderung durch das Verdrillen jeweils zweier Adern. Die Vorteile von UTP gegenüber ScTP sind der günstigere Preis und der kleinere Durchmesser, der das Verlegen erleichtert.

Die übertragungstechnisch beste Variante ist ein paarig abgeschirmtes Kabel mit zusätzlichem Gesamtschirm, das als STP (*Shielded Twisted Pair*, manchmal SSTP für *Screened Shielded Twisted Pair*) bezeichnet wird (**Bild 5.16**).

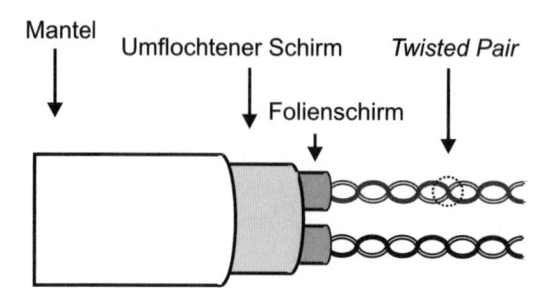

Bild 5.16 Screened Shielded Twisted Pair

Hier ist nicht nur eine Störunempfindlichkeit gegenüber von außen kommenden Signalen gegeben, sondern auch im Kabel selbst befindliche benachbarte Paare beeinflussen sich nicht gegenseitig. Auf Grund der Kosten und der schwierigeren Steckermontage wird diese Kabelvariante seltener verwendet.

Im Zuge der Weiterentwicklung des *Ethernet* hin zu höheren Geschwindigkeiten steigen auch die Anforderungen an die verwendeten Kabel, was sich in den neuen Kategorien 6 und 7 widerspiegelt. Mit 1000Base-T ist es gerade noch möglich, vorhandene Kabel der Kategorie 5 bzw. 5e zur Übertragung von 1 Gbit/s über eine Distanz von bis zu 100 m zu verwenden. Dabei muss man sich jedoch einiger übertragungstechnischer Kniffe bedienen, um das Frequenzspektrum zu begrenzen und somit die Dämpfung sowie das Übersprechen in Grenzen zu halten. Man nutzt deshalb alle 4 Adernpaare des Kabels gleichzeitig und reduziert damit die Übertragungsgeschwindigkeit pro Paar auf 250 Mbit/s. Die Daten fließen auf den Paaren gleichzeitig in beide Richtungen (bidirektional), so dass man sie mit einer besonderen Schaltungstechnik (Hybrid) wieder trennen muss (**Bild 5.17**).

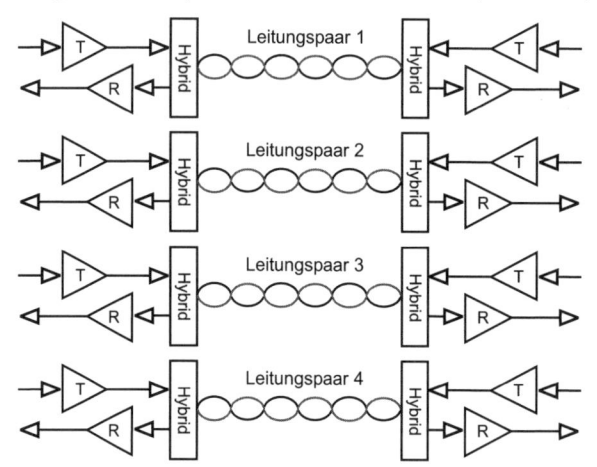

Bild 5.17 Nutzung aller 4 Leitungspaare bei 1000Base-T (1 Gbit/s) über *Twisted Pair*

Gleichzeitig nutzt man bei 1000Base-T fünf Symbole (Signalstufen) und kann dadurch die Schrittgeschwindigkeit noch weiter reduzieren.

Eine zusätzliche Geschwindigkeitssteigerung über 1 Gbit/s hinaus wird durch die Verwendung besserer Kabel möglich sein. So arbeitet man inzwischen an einem Standard zur Übertragung von 10 Gbit/s über *Twisted Pair*.

Auto-Negotiation, Auto-Sensing und Power-over-Ethernet

Viele Netzwerkkarten und Netzkomponenten beherrschen mehrere Übertragungsvarianten. Andererseits setzt man gelegentlich auch ältere Geräte ein, die nur den 10-Mbit/s-Standard 10Base-T verstehen. Um dem Anwender das lästige Einstellen der jeweils benötigten Standards abzunehmen, hat man ein Verfahren zur automatischen Feststellung der Verbindungsparameter entwickelt: *Auto-Negotiation*.

Nach dem Herstellen einer Kabelverbindung zwischen zwei Stationen senden diese in regelmäßigen Abständen so genannte *Link Pulse* aus. Ursprünglich konnte darüber nur das Vorhandensein eines Kommunikationspartners auf der anderen Seite festgestellt werden. Eine Erweiterung zum *Normal Link Pulse*, bei dem mehrere Pulse in Gruppen gesendet werden, ermöglicht den Austausch von Informationen. Somit können sich die verbundenen Stationen je nach ihren Fähigkeiten auf die günstigsten gemeinsamen Übertragungsparameter (Geschwindigkeit, Voll- bzw. Halbduplex) einstellen. Falls erforderlich, kann dieser Automatismus durch eine manuelle Einstellung im jeweiligen Gerät überschrieben werden.

Neuere Netzkomponenten beherrschen häufig auch eine automatische Erkennung und Berücksichtigung des Kabeltyps (*Auto-Sensing*). Ungekreuzte (*straight-through*) Kabel verwendet man zur Verbindung zwischen Netzwerkkarten und Netzkomponenten wie z. B. einem *Switch* (**Bild 5.18**).

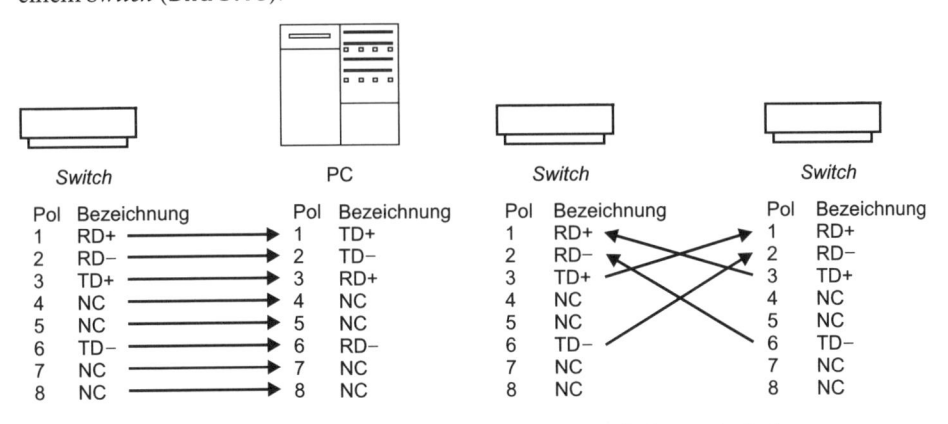

Switch		PC		Switch		Switch	
Pol	Bezeichnung	Pol	Bezeichnung	Pol	Bezeichnung	Pol	Bezeichnung
1	RD+ →	1	TD+	1	RD+	1	RD+
2	RD– →	2	TD–	2	RD–	2	RD–
3	TD+ →	3	RD+	3	TD+	3	TD+
4	NC →	4	NC	4	NC	4	NC
5	NC →	5	NC	5	NC	5	NC
6	TD– →	6	RD–	6	TD–	6	TD–
7	NC →	7	NC	7	NC	7	NC
8	NC →	8	NC	8	NC	8	NC

Bild 5.18 *Straight-through*-Kabelbelegung (links) und *Cross-over*-Kabelbelegung (rechts)

Die Steckerpins werden über die Adern 1:1 miteinander verbunden. Dann ist gewährleistet, dass die Sendersignale (TD+, TD–) jeweils an die entsprechenden Empfängereingänge (RD+, RD–) auf der Gegenseite gelangen. Bei der Verbindung gleichartiger Stationen (Netzwerkkarte zu Netzwerkkarte oder *Switch* zu *Switch*) benötigt man ein gekreuztes (*cross-over*) Kabel, damit die Sender jeweils mit ihren dazugehörigen Empfängern verbunden sind. Mit *Auto-Sensing* spielt der verwendete Kabeltyp durch die automatische Einstellung jedoch keine Rolle mehr.

Über *Twisted-Pair*-Kabel kann gleichzeitig die Stromversorgung der angeschlossenen Geräte erfolgen. Dieses als *Power-over-Ethernet* bezeichnete Verfahren reduziert den Verkabelungsaufwand und Platzbedarf, den eine separate Stromversorgung erfordern würde. Gleichzeitig ermöglicht es ein ferngesteuertes Ein- und Ausschalten. Netzkomponenten wie *Switche* werden häufig schon mit *Power-over-Ethernet*-Funktionalität angeboten und ermöglichen die Versorgung der daran angeschlossenen Geräte im Leistungsbereich bis etwa 10 W. Dabei können zur Speisung unbelegte Adern verwendet (z. B. bei *Fast Ethernet*) oder den Datensignalen Gleichspannungen überlagert werden.

5.2.3.2 Netzkomponenten (Repeater, Bridge, Hub und Switch)

Die Ursprungsvariante des *Ethernet* besteht aus einem Koaxialkabel, an das alle Stationen eines lokalen Netzes angeschlossen sind (**Bild 5.19**).

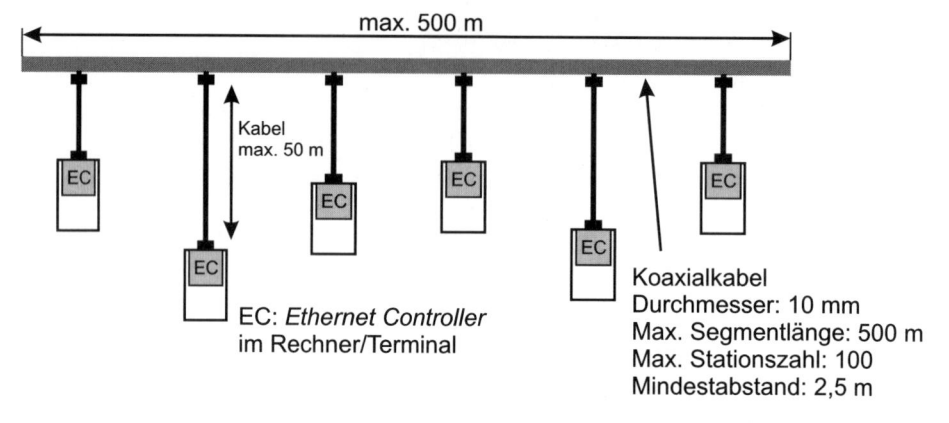

Bild 5.19 Ursprungsvariante von *Ethernet* (10Base5) mit Koaxialkabel

Eine Station kann ihre Daten senden, sofern keine andere Station das Übertragungsmedium gerade belegt. Bei geringer Auslastung des Netzes kann es zu gelegentlichen Kollisionen kommen, wenn 2 Stationen zum gleichen Zeitpunkt mit ihrer Übertragung beginnen. Darunter versteht man, dass sich beide Sendungen überlagern und gegenseitig stören.

Die Netzwerkkarten hören ihre eigene Sendung ständig ab, können somit die Kollision erkennen und die Übertragung vorzeitig abbrechen. Nach zufällig gewählten Zeiten werden die zuvor kollidierten Rahmen neu übertragen. Dieses als CSMA/CD (*Carrier Sense Multiple Access/Collision Detection*) bezeichnete Verfahren funktioniert bei geringer Netzauslastung sehr gut, bei hoher Netzauslastung kann es jedoch zu zahlreichen Kollisionen bis hin zum zeitweisen Ausfall des Netzes kommen.

Aus diesem Grund wurden *Ethernet* und die dazugehörigen Komponenten so weiterentwickelt, dass heutige kabelgebundene lokale Netze in der Regel kein CSMA/CD mehr verwenden, sondern mit Punkt-zu-Punkt-Vollduplex-Verbindungen auf der Basis von *Switchen* arbeiten.

Zum Verständnis ist es jedoch von Vorteil, die historische Entwicklung sowie die dazugehörigen Topologien und Netzkomponenten kennen zu lernen. Außerdem leben die CSMA-Verfahren beim *Wireless LAN* wieder auf, da dort das Übertragungsmedium Luft als so genanntes *Shared Medium* von mehreren Stationen genutzt wird und deshalb Kollisionen wieder auftreten können.

Repeater

Die maximale geometrische Ausdehnung eines Netzsegments hängt unter anderem von der Dämpfung der elektrischen Signale auf der Leitung ab. Zur Verstärkung der Signale kann ein *Repeater* zwischen 2 Segmenten eingebaut und so das Netz vergrößert werden (**Bild 5.20**).

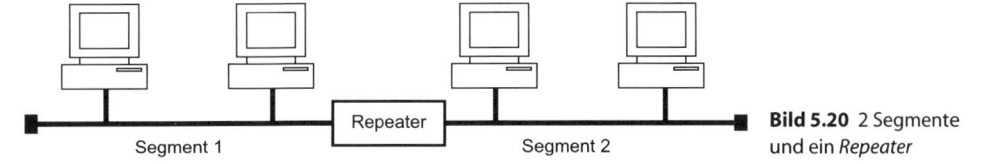

Bild 5.20 2 Segmente und ein *Repeater*

Einen *Repeater* bezeichnet man auch als Schicht-1-Komponente, da er lediglich die elektrischen Signale aufbereitet, aber keine Bits oder Rahmeninhalte auswerten kann. Er hat den Nachteil, dass er alle Signale verstärkt. Auch der Datenaustausch zwischen 2 Stationen im gleichen Netzsegment wird an alle über *Repeater* angeschlossenen Netzsegmente weiterverbreitet, obwohl dies nicht notwendig wäre.

Dieses Verhalten führt zu einer unnötigen Auslastung der Segmente mit Datenverkehr und begrenzt damit die maximal mögliche Anzahl der Stationen im Gesamtnetz. Darüber hinaus kann es nicht nur zu Kollisionen zwischen zwei Stationen im gleichen Segment (*Local Collision*), sondern auch in unterschiedlichen Segmenten kommen (*Remote Collision*), da der *Repeater* alle eingehenden Signale weiterleitet. Man bezeichnet die durch *Repeater* verbundenen Netzsegmente deshalb auch als Kollisionsdomäne.

Bridge

Zur Unterteilung eines Netzes in kleinere Kollisionsdomänen dient eine *Bridge*, die im OSI-Modell als Schicht-2-Gerät eingeordnet werden kann. Eine *Bridge* verbindet zwei Netzsegmente miteinander und fällt eine Entscheidung über die Weiterleitung eingehender Datenrahmen in das jeweils andere Segment (**Bild 5.21**).

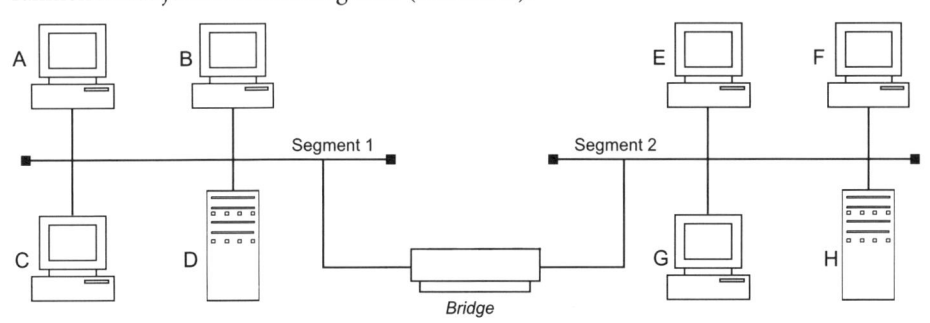

Bild 5.21 2 Segmente und eine *Bridge*

Die Weiterleitung erfolgt nur dann, wenn sich die Zielstation tatsächlich in dem anderen Segment befindet. Dazu muss die *Bridge* eine Adresstabelle besitzen, in der die MAC-Adressen der angeschlossenen Stationen mit ihrer jeweiligen Segmentzuordnung aufgeführt sind. Diese Adresstabelle wird nach dem Einschalten der *Bridge* im Laufe der Zeit automatisch und ohne Zutun eines Administrators gefüllt (**Tabelle 5.2**).

Tabelle 5.2 Aufbau der Adresstabelle (Liste Segment 1,2) in der *Bridge* in **Bild 5.21** nach einem Neustart

Aktionen der Rechner	Aktionen der *Bridge*	Liste Segment 1	Liste Segment 2
A sendet Rahmen an B	A wird in Liste Segment 1 eingetragen, Rahmen wird auch in Segment 2 gesendet	A	–
B antwortet A	B wird in Liste Segment 1 eingetragen, Rahmen wird nicht in Segment 2 gesendet	A, B	–
B sendet Rahmen an G	Rahmen wird auch in Segment 2 gesendet	A, B	–
G antwortet B	G wird in Liste Segment 2 eingetragen, Rahmen wird auch in Segment 1 gesendet	A, B	G
F sendet Rahmen an E	F wird in Liste Segment 2 eingetragen, Rahmen wird auch in Segment 1 gesendet	A, B	G, F
E antwortet F	E wird in Liste Segment 2 eingetragen, Rahmen wird nicht in Segment 1 gesendet	A, B	G, F, E

Sobald ein Datenrahmen eine *Bridge* erreicht, werden die MAC-Adresse des Absenders und der Anschluss (*Port*), über den er angebunden ist, in die Adresstabelle eingetragen. Danach prüft die *Bridge*, ob die MAC-Adresse des Empfängers bereits in der Adresstabelle vorzufinden ist. Wenn ja, dann wird der Datenrahmen nur dann auf dem anderen *Port* ausgegeben, wenn sich der Empfänger in dem daran angeschlossenen Segment befindet. Ansonsten wird der Datenrahmen verworfen. Wenn noch kein Adresseintrag existiert, dann erfolgt die Ausgabe des Datenrahmens sicherheitshalber auch auf dem anderen *Port*.

Eine Besonderheit stellen *Broadcast*-Rahmen dar. Sie werden von einer *Bridge* immer weitergeleitet, da sie an alle Stationen im Netz gerichtet sind. Man sagt deshalb zu den durch eine *Bridge* verbundenen Netzsegmenten auch *Broadcast*-Domäne.

Hub

Die ursprünglichen *Ethernet*-Netzwerke mit Koaxialkabeln waren entweder vergleichsweise fehleranfällig (Unterbrechung des Buskabels legt ein Netzsegment lahm) oder durch spezielle *Transceiver* zum Abzweigen der Signale vom Bus an den einzelnen Stationen teuer. Aus diesem Grund entwickelte man sternförmige Netze und ersetzte zugleich das Koaxialkabel durch günstigere *Twisted-Pair*-Leitungen. Im zentralen Punkt des Netzes benötigte man dann eine neue Netzkomponente, die man als *Hub* bezeichnet.

Die Funktion eines *Hubs* kann auch mit dem Begriff *Multiport Repeater* beschrieben werden. Es handelt sich um ein Schicht-1-Gerät, das die an einem beliebigen Anschluss eingehenden Signale verstärkt und an alle andere Anschlüsse weiterleitet. Ein *Hub* und die damit verbundenen Rechner bilden somit eine große Kollisionsdomäne (**Bild 5.22**).

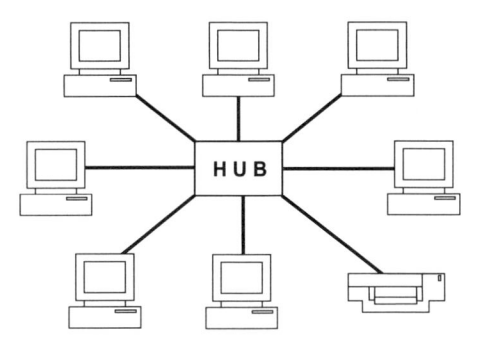

5.2 Übertragungsmedien, Bitübertragung und Sicherung

Bild 5.22 Topologie mit *Hub*

Statt eines Rechners kann man an einen *Hub* auch einen weiteren *Hub* anschließen, so dass weitere Verbindungen für Rechner zur Verfügung stehen. Alle angeschlossenen Stationen müssen sich jedoch die Bandbreite teilen, d. h., bei 100 Mbit/s und 100 Teilnehmern steht bei Gleichverteilung theoretisch für jeden 1 Mbit/s bereit, was sich aber auf Grund von Kollisionen noch weiter verringert.

Switch

Ähnlich wie eine *Bridge* wird ein *Switch* zur Erhöhung der Leistungsfähigkeit eines *Ethernet*-LANs eingesetzt, indem eine Unterteilung in mehrere Kollisionsdomänen stattfindet (**Bild 5.23**).

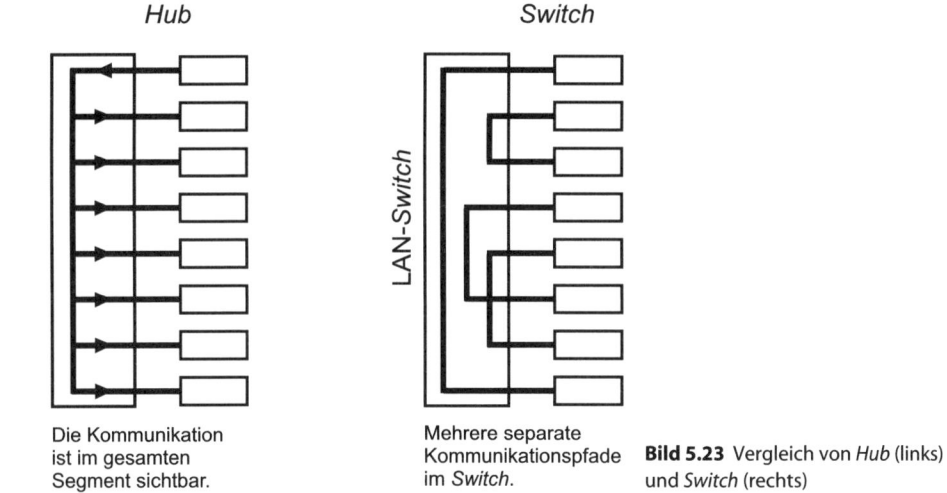

Hub

Die Kommunikation ist im gesamten Segment sichtbar.

Switch

Mehrere separate Kommunikationspfade im *Switch*.

Bild 5.23 Vergleich von *Hub* (links) und *Switch* (rechts)

Dadurch wird das Datenaufkommen in einzelnen Netzsegmenten reduziert und die nutzbare Bandbreite erhöht.

Einen *Switch* kann man auch als *Multiport Bridge* bezeichnen und im OSI-Modell als Schicht-2-Gerät einordnen. An seinen Anschlüssen empfängt er eingehende Rahmen und leitet sie an die entsprechenden Ausgänge weiter. Im Gegensatz zu einem *Hub* findet eine gezielte Weiterleitung statt, d. h., der *Switch* prüft anhand einer Adresstabelle, auf welchen Ausgang der Rahmen gegeben werden muss. Die Adresstabelle wird genau wie bei der *Bridge* im Laufe der Zeit automatisch gefüllt.

Bei einem *Switch* mit 10 Anschlüssen à 100 Mbit/s wäre es im Idealfall möglich, dass je 5 Stationspaare gleichzeitig miteinander Daten austauschen. Die Gesamtdatenrate würde dann 100 Mbit/s x 5 = 500 Mbit/s betragen, was eine Verfünffachung der Datenrate gegenüber einem *Hub* bedeuten würde. Schließt man an einen Anschluss eines *Switch* nur einen Rechner an und keinen weiteren *Hub*, so kann in diesem Mikrosegment die Betriebsart von Halbduplex auf Vollduplex umgeschaltet werden. Damit wird die mögliche Datenübertragungsrate noch einmal verdoppelt. In dem genannten Beispiel müsste der *Switch* mit einer internen Datenrate von mindestens 1 Gbit/s arbeiten, um bei Vollauslastung keine Rahmen zu verlieren.

In der Praxis findet man kaum eine Gleichverteilung des Datenverkehrsaufkommens zwischen den Anschlüssen eines *Switch*. Zumeist gibt es viele Arbeitsplatzrechner, die auf einen oder mehrere *Server* zugreifen. Für die Arbeitsplatzrechner gibt es dann Anschlüsse mit 100 Mbit/s, während die *Server* mit 1 Gbit/s an den *Switch* angeschlossen werden.

Die Anschlüsse eines *Switch* sind in der Regel abwärtskompatibel, so dass auch ältere oder langsamere Komponenten angeschlossen werden können. Das Aushandeln der Geschwindigkeit und die Betriebsart (Voll- bzw. Halbduplex) laufen dabei automatisch ab (*Auto-Negotiation*).

In der Gebäudeautomation sind die Anforderungen an die Übertragungsgeschwindigkeit eher gering und selbst ein 10-Mbit/s-*Ethernet* wäre meist ausreichend. Bei gemischtem Betrieb mit IT-Anwendungen, VoIP und eventuell sogar Bewegtbildübertragung kann man jedoch sehr schnell an die Belastungsgrenzen des LANs gelangen. Ein Netzwerkmanagement mit Überwachung der Komponenten und ihrer Auslastung sollte in diesem Fall eingesetzt werden, um frühzeitig Engpässe zu erkennen. Da *Ethernet* kein deterministisches Protokoll ist, das Nachrichten innerhalb einer gewissen Mindestzeit zustellt, und Datenrahmen von Netzkomponenten bei Überlast verworfen werden dürfen, sind sporadisch auftretende und schwer zu identifizierende Fehler denkbar. Ein *Ethernet*-LAN sollte man deshalb großzügig auslegen.

Virtuelle LANs (VLANs)

Ein *Switch* leitet Rahmen für eine einzelne Station nur an ihren dazugehörigen Ausgangsanschluss weiter. *Broadcasts* hingegen sind an alle Stationen gerichtet und werden deshalb auch auf allen Anschlüssen ausgegeben. Ein mit *Switchen* aufgebautes Netz bezeichnet man deshalb auch als *Broadcast*-Domäne.

In großen Netzen mit vielen Teilnehmern kann es zu einer entsprechend hohen Anzahl an *Broadcasts* kommen, die im gesamten Netz verteilt werden. Diese *Broadcasts* nehmen einen Anteil der zur Verfügung stehenden Bandbreite in Anspruch und belasten die angeschlossenen Stationen, da sie ausgewertet werden müssen. In einem geswitchten Netz kann darüber hinaus prinzipiell jede Station mit jeder anderen Station Nachrichten austauschen. Aus Sicherheitsgründen will man dies gerne unterbinden und nur bestimmten Benutzergruppen untereinander eine Kommunikation erlauben.

5.2 Übertragungsmedien, Bitübertragung und Sicherung

Beispielsweise könnte es an einer Hochschule 3 Gruppen geben: Professoren, Studenten und Verwaltung. Diese Gruppen sollten voneinander getrennt sein, um den unbefugten Zugriff auf gespeicherte Klausuren oder personenbezogene Daten zu verhindern. Die dafür vorhandenen Sicherheitsmaßnamen wie Passwortschutz sind häufig nicht ausreichend genug oder könnten umgangen werden. Eine aufwändige Lösung wäre der Aufbau physikalisch getrennter Netze, wie es in **Bild 5.24** gezeigt ist.

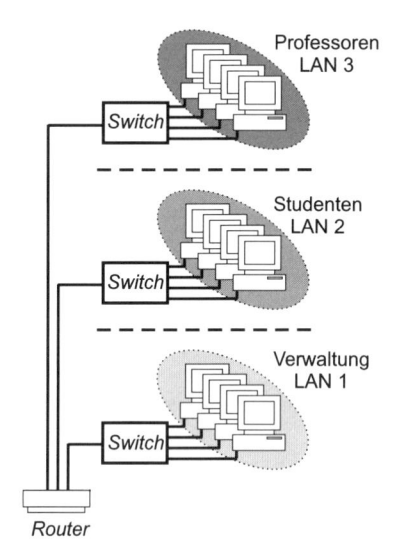

Bild 5.24 Netzaufbau ohne VLANs mit Unterteilung in 3 Benutzergruppen (Professoren, Studenten, Verwaltung)

Für jede Gruppe gibt es einen eigenen *Switch* und dazugehörige Kabelverbindungen. Bei organisatorischen Änderungen wie z. B. dem Umzug von Mitarbeitern, müsste ggf. eine entsprechende Anpassung der Verkabelung erfolgen, um den Anschluss an den gewählten *Switch* beizubehalten.

Die Trennung der Gruppen kann jedoch wesentlich schneller und kostengünstiger durch Einführung von virtuellen LANs (VLANs) erfolgen. Bei einem VLAN-fähigen *Switch* kann jeder Anschluss per Software einer Gruppe zugeordnet werden. Bei einem Wechsel der Gruppenzugehörigkeit eines Anschlusses ist somit keine Änderung der Verkabelung notwendig.

In dem in **Bild 5.25** gezeigten Beispiel sind die Anschlüsse mit der Gruppenzugehörigkeit markiert. Der *Switch* leitet nur Datenrahmen zwischen den Anschlüssen gleicher Gruppenzugehörigkeit weiter. Auch *Broadcasts* werden nur an die in der gleichen Gruppe befindlichen Rechner übermittelt. Damit dieses Verfahren auch über mehrere *Switche* hinweg funktioniert, müssen die Rahmen, die von einem *Switch* zum anderen weitergeleitet werden, markiert sein. Man bezeichnet dies auch als *Tagging*. Dazu werden die an einem *Switch* eingehenden Rahmen mit einer zusätzlichen Gruppenkennung versehen. Bei einem *Broadcast* würde ein solcher Rahmen an alle *Switche* weiterverteilt werden. Die *Switche* entfernen die Gruppenkennung und stellen den Rahmen allen angeschlossenen Rechnern gleicher Gruppenzugehörigkeit zu. Für die Rechner ist dieses Verfahren völlig transparent, da die Veränderungen am Rahmen vom ausliefernden *Switch* wieder rückgängig gemacht werden.

Will man dennoch eine Kommunikation zwischen verschiedenen Gruppen erlauben, so wird als Koppelelement ein so genannter *Router* benötigt. Dieser kann Daten zwischen Gruppen transportieren, wobei mit einer gezielt eingestellten Filterung und Untersuchung des Datenstroms (*Firewall*) unbefugter Zugriff verhindert wird.

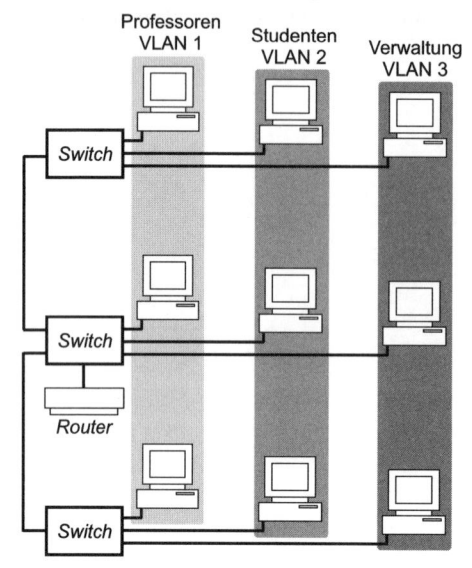

Bild 5.25 Netzaufbau mit VLANs und Unterteilung in 3 Benutzergruppen (Professoren, Studenten, Verwaltung)

Aufgabe 5.9

Ein Netzwerk besteht aus den Rechnern A bis E und weiteren Netzkomponenten (*Hub*, *Switch*). In der nachfolgenden Tabelle ist aufgeführt, welche Rechner jeweils die Datenrahmen sehen, die zwischen den in der linken Spalte angegebenen Rechnern transportiert werden. Gehen Sie davon aus, dass das Netz schon eine Weile läuft, so dass der *Switch* weiß, welche Rechner an ihm angeschlossen sind.

Datenübertragung von	A	B	C	D	E
A nach E	x		x	x	x
B nach E		x			x
E nach A	x		x	x	x

Erstellen Sie eine Skizze des möglichen Netzes. Markieren Sie auch die Kollisionsdomänen und die *Broadcast*-Domäne.

Aufgabe 5.10

Erläutern Sie, warum in einem vollständig geswitchten Netz keine *Local* und *Remote Collisions* auftreten können.

Aufgabe 5.11

Kollisionsdomänen sind immer kleiner oder gleich *Broadcast*-Domänen. Stimmt diese Behauptung?

5.2 Übertragungsmedien, Bitübertragung und Sicherung

Aufgabe 5.12

Vergleichen Sie die verschiedenen *Twisted-Pair*-Kabel hinsichtlich elektromagnetischer Verträglichkeit (Beeinflussung bzw. Erzeugung von Störungen) und Installationsaufwand.

Aufgabe 5.13

Geben Sie die Vor- und Nachteile einer mehrwertigen Übertragungstechnik an.

5.2.3.3 Übertragung mit Glasfasern

Bei Glasfasern werden die Daten mit Hilfe von Lichtimpulsen auf einem optischen Wellenleiter übertragen. Diese Technologie ist heute noch teurer als die Verwendung elektrischer Nachrichtenkabel, zeichnet sich aber durch die folgenden positiven Eigenschaften aus:

- Übertragungstechnische Vorteile:
  - geringe Signaldämpfung,
  - hohe Bandbreite und damit hohe Übertragungsraten,
  - hohe Abhörsicherheit im Vergleich zu elektrischen Nachrichtenkabeln oder Funk.
- Beeinflussungstechnische Vorteile:
  - keine Beeinflussung durch Blitzeinschlag oder Hochspannungs-/Energie-Leitungen,
  - gefahrlose Anwendung in explosionsgefährdeter Umgebung (keine Zündfunken),
  - keine Signalabstrahlung (hohe elektromagnetische Verträglichkeit),
  - galvanische Trennung der Netzkomponenten (keine Ausgleichsströme durch Potenzialunterschiede).
- Mechanische Vorteile:
  - kleiner Kabeldurchmesser und geringes Gewicht (Platzeinsparung, einfache Verlegung),
  - große Lieferlängen und lange Leitungsstrecken ohne Zwischenstationen,
  - korrosionsunempfindlich.

Den Vorteilen stehen als Nachteile die höheren Kosten und die aufwändigere Montage von Steckverbindungen gegenüber. Bei einer Glasfaser ist darüber hinaus besonders auf die Einhaltung minimaler Biegeradien zu achten, um Beschädigungen des Wellenleiters zu vermeiden.

Faseraufbau

Eine Glasfaser besteht im Innern aus einem Kern aus Quarzglas (Siliziumdioxid), der von einem ebenfalls aus Quarzglas bestehenden Mantel umgeben ist (**Bild 5.26**).

Kern und Mantel werden unterschiedlich dotiert (gezielte Zugabe von Fremdsubstanzen), um einen gewünschten optischen Brechungsindex n einzustellen.

Bild 5.26 Aufbau einer Glasfaser

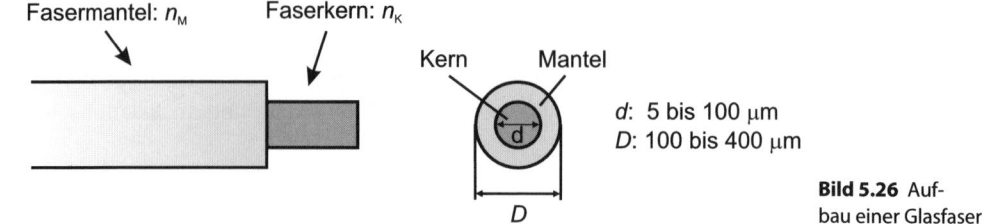

d: 5 bis 100 µm
D: 100 bis 400 µm

Dies führt dazu, dass ein in die Faser einlaufender Lichtstrahl gemäß den Gesetzen der Optik an der Grenze zwischen Kern und Mantel reflektiert wird. Dazu muss der Brechungsindex des Kerns größer als der des Mantels sein. Der Lichtstrahl kann sich so entlang des Wellenleiters über wiederholte Totalreflexionen ausbreiten (**Bild 5.27**). Die Winkel können über Brechungsgesetze berechnet werden.

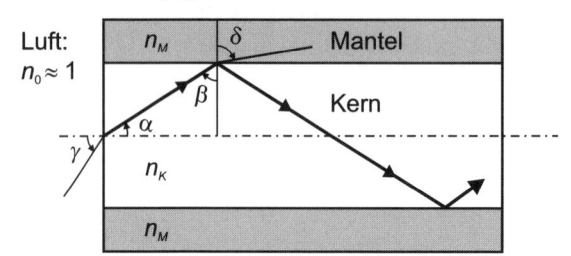

Bild 5.27 Einkopplung und Ausbreitung des Lichts in einer Glasfaser

Zum Schutz der empfindlichen, haardünnen Glasfaser vor mechanischer Beschädigung wird eine weitere Ummantelung mit mehreren Kunststoffschichten (z. B. aus Kevlar) angebracht. Es gibt auch Fasern, deren Lichtwellenleiter an Stelle von Glas aus Kunststoff besteht. Auf Grund der schlechteren optischen Eigenschaften werden diese Fasern jedoch nicht für die schnelle Datenübertragung auf langen Strecken eingesetzt, sondern z. B. bei der digitalen Audioübertragung (CD/DVD-Geräteverbindung zum optischen Anschluss eines Audioverstärkers). Die polymer-optischen Fasern werden inzwischen auch für die Vernetzung von Steuergeräten in Automobilen eingesetzt und man forscht an kostengünstigen Hochgeschwindigkeitssystemen, die einmal DSL ablösen sollen.

Dämpfungseigenschaften

Unter der Dämpfung versteht man die Verringerung der Lichtsignalstärke auf dem Weg vom Sender zum Empfänger. Diese sollte möglichst klein sein, um bei gegebener Lichtleistung des Senders und Empfindlichkeit des Empfängers eine möglichst große Strecke überbrücken zu können.

Die Dämpfung bei Glasfasern hat mehrere Ursachen. Unter intrinsischen Verlusten versteht man die Rayleigh-Streuung (Streueffekte infolge von Materialinhomogenitäten in Analogie zur Lichtstreuung an Wassertröpfchen bei Nebel) und die Infrarotabsorption. Extrinsische Verluste entstehen durch Materialverunreinigungen, die ebenfalls zu Streueffekten führen und so den Lichtdurchgang behindern. Weitere Verluste ergeben sich durch die Krümmung der Glasfaser beim Verlegen (Biegedämpfung) und beim Verlängern (Spleißdämpfung, Dämpfung von Steckverbindungen). Darüber hinaus können größere Verluste bei der Einkopplung des Lichts in die dünne Faser entstehen. Die Dämpfung einer Faserstrecke wird wie in der Nachrichtentechnik üblich in dB bzw. längenbezogen in dB/km angegeben.

Die Dämpfung D in dB berechnet sich zu:

$$D = 10 \cdot \log \frac{P_E}{P_A}$$

mit P_E als eintretender Lichtleistung und P_A als austretender Lichtleistung.

Typische längenbezogene Dämpfungswerte für Glasfasern liegen zwischen 0,5 und 3 dB/km. Da die Verlustmechanismen in der Glasfaser frequenzabhängig sind, nutzt man vorzugsweise die als optische Fenster bezeichneten Wellenlängenbereiche um 850 nm, 1300 nm und 1550 nm, die sich durch besonders geringe Dämpfung auszeichnen.

Dispersionseigenschaften

Das in die Glasfaser eingekoppelte Licht kann sich unter bestimmten Reflexionswinkeln entlang des Wellenleiters ausbreiten (**Bild 5.28**). Dies ist der Fall bei der so genannten Multimode-Faser, die einen vergleichsweise großen Kerndurchmesser um 50 µm besitzt.

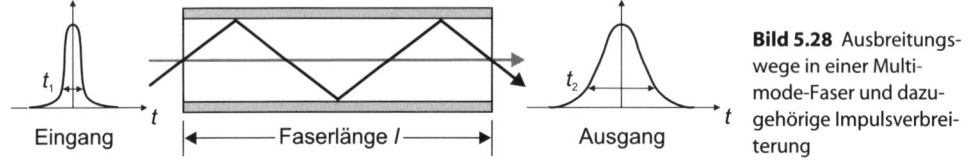

Bild 5.28 Ausbreitungswege in einer Multimode-Faser und dazugehörige Impulsverbreiterung

Auf Grund der unterschiedlichen Wegstrecken treffen bestimmte Anteile eines Lichtimpulses früher und andere Anteile später am Empfangsort ein. Dies führt zu einer Impulsverbreiterung, die man als Modendispersion bezeichnet.

Bei der Übertragung von digitalen Signalen mit Lichtimpulsen muss man deshalb darauf achten, die einzelnen Bits nicht zu schnell hintereinander zu senden. Ansonsten würden sie sich auf der Empfangsseite überlagern und eine Erkennung des logischen Zustands erschweren oder verhindern. Da die Impulsverbreiterung mit zunehmender Länge der Glasfaser steigt, führt man das so genannte Bandbreiten-Längen-Produkt ein.

Es stellt eine Maßzahl für die maximal mögliche Übertragungsgeschwindigkeit auf einer Glasfaserstrecke dar. Eine Faser mit 1000 MHz km kann eine Frequenz von 1000 MHz über eine Strecke vom 1 km weitgehend unverzerrt übertragen und damit eine Übertragungsrate von etwa 1000 Mbit/s realisieren. Verdoppelt man die Entfernung auf 2 km, so müssen die Abstände zwischen den Lichtimpulsen länger ausfallen, und es ist nur noch eine Frequenz von 500 MHz bzw. eine Übertragungsrate von 500 Mbit/s möglich.

Die Modendispersion kann durch Verkleinerung des Kerndurchmessers verhindert werden. Bei einem Kerndurchmesser von wenigen µm breitet sich das Licht im Wellenleiter annähernd geradlinig aus (Zentralstrahl). Man bezeichnet solche Fasern deshalb auch als Monomode-Fasern, da es nur noch einen Ausbreitungsweg und somit keine Modendispersion gibt. Monomode-Fasern weisen deshalb wesentlich höhere Bandbreiten-Längen-Produkte als Multimode-Fasern auf (typisch 100 GHz km statt 1 GHz km).

Die maximale Übertragungsrate wird hier durch einen weiteren Effekt, die Materialdispersion, begrenzt. Unterschiedliche Wellenlängen (Farben) des Lichts breiten sich mit verschiedener Geschwindigkeit in der Glasfaser aus. Ein Lichtimpuls mit einer bestimmten spektralen Breite (Farbenbereich) wird deshalb beim Durchgang in seine einzelnen Wellenlängenanteile aufgespalten und somit zeitlich verbreitert. Verringert werden kann dies nur durch die Verwendung von Lichtquellen mit besonders hoher Farbreinheit, wie sie bei Lasern näherungsweise anzutreffen sind.

Optisches Übertragungssystem

Ein optisches Übertragungssystem besteht neben dem Lichtwellenleiter aus den in **Bild 5.29** gezeigten Komponenten.

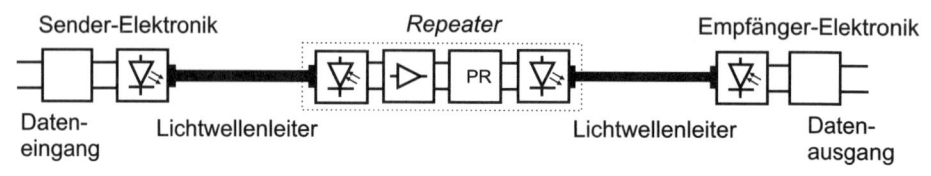

Bild 5.29 Optisches Übertragungssystem

Als Sender kommen entweder Halbleiterlaser oder Leuchtdioden zum Einsatz. In Abhängigkeit des elektrischen Datensignals wird deren Lichtintensität gesteuert. Die Laser zeichnen sich insbesondere durch ihre geringe spektrale Bandbreite (geringe Materialdispersion) sowie die Bündelung und damit gute Einkopplung des Lichts in die Faser aus. Als Empfänger verwendet man Photodioden, welche die Lichtimpulse wieder in elektrische Signale umwandeln. Längere Glasfaserstrecken benötigen gegebenenfalls Zwischenverstärker (*Repeater*). Dabei wird das Lichtsignal in ein elektrisches Signal rückgewandelt, verstärkt, aufbereitet (PR – Pulsregenerierung) und dann wieder in ein Lichtsignal umgesetzt. Bei Weitverkehrsstrecken setzt man auch rein optische Verstärker ein. In Zukunft ist mit dem verbreiteten Einsatz weiterer optischer Komponenten (Schalter, Filter, Koppler) zu rechnen.

Übertragungsvarianten

Bei *Ethernet* werden die in der **Tabelle 5.3** aufgeführten Varianten bevorzugt eingesetzt, wobei die 1-Gbit/s-Standards am weitesten verbreitet sind.

Tabelle 5.3 *Ethernet*-Varianten bei Glasfaserübertragung

Bezeichnung	Geschwindigkeit	Maximale Faserlänge
100Base-FX	100 Mbit/s	ca. 400 m
1000Base-SX	1 Gbit/s	ca. 500 m
1000Base-LX	1 Gbit/s	ca. 5 km

5.2 Übertragungsmedien, Bitübertragung und Sicherung

Für den Datentransport in die Hin- und in die Rückrichtung (Tx bzw. Rx) wird jeweils eine eigene Glasfaser verwendet. Auf Grund der getrennten Signalpfade für Tx und Rx ist deshalb eine Übertragung im Vollduplex möglich. Zum Anschluss sind zwei unterschiedliche Steckverbinder gebräuchlich, die mit ST bzw. SC bezeichnet werden.

Für das oft gebräuchliche 1000Base-SX werden Multimode-Fasern eingesetzt und eine Wellenlänge von 850 nm benutzt. Bei der Auswahl von Komponenten ist auf einen einheitlichen Kerndurchmesser zu achten, da sowohl 50 µm als auch 62,5 µm handelsüblich sind. 1000Base-LX überbrückt mit Monomode-Fasern (Kerndurchmesser 10 µm) die größten Distanzen bis 5 km und verwendet dazu eine Wellenlänge von 1300 nm. In Zukunft werden auch verstärkt 10-Gbit/s-*Ethernet*-Varianten (10Gbase-LX4, 10Gbase-SR, 10Gbase-LR usw.) eingesetzt, die sich durch die Art der verwendeten Faser, den Wellenlängenbereich und die Maximaldistanz unterscheiden.

Aufgabe 5.14

Geben Sie die Unterschiede zwischen eine Monomodefaser und einer Multimodefaser bezüglich Dispersionsverhalten an.

Aufgabe 5.15

Vergleichen Sie *Twisted Pair* mit Glasfasern bezüglich Übertragungsgeschwindigkeit und maximaler Streckenlänge.

5.2.3.4 Strukturierte Verkabelung

Bei der strukturierten Verkabelung (**Bild 5.30**) verfolgt man das Ziel, möglichst wenig unterschiedliche Medien und Netze für die Übertragung möglichst vieler Anwendungen einzusetzen.

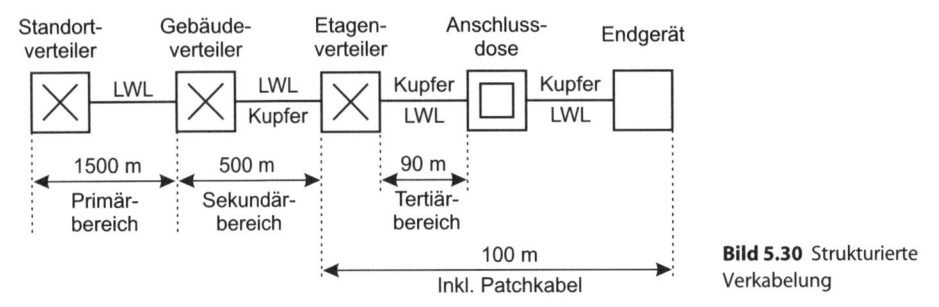

Bild 5.30 Strukturierte Verkabelung

Die Europanorm EN 50713 definiert dazu die Merkmale einer hersteller- und anwendungsneutralen Verkabelung für flexible und zukunftssichere Verbindungen. Dabei bildet man Hierarchiestufen für 3 unterschiedliche Einsatzbereiche.

Beim Primärbereich handelt es sich um die gebäudeübergreifende Verkabelung, die an Gebäudeverteilern beginnt bzw. endet. Auf Grund der relativ großen Entfernungen und zur Vermeidung von Ausgleichsströmen durch Potenzialunterschiede werden hier Lichtwellenleiter verwendet.

Unter dem Sekundärbereich versteht man den gebäudeinternen *Backbone*, der den Gebäudeverteiler mit den einzelnen Etagenverteilern verbindet. Hier sind sowohl Kupferkabel als auch Lichtwellenleiter erlaubt.

Im Tertiärbereich findet schließlich der Anschluss der Endgeräte an die Etagenverteiler statt. Üblich ist eine sternförmige Verkabelung mit *Twisted Pair*. Je nach örtlichen Gegebenheiten kann man auch auf die Etagenverteiler verzichten und alle Endgeräte sternförmig mit einer leistungsfähigen Netzkomponente am Gebäudeverteiler verkabeln.

Im Zuge aktueller Trends wie *Voice-over-IP* (VoIP) nutzt man diese strukturierte Verkabelung sowohl für die Rechnervernetzung als auch zum Telefonieren. Eine Nutzung für die Gebäudeautomation wäre nur konsequent. Dabei darf man eventuelle Sicherheitsprobleme jedoch nicht außer Acht lassen, da ohne besondere Maßnahmen ein Zugriff auf Systeme der Gebäudeautomation von jedem Bürorechner aus möglich wäre. Außerdem muss gewährleistet sein, dass eine eventuelle Überlastung des Netzes durch andere Dienste die zuverlässige Funktion der Gebäudeautomation nicht gefährdet.

5.2.3.5 Funkübertragung (Wireless LAN)

Die meisten *Ethernet*-Netze, die für die Gebäudeautomation eingesetzt werden, basieren auf Kabel- bzw. Glasfaserverbindungen. *Wireless* LAN (WLAN) kann in einigen Fällen eine Alternative sein, wenn z. B. in denkmalgeschützten Altbauten keine Neuverkabelung erfolgen kann oder entfernte Gebäude miteinander verbunden werden sollen.

Die Übertragung mit WLAN ist transparent, d. h., ein Anwender wird meist keinen Unterschied zu einer leitungsgebundenen Übertragung feststellen. Die Zuverlässigkeit sowie die Stör- und Abhörsicherheit eines WLANs sind jedoch prinzipiell geringer. Folgende von der IEEE (*Institute of Electrical and Electronics Engineers*) aufgestellte Standards sind verbreitet (**Tabelle 5.4**).

Tabelle 5.4 WLAN-Varianten

Bezeichnung	Geschwindigkeit	Frequenzbereich
802.11b	bis 11 Mbit/s	2,4 GHz
802.11g	bis 54 Mbit/s	2,4 GHz
802.11a	bis 54 Mbit/s	5 GHz

Tatsächlich realisierbare Übertragungsraten betragen etwa die Hälfte der in der Tabelle aufgeführten Geschwindigkeiten. Gründe dafür sind der Halbduplex-Betrieb und der *Overhead* für die Zugriffssteuerung, der für die geregelte Nutzung des Funkkanals durch mehrere Stationen notwendig ist.

Am weitesten verbreitet sind die kostengünstigen Funksysteme bei 2,4 GHz, die meist auch einen Mischbetrieb von 802.11b und 802.11g erlauben. Die zur Verfügung stehenden Funkkanäle sind teilweise schon überbelegt. Zudem koexistieren noch weitere Funkanwendungen wie *Bluetooth*, *Zigbee* und drahtlose Audio/Video-Übertragung im gleichen Frequenzbereich, so dass es zu gegenseitigen Störungen kommen kann. Auf Grund des lizenz- und anmeldungsfreien Betriebs kann kein Schutz vor Störungen garantiert werden. Lediglich die begrenzte Reichweite (etwa 300 m im Freien) ermöglicht eine Entkopplung frequenzgleicher Systeme. Die Frequenzbelegung bei 5 GHz ist zur Zeit noch wesentlich geringer. Nachteilig ist jedoch, dass die höhere Frequenz auf Grund der höheren Dämpfung durch Wände mit einer wesentlich geringeren Reichweite in Gebäuden verbunden ist. Eine Planung von WLAN-Systemen ist durch die Unwägbarkeiten bei der Funkausbreitung vergleichsweise schwierig und erfordert häufig Vorort-Messungen zur Bestimmung der Reichweite bzw. Funkabdeckung.

5.2.3.6 Rahmenaufbau und MAC-Adresse

Ethernet ist ein paketorientiertes Datenübertragungsverfahren. Die Nutzdaten werden vom Sender in Stücke zerteilt und in Rahmen eingebettet. Die Rahmen werden dann über das Transportmedium übertragen und die Nutzdaten auf der Empfangsseite wieder entnommen. Der Vorteil dieses Verfahrens besteht darin, dass ein vorhandenes Medium von mehreren angeschlossenen Stationen scheinbar gleichzeitig benutzt werden kann. Tatsächlich werden die Datenrahmen der einzelnen Teilnehmer aber nacheinander übertragen. Nach einer Wartezeit von höchstens 1518 Byte (max. Rahmenlänge bei kabelgebundenem *Ethernet*) besteht für andere Stationen wieder die Möglichkeit des Zugriffs auf das Übertragungsmedium.

Ethernet-Rahmen haben den in **Bild 5.31** gezeigten Aufbau.

8 Bytes	6 Bytes	6 Bytes	2 Bytes	variabel	4 Bytes
Präambel	Empfänger-adresse	Sender-adresse	Länge/Typ	Daten	FCS

Bild 5.31 Rahmenaufbau bei *Ethernet*

Die Präambel zu Beginn der Übertragung signalisiert den angeschlossenen Stationen, dass gleich mit der Datenübertragung begonnen wird. Danach folgt die Hardwareadresse des Empfängers. Anhand dieser Adresse erkennt eine Station, ob die Nachricht für sie bestimmt ist oder ignoriert werden kann.

Die Vergabe der 6 Byte (48 bit) langen so genannten MAC(*Media Access Control*)-Adresse (**Bild 5.32**) von Sender- und Empfänger erfolgt durch die IEEE.

I/G 1 bit	U/L 1 bit	Herstellerkennung 22 bit	Seriennummer 24 bit

Bild 5.32 Aufbau von MAC-Adressen

Das I/G(Individuell/Gruppe)-Bit gibt an, ob es sich um eine an eine einzelne Station gerichtete Nachricht (*Unicast*) oder um eine Sendung an eine Gruppe von Stationen (*Multicast*) handelt.

Das U/L(Universell/Lokal)-Bit unterscheidet, ob die MAC-Adresse den Konventionen der IEEE folgt oder vom lokalen Netzbetreiber selbstständig vergeben wurde. Zur Kennzeichnung der Hersteller von Netzwerkkarten stehen 22 Bits zur Verfügung, denen dann 24 Bits als Geräte- oder Seriennummer folgen.

Bei den meisten Netzwerkkarten lässt sich die MAC-Adresse bei Bedarf per Software ändern. Dabei ist darauf zu achten, dass keine Adresse in einem lokalen Netz doppelt vergeben wird.

Eine besondere Bedeutung hat die MAC-Adresse 0xFFFFFFFFFFFF. Darunter versteht man einen *Broadcast*, d. h. eine Sendung an alle im Netz befindlichen Stationen.

Nach der MAC-Adresse des Absenders folgt bei dem am häufigsten verwendeten Ethernet-Rahmen-Format ein 2 Byte langes Typenfeld, das zur Kennzeichnung der Nutzdaten eingesetzt wird. 0x0800 zeigt z. B. an, dass im Nutzdatenbereich ein IP-Paket vorhanden ist. Die Nutzdaten selbst dürfen eine Länge zwischen 46 Byte und 1500 Byte aufweisen, denen dann eine 4 Byte lange CRC-Prüfsumme (*Frame Check Sequence*)zur Fehlererkennung folgt.

Aufgabe 5.16

Finden Sie durch eine Internetrecherche den Hersteller der Netzwerkkarte mit der MAC-Adresse 0x00A02433F217 heraus.

Aufgabe 5.17

Die Aussendung und der Empfang von Rahmen kann mit Protokollanalysatoren wie z. B. *Wireshark* [www.wireshark.org] aufgezeichnet werden. Installieren Sie das Programm nach vorheriger Rücksprache mit Ihrem Netzwerkadministrator und untersuchen Sie den Aufbau der von ihnen gesendeten Rahmen gemäß **Bild 5.31**. Beachten Sie, dass die Präambel nicht angezeigt wird.

5.2.4 ARCNET

ARCNET (*Attached Resource Computer Network*), standardisiert in ATA/ANSI 878.1, ist eine LAN-Technologie, die in der USA für die Bürokommunikation entwickelt, aber vom schnelleren *Ethernet* verdrängt wurde. Im Gegensatz zu *Ethernet* weist ARCNET jedoch ein deterministisches Übertragungsverhalten auf, das es für den Einsatz in der industriellen Kommunikationstechnik interessant macht. So beruht ARCNET wie MS/TP auf einem *Token-Passing*-Verfahren. Die wesentlichen Vorteile sind:

- Echtzeitfähigkeit, d. h. garantierte Antwortzeiten,
- OSI-Schicht 1 und 2 in Hardware (Chip) realisiert,
- variable Topologie (Bus, Baum, Stern),
- Vielzahl von Medien (Koaxialkabel, *Twisted Pair*, Lichtwellenleiter),
- variable Datenraten von 30 bit/s bis 10 Mbit/s,
- hohe Effizienz durch geringen *Overhead* (Übertragungsrate bis 71 % der Baudrate).

ARCNET hat jedoch außerhalb der USA keine größere Bedeutung erlangen können, so dass auch nur wenige BACnet-Geräte ARCNET unterstützen.

5.2.5 LONTALK

LONTALK ist eine der möglichen LAN-Technologien, um BACnet-Nachrichten zu transportieren. Unter LONTALK versteht man dabei das Kommunikationsprotokoll der Firma Echelon im Rahmen der LONWORKS-Protokollfamilie, die in Kapitel 4 ausführlich erläutert ist.

Als Übertragungsmedien stehen verdrillte Leitungen, Koaxialkabel, Lichtwellenleiter und Funksysteme zur Verfügung, die skalierbare Übertragungsgeschwindigkeiten bis zu 1,25 Mbit/s erlauben.

Die Fähigkeit, BACnet-Nachrichten über LONTALK zu verbreiten, bedeutet jedoch nicht, dass gleichzeitig auch die höheren Schichten von BACnet und LON miteinander kommunizieren können. LONTALK ist nur das Transportmedium, die Abbildung zwischen BACnet-Objekten und LONWORKS/LONMARK ist eine Aufgabe entsprechender *Gateways*.

5.3 Vermittlungsschicht

5.3.1 Aufgabe

Die Aufgabe der Vermittlungsschicht ist die Weiterleitung von Nachrichten zwischen verschiedenen Netzen, unabhängig von der verwendeten Schicht-2-Technologie (**Bild 5.33**).

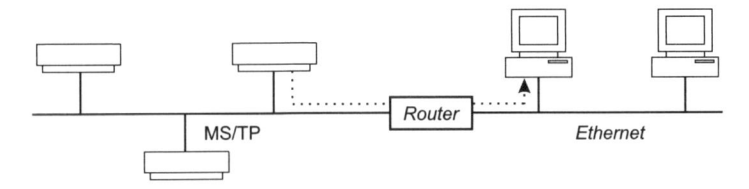

Bild 5.33 Vermittlung zwischen zwei Netzen durch einen *Router*

Während sich die Sicherungsschicht nur mit lokalen Adressen befasst, muss die Vermittlungsschicht eine globale Adressierung ermöglichen. Beispielsweise sind in einem MS/TP-Netz 254 lokale Adressen und die *Broadcast*-Adresse verfügbar. Ein zweites MS/TP-Netz hat den gleichen Adressraum. Will man die beiden Netze verbinden, so muss ein zusätzliches Entscheidungskriterium zur eindeutigen Identifikation der Stationen im Gesamtnetz eingeführt werden. Dies ist die von BACnet verwendete 2 Byte lange Netznummer (maximal 65535 Teilnetze). Eine BACnet-Station ist somit durch die Netznummer und die Schicht-2-Adresse eindeutig gekennzeichnet.

Geräte, die mehrere Netze miteinander verbinden und die Weiterleitung von Nachrichten übernehmen, nennt man *Router*.

Ein *Router* kann dabei Netze gleicher oder unterschiedlicher Schicht-2-Technologie verbinden. Diese Funktionalität kann auch in eine BACnet-Automationsstation integriert sein. Die Weiterleitung von Nachrichten basiert auf Tabellen in den *Routern*, in denen Weiterleitungsregeln eingetragen sind. Diese *Routing*tabellen können automatisch durch Austausch von Weginformationen zwischen *Routern* erstellt werden. Wie der Austausch erfolgt, ist durch ein so genanntes *Routing*protokoll festgelegt. Im Gegensatz zum Internet ist das bei BACnet verwendete Verfahren sehr einfach gehalten. Dazu müssen die Netze aber so aufgebaut werden, dass es jeweils nur einen aktiven Pfad zwischen zwei Stationen gibt.

Die Vermittlungsschicht setzt einen Kopf vor die Dateneinheit der Anwendungsschicht (**Bild 5.34**).

Version	1 Oktett	
Steuerfeld	1 Oktett	
DNET	2 Oktette	DNET: Netzadresse des Empfängers
DLEN	1 Oktett	DLEN: Länge der MAC-Adresse des Empfängers
DADR	variabel	DADR: MAC-Adresse des Empfängers
SNET	2 Oktette	SNET: Netzadresse des Senders
SLEN	1 Oktett	SLEN: Länge der MAC-Adresse des Senders
SADR	variabel	SADR: MAC-Adresse des Senders
Hop Counter	1 Oktett	
Nachrichtentyp	1 Oktett	
Herstellerkennung	2 Oktette	
DA	N Oktette	DA: Dateneinheit für Anwendungsschicht

Bild 5.34 Aufbau der Dateneinheit der Vermittlungsschicht (NPDU)

Nach der Versionsnummer (aktuell „1") folgt ein Steuerfeld, in dem mitgeteilt wird, ob es sich um eine Nachricht des *Routing*protokolls (*Routing*-Nachrichten) oder um Daten von der BACnet-Anwendung (BACnet-Nachrichten) handelt. Bei den Adressen muss zusätzlich die Länge der Schicht-2-Adresse angegeben werden, da sie von 1 Byte (MS/TP) bis 7 Byte (*LONTALK* mit Neuron-Identifikationsnummer) reichen kann.

Eine Sendung von einer BACnet-Station zu einem *Router* beinhaltet die Zieladresse. Die Quelladresse ist über die in der Sicherungsschicht enthaltene lokale Adresse und das Netz über den *Router*-Anschluss, auf dem die Sendung eingeht, bekannt. Die NPDU zwischen *Routern* beinhaltet Quell- und Zieladresse, während die Sendung vom *Router* zum BACnet-Gerät nur die Quelladresse enthält.

Über den *Hop-Count*-Zähler wird verhindert, dass BACnet-Nachrichten endlos im Netz kreisen, wenn entgegen den Designrichtlinien geschlossene Wege in der Topologie vorhanden sind. Der *Hop-Count* wird bei jedem *Router*durchgang um 1 vermindert und die Nachricht beim Erreichen des Werts „0" verworfen.

Je nach Aufgabe werden bestimmte Felder im Kopf nicht benötigt und weggelassen. Beim BACnet-Nachrichtenaustausch zwischen zwei Stationen in einem lokalen Netz werden z. B. nur das Versions- und das Kontrollfeld verwendet (**Bild 5.35**).

Version = 0x01	1 Oktett	
Steuerfeld = 0x04	1 Oktett	
DA	N Oktette	DA: Dateneinheit für Anwendungsschicht

Bild 5.35 NPDU bei der Übertragung zwischen Stationen im gleichen Netz

5.3 Vermittlungsschicht

Der Austausch von *Routing*-Informationen ist ebenfalls standardisiert und besteht aus Nachrichten der Art:

- Frage nach dem *Router* zu einem bestimmten Netz (*Who-Is-Router-To-Network*), Bekanntgabe der Weiterleitungsmöglichkeit zu einem bestimmten Netz durch einen *Router* (*I-Am-Router-To-Network*, Rahmenformat siehe **Bild 5.36**),

Version = 0x01	1 Oktett	
Steuerfeld = 0x80	1 Oktett	
Nachrichtentyp = 0x00	1 Oktett	
DNET	2 Oktette	DNET: Zielnetz

Bild 5.36 Beispiel für eine NPDU zum Austausch von *Routing*-Informationen

- Bekanntgabe der Weiterleitungsmöglichkeit zu einem bestimmten Netz durch einen *Router* über eine Wählverbindung (*I-Could-Be-Router-To-Network*),
- Fehlermeldung (*Reject-Message-To-Network*), z. B. keine Weiterleitungsmöglichkeit ins Zielnetz gefunden,
- Abfragen, Eintragen und Löschen von Einträgen in *Routing*tabellen von *Routern* (*Initialize-Routing-Table*) usw.

5.3.2 BACnet und Internetprotokolle

Auf Grund der weltweiten Anwendung und Bedeutung des Internets durchdringen die dazugehörigen Protokolle zunehmend auch die Gebäudeautomation. BACnet unterstützt das Internet-Protokoll (IP) und ermöglicht dadurch global vernetzte Systeme. IP kann im OSI-Modell der Vermittlungsschicht zugeordnet werden und hat deshalb die Aufgabe, für eine zielgerichtete Weiterleitung von Paketen durch ein komplexes Netz zu sorgen. Dazu werden sowohl Adressen der Absender- und Empfängerstationen als auch der bestmögliche Pfad durch das Netz benötigt.

5.3.2.1 IP-Adressen

Bei der Adressierung wird im Gegensatz zu der flachen Struktur bei *Ethernet* ein hierarchisches System verwendet. Bei einem flachen Adressierungssystem kann man aus der Adresse keine Information über den Standort einer Station und den möglichen Weg zu ihr erhalten. In einem lokalen Netz mit begrenzter Ausdehnung ist das auch nicht notwendig. Würde man jedoch ein flaches Adressierungssystem im Internet verwenden, müsste in den Vermittlungsstellen (*Routern*) jede einzelne Station mit ihrem dazugehörigen Weg verzeichnet sein, was äußerst ineffizient und technisch kaum realisierbar wäre.

Vom hierarchisch organisierten Telefonnetz kennt man ein für große Netze geeigneteres Adressierungssystem. Man verwendet zuerst eine Vorwahl zur Kennzeichnung des Ortsnetzes und eine sich daran anschließende Rufnummer, die innerhalb des Ortsnetzes den Teilnehmeranschluss darstellt. In ähnlicher Weise hat man auch die IP-Adressen organisiert.

Sie bestehen aus einer 32-Bit-Zahl, die meist in Form von vier Oktetten in Dezimalform geschrieben wird (**Bild 5.37**). Mit der letzteren Darstellung kann sich ein menschlicher Benutzer die Adressen besser merken.

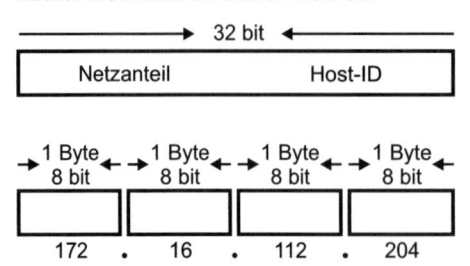

Bild 5.37 Aufbau von IP-Adressen mit Beispiel

Für die Vergabe weltweit eindeutiger IP-Adressen ist die *Internet Assigned Numbers Authority* (IANA) zuständig bzw. die von ihr beauftragten Unterorganisationen.

Die IP-Adressen werden in einen Netzanteil und einen *Host*anteil zerlegt. Der Netzanteil ist vergleichbar mit der Ortsvorwahl beim Telefon, während der *Host*anteil der Rufnummer im Ortsnetz entspricht. Die Aufteilung der 32 zur Verfügung stehenden Bits in Netz- und *Host*anteil ist variabel. Bei den klassenbasierten IP-Adressen hat man die Unterteilung gemäß **Tabelle 5.5** vorgenommen.

Tabelle 5.5 Klasseneinteilung bei IP-Adressen

Klasse	Führende Bits	Wert des 1. Bytes	Bits für Netzanteil	Bits für *Host*anteil	Maximale Rechnerzahl im Netz
A	0	1-126	8	24	ca. 16 Millionen
B	10	128-191	16	16	ca. 65.000
C	110	192-223	24	8	ca. 250
D	1110	224-239	Multicast		
E	1111	Reserviert für Forschungszwecke			

Klasse A

Die Adressklasse A ist für sehr große Netze mit vielen Teilnehmern gedacht. Man benötigt deshalb einen großen *Host*anteil und hat demzufolge weniger Bits für den Netzanteil zur Verfügung. Bei einer Klasse-A-Adresse ist das erste Oktett der Netzanteil und die restlichen 3 Oktette sind der *Host*anteil. Dabei darf das erste Oktett nur Werte zwischen 1 und 126 erhalten. Demzufolge gibt es also nur 126 Klasse-A-Netze mit jeweils $2^{24} - 2 = 16.777.214$ Teilnehmern. Von den maximal möglichen 2^{24} Kombinationen für den *Host*anteil müssen 2 Adressen abgezogen werden, die für die Netzbezeichnung (alle Bits im *Host*anteil sind dann „0") und für *Broadcast*-Sendungen (alle Bits im *Host*anteil sind dann „1") vorgesehen sind.

Zur Kennzeichnung von Netz- und *Host*anteil führt man eine weitere 32-Bit-Zahl als so genannte Netzmaske ein. Auch sie wird üblicherweise als 4 durch Punkte getrennte Oktette in Dezimalform geschrieben. In binärer Darstellung gibt eine „1" oder eine „0" an, ob die betreffende Stelle in der IP-Adresse dem Netz- oder dem *Host*anteil zugehörig ist (**Bild 5.38**).

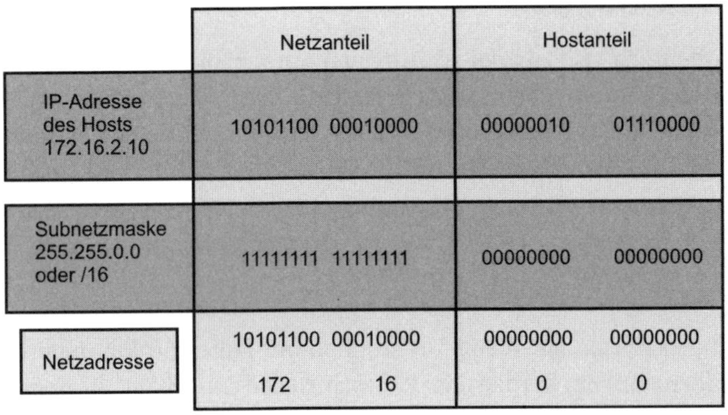

	Netzanteil	Hostanteil
IP-Adresse des Hosts 172.16.2.10	10101100 00010000	00000010 01110000
Subnetzmaske 255.255.0.0 oder /16	11111111 11111111	00000000 00000000
Netzadresse	10101100 00010000 172 16	00000000 00000000 0 0

Bild 5.38 Logische UND-Operation zur Bildung der Netzadresse aus IP-Adresse und Netzmaske

Mit einer logischen UND-Operation von IP-Adresse und Netzmaske kann man deshalb schnell die zu einer IP-Adresse zugehörige Netzadresse ermitteln. Da bei Klasse-A-Netzen das erste Oktett den Netzanteil angibt, lautet die Netzmaske 255.0.0.0.

Klasse B

Adressen der Klasse B wurden für mittelgroße bis große Netze konzipiert. Netz- und *Host*anteil der IP-Adresse nehmen jeweils 16 Bits in Anspruch. Das erste Oktett darf dabei nur Werte zwischen 128 und 191 aufweisen (führende 2 Bits sind 10). Daraus ergeben sich dann insgesamt 2^{14} Netze, in denen jeweils bis zu $2^{16} - 2 = 65.534$ Teilnehmer enthalten sein dürfen. Die Netzmaske für ein Klasse-B-Netz lautet 255.255.0.0.

Klasse C

Klasse-C-Adressen werden für kleinere Netze verwendet. Deshalb sind auch die ersten 3 Oktette für den Netz- und das letzte Oktett für den *Host*anteil reserviert. Für das erste Oktett sind Werte zwischen 192 und 223 vorgesehen. Damit ergeben sich insgesamt 2^{21} Netze mit jeweils maximal $2^8 - 2 = 254$ Teilnehmern. Die Netzmaske für ein Klasse-C-Netz lautet 255.255.255.0.

Sonstige Klassen

Die verbleibenden Adressbereiche werden für *Multicasting* (Klasse D) oder wissenschaftliche Zwecke (Klasse E) verwendet. Eine Besonderheit stellt die Adresse 127.0.0.1 dar, die häufig auch als *Localhost*-Adresse bezeichnet wird. Unter dieser Adresse kann der jeweils eigene Rechner angesprochen werden, was für Testzwecke und Überprüfung eigener Serverdienste vorteilhaft ist. Die Adressbereiche

- 10.0.0.0. bis 10.255.255.255,
- 172.16.0.0. bis 172.31.255.255 und
- 192.168.0.0 bis 192.168.255.255

werden nicht öffentlich vergeben. Sie sind private Adressen, die beliebig in lokalen Netzen verwendet werden dürfen, aber nicht ins Internet gelangen sollen und dort auch nicht über die Vermittlungsstellen weitergeleitet werden.

Auf Grund des Mangels an öffentlich verfügbaren IP-Adressen nutzt man gerne private IP-Adressen. An der Schnittstelle zum Internet befindet sich dann ein *Router* mit NAT(*Network Address Translation*)-Funktionalität. Dort werden die lokal verwendeten Adressen der Stationen in eine einzige öffentliche Adresse umgesetzt, unter welcher der gesamte Verkehr ins Internet abgewickelt wird.

5.3.2.2 Pfadermittlung

Router tauschen in regelmäßigen Abständen Weginformationen mit Hilfe von *Routing*protokollen aus. Aus diesen Informationen werden die *Routing*tabellen aufgebaut, in denen Zielnetze und dazugehörige Wege abgespeichert sind.

Neben diesem dynamischen *Routing* können die Einträge in den *Routing*tabellen auch manuell durch einen Administrator eingegeben werden (statisches *Routing*). Dies hat den Vorteil, dass die Netzverbindungen nicht durch den Austausch von *Routing*informationen belastet werden. Der Nachteil ist jedoch, dass beim Ausfall einer Strecke nicht automatisch eine Ersatzstrecke bestimmt wird, so wie es beim dynamischen *Routing* der Fall ist.

Bild 5.39 zeigt ein Netz mit 3 *Routern*, an denen jeweils ein lokales Netz mit einem Rechner angeschlossen ist.

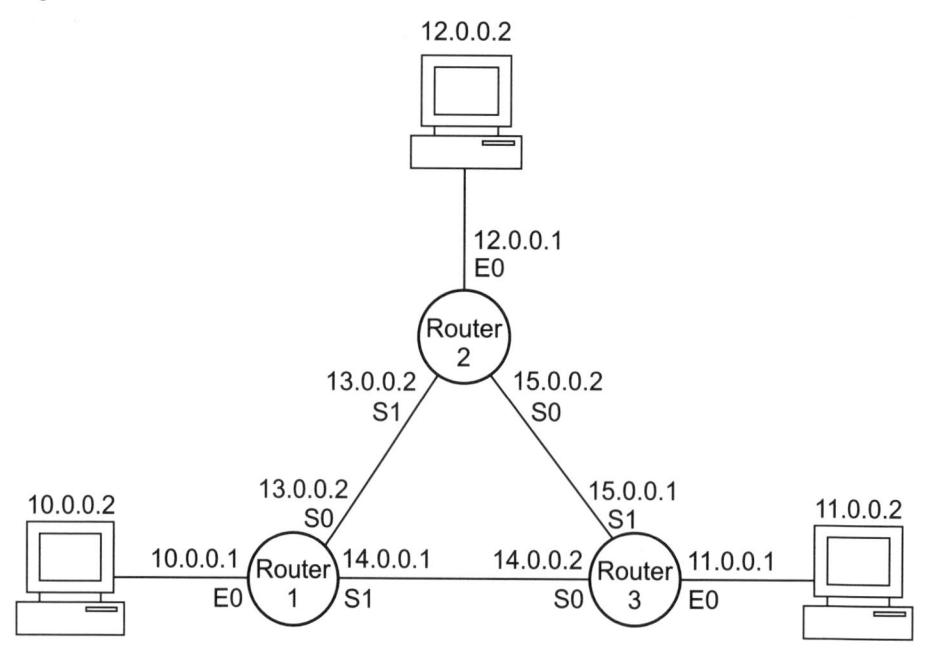

Bild 5.39 Beispielnetz mit 3 *Routern*

5.3 Vermittlungsschicht

Die lokalen Netze haben die Netzadressen 10.0.0.0, 11.0.0.0 und 12.0.0.0. Verbindungen zwischen den *Routern* sind ebenfalls Netze und deshalb auch mit Netzadressen (13.0.0.0, 14.0.0.0 und 15.0.0.0) versehen. Jeder Anschluss eines *Routers* hat eine eigene IP-Adresse. Zusätzlich sind die Anschlüsse mit E0 für *Ethernet* und S0 bzw. S1 für die seriellen Weitverbindungen markiert. Die *Routing*tabellen sind dann z. B. so aufgebaut, wie es in **Tabelle 5.6** dargestellt ist.

Tabelle 5.6 Beispielhafter Aufbau der *Routing*tabellen für das Netz in **Bild 5.39**

Netze	Einträge für die Anschlüsse zur Weiterleitung		
	Router 1	Router 2	Router 3
10.0.0.0	E0	S1	S0
11.0.0.0	S1	S0	E0
12.0.0.0	S0	E0	S1
13.0.0.0	S0	S1	S1
14.0.0.0	S1	S1	S0
15.0.0.0	S1	S0	S1

Wenn Rechner 1 an Rechner 2 ein Paket sendet, so gelangt dies zuerst an *Router* 1. Dort wird aus der Ziel-IP-Adresse (12.0.0.01) mit Hilfe der Netzmaske (255.0.0.0 wegen Klasse A) das Zielnetz (12.0.0.0) ermittelt, aus der *Routing*tabelle der Ausgangsanschluss (S0) bestimmt und die Weiterleitung vorgenommen. Analog dazu wird der nachfolgende *Router* 2 den Weg in das lokale Netz zum Rechner 2 bestimmen. Das IP-Paket gelangt also über 2 *Router* oder *Hops* (Sprünge) zum Ziel.

5.3.2.3 Paketaufbau

Ein IP-Paket besteht aus einem IP-*Header* und den sich anschließenden Daten. Der *Header* (Kopf) hat in der Regel einen Umfang von 20 Byte, so dass man die Felder nicht in einer Reihe, sondern in Blöcken mit je 4 Byte untereinander darstellt (**Bild 5.40**).

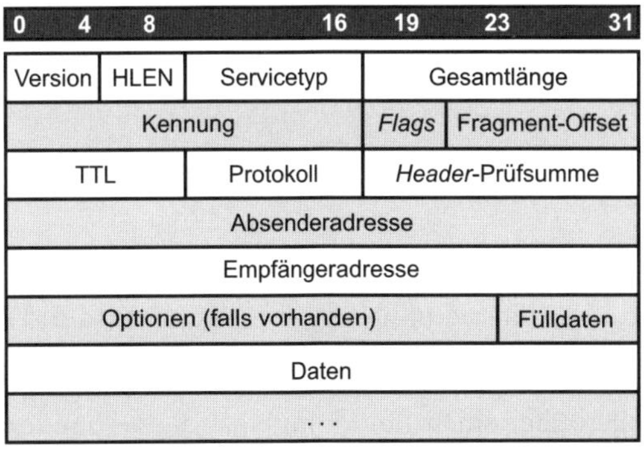

0	4	8	16	19	23	31
Version	HLEN	Servicetyp	Gesamtlänge			
Kennung			Flags	Fragment-Offset		
TTL		Protokoll	Header-Prüfsumme			
Absenderadresse						
Empfängeradresse						
Optionen (falls vorhanden)			Fülldaten			
Daten						
...						

Bild 5.40 Aufbau des IP-*Headers* (zeilenweise Darstellung mit je 32 Bits)

Die wichtigsten Einträge im *Header* sind:

- IP-Version (heute noch zumeist Version 4),
- IP-Adressen von Sender und Empfänger,
- Protokoll (zeigt an, welches OSI-Transportprotokoll folgt),
- Prüfsumme für den *Header* zur Fehlererkennung,
- TTL (*Time-to-live*).

Das TTL-Feld enthält einen Zählerwert, der sich bei jeder Weiterleitung durch einen *Router* um 1 verringert (analog zum *Hop-Count* bei BACnet). Wenn der Zähler den Wert „0" erreicht, wird das Paket ungültig und verworfen. Damit kann verhindert werden, dass IP-Pakete auf Grund eventueller Fehleinträge in *Routing*tabellen endlos im Kreis laufen und unnützen Datenverkehr erzeugen. Die Lebensdauer eines IP-Pakets ist also begrenzt. Fehleinträge in *Routern* können dann vorkommen, wenn durch Ausfall von Strecken eine Neuberechnung der Wege notwendig wird. So kann es durchaus mehrere Minuten dauern, bis ein Netz wieder konvergiert und alle *Routing*tabellen auf dem aktuellen Stand sind.

Mit Hilfe des TTL-Felds kann auch der Weg von Paketen durch ein Netz nachvollzogen werden. Dazu bedient man sich des zusätzlichen Protokolls ICMP(*Internet Control Message Protocol*), dessen bekannteste Funktionalität das Echo ist.

Von den meisten Betriebssystemen lässt sich ein IP-Paket mit einer ICMP-Echo-Anforderung an einen entfernten Rechner mit dem Befehl `ping` versenden. Der entfernte Rechner sendet eine ICMP-Echo-Antwort zurück, sofern der Dienst aktiviert ist und nicht durch eine *Firewall* geblockt wird. Auf diese Weise kann die Erreichbarkeit eines Rechners überprüft und durch eine gleichzeitige Zeitmessung auch die Laufzeit des IP-Paketes ermittelt werden.

Versendet man ICMP-Echo-Anforderungen mit unterschiedlichen TTL-Werten im IP-Header, so kann man die einzelnen *Router* auf dem Weg zum Empfänger herausfinden. Mit *Trace*-Befehlen wie `tracert` (*Windows*) oder `traceroute` (Linux) kann diese Abfrage automatisiert erfolgen. Dabei profitiert man von Fehlermeldungen, die von *Routern* erzeugt werden, wenn der TTL-Wert eines Pakets bzw. die Zahl seiner erlaubten *Hops* überschritten wurde. Der *Trace*-Befehl sendet mehrere *ping*-Pakete mit aufsteigendem TTL-Wert und wertet die Fehlermeldungen der auf dem Weg zum Ziel befindlichen *Router* aus. So wird beim TTL-Wert „1" der erste *Router*, bei „2" der zweite *Router* usw. das Verwerfen des IP-Pakets an den Absender zurückmelden.

5.3.2.4 Subnetze

Auf Grund des schnellen Wachstums des Internets ist eine sparsame Verwendung der noch verfügbaren IP-Adressen geboten. Dies wird mit Hilfe von Subnetzen realisiert. **Bild 5.41** zeigt, wie IP-Adressen effizient vergeben werden können.

Zwei Standorte mit jeweils 100 Rechnern sollen über einen *Router* miteinander verbunden werden. Ohne Subnetze müsste man jedem Standort ein Klasse-C-Netz zuweisen, in dem sich jeweils 254 Rechner befinden könnten. Man würde also 508 IP-Adressen verbrauchen, von denen jedoch 308 unbelegt sind.

5.3 Vermittlungsschicht

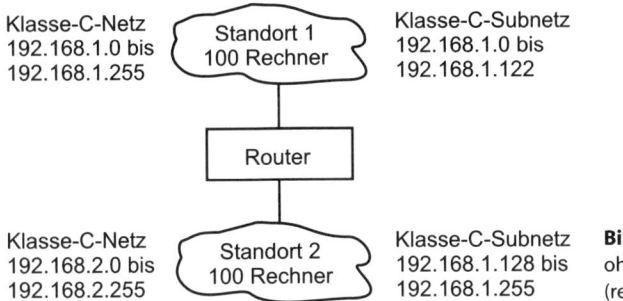

```
Klasse-C-Netz          Standort 1        Klasse-C-Subnetz
192.168.1.0 bis        100 Rechner       192.168.1.0 bis
192.168.1.255                            192.168.1.122

                         Router

Klasse-C-Netz          Standort 2        Klasse-C-Subnetz
192.168.2.0 bis        100 Rechner       192.168.1.128 bis
192.168.2.255                            192.168.1.255
```

Bild 5.41 Vernetzung von 2 Standorten ohne Subnetze (links) und mit Subnetzen (rechts)

Ein günstigere Lösung ist die Verwendung eines einzigen Klasse-C-Netzes, dass in zwei Subnetze unterteilt wird. In den IP-Adressen wird deshalb eine Dreiteilung in Netz-, Subnetz- und *Host*anteil eingeführt. Vom ursprünglichen *Host*anteil wird eine festzulegende Zahl von Bits als Subnetzanteil definiert.

Als Beispiel soll das Klasse-B-Netz 172.16.0.0 in Subnetze unterteilt werden (**Bild 5.42**).

	Netzanteil	Subnetz-anteil	Host-ID
IP-Adresse des Hosts 172.16.2.120	10101100 00010000	00000010	01110000
Subnetzmaske 255.255.255.0 oder /24	11111111 11111111	11111111	00000000
Subnetz	10101100 00010000 172 16	00000010 2	01110000 0

Bild 5.42 Beispiel für eine Unterteilung in Subnetze

Für die Subnetzadressierung werden 8 Bits verwendet. Der vormals 16 bit breite *Host*anteil ist deshalb nur noch 8 bit breit. Mit 8 bit sind 256 unterschiedliche Subnetze möglich, von den jedoch nur 254 verwendet werden. Das erste und letzte *Subnet* bleibt meist ungenutzt.

In jedem Subnetz stehen wiederum 8 bit als *Host*anteil zur Verfügung, entsprechend 254 Rechnern ($2^8 - 2$). Der Fall, dass alle *Host*bits „0" bzw. „1" sind, ist als Netz- und *Broadcast*-Adresse reserviert. Die Netzmaske lautet in diesem Fall 255.255.255.0, da die Position einer binären „1" entweder einen Netz- oder Subnetzanteil kennzeichnet. Alternativ kann man an Stelle der Netzmaske die IP-Adresse mit dahintergestellter Anzahl der Netzmaskenbits verwenden, um eine kürzere Schreibweise zu erhalten (z. B. 172.16.2.0/24 entsprechend 24 Bits für Netz- und Subnetzanteil).

Aufgabe 5.18

Erläutern Sie die Vor- und Nachteile von hierarchischen und flachen Adressstrukturen.

Aufgabe 5.19

Geben Sie die Unterschiede zwischen öffentlichen und privaten IP-Adressen an.

Aufgabe 5.20

Vervollständigen Sie die Einträge in der nachfolgenden Tabelle.

IP-Adresse eines Rechners	Netz-klasse	Subnetzmaske	Netzadresse	Broadcast-Adresse	Maximale Anzahl der Rechner im Subnetz
100.100.100.20		255.255.255.0			
200.200.1.253			200.200.1.252	200.200.1.255	
143.93.64.7					126
17.3.172.43					1022

5.3.2.5 Transmission Control Protocol (TCP)

Im OSI-Modell befindet sich über der Vermittlungsschicht die Transportschicht, zu der das im Internet meist verwendete TCP gehört. An Stelle von TCP wird bei BACnet jedoch das im nachfolgenden Abschnitt 5.3.2.6 beschriebene UDP (*User Datagram Protocol*) benutzt. Aus Gründen der Vollständigkeit soll TCP hier dennoch vorgestellt werden.

TCP hat die Aufgabe, den übergeordneten Protokollen einen zuverlässigen Transport eines Datenstroms als Dienst zur Verfügung zu stellen. Man kann sich auch vorstellen, dass TCP ein virtuelles Datenrohr zwischen den beteiligten Endstellen aufbaut, das den ungestörten Empfang von Daten in richtiger Reihenfolge und ohne Verluste garantieren soll (**Bild 5.43**).

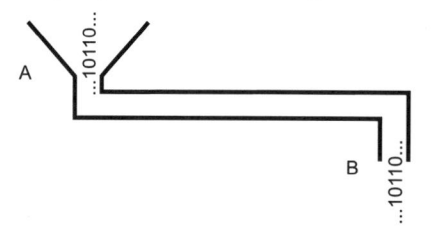

Bild 5.43 Virtuelles Datenrohr. Bits gelangen vollständig und in ursprünglicher Reihenfolge von A nach B.

Den Aufbau der Verbindung bezeichnet man auch als *Three-Way-Handshake*, bei dem die beiden Enden durch Austausch von 3 Nachrichten miteinander synchronisiert werden, d. h., ihre Bereitschaft zum bidirektionalen Senden und Empfangen erklären (**Bild 5.44**).

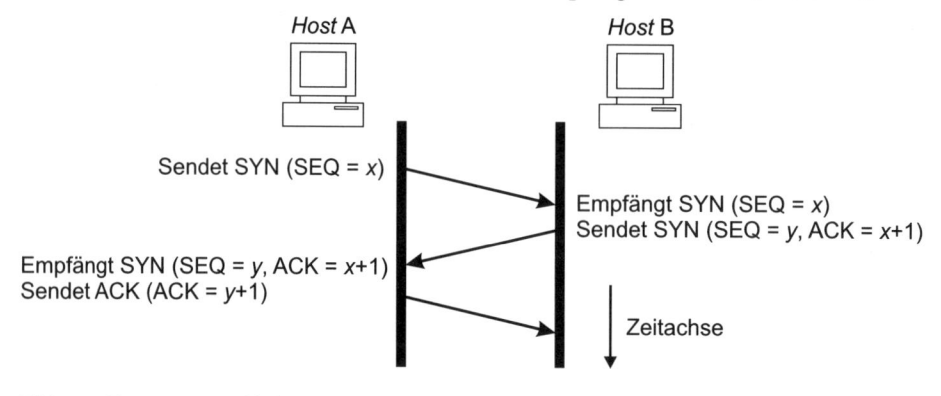

Bild 5.44 *Three-Way-Handshake*

TCP nutzt die paketorientierte Übertragung von IP und muss deshalb den Datenstrom des übergeordneten Protokolls in so genannte Segmente zerteilen, die an IP weitergegeben werden. IP selbst stellt keinen Mechanismus bereit, um Datenpakete bei Verlust oder Störungen zu wiederholen. TCP erreicht dies durch die Einführung einer Nummerierung, die in dem in der Regel 20 Byte langen TCP-*Header* zu finden ist (**Bild 5.45**). Die Anfangsnummern werden im Zuge des *Three-Way-Handshakes* ausgetauscht.

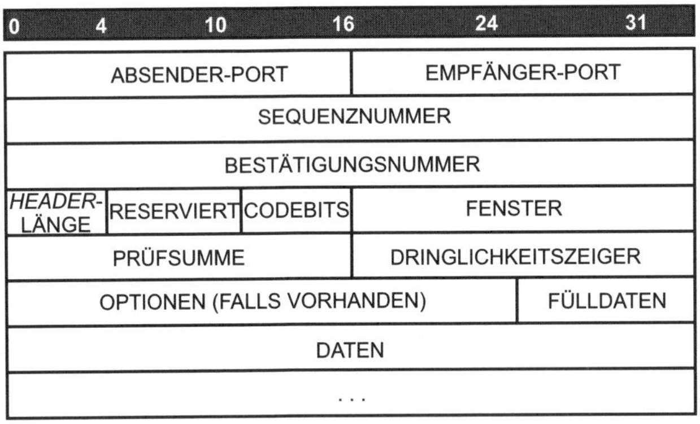

0	4	10	16	24	31
ABSENDER-PORT			EMPFÄNGER-PORT		
SEQUENZNUMMER					
BESTÄTIGUNGSNUMMER					
HEADER-LÄNGE	RESERVIERT	CODEBITS	FENSTER		
PRÜFSUMME			DRINGLICHKEITSZEIGER		
OPTIONEN (FALLS VORHANDEN)				FÜLLDATEN	
DATEN					
...					

Bild 5.45 Aufbau des TCP-*Headers* (zeilenweise Darstellung mit je 32 Bits)

Anhand der Sequenznummern können die eingehenden Segmente auf der Empfangsseite wieder in der richtigen Reihenfolge zusammengesetzt werden. Gleichzeitig wird eine Bestätigungsnummer zurückgesandt, die dem Sender den korrekten Empfang signalisiert. Erhält der Sender innerhalb einer gewissen Zeit keine Rückmeldung, so wird er das entsprechende Segment erneut aussenden. Für den Fall, dass die Rückmeldung verloren geht, kommt es ebenfalls zu einer nochmaligen Sendung. Der Empfänger wird das Duplikat aber anhand seiner Sequenznummer erkennen, verwerfen und eine nochmalige Rückmeldung erstellen.

Wenn der Absender jedes Mal wartet, bis ein Segment bestätigt wird, bevor er das nächste Segment sendet (*Stop-and-Wait*), ist der Durchsatz gering. Je nach Laufzeit zwischen Sender und Empfänger gibt es dann beträchtliche Leerlaufzeiten, in denen keine Datenübertragung stattfindet (**Bild 5.46**).

Aus diesem Grund erlaubt man, dass mehr als ein Segment gleichzeitig ausstehend, d. h. unbestätigt sein darf. Der Zeitraum zwischen der Sendung eines Segments und dem Erhalt der dazugehörigen Bestätigung wird zur Übertragung weiterer Daten verwendet (*Pipelining*). Die Anzahl der Segmente, die verschickt werden dürfen, ohne dass für das erste Segment eine Bestätigung eingetroffen sein muss, nennt man allgemein Fenster. Abweichend davon wird bei TCP an Stelle der Zahl der Segmente die Anzahl der Oktette verwendet.

Zwei weitere wichtige Felder im *TCP-Header* sind die *Port*nummern. Anhand dieser Nummern werden die TCP-Segmente einer Verbindung an das dazugehörige Anwendungsprogramm im Rechner weitergeleitet. Beim gleichzeitigen Surfen im Internet, Empfangen einer Email und Starten eines Downloads gehen z. B. 3 Verbindungen vom eigenen Rechner aus. Jedes der dafür verwendeten Programme benötigt dann eine eindeutige *Port*nummer.

Die Kombination aus IP-Adresse und *Port* wird auch als *Socket* bezeichnet. Eine Verbindung zwischen zwei Rechnern kann deshalb durch ein Paar von Quell- und Ziel*sockets* sowie die Angabe des Transportprotokolls (TCP oder UDP) eindeutig festgelegt werden (**Bild 5.47**).

Bild 5.46 Datenübertragung mit *Stop-and-Wait* (Fenstergröße = 1) und *Pipelining* (Fenstergröße > 1)

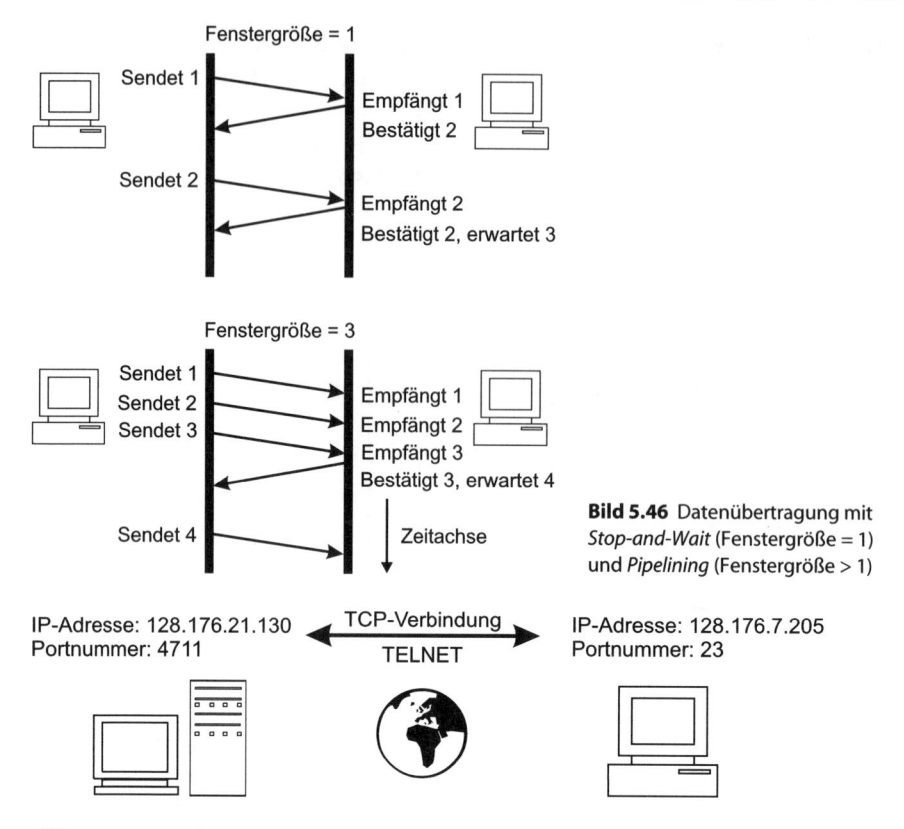

Bild 5.47 Kennzeichnung einer Verbindung über IP-Adressen, *Port*nummern und Transportprotokoll

Für die *Port*nummern stehen 16 bit zur Verfügung, wobei Werte unter 1024 als so genannte *well-known Ports* für bestimmte Dienste reserviert sind. So werden *Webserver* im Internet üblicherweise unter der *Port*nummer 80 angesprochen. Der anfragende *Client* kann seinen *Port* aus Werten zwischen 1024 und 65536 zufällig auswählen, wobei Rücksicht auf ebenfalls in diesem Bereich liegende herstellerspezifische *Port*nummern genommen werden sollte.

Aufgabe 5.21

Finden Sie durch eine Internetrecherche heraus, welche *Ports* und welches Transportprotokoll für das Senden und Empfangen von E-Mails verwendet werden.

Aufgabe 5.22

Datenpakete der Länge N Byte sollen auf einer bidirektionalen Strecke (2 Mbit/s Übertragungsrate, einfache Signallaufzeit von 100 ms) übertragen werden. Übertragungsfehler treten nicht auf. Der Empfänger bestätigt korrekte Pakete unmittelbar nach deren Eintreffen durch nur 1 Bit (d. h., die Zeitdauer ist vernachlässigbar). Wie groß ist das Verhältnis von Nutzdatenrate (Durchsatz) zur Übertragungsrate der Verbindung für die Paketlängen $N = 500$ Byte und $N = 1500$ Byte in Prozent beim *Stop-and-Wait*-Verfahren? Durch welches Verfahren kann ein höherer Durchsatz erzielt werden?

5.3 Vermittlungsschicht

5.3.2.6 User Datagram Protocol (UDP)

TCP ist auf Grund seines Verbindungsauf- und abbaus für BACnet zu aufwändig. Deshalb verwendet man das ebenfalls zu den Internetprotokollen gehörende UDP. Dies ist ein sehr einfaches Protokoll, welches Datagramme ohne Bestätigung oder garantierte Auslieferung austauscht. Die gegebenenfalls notwendige Neuübertragung bei Paketverlusten wird von der BACnet-Anwendungsschicht gesteuert. Der einfache Aufbau des UDP-*Headers* ist in **Bild 5.48** gezeigt.

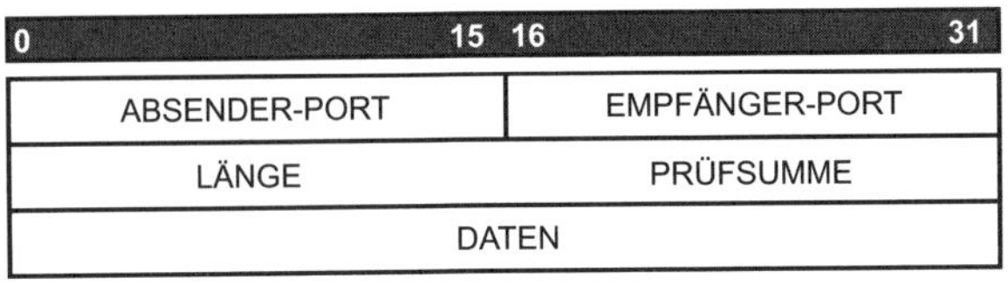

0	15 16	31
ABSENDER-PORT		EMPFÄNGER-PORT
LÄNGE		PRÜFSUMME
DATEN		

Bild 5.48 Aufbau des UDP-*Headers* (zeilenweise Darstellung mit je 32 Bits)

Aufgabe 5.23

Erläutern Sie die Unterschiede zwischen TCP und UDP. Warum benötigt UDP keinen *Three-Way-Handshake*?

5.3.2.7 ARP und DHCP

An der Schnittstelle zwischen Schicht 2 und Schicht 3 muss eine Verknüpfung zwischen MAC-Adressen und IP-Adressen hergestellt werden. Dies und die automatische Zuweisung von IP-Adressen wird mit den nachfolgenden Protokollen durchgeführt.

Address Resolution Protocol (ARP)

Zur Kommunikation in einem *Ethernet* mit TCP/IP benötigt man sowohl die IP-Adresse des Empfängers als auch seine MAC-Adresse. Diese Zuordnung wird mit Hilfe von ARP automatisch ermittelt.

In dem in **Bild 5.49** gezeigten Beispiel befinden sich ein *Client* (Rechner mit *Webbrowser*, 10.1.1.3) und ein *Webserver* (10.1.1.6) im gleichen Netz.

Gibt man in der Adresszeile des *Browsers* die IP-Adresse des *Webservers* ein, so führt das Betriebssystem zuerst eine Abfrage der dazugehörigen MAC-Adresse mit Hilfe eines *Ethernet-Broadcasts* durch. Die Station mit der angefragten IP-Adresse meldet ihre MAC-Adresse zurück. Ab diesem Zeitpunkt ist die Zuordnung zwischen MAC- und IP-Adresse des *Servers* in der ARP-Tabelle des *Clients* gespeichert. Der Inhalt der ARP-Tabelle lässt sich beim Betriebssystem Windows in der Eingabeaufforderung mit dem Befehl `arp -a` abfragen. IP-Pakete können jetzt in *Ethernet*-Rahmen mit der bekannten MAC-Adresse eingebaut werden. Auf den höheren Schichten des OSI-Modells erfolgt dann der TCP-Verbindungsaufbau, anschließend kann die Anwendungsschicht die HTTP-Anfrage zur Übermittlung einer Webseite absetzen.

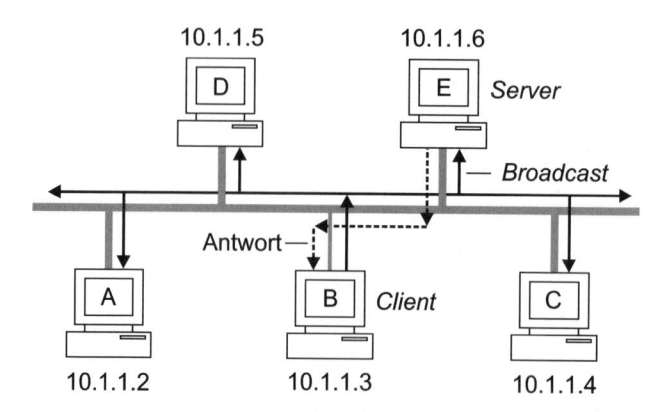

Bild 5.49 Ablauf einer ARP-Anfrage

Dynamic Host Configuration Protocol (DHCP)

IP-Adressen können entweder durch eine manuelle Konfiguration oder durch ein automatisches Vergabeverfahren (DHCP) eingestellt werden. Bei Letzterem sendet eine Station (DHCP-*Client*) beim Einschalten einen *Broadcast* aus, in dem um eine IP-Adresse gebeten wird. Ein DHCP-*Server* beantwortet dies (**Bild 5.50**) mit der Zuweisung einer IP-Adresse (1.0.0.3) und zusätzlichen Informationen wie der Netzmaske (255.0.0.0) und der IP-Adresse des zuständigen *Routers* (1.0.0.1) zur Weiterleitung von Paketen in andere Netze. Die Zuweisung einer IP-Adresse kann entweder zufällig aus einem Pool vorhandener Adressen erfolgen oder gemäß einer Liste, in der die MAC-Adresse der anfragenden Station und die dazugehörige IP-Adresse eingetragen ist.

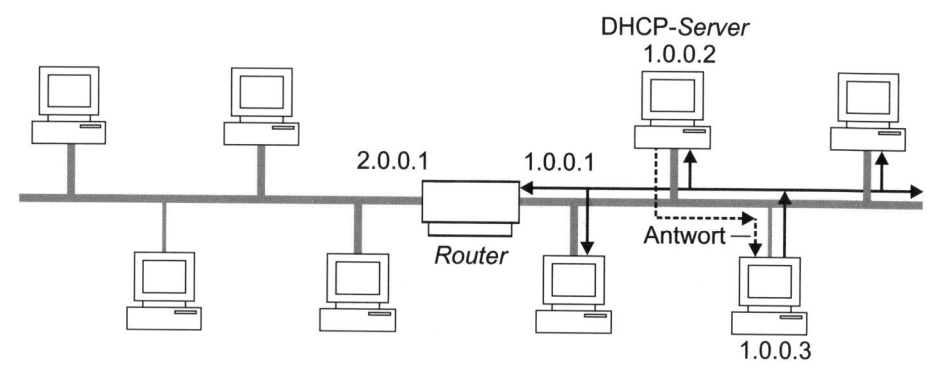

Bild 5.50 DHCP-Adresszuweisung

DHCP hat den Vorteil, den Netzwerkadministrator zu entlasten, da bei eventuellen Änderungen von Adressen, Netzmasken oder *Router*zugängen nur der DHCP-*Server* rekonfiguriert werden muss. Die DHCP-*Clients* erhalten dann automatisch die aktualisierten Informationen. Die individuelle Konfiguration der Netzwerkeinstellungen vor Ort an jeder Station entfällt somit. Die vom DHCP-*Server* versandten Informationen können beim Betriebssystem Windows in der Eingabeaufforderung mit dem Befehl `ipconfig /all` abgefragt werden.

5.3 Vermittlungsschicht 243

DHCP setzt man hauptsächlich bei Arbeitsplatzrechnern und mobilen Systemen ein. *Server* und *Router* erhalten in der Regel manuell eingestellte feste IP-Adressen. Gleiches gilt für Gebäudeautomationssysteme, deren Stationen naturgemäß mit gleich bleibender Konfiguration über einen langen Zeitraum betrieben werden sollen.

5.3.2.8 Verwendung von BACnet mit Internetprotokollen

Lokale Netze zur Bürokommunikation verwenden heute fast ausschließlich *Ethernet* und Internetprotokolle. Die Verbindung mehrerer *Ethernet*-Segmente erfolgt über *Switche* oder IP-*Router*, der Anschluss an das Internet immer über einen IP-*Router*. Diese leiten jedoch nur IP-Pakete weiter, so dass BACnet-über-*Ethernet*-Nachrichten nicht weitergeleitet werden. Es ist deshalb notwendig, die BACnet-Nachrichten zusätzlich in IP-Pakete zu verpacken, die von IP-*Routern* weitergeleitet werden können. Dafür stehen zwei Möglichkeiten zur Verfügung, die eine globale Vernetzung von BACnets über das Internet erlauben:

- *Tunneling Router,*
- BACnet/IP.

Tunneling Router

Beim BACnet-*Tunneling-Routing* benötigt man einen *Packet-Assembler-Disassembler* (B/IP PAD), der lokal gesendete BACnet-Nachrichten empfängt, in IP-Pakete mit UDP als Transportprotokoll verpackt und an einen IP-*Router* versendet (**Bild 5.51**).

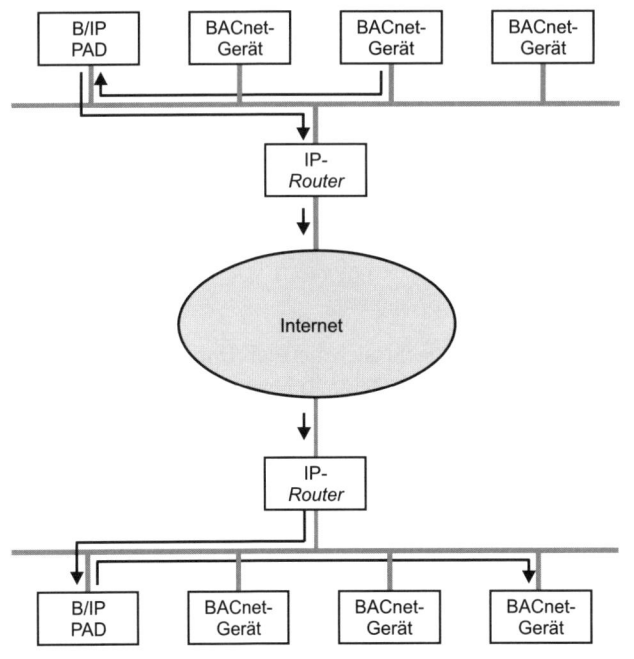

Bild 5.51 *Tunneling Router*

Diese IP-Pakete werden auf der Gegenseite von dem dortigen IP-*Router* entgegengenommen, an den B/IP PAD weitergeleitet, dort ausgepackt und an die lokalen BACnet-Geräte ausgeliefert. Damit die Nachrichten über das Internet an den richtigen Empfänger gelangen, ist im B/IP PAD eine *Routing*tabelle vorhanden. In dieser Tabelle sind BACnet-Netznummern, die IP-Adressen der B/IP PADs in diesen Netzen und die Adresse des nächsten IP-*Routers* eingetragen. Anhand der Zielnetznummer wird somit die IP-Adresse des zuständigen B/IP PADs gefunden und ein Paket gesendet. Bei einem globalen *Broadcast* erhalten alle eingetragenen B/IP PADs ein Paket.

Für die BACnet-Geräte in den lokalen Netzen ist das Verfahren transparent, d. h., der B/IP PAD verhält sich so wie ein BACnet-*Router*, der z. B. ein *Ethernet* mit einem anderen *Ethernet* verbindet. Dass die BACnet-Nachrichten tatsächlich in IP-Paketen über das Internet transportiert werden, bleibt verborgen.

Da die BACnet-Geräte keine IP-Pakete interpretieren müssen, sind sie tendenziell preiswert. Bei vielen *Ethernet*-Segmenten mit jeweils wenigen BACnet-Geräten kann aber durch den pro Segment benötigten B/IP PAD eine insgesamt teure Lösung entstehen. Darüber hinaus müssen in den lokalen Netzen die Nachrichten zu entfernten Netzen zweimal übertragen werden (BACnet-Gerät zu PAD und PAD zu IP-*Router*), so dass ein höheres Verkehrsaufkommen zu berücksichtigen ist. Der Trend geht deshalb zu unmittelbar IP-fähigen BACnet-Geräten.

5.3.2.8.1 BACnet/IP

Bei BACnet/IP sind die einzelnen Geräte IP-fähig, d. h., sie können ohne B/IP PAD über das Internet (d. h. über IP-*Router*) miteinander kommunizieren.

Ein BACnet/IP-Netz besteht aus einem oder mehren IP-Netzen oder IP-Subnetzen, denen eine BACnet-Netznummer zugeordnet ist. Die Nachrichten werden mit Hilfe von IP und UDP transportiert, wobei die Kombination aus IP-Adresse (4 Byte) und UDP-Port (2 Byte) die Funktion ähnlich einer MAC-Adresse bei *Ethernet*, MS/TP usw. übernimmt. IP und UDP werden von BACnet aus als Schicht-2-Protokoll betrachtet, obwohl sie im Internet den OSI-Schichten 3 und 4 zugeordnet sind. IP und UDP stellen also eine Art eingebettetes Protokoll in BACnet dar. Für die BACnet-Netzwerkschicht haben IP und UDP die gleichen Aufgaben wie die anderen möglichen Schicht-2-Protokolle, also den direkten Transport von Nachrichten zwischen 2 Stationen und die Aussendung von *Broadcasts*.

Dass IP tatsächlich ein Schicht-3-Protokoll ist, macht sich bei der Implementierung der Broadcast-Funktionalität bemerkbar. Ein *Broadcast* an Geräte im eigenen Netz ist selbstverständlich möglich. Die Weiterleitung von *Broadcasts* an andere IP-Netze wird durch IP-*Router* in der Regel unterdrückt. Ansonsten könnte man das Internet durch *Broadcasts* an weltweit alle Rechner völlig überlasten und zusammenbrechen lassen. Da BACnet auf *Broadcasts* aufbaut, um z. B. automatisch angeschlossene Geräte zu identifizieren, benötigt man in diesem Fall so genannte BBMDs (*Broadcast Management Devices*), siehe **Bild 5.52**.

BBMDs hören auf BACnet-*Broadcast*-Nachrichten von den BACnet-Geräten in ihren Netzen. Diese Nachrichten werden als gezielte IP-Pakete an die BBMDs in den anderen Netzen weitergeleitet, dort in *Broadcasts* umgewandelt und dann ausgesendet. Das Verfahren benötigt in jedem IP-Netz bzw. -Subnetz einen BBMD, der in einer Tabelle die IP-Adressen alle anderen BBMDs im BACnet/IP-Netz gespeichert hat.

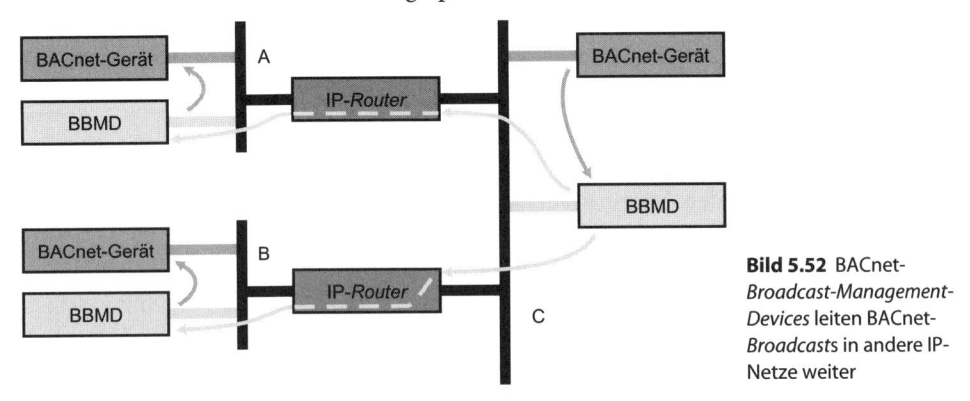

Bild 5.52 BACnet-*Broadcast-Management-Devices* leiten BACnet-*Broadcasts* in andere IP-Netze weiter

| Aufgabe 5.24

Erläutern Sie die Vor- und Nachteile von *Tunneling Routern* gegenüber BACnet/IP.

5.4 Anwendungsschicht

Auf der BACnet-Anwendungsschicht werden die Informationen zum Steuern, Regeln, Abfragen, Alarmieren usw. übertragen. Dies geschieht in Form von codierten Befehlssequenzen, die sich im Datenteil der APDU (*Application Protocol Data Unit*) befinden (**Bild 5.53**).

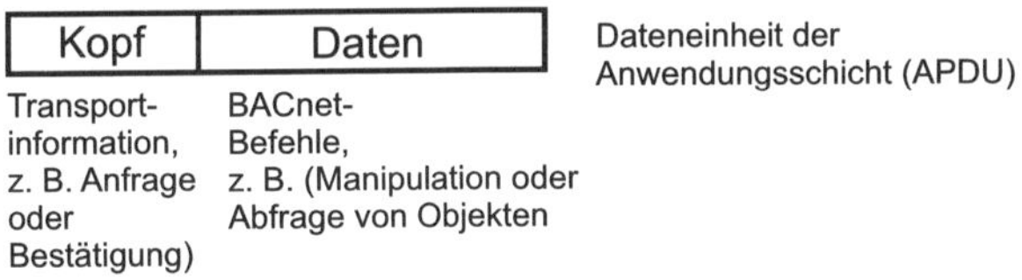

Bild 5.53 APDU mit Kopf und Daten

Die dazugehörigen Konzepte mit Objekten, Diensten und Prozeduren werden in den nachfolgenden Abschnitten erläutert.

Die BACnet-Anwendungsschicht übernimmt auch Aufgaben, die man der Transportschicht des OSI-Modells zuordnen würde. Die entsprechenden Informationen befinden sich im Kopf der APDU. Beispielsweise gibt es bestätigte Dienste, bei denen vom Empfänger der Nachricht eine Rückmeldung erwartet wird (**Bild 5.54**).

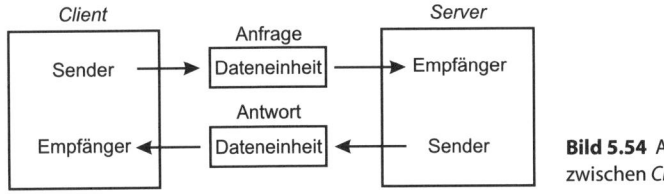

Bild 5.54 Anfrage-Anwort-Datenaustausch zwischen *Client* und *Server*

Die anfragende Station (*Client*) muss innerhalb einer gewissen Zeit die Empfangsbestätigung erhalten, ansonsten wird sie die Nachricht noch einmal versenden. Erst wenn sie nach mehrmaligem Senden keine Antwort erhält, wird das Anwendungsprogramm darüber informiert. Eine detaillierte Beschreibung der APDU-Codierung und dazugehörige Ablaufdiagramme der Datenübertragung finden sich in der Dokumentation zum BACnet-Standard [DIN EN ISO 16484-5].

5.4.1 Objekte

In BACnet-Geräten werden Informationen gespeichert. Das können z. B. die Temperatur eines angeschlossenen Fühlers, der Schaltzustand einer Pumpe oder ein Kalender mit Feiertagen zur automatischen Absenkung der Raumtemperatur sein. Wie diese Informationen in dem Gerät gespeichert sind, d. h. in welchen Mikrocontrollern / Speichern und mit welchem Betriebssystem, ist für den Planer eines Gebäudeautomationssystems unerheblich. Er muss sich jedoch darauf verlassen können, dass er auf diese Informationen in einer standardisierten Weise über das Netz zugreifen kann. Dafür wurde ein objektorientierter Ansatz gewählt.

Unter einem Objekt versteht man eine abstrakte Datenstruktur, in der Informationen als so genannte Objekteigenschaften gespeichert werden. Ein Objekt kann man sich im einfachsten Fall auch als Tabelle mit 2 Spalten vorstellen.

Tabelle 5.7 zeigt ein Beispiel für einen Temperaturfühler. Dieses Objekt hat den Namen „Raumtemperatur" und ist vom Typ „Analoger Eingang". Die Momentantemperatur ist über die Objekteigenschaft „Aktueller Wert" auslesbar. (Man beachte, dass Kommazahlen hier und in den nachfolgenden Beispielen gemäß BACnet-Standard mit einem Punkt als Trennzeichen geschrieben werden.) Weitere Objekteigenschaften sind ein oberer und ein unterer Grenzwert, bei deren Überschreiten ein Alarm ausgelöst werden könnte.

Tabelle 5.7 BACnet-Objektdarstellung durch Tabellen

Objektname	Raumtemperatur
Objekttyp	Analoger Eingang
Aktueller Wert	25.3
Status	Normalbetrieb
Oberer Grenzwert	35.0
Unterer Grenzwert	0.0

Die soft- und hardwareseitige Realisierung der Abfrage des Temperaturfühlers bleibt dem Anwender verborgen. Das Objekt kapselt sie vor dem Anwender ab und belastet ihn nicht mit technischen Details.

Bei BACnet gibt es nicht nur die hier gezeigten Objekteigenschaften, sondern weitere vielfältige Dateninhalte mit unterschiedlichen Bedeutungen. Deshalb hat man beschlossen, an Stelle des Begriffs Eigenschaft zukünftig den allgemeineren englischen Ausdruck *Property* zu verwenden.

Die BACnet-Objekte stellen die Basis für die Funktionen der Gebäudeautomation dar. Der BACnet-Standard definiert Objekttypen, die typische Anforderungen der Gebäudeautomation abdecken. Dies sind neben einfachen analogen und digitalen Eingabe-/Ausgabeobjekten auch kompliziertere Objekte zur Regelung von Anlagen, Betriebskalender und Trendaufzeichnungen.

Einige der dort vorgesehenen *Properties* sind optional. Man unterscheidet deshalb zwischen verbindlich vorgeschriebenen *Properties*, die lesbar (R) oder schreib- und lesbar (W) sein müssen, und optionalen *Properties* (O). Die optionalen *Properties* können ggf. mit R und W kombiniert werden.

Falls die vordefinierten Objekte oder *Properties* nicht ausreichend sind, so können nichtstandardisierte Erweiterungen eingebracht werden. Damit ist es möglich, technischen Entwicklungen zu folgen, die noch nicht den Standardisierungsprozess durchlaufen haben.

5.4.1.1 Datentypen

Die in den *Properties* gespeicherten Informationen können den in **Tabelle 5.8** aufgeführten Grunddatentypen angehören.

Tabelle 5.8 Grunddatentypen bei BACnet-Objekten

Datentyp	Inhalt
NULL	Oktett mit Wert 0
Boolean	Bool'sche (logische) Variable, „wahr" oder „falsch"
Unsigned Integer	Positive ganze Zahlen, z. B. mit 8, 16 oder 32 bit Länge
Signed Integer	Ganze vorzeichenbehaftete Zahlen in Zweierkomplementdarstellung, z. B. mit 8, 16 oder 32 bit Länge
Real	Gleitkommazahl nach IEEE-754 mit einfacher Genauigkeit, z. B. $1.234 \cdot 10^7$
Double	Gleitkommazahl nach IEEE-754 mit doppelter Genauigkeit
Octet String	Kette von Oktetten
Character String	Zeichenkette
Bit String	Bitfolge (in Vielfachen von Oktetten)
Enumerated	Auflistung als Binärzahl (in Vielfachen von Oktetten)
Date	Kalenderdatum mit Tag, Monat, Jahr und Wochentag
Time	Uhrzeit im 24-h-Format

Weitere Datentypen lassen sich aus diesen Grundtypen aufbauen. Ein *BACnetArray* besteht z. B. aus einer geordneten Folge von Elementen mit dem gleichen Grunddatentyp. Auf jedes Element dieser Folge kann mit Hilfe eines Index zugegriffen werden. Ohne Indexangabe erhält man beim Lesen die komplette Folge zurück. Bei einem Aufruf mit dem Indexwert „0" wird die Zahl der Einträge zurückgeliefert.

Mit dem *List*-Datentyp kann ebenfalls eine Folge von Elementen mit dem gleichen Grunddatentyp gespeichert werden. Der gezielte Zugriff auf einzelne Elemente und die Abfrage der Anzahl der Elemente ist jedoch nicht direkt möglich.

BACnet-spezifische Datentypen werden häufig bei der Beschreibung von Objekten eingesetzt.

Beispielsweise besteht der Datentyp *BACnetReliability* aus einer Aufzählung (*Enumerated*) und kann nur die Werte:

- 0 (*no-fault-detected*),
- 1 (*no-sensor*),
- 2 (*over-range*) oder
- 3 (*under-range*)

annehmen. Viele weitere BACnet-Datentypen sind im BACnet Standard beschrieben.

5.4.1.2 Namenskonventionen und Adressvergabe

BACnet-Objekte sind innerhalb eines Gerätes eindeutig über einen 32-bit-numerischen *Object Identifier* ansprechbar. Dieser *Identifier* ist in einen 10 bit langen Objekttyp und eine 22 bit lange Instanznummer unterteilt (**Bild 5.55**).

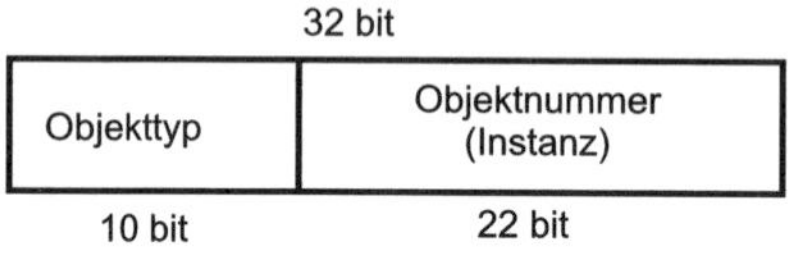

32 bit	
Objekttyp	Objektnummer (Instanz)
10 bit	22 bit

Bild 5.55 Aufbau des *Object Identifier*

Beim Senden einer Nachricht wird der benötigte *Object Identifier* in den Datenteil der APDU eingetragen, um das gewünschte Objekt anzusprechen. Ein Objekttyp kann in einem Gerät auch mehrfach vorkommen. In jedem BACnet-Gerät gibt es zusätzlich ein Objekt für das Gerät selbst, das ebenfalls einen *Object Identifier* besitzt. Dieser *Device Object Identifier* muss im Gesamtnetz eindeutig sein. Mit beiden *Identifiern* kann netzweit auf alle Objekte zugegriffen werden. Da BACnet-Geräte auch als virtuelle „Geräte" in Software implementiert werden können und somit eine Automationsstation mehrere davon beinhalten könnte, wird im Folgenden der weiter gefasste englische Begriff *Device* an Stelle von Gerät verwendet.

Numerische *Object Identifier* sind für den automatisierten Zugriff auf Objekte günstig. Menschliche Bediener und Programmierer bevorzugen jedoch aussagekräftige Namen. Aus diesem Grund hat BACnet vorgesehen, dass jedes Objekt auch mit einem Objektnamen bezeichnet wird. Auch hier gilt, dass der Objektname des *Device* innerhalb des gesamten BACnets eindeutig sein muss.

Für den *Device Object Identifier* wendet man sinnvollerweise eine nachvollziehbare logische Nummernvergabe an. In einem BACnet sind maximal 2^{22} = 4.194.305 *Devices* (*Object Type Device*) entsprechend den verbleibenden 22 bit des *Object Identifiers* adressierbar. Gleichzeitig kann es in einem BACnet bis zu 65.535 Teilnetze gemäß den dafür vorgesehenen 2 Byte langen Netznummern geben.

Ein günstiges Schema für die Netznummern ergibt sich dann wie in **Tabelle 5.9** und **Tabelle 5.10** gezeigt. Gebäude und Stockwerk lassen sich unmittelbar aus der Netznummer ablesen.

5.4 Anwendungsschicht

Tabelle 5.9 „Sprechende" Netznummerierung bei BACnet

B B B F F	
BBB:	Nummern 001 bis 655, einem Gebäude zugeordnet
FF:	00 für das Gebäude-*Backbone*-Netz,
	01 bis 35 für die Stockwerkbezeichnung oder für separate Projekte innerhalb des Gebäudes

Beispiel: 54321 für Gebäude 543 und Stockwerk 21

Diese Netznummerierung findet sich auch im *Device Object Identifier* wieder. Die Gebäudenummer ist dabei die letzte Zahl (BBB), der das Stockwerk bzw. der Gebäude-*Backbone* (FF) und dann eine Nummer (XX) von 00 bis 40 für das jeweilige *Device* vorangestellt wird.

Tabelle 5.10 „Sprechende" *Device-Object-Identifier*-Vergabe

X X F F B B B	
XX:	Nummern 00 bis 40
FF:	00 für das Gebäude-*Backbone*-Netz,
	01 bis 35 für die Stockwerkbezeichnung oder für separate Projekte innerhalb des Gebäudes
BBB:	Nummern 001 bis 655, einem Gebäude zugeordnet

Beispiel: 1234567 für *Device* Nr. 12 im Stockwerk 34 von Gebäude 567

Diese Nummernvergabe hat den Vorteil, dass aus dem *Device Object Identifier* der Standort nach Gebäude und Stockwerk abgelesen werden kann. Bei Kommunikationsproblemen kann dadurch die Fehlersuche vereinfacht werden. Verwendet man diese hierarchische Adressierung so lassen sich maximal 41 *Devices* pro Stockwerk, 35 Stockwerke pro Gebäude und 655 Gebäude adressieren. Bei noch umfangreicheren Liegenschaften kann diese Aufteilung gegebenenfalls nicht mehr ausreichend und eine alternative Nummernvergabe notwendig sein.

Aufgabe 5.25

Geben Sie die BACnet-Netznummer und den *Device Object Identifier* für das *Device* Nr. 18 in Stockwerk 10 von Gebäude 123 gemäß dem Nummerierungsschema in **Tabelle 5.9** und **Tabelle 5.10** an.

5.4.1.3 Standardisierte Objekte

Die *Properties* der wichtigsten standardisierten Objekte werden nachfolgend erläutert. Für das erste Beispiel des Analog-Eingabe-Objekts sind alle *Properties* tabellarisch aufgeführt und entweder in der Tabelle selbst oder in der anschließenden Beschreibung erklärt. Bei den weiteren Objektbeispielen werden nur charakteristische *Properties* dargestellt und beschrieben. Eine vollständige Beschreibung der *Properties* mit allen Details ist im BACnet-Standard sowie seinen Aktualisierungen und Ergänzungen zu finden.

Analog-Eingabe-Objekt

Die „Analog-Eingabe" ist ein Objekttyp, der die *Properties* eines analogen Hardwareeingangs repräsentiert. An diesen Eingang kann z. B. ein Sensor zur Temperaturmessung angeschlossen werden. Bei mehreren analogen Eingängen in einem *Device* wird man weitere Instanzen des gleichen Objekttyps mit unterschiedlichem *Object Identifier* erstellen. Über die BACnet-Dienste können die *Properties* der Objekte abgefragt werden.

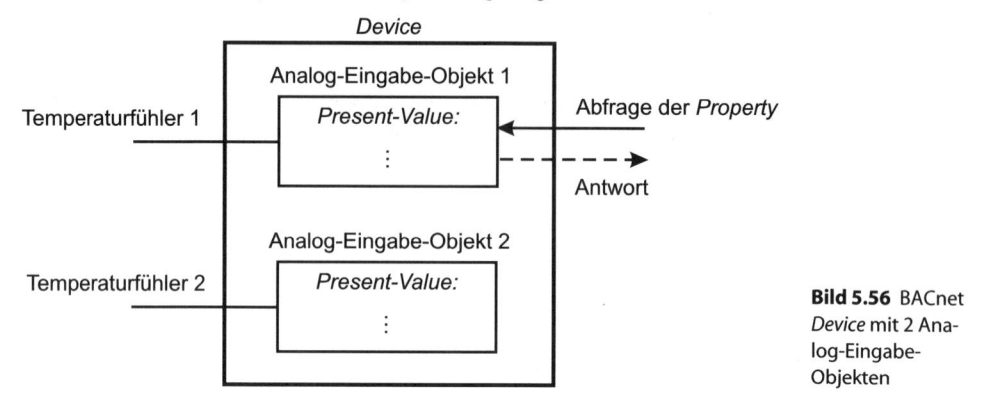

Bild 5.56 BACnet *Device* mit 2 Analog-Eingabe-Objekten

In **Tabelle 5.11** sind die *Properties* für einen beispielhaften Fall angegeben.

Im Folgenden werden die *Properties* näher erläutert.

- *Object_Identifier*: eine im *Device* eindeutige Nummer (32 bit) zur Identifizierung des Objekts.
- *Object_Name*: Name des Objekts (minimale Länge beträgt 1 Zeichen).
- *Object_Type*: Typ des Objekts an (hier: Analog-Eingabe).
- *Present_Value*: aktueller Wert des Analogeingangs unter Berücksichtigung der Einheit. (Falls *Out_Of_Service* auf *TRUE* gesetzt ist, dann kann diese *Property* auch beschrieben werden.)
- *Description*: frei wählbare Objektbeschreibung.
- *Device_Type*: Beschreibung des am Eingang angeschlossenen Sensors.
- *Status_Flags*: Diese *Property* besteht aus 4 Boole'schen Werten, die den Zustand des Analog-Eingangs beschreiben: {*IN_ALARM, FAULT, OVERRIDDEN, OUT_OF_SERVICE*}.
  - IN_ALARM: Steht auf FALSE, wenn die *Property Event_State* NORMAL ist, ansonsten steht IN_ALARM auf TRUE.
  - FAULT: Steht auf TRUE, wenn die *Property Reliability* vorhanden und nicht auf NO_FAULT_DETECTED gesetzt ist, ansonsten steht FAULT auf FALSE.
  - OVERRIDDEN: Steht auf *TRUE*, wenn lokale Einstellungen oder Steuerbefehle vorrangig sind. Die Inhalte der *Properties Present_Value* und *Reliability* folgen dann nicht mehr den physikalischen Änderungen des Eingangs, ansonsten steht OVERRIDDEN auf *FALSE*.
  - OUT_OF_SERVICE: Steht auf *TRUE*, wenn die *Property Out_Of_Service* gesetzt ist, ansonsten steht *OUT_OF_SERVICE* auf *FALSE*.

5.4 Anwendungsschicht

Tabelle 5.11 Beispiel für ein Analog-Eingabe-Objekt

Property	Datentyp	R/W/O	Information
Object_Identifier	BACnetObjectIdentifier	R	(Analogeingabe, Instanz 4)
Object_Name	CharacterString	R	„Geb. 007-Raum 004"
Object_Type	BACnetObjectType	R	ANALOG_INPUT
Present_Value	Real	R[1]	25.3
Description	CharacterString	O	„Raumluft-Temperatur"
Device_Type	CharacterString	O	„NTC Typ 4711"
Status_Flags	BACnetStatusFlags	R	{FALSE,FALSE,FALSE,FALSE}
Event_State	BACnetEventState	R	NORMAL
Reliability	BACnetReliability	O	NO_FAULT_DETECTED
Out_Of_Service	Boolean	R	FALSE
Update_Interval	Unsigned	O	10 (Sekunden)
Units	BACnetEngineeringUnits	R	°C (Maßeinheit für *Present_Value*)
Min_Pres_Value	Real	O	−10.0 (untere Grenze des Messbereichs)
Max_Pres_Value	Real	O	60.0 (obere Grenze des Messbereichs)
Resolution	Real	O	0.2 (Messwertauflösung in gleicher Maßeinheit wie *Present_Value*)
COV_Increment	Real	O[2]	0.5 (Schwellwert für Übertragung)
Time_Delay	Unsigned	O[3]	10 (s bis zur Fehlermeldung)
Notification_Class	Unsigned	O[3]	5 (Meldungsklassen-Objekt Nr. 5)
High_Limit	Real	O[3]	40.0 (oberer Grenzwert)
Low_Limit	Real	O[3]	5.0 (unterer Grenzwert)
Deadband	Real	O[3]	2.0 (Hysterese für Grenzwertmeldungen)
Limit_Enable	BACnetLimitEnable	O[3]	{TRUE, TRUE} (alle Grenzwertmeldungen freigeschaltet)
Event_Enable	BACnetEventTransitionBits	O[3]	{TRUE, FALSE, TRUE}
Acked_Transitions	BACnetEventTransitionBits	O[3]	{TRUE, TRUE, TRUE}
Notify_Type	BACnetNotifyType	O[3]	EVENT (Ereignis)
Event_Time_Stamps	BACnetARRAY[3] of BACnetTimeStamp	O[3]	((12-JAN-07,10:23:24.3),(*-*-*,*:*:*.*),(26-FEB-07,23:55:22.3)
Profile_Name	CharacterString	O	„HBN_Temp_Sensor"

R[1]: schreibbar, wenn *Out_Of_Service* auf *TRUE* gesetzt
O[2]: erforderlich, wenn Übertragung bei Wertänderung unterstützt wird
O[3]: erforderlich, wenn objektinterne Meldungen unterstützt werden

- *Event_State*: Zeigt den Zustand nach einem Ereignis an.
- *Reliability*: Diese *Property* gibt einen Hinweis auf die Zuverlässigkeit des Messwerts in der *Property Present_Value* und kann folgende Zustände aufweisen: {NO_FAULT_DETECTED, NO_SENSOR, OVER_RANGE, UNDER_RANGE, OPEN_LOOP, SHORTED_LOOP, UNRELIABLE_OTHER}. In einem *Device* kann z. B. eine Kabelbruchüberwachung für die angeschlossenen Sensoren integriert sein, die eine entsprechende Fehlermeldung ausgibt.
- *Out_of_Service*: Diese *Property* gibt an, ob der betreffende Eingang „Außer Betrieb" (*TRUE*) oder „In Betrieb" (*FALSE*) ist. Im „Außer Betrieb"-Fall wirkt der Eingang nicht mehr auf den *Present_Value* ein. Die *Property Reliability* und das dazugehörende *Status_Flag FAULT* werden ebenfalls nicht mehr vom Eingang beeinflusst. Beide Werte können dann jedoch zu Testzwecken beschrieben werden.
- *Update_Interval*: Diese *Property* legt das maximale Zeitintervall zwischen den Aktualisierungen des *Present_Values* in Hundertstelsekunden fest, vorausgesetzt der Eingang befindet sich nicht im *OVERRIDEN*- oder *OUT_OF_SERVICE*-Zustand.
- *COV_Increment*: Mit Hilfe des *Change-of-Value*-Dienstes (COV) können bei Änderungen des Eingangssignals automatisch Daten übertragen bzw. Meldungen erstellt werden. Die *Property COV_Increment* gibt dabei an, um wie viel sich der *Present_Value* mindestens ändern muss, damit dies geschieht.
- *Time_Delay*: Diese *Property* gibt die minimale Zeitdauer an, die sich *Present_Value* außerhalb der Grenzen von *High_Limit* und *Low_Limit* befinden muss, damit ein Ereignis Grenzwertverletzung *TO_OFFNORMAL* ausgelöst wird. Die gleiche Zeitdauer gilt für die Rückkehr in *TO_NORMAL*.
- *Notification_Class*: Verweis auf ein Meldungsklassen-Objekt, das beim Eintritt eines Ereignisses die Weiterverarbeitung (z. B. Meldung an bestimmte Empfänger) übernimmt.
- *Deadband*: Eine Rückkehr in den Normalzustand (*TO-NORMAL*) ist nur dann möglich, wenn der Wert des *Present_Value* kleiner als *High-Limit – Deadband* (bzw. größer als *Low_Limit + Deadband*) ist. Diese Hysterese verhindert ein ständiges Umschalten zwischen *NORMAL*- und *OFFNORMAL*-Zustand, wenn sich der *Present_Value* gerade um das *High_Limit* bzw. *Low_Limit* bewegt.
- *Limit_Enable*: Die Generierung von Ereignissen für die Überschreitung des *High_Limits* und des *Low_Limits* wird hier freigegeben.
- *Event_Enable*: Die Erzeugung der Ereignisse *TO_OFFNORMAL*, *TO_FAULT* und *TO_NORMAL* kann hier freigegeben oder gesperrt werden.
- *Acked_Transitions*: Beim Auftreten eines Ereignisses wird dies gemeldet. Der Erhalt von Bestätigungen für die Ereignisse *TO-OFFNORMAL*, *TO_FAULT* und *TO_NORMAL* wird über gesetzte Bits (*TRUE*) angezeigt.
- *Notify_Type*: Zeigt an, ob ein Ereignis als *Alarm* oder weniger wichtig als *Event* übertragen werden soll.

- *Event_Time_Stamps*: In dieser *Property* werden Datum und Zeitpunkt vorangegangener Meldungen für die Ereignisse TO_OFFNORMAL, TO_FAULT und TO_NORMAL gespeichert.
- *Profile_Name*: Hier kann die Zugehörigkeit des Objekts zu einem bestimmten herstellerspezifischen Objektprofil angegeben werden. Ein Profil beschreibt dabei zusätzliche *Properties*, die über den Standard hinausgehen.

Analog-Ausgabe-Objekt

Über das Analog-Ausgabe-Objekt (**Tabelle 5.12**) werden analoge Werte (Spannungen, Ströme) auf einem Hardwareanschluss eines BACnet *Device* ausgegeben. In der *Property Priority_Array* werden die eingehenden Stellwerte für den *Present_Value* nach absteigender Priorität gespeichert (siehe auch Abschnitt 5.4.3.2.) Derjenige Wert mit der höchsten Priorität wird vom *Present_Value* übernommen. Liegt kein Stellbefehl vor, so gilt der in der *Property Relinquish_Default* aufgeführte Stellwert. Für die Stellwerte sind auch Prozentangaben bezüglich des Maximalwerts möglich.

Tabelle 5.12 Beispiel für ein Analog-Ausgabe-Objekt

Property	Datentyp	R/W/O	Information
Object_Type	BACnetObjectIdentifier	R	ANALOG_OUTPUT
Present_Value	Real	W	34.6
Units	BACnetEngineeringUnits	R	PERCENT
Priority_Array	BACnetPriorityArray	R	{NULL,NULL,NULL,NULL,34.6,...}
Relinquish_Default	Real	R	50.0

Analogwert-Objekt

Das Analogwert-Objekt liefert einen Analogwert, der jedoch nicht einem Hardwareeingang, sondern einer Speicherstelle in einem BACnet-Gerät zugeordnet ist. Der Wert kann sich z. B. aus einer Berechnung ergeben. Bei einer Klimaanlage könnte intern die Enthalpie bestimmt und über ein Analogwert-Objekt nach außen bereitgestellt werden (**Tabelle 5.13**). Dabei sind der berechnete Wert und die dazugehörige Einheit zu übergeben.

Tabelle 5.13 Beispiel für ein Analogwert-Objekt

Property	Datentyp	R/W/O	Information
Object_Type	BACnetObjectIdentifier	R	ANALOG_VALUE
Present_Value	Real	R	20.5
Description	CharacterString	O	„Berechnung der Enthalpie"
Units	BACnetEngineeringUnits	R	Joule pro Kilogramm trockener Luft

Mittelwert-Objekt

Das Mittelwert-Objekt (**Tabelle 5.14**) zeichnet das Minimum, das Maximum und den Mittelwert einer *Property* über einem bestimmten Zeitintervall auf. Dabei kann sowohl auf *Device*-interne Objekte als auch Objekte in anderen BACnet *Devices* zugegriffen werden.

Tabelle 5.14 Beispiel für ein Mittelwert-Objekt

Property	Datentyp	R/W/O	Information
Object_Type	BACnetObjectIdentifier	R	AVERAGING
Minimum_Value	Real	R	3.5
Minimum_Value_Timestamp	BACnetDateTime	O	(23-MRZ-2007,13:23:45.33)
Average_Value	Real	R	24.3
Variance_Value	Real	O	8.6
Maximum_Value	Real	R	35.3
Maximum_Value_Timestamp	BACnetDateTime	O	(23-MRZ-2007,14:05:22.31)
Attempted_Samples	Unsigned	W	20
Valid_Samples	Unsigned	R	19
Object_Property_Reference	BACnetDeviceObject-PropertyReference	R	(Analog Eingabe Instanz 4)
Window_Interval	Unsigned	W	500
Window_Samples	Unsigned	W	20

Die Datenquelle für das Mittelwert-Objekt wird über die *Property Object_Property_Reference* festgelegt. Neben dem Mittelwert (*Average_Value*) und der optionalen Varianz werden die Minimal/Maximal-Werte sowie gegebenenfalls die dazugehörigen Zeitpunkte gespeichert.

Das Mittelwert-Objekt verwendet die so genannte Schiebefenstermethode (*Sliding Window*). Dabei werden immer die letzten n Werte im zurückliegenden Zeitintervall ΔT ausgewertet. Das *Window_Interval* bestimmt den Zeitbereich (500 s), während *Window_Samples* die Anzahl n der verwendeten Werte (20) in diesem Intervall angibt. Über die Objekteigenschaft *Valid_Samples* kann man die Anzahl der gültigen Werte abfragen, während *Attempted_Samples* die Anzahl der versuchten Abfragen im Zeitintervall enthält. Im Normalzustand entsprechen beide dem Wert von *Windows_Samples*. Ist *Attempted_Samples* hingegen kleiner, so wurde das BACnet *Device* entweder gerade gestartet oder es wurden Einstellungsänderungen, z. B. an *Windows_Samples* durchgeführt. Ist der Wert von *Attempted_Samples* größer als der Wert von *Valid_Samples*, so sind Abfragen verloren gegangen.

Binär-Eingabe-Objekt

Mit dem Binär-Eingabe-Objekt (**Tabelle 5.15**) können logische Zustände (Ein/Aus, 1/0, aktiv/inaktiv usw.) am Hardwareeingang eines BACnet *Device* abgefragt werden. Verbreitete Anwendungen sind Störungs- und Betriebszustandsmeldungen.

Je nach verwendeter Hardware kann die Nutzung einer negativen Logik erforderlich sein.

So gibt es Relais oder Kontaktgeber mit Schließern und Öffnern. Gegebenenfalls muss deshalb mit der *Property Polarity* eine Invertierung durchgeführt werden, um die gewünschte logische Funktion zu erzielen.

Einige zusätzliche *Properties* erleichtern eine Auswertung und Diagnose. So wird die Uhrzeit der letzten Zustandsänderung in *Change_Of_State_Time* vermerkt oder die Anzahl der Zustandsänderungen seit dem letzten Rücksetzen des Zählers wird in *Change_of_State_Count* gezählt. Auch die Zahl der Betriebsstunden lässt sich über die *Property Elapsed_Active_Time* erfassen.

Tabelle 5.15 Beispiel für ein Binär-Eingabe-Objekt

Property	Datentyp	R/W/O	Information
Object_Type	BACnetObjectIdentifier	R	BINARY_INPUT
Present_Value	BACnetBinaryPV	R	ACTIVE
Polarity	BACnetPolarity	R	NORMAL
Change_Of_State_Time	BACnetDateTime	O	(15-JAN-2007,06:44:12.3)
Change_Of_State_Count	Unsigned	O	34

Binär-Ausgabe-Objekt

Das Binär-Ausgabe-Objekt (**Tabelle 5.16**) ermöglicht das Ein- oder Ausschalten von Komponenten, wie z. B. einem Lüfter, die an ein BACnet *Device* angeschlossen sind. Die zwei möglichen Zustände sind *ACTIVE* und *INACTIVE*. So wie beim Binär-Eingabe-Objekt kann auch hier je nach verwendeter Hardware (Öffner oder Schließer) eine Signalinvertierung über die *Property Polarity* durchgeführt werden. Über die optionale *Minimum_Off_Time* und *Minimum_On_Time* kann festgelegt werden, wie lange der jeweilige Zustand mindestens andauern muss, bevor ein erneutes Umschalten möglich ist. Dies ist erforderlich, da einige Komponenten wie z. B. Motoren nicht beliebig schnell hintereinander ein- und ausgeschaltet werden dürfen.

Tabelle 5.16 Beispiel für ein Binär-Ausgabe-Objekt

Property	Datentyp	R/W/O	Information
Object_Type	BACnetObjectIdentifier	R	BINARY_OUTPUT
Present_Value	BACnetBinaryPV	R	INACTIVE
Polarity	BACnetPolarity	R	REVERSE
Minimum_Off_Time	Unsigned32	O	5
Minimum_On_Time	Unsigned32	O	15

Binärwert-Objekt

Wie beim Analogwert-Objekt (**Tabelle 5.17**) ist dem Binärwert-Objekt kein Hardwareanschluss, sondern eine Speicherstelle zugeordnet, auf die andere Programme zugreifen können. Beispielsweise könnte darüber eine Lüftungsanlage ein- und ausgeschaltet werden. Ein Programm für die Steuerung der Lüftungsanlage würde den Binärwert aus der Speicherstelle auslesen und in Abhängigkeit weiterer Parameter das Ein- und Ausschalten bewirken. Falls ein Feueralarm auftritt, könnte das Programm trotz eines *Present_Value INACTIVE* die Lüftung weiter laufen lassen.

Tabelle 5.17 Beispiel für ein Binärwert-Objekt

Property	Datentyp	R/W/O	Information
Object_Type	BACnetObjectIdentifier	R	BINARY_VALUE
Present_Value	BACnetBinaryPV	R	ACTIVE

Betriebskalender-Objekt

Mit dem Betriebskalender-Objekt (**Tabelle 5.18**) kann eine Datumsliste erstellt werden, in der z. B. Feiertage oder Urlaubszeiten gespeichert werden. Die an diesen Tagen auszuführenden Schaltfunktionen befinden sich in einem Zeitplan-Objekt, das auf das Betriebskalender-Objekt verweist.

Tabelle 5.18 Beispiel für ein Betriebskalender-Objekt

Property	Datentyp	R/W/O	Information
Object_Type	BACnetObjectIdentifier	R	CALENDAR
Present_Value	Boolean	R	TRUE
Date_List	List of BACnetCalendarEntry	R	(((23-DEZ-2006)-(6-JAN-2007)), (1-APR-2007),(1-MAY-2007))

Gruppenauftrag-Objekt

Mit einem Gruppenauftrag-Objekt (**Tabelle 5.19**) können gleichzeitig mehrere *Properties* in unterschiedlichen Objekten beschrieben werden. Damit lassen sich Sammelbefehle erstellen, die ganze Gebäude in einen bestimmten Zustand versetzen. Beispielsweise könnte ein Gebäude die zwei Zustände „Belegt" oder „Unbelegt" aufweisen. Zu diesen Zuständen gehören bestimmte Einstellungen der Raumtemperatur und der Beleuchtung.

In Normalfall befindet sich das Gruppenauftrag-Objekt im passiven Zustand und die dazugehörige *Property In_Process* steht auf *FALSE*. Beschreibt man jetzt die *Present_Value*, so wechselt das Objekt in den aktiven Zustand (*In_process = ACTIVE*) und führt die in der *Property Action* benannten Befehle aus. Die *Property Action* kann dabei mehrere Listen mit Befehlen enthalten. Der Wert, mit dem man *Present_Value* beschreibt, entscheidet darüber, welche Liste ausgeführt wird. Der Schreibvorgang selbst löst dabei die Abarbeitung der Liste aus, deshalb kann eine Liste auch mehrfach hintereinander ausgeführt werden. Ein erneuter Start wird jedoch erst ausgelöst, wenn das Objekt wieder in den passiven Zustand zurückgekehrt ist. Beim Abarbeiten der Liste kann es vorkommen, dass manche Schreibvorgänge nicht ausgeführt werden können. Dann wird die *Property All_Write_Successful* auf *FALSE* gesetzt. Die weitere Befehlsausführung nach einem Schreibfehler kann je nach Zustand eines *Quit_on_Failure-Flags* in den *Action*-Listen abgebrochen oder fortgesetzt werden. In keinem Fall werden jedoch vorher erfolgreiche Schaltbefehle rückgängig gemacht.

Tabelle 5.19 Beispiel für ein Gruppenauftrag-Objekt

Property	Datentyp	R/W/O	Information
Object_Type	BACnetObjectIdentifier	R	COMMAND
Present_Value	Unsigned	W	2
In_Process	Boolean	R	FALSE
All_Writes _Successfull	Boolean	R	TRUE
Action	BACnetARRAY[N] of BACnetActionList	R	{((,(Analogwert, Instanz 4), Present_Value,,23.5,,TRUE,TRUE), (,(Binärausgabe, Instanz 2), Present_Value, ACTIVE,5,1,TRUE,TRUE)), ((,(Analogwert, Instanz 4), Present_Value,,18.5,,TRUE,TRUE), (,(Binärausgabe, Instanz 2), Present_Value, INAC-TIVE,5,2,TRUE,TRUE))}
Action_Text	BACnetARRAY[N] of CharacterString	O	{„Belegt", „Unbelegt"}

Der Aufbau einer *Action*-Liste folgt dabei dem in **Tabelle 5.20** gezeigten Schema. Das *Post_Delay* ermöglicht dabei eine Verzögerung nach jedem einzelnen Schreibvorgang. Falls kein *Device_Identifier* angegeben ist, so bezieht sich der Befehl auf ein Objekt im selben *Device*.

Tabelle 5.20 Aufbau einer *Action*-Liste

Parameter	Datentyp
Device_Identifier (optional)	BACnetObjectIdentifier
Object_Identifier	BACnetObjectIdentifier
Property_Identifier	BACnetPropertyIdentifier
Property_Array_Index (falls notwendig)	Unsigned
Property_Value	Je nach Objekt
Priority (falls notwendig)	Unsigned
Post_Delay (optional)	Unsigned
Quit_On_Failure	Boolean
Write_Successful	Boolean

Das Gruppenauftrag-Objekt ist sehr mächtig und kann unter Umständen falsch konfiguriert werden. Das Aufrufen eines Gruppenauftrag-Objekts durch sich selbst wird zwar durch den passiven Zustand während der Listenabarbeitung verhindert, mit mehreren Objekten wäre jedoch ein Schalten im Kreis möglich. Dies könnte zu Schwingungen und Instabilitäten im Gebäudeautomationssystem führen.

Device-Objekt

In jedem BACnet *Device* befindet sich ein *Device*-Objekt, das die *Properties* des *Device* beschreibt und die verfügbaren Objekte aufzählt. Über den *System_Status* kann der Betriebszustand des *Device* abgefragt werden. Weitere Informationen beziehen sich auf Hersteller- und Modellbezeichnungen sowie Firmware- und Softwareversionskennungen.

Tabelle 5.21 Beispiel für ein *Device*-Objekt

Property	Datentyp	R/W/O	Information
Object_Identifier	BACnetObjectIdentifier	R	(*Device*, Instanz 1)
Object_Type	BACnetObjectType	R	DEVICE
System_Status	BACnetDeviceStatus	R	OPERATIONAL
Vendor_Name	CharacterString	R	„HBN AG"
Vendor_Identifier	Unsigned16	R	4711
Model_Name	CharacterString	R	„HBNBAC"
Firmware_Revision	CharacterString	R	„1.0"
Application_Software_Version	CharacterString	R	„1.0"
Protocol_Version	Unsigned	R	1
Object_List	BACnetARRAY[N] of BACnetObjectIdentifier	R	((Analog-Eingabe, Instanz 1),(Analog-Eingabe, Instanz 2),(Binär-Eingabe, Instanz 1))
Local_Time	Time	O	13:22:45.34
Local_Date	Date	O	20-FEB-2007, TUESDAY

Ereigniskategorie-Objekt

Mit dem Ereigniskategorie-Objekt (**Tabelle 5.22**) können *Properties* von Objekten überwacht und Ereignisse verarbeitet werden (siehe auch Abschnitt 5.4.2.2).

Dazu muss die zu überwachende *Property* in *Object_Property_Reference* angegeben werden. Die *Property Event_Type* bestimmt den Algorithmus für die Ereigniserkennung, z. B.:

- OUT_OF_RANGE,
- CHANGE_OF_VALUE,
- CHANGE_OF_BITSTRING.

5.4 Anwendungsschicht

Tabelle 5.22 Beispiel für ein Ereigniskategorie-Objekt

Property	Datentyp	R/W/O	Information
Object_Type	BACnetObjectIdentifier	R	EVENT_ENROLLMENT
Event_Type	BACnetEventType	R	CHANGE_OF_VALUE
Event_Parameters	BACnetEventParameter	R	(10,0.5)
Notify_Type	BACnetNotifyType	R	ALARM
Object_Property_Reference	BACnetDeviceObject PropertyReference	R	((*Device* Instanz 6), (Analog-Eingabe-Instanz 2), (*Present_Value*)
Event_State	BACnetEventState	R	NORMAL
Event_Enable	BACnetEventTransitionBits	R	(*TRUE,TRUE,FALSE*)
Notification_Class	Unsigned	O	3

Zu jedem Ereignistyp gibt es entsprechende Zustände und Parameter (siehe z. B. **Tabelle 5.23**).

Tabelle 5.23 Beispiel für Ereignistypen, Zustände und Parameter

Ereignistyp	Ereigniszustand	Ereignisparameter
CHANGE_OF_VALUE	NORMAL	Time_Delay
	OFFNORMAL	List_Of_Values

Über das *Property Event_Enable* können Meldungen freigeschaltet werden. Im Beispiel werden Meldungen bei den Übergängen *TO_OFFNORMAL* und *TO_NORMAL* erzeugt. Mit der *Property Event_Parameters* lassen sich dabei die Zeitverzögerung und die Werteabweichung beim *CHANGE_OF_VALUE*-Algorithmus einstellen. Die Meldungen selbst werden an ein Meldungsklassen-Objekt gesandt, das die Weiterleitung an gewünschte Empfänger übernimmt. Alternativ können über optionale *Properties* auch Prozesse in BACnet *Devices* als Empfänger der Meldung angesprochen werden. Die Details dazu findet man im BACnet-Standard.

Datei-Objekt

Das Datei-Objekt (**Tabelle 5.24**) beschreibt Dateien, auf die über BACnet-Dienste zugegriffen werden kann.

Über die *Property File_Type* kann der Dateityp bzw. der Verwendungszweck angegeben werden. Weitere *Properties* sind die Dateigröße in Byte (*File_Size*), das Datum der letzten Dateiänderung (*Modification_Date*) und die Schreiberlaubnis (*READ_ONLY = FALSE*). Mit der *Property Archive* wird angezeigt, ob die Datei seit der letzten Änderung für *Backup*-Zwecke gesichert wurde. In der *Property File_Access_Method* wird die Zugriffsart bekannt gegeben, entweder *RECORD_ACCESS* für Datensätze oder *STREAM_ACCESS* für byteweises Lesen und Schreiben.

Tabelle 5.24 Beispiel für ein Datei-Objekt

Property	Datentyp	R/W/O	Information
Object_Type	BACnetObjectIdentifier	R	FILE
File_Type	CharacterString	R	„Trend"
File_Size	Unsigned	R	1234
Modification_Date	BACnetDateTime	R	(4-APR-2006,03:35:55.3)
Archive	Boolean	W	FALSE
Read_Only	Boolean	R	FALSE
File_Access_Method	BACnetFileAccessMethod	R	RECORD_ACCESS

Globales Gruppen-Objekt

Mit dem Gruppen-Objekt (**Tabelle 5.25**) können mehrere Objekte mit ihren *Properties* zusammengefasst werden. Damit ist ein übersichtlicher Datenaustausch zwischen BACnet-Geräten möglich.

Die *Property List_Of_Group_Members* führt alle referenzierten Objekte mit den gewünschten *Properties* auf. Die aktuellen Werte sind im *Present_Value* aufgelistet.

Tabelle 5.25 Beispiel für ein Gruppen-Objekt

Property	Datentyp	R/W/O	Information
Object_Type	BACnetObjectType	R	GROUP
List_Of_Group_Members	List of ReadAccessSpecification	R	(((Analog-Eingabe, Instanz 2), *Present_Value, Reliability, Description*),((Analog-Eingabe, Instanz 5),*Present_Value, Reliability, Description*)))
Present_Value	List of ReadAccessResult	R	(((Analog-Eingabe, Instanz 2), *Present_Value*,23.5, *Reliability*, NO_FAULT_DETECTED, *Description*, „Raum 1"), ((Analog-Eingabe, Instanz 5), *Present_Value*,35.4 *Reliability*, NO_FAULT_DETECTED, *Description*, „Raum 2")))

Gefahrenmelder-Objekt

Das Gefahrenmelder-Objekt (**Tabelle 5.26**) wird für sicherheitskritische Anwendungen wie z. B. Brand- und Rauchmelder als Eingabe- oder für Sirenen als Ausgabeeinheit verwendet.

Die *Property Present_Value* gibt den Zustand des Objekts an (*ALARM, FAULT, BLOCKED* usw.). Die genaue Bedeutung muss projektspezifisch festgelegt werden. Gelangt der *Pre-*

5.4 Anwendungsschicht

sent_Value in einen „Nicht-Normal"-Zustand, so verbleibt er dort, bis ein Rücksetzen (Quittierung) erfolgt. Der *Tracking_Value* zeigt im Gegensatz dazu immer den aktuellen Zustand an. Setzt man die *Property Out_Of_Service* auf *TRUE*, so lässt sich der *Present_Value* beschreiben und damit z. B. eine Gefahrensituation simulieren. Die *Property Mode* bestimmt die Betriebsart (z. B. *ON, OFF, TEST*) des Gefahrenmelders.

Je nach Zustand und Einstellung weiterer *Properties* können Ereignisse ausgelöst und automatisch an andere BACnet *Devices* bzw. eine Leitwarte weitergeleitet werden. Die vergleichsweise komplexen Einstellmöglichkeiten und Bedingungen zum Auslösen von Ereignissen können im BACnet-Standard nachgelesen werden.

Tabelle 5.26 Beispiel für ein Gefahrenmelder-Objekt

Property	Datentyp	R/W/O	Information
Object_Type	BACnetObjectIdentifier	R	LIFE_SAFETY_POINT
Present_Value	BACnetLifeSafetyState	R	ALARM
Tracking_Value	BACnetLifeSafetyState	O	ALARM
Out_Of_Service	Boolean	R	FALSE
Mode	BACnetLifeSafetyMode	W	ON

Sicherheitsbereichs-Objekt

Das Sicherheitsbereichs-Objekt (**Tabelle 5.27**) fasst mehrere Gefahrenmelder- oder Sicherheitsbereichs-Objekte zu einer Gruppe zusammen. Damit können z. B. Alarmanzeigen für Gebäudebereiche realisiert werden. Die *Property Zone_Members* enthält die Liste der Objekte, die zum Sicherheitsbereich gehören.

Tabelle 5.27 Beispiel für ein Sicherheitsbereichs-Objekt

Property	Datentyp	R/W/O	Information
Object_Type	BACnetObjectIdentifier	R	LIFE_SAFETY_ZONE
Present_Value	BACnetLifeSafetyState	R	PREALARM
Tracking_Value	BACnetLifeSafetyState	O	PREALARM
Zone_Members	List of BACnetDeviceObjectReference	R	((Gefahrenmelder,Instanz 3), (Gefahrenmelder,Instanz 5))

Regler-Objekt

Ein Regler-Objekt beschreibt einen PID-Regler, dessen Regelparameter sowie Eingangs-und Ausgangssignale über BACnet eingestellt werden. Der Regler benötigt einen Soll-Wert (Führungsgröße oder *Setpoint*), den er mit dem Ist-Wert (Regelgröße oder *Controlled_Variable*) vergleicht und daraus über einen Algorithmus die erforderliche Stellgröße (*Manipulated_Variable*) berechnet und ausgibt (**Bild 5.57**).

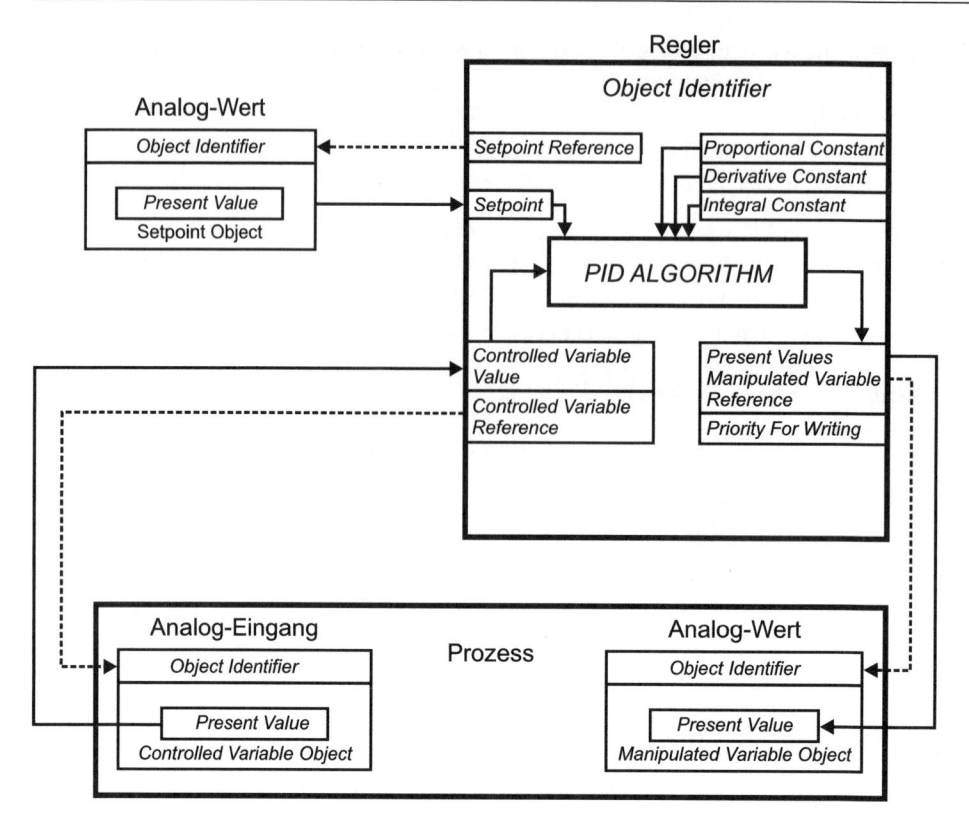

Bild 5.57 Ein Regler-Objekt und seine angeschlossenen Objekte

Ein Regelkreis benötigt deshalb nicht nur das Regler Objekt, sondern auch ein Analogwert-Objekt, ein Analog-Ausgabe-Objekt und ein Analog-Eingabe-Objekt für die Eingabe- und Ausgabewerte. Die wichtigsten *Properties* sind in **Tabelle 5.28** angegeben.

Tabelle 5.28 Beispiel für ein Regler-Objekt

Property	Datentyp	R/W/O	Information
Object_Type	*BACnetObjectType*	R	*LOOP*
Manipulated_Variable_Reference	*BACnetObjectPropertyReference*	R	((Analog-Ausgabe, Instanz 4), *Present_Value*)
Controlled_Variable_Reference	*BACnetObjectPropertyReference*	R	((Analog-Eingabe, Instanz 2), *Present_Value*)
Controlled_Variable_Value	*Real*	R	12.3
Setpoint_Reference	*BACnetSetpointReference*	R	((Analogwert, Instanz 1), *Present_Value*)
Setpoint	*Real*	R	15.0

5.4 Anwendungsschicht

Tabelle 5.28 ... (Fortsetzung)

Proportional_Constant	Real	O	10.0
Proportional_Constant_Units	BACnetEngineeringUnits	O	VOLTS
Integral_Constant	Real	O	5.0
Integral_Constant_Units	BACnetEngineeringUnits	O	AMPERES
Derivative_Constant	Real	O	0.0
Derivative_Constant_Units	BACnetEngineeringUnits	O	NO_UNITS
Maximum_Output	Real	O	20.0
Minimum_Output	Real	O	2.0

Mehrstufige Eingabe

Dieses Objekt (**Tabelle 5.29**) ermöglicht die Darstellung diskreter Zustände. Beispielsweise können binäre Eingänge miteinander kombiniert und die dadurch erzeugten Kombinationsmöglichkeiten oder Zustände abgefragt werden. Wie diese Zustände erzeugt oder berechnet werden, ist im BACnet *Device* intern festgelegt. Der *Present_Value* enthält einen ganzzahligen Wert, der einen Zustand symbolisiert. Die dazugehörigen Klartextbezeichnungen werden in *State_Text* angegeben.

Tabelle 5.29 Beispiel für eine mehrstufige Eingabe

Property	Datentyp	R/W/O	Information
Object_Type	BACnetObjectIdentifier	R	MULTISTATE_INPUT
Present_Value	Unsigned	R	2
Number_Of_States	Unsigned	R	3
State_Text	BACnetARRAY[N] of CharacterString	O	(„Hand", „Aus", „Auto")

Mehrstufige Ausgabe

Mit diesem Objekt (**Tabelle 5.30**) können mehrere binäre Ausgänge gesteuert werden. Die Kombinationsmöglichkeiten werden durch einen Zustand gekennzeichnet, der in die *Property Present_Value* geschrieben wird. Die Zuordnung zu einer Ausgangskombination wird im BACnet *Device* intern festgelegt.

Tabelle 5.30 Beispiel für eine mehrstufige Ausgabe

Property	Datentyp	R/W/O	Information
Object_Type	BACnetObjectIdentifier	R	MULTISTATE_OUTPUT
Present_Value	Unsigned	W	1
Number_Of_States	Unsigned	R	3
State_Text	BACnetARRAY[N] of CharacterString	O	(„Aus", „Stufe 1", „Stufe 2")

Mehrstufiger Wert

Dieses Objekt (**Tabelle 5.31**) steht für mehrere binäre Ein- oder Ausgänge, denen jedoch kein Hardwareanschluss, sondern Speicherstellen im BACnet *Device* zugeordnet sind. Auf diese Speicherstellen kann z. B. von anderen BACnet-Objekten oder einem *Gateway* aus zugegriffen werden.

Tabelle 5.31 Beispiel für einen mehrstufigen Wert

Property	Datentyp	R/W/O	Information
Object_Type	BACnetObjectIdentifier	R	MULTISTATE_VALUE
Present_Value	Unsigned	R	2
Number_Of_States	Unsigned	R	4
State_Text	BACnetARRAY[N] of CharacterString	O	(„Stufe 1", „Stufe 2", „Stufe 3", „Stufe 4")

Meldungsklassen-Objekt

Das Meldungsklassen-Objekt (**Tabelle 5.32**) wird für die zielgerichtete Weiterleitung von Ereignismeldungen verwendet. Jedes Objekt dieser Art wird durch eine Nummer (*Notification_Class*) gekennzeichnet, auf die von anderen Objekten verwiesen werden kann. Den 3 möglichen Ereignissen TO_OFFNORMAL, TO_FAULT und TO_NORMAL lassen sich über die *Property Priority* verschiedene Prioritäten zuweisen. In der *Recipient_List* sind die Empfängerobjekte aufgeführt, die beim Eintreten eines Ereignisses davon erfahren sollen. Diese Zuordnung kann zeitabhängig eingestellt werden, um unterschiedliche Empfänger zielgerichtet ansprechen zu können. Falls mit der Meldung eine Quittieranforderung versandt werden soll, so sind die entsprechenden Bits in *Ack_Required* für die jeweiligen Ereignisse zu setzen.

Tabelle 5.32 Beispiel für ein Meldungsklassen-Objekt

Property	Datentyp	R/W/O	Information
Object_Type	BACnetObjectIdentifier	R	NOTIFICATION_CLASS
Notification_Class	Unsigned	R	5
Priority	BACnetARRAY[3] of Unsigned	R	(2,4,5)
Ack_Required	BACnetEventTransitionBits	R	(TRUE,TRUE,TRUE)
Recipient_List	List of BACnetDestinations	R	(((Montag, Dienstag, Mittwoch), 5:00, 19:00,(*Device*, Instanz 23), 3,*TRUE*, (*TRUE*, *TRUE*, FALSE)),((Montag, Dienstag, Mittwoch),19:00, 5:00, (*Device*, Instanz 28),3,*TRUE*,(*TRUE*, *TRUE*, FALSE)),

5.4 Anwendungsschicht

Der Aufbau der *Recipient_List* folgt dem in **Tabelle 5.33** gezeigten Schema.

Tabelle 5.33 Aufbau der *Recipient_List*

Parameter	Datentyp	Beschreibung
Valid Days	BACnetDaysOfWeek	Wochentage, an denen Meldungen an den Empfänger geleitet werden
From Time, To Time	Time	Zeitfenster, in dem die Meldungen an den Empfänger geleitet werden
Recipient	BACnetRecipient	Empfangs-*Device*
Process Identifiert	Unsigned32	Kennung im Empfangs-*Device* für den Prozess, der die Meldung erhalten soll
Issue Confirmed Notifications	Boolean	*TRUE* für bestätigte Meldungen, *FALSE* für unbestätigte Meldungen
Transitions	BACnetEventTransitionBits	Zeigen an, ob der Empfänger die Meldungen *OFFNORMAL*, *TO_FAULT* oder *TO_NORMAL* erhalten soll

Programm-Objekt

Mit dem Programm-Objekt können herstellerspezifische Anwendungsprogramme in einem BACnet *Device* gesteuert werden. Als Beispiel dafür soll die Berechnung des Maximums von zwei Eingabewerten dienen (**Tabelle 5.34**).

Tabelle 5.34 Beispiel für ein Programm-Objekt

Property	Datentyp	R/W/O	Information
Object_Type	BACnetObjectIdentifier	R	PROGRAM
Programm_State	BACnetProgramState	R	RUNNING
Programm_Change	BACnetProgramRequest	W	READY
Reason_for_Halt	BACnetProgramError	O	NORMAL
Instance_Of	CharacterString	O	"Max2Refs"
Ref1	Real	Proprietär	((Analog Eingang,Instanz 1), *Present_Value*)
Ref2	Real	Proprietär	((Analog Eingang,Instanz 2), *Present_Value*

Die Herkunft der Eingabewerte wird über die proprietären *Properties Ref1* und *Ref2* definiert. Die *Property Instance_Of* gibt den Namen des Anwendungsprogramms im BACnet *Device* an. Über *Programm_Change* findet die Steuerung statt, d. h., wenn dort *READY* angezeigt wird, so können Befehle wie *LOAD* (Programm laden), *RUN* (Programm ausführen), *HALT* (Programm anhalten), *RESTART* (Programm initialisieren und neu starten) oder *UNLOAD* (Programm anhalten und entladen) durch Schreiben in die *Property* abgesetzt werden. In der *Property Programm_State* wird der Betriebszustand angezeigt, wie z. B. *RUNNING* (Programm läuft) oder *HALTED* (Programm ist angehalten). Im letzteren Fall kann über die *Property Reason_for_Halt* auf die Ursache geschlossen werden.

Zeitplan-Objekt

Mit dem Zeitplan-Objekt können bestimmte Aktionen zeitgesteuert ausgeführt werden. In dem in **Tabelle 5.35** gezeigten Beispiel wird ein binäres Ausgabe-Objekt angesprochen, das z. B. für das Ein- oder Ausschalten einer Heizungsanlage stehen kann. Über die *Property Effective_Period* wird der Zeitraum bestimmt, in dem der Zeitplan ausgeführt werden soll. Für jeden Wochentag können über die *Property Weekly_Schedule* die Einschalt- und Ausschaltzeiten definiert werden. Ausnahmen wie z. B. Feiertage werden über die *Property Exception_Schedule* behandelt. Über die *Property Priority_For_Writing* kann die Priorität der Befehle angegeben werden.

Tabelle 5.35 Beispiel für ein Zeitplan-Objekt

Property	Datentyp	R/W/O	Information
Object_Type	BACnetObjectIdentifier	R	SCHEDULE
Present_Value	Je nach Datentyp des *Present_Value* der referenzierten Objekte	R	ACTIVE
Effective_Period	BACnetDateRange	R	((1-SEP-2007)-(23-DEZ-2007))
Weekly_Schedule	BACnetARRAY[7] of BACnetDailySchedule	O	{(((8:00, *ACTIVE*), (18:00,*INACTIVE*)), usw. für jeden Wochentag
Exception_Schedule	BACnetARRAY[N] of BACnetSpecialEvent	O	{((11-NOV-2007),(12:00, *INACTIVE*))}
List_Of_Object_Property_References	List of BACnetDeviceObject PropertyReference	R	((*Device*, Instanz 3),(Binär-Ausgabe,Instanz 2),*Present_Value*)
Priority_For_Writing	Unsigned(1..16)	R	14

Trend-Aufzeichnungs-Objekt

Das Trend-Aufzeichnungs-Objekt (**Tabelle 5.36**) dient zum Speichern des Zeitverlaufs von *Properties*, um sie einer späteren Auswertung zugänglich zu machen. Beispielsweise kann die von einem Sensor gemessene Raumtemperatur aufgezeichnet werden.

Die Datenquelle wird dabei über die *Log_DeviceObjectProperty* angegeben. Das Ein- und Ausschalten der Aufzeichnung kann über die *Property Log_Enable* erfolgen. Zusätzlich besteht auch die Möglichkeit, einen definierten Zeitraum mit Hilfe von *Start_Time* und *Stop_Time* anzugeben. Neben einer regelmäßigen Werteabfrage (*Polling*) kann auch die Speicherung bei Wertänderungen (COV *Change of Value*) eingestellt werden. Im ersten Fall wird die Angabe der Zeitdauer in Hundertstel-Sekunden zwischen zwei Abfragen über die *Property Log_Intervall* benötigt.

Zur Speicherung der Daten stellt das Trend-Aufzeichnungs-Objekt einen Speicherbereich bestimmter Größe zur Verfügung, der mit *Buffer_Size* angegeben wird. Dieser Speicherbereich füllt sich im Laufe der Zeit. Wenn der Speicherbereich voll ist, so kann die Aufzeichnung entweder gestoppt werden (*Stop_When_Full = TRUE*) oder der älteste Wert wird überschrieben und die Aufzeichnung fortgesetzt. Im *Log_Buffer* finden sich für jeden Eintrag ein Zeitstempel, der abgefragte Wert und die vier *Statusflags* des dazugehörigen Objekts. Über die *Property Record_Count* lässt sich die Zahl der Einträge im *Log_Buffer* ermitteln. Schreibt man in diese *Property* eine 0, so werden alle Datensätze gelöscht.

Tabelle 5.36 Beispiel für ein Trend-Aufzeichnungs-Objekt

Property	Datentyp	R/W/O	Information
Object_Type	BACnetObjectIdentifier	R	TREND_LOG
Log_Enable	Boolean	W	TRUE
Start_Time	BACnetDateTime	O	(4-JAN-2007,03:35:55.3)
Stop_Time	BACnetDateTime	O	(14-FEB-2007,07:44:12.5)
Log_DeviceObjectProperty	BACnetDeviceObjectPropertyReference	O	((Device Instanz 7),Analog-Eingabe,Instanz 3, Present_Value)
Log_Intervall	Unsigned	O	100
Stop_When_Full	Boolean	R	FALSE
Buffer_Size	Unsigned32	R	200
Log_Buffer	List of BACnetLogRecord	R	(((4-JAN-2007,03:35:55.3),23.5, (FALSE,FALSE,FALSE,FALSE))
Record_Count	Unsigned32	W	1

Mehrfachtrend-Aufzeichnungs-Objekt

Dieses Objekt entspricht im Wesentlichen dem Trend-Aufzeichnungs-Objekt, kann aber gleichzeitig mehrere *Properties* überwachen. In *Log_DeviceObjectPropertyList* an Stelle *Log_DeviceObjectProperty* können die Datenquellen aufgeführt werden. Deren Werte werden mit dem dazugehörigem Zeitstempel im *Log_Buffer* gespeichert.

Zählwert Eingabe-Objekt

Das Zählwert-Eingabe-Objekt (**Tabelle 5.37**) wird für impulsgebende Messgeräte wie Stromverbrauchszähler oder Wärmemengenzähler benötigt, die an ein BACnet *Device* angeschlossen werden. Jeder Impuls zeigt dabei die Abnahme einer bestimmten Mengeneinheit an. Das Zählwert-Eingabe-Objekt zählt diese Impulse und ermöglicht so die Abfrage der insgesamt verbrauchten Menge.

Der Konvertierungsfaktor *Scale* bestimmt, mit welchem Wert der *Present_Value* ggf. zu multiplizieren ist, damit man den Wert in der in *Unit* angegebenen Einheit erhält. Über einen *Prescale*-Faktor kann die Impulszahl noch vorgeteilt werden, um einen gewünschten Wertebereich zu erhalten. Beispielsweise kann man durch Vorteilung mit dem Faktor 10 erreichen, dass aus 10 Impulsen à 1 kWh ein Impuls erzeugt wird, der dann für 10 kWh steht.

Für das Zählwert-Eingabe-Objekt stehen zahlreiche Auswertemöglichkeiten zur Verfügung. Beispielsweise kann man die Zahl der Impulse (*Pulse_Rate*) innerhalb einer vorangegangenen Zeit (*Limit_Monitoring_Intervall*) abfragen. Eine Überschreitung einer vorgegebenen Impulszahl (*High_Limit*) kann eine Meldung auslösen und es besteht die Möglichkeit zur Aufzeichnung von Zählwerten mit ihrem jeweiligem Zeitstempel.

Tabelle 5.37 Beispiel für ein Zählwert-Eingabe-Objekt

Property	Datentyp	R/W/O	Information
Object_Type	BACnetObjectIdentifier	R	ACCUMULATOR
Present_Value	Unsigned	R	123
Scale	BACnetScale	R	2
Units	BACnetEngineeringUnits	R	KILOWATT-HOURS
Prescale	BACnetPrescale	O	(1,10)

Aufgabe 5.26

Welches Objekt wird benötigt, um die *Properties* mehrerer anderer Objekte gleichzeitig ändern zu können?

Aufgabe 5.27

Welche Objekte werden benötigt, um eine Speicherstelle in einem BACnet *Device* zeitgesteuert zu beschreiben?

Aufgabe 5.28

In einem Kühlraum soll die mittlere Temperatur über ein Zeitintervall von 2 Stunden bestimmt und aufgezeichnet werden. Dafür steht ein Temperaturfühler mit Spannungsausgang zur Verfügung. Die aufgezeichneten Daten sollen eine Woche umfassen. Ältere Daten sind zu löschen. Welche Objekte werden dafür benötigt? Geben Sie deren charakteristische *Properties* an.

Aufgabe 5.29

Was versteht man unter Hysterese bei Grenzwertmeldungen?

Aufgabe 5.30

Mit welchem Objekt können herstellerspezifische Anwendungsprogramme gesteuert werden?

5.4.2 Dienste

BACnet hat für die Kommunikation zwischen *Devices* Dienste definiert, mit denen auf Objekte zugegriffen werden kann. Ein einfacher Fall wäre z. B. die Abfrage eines Temperatursensors über das dazugehörige Analog-Eingabe-Objekt (**Bild 5.58**).

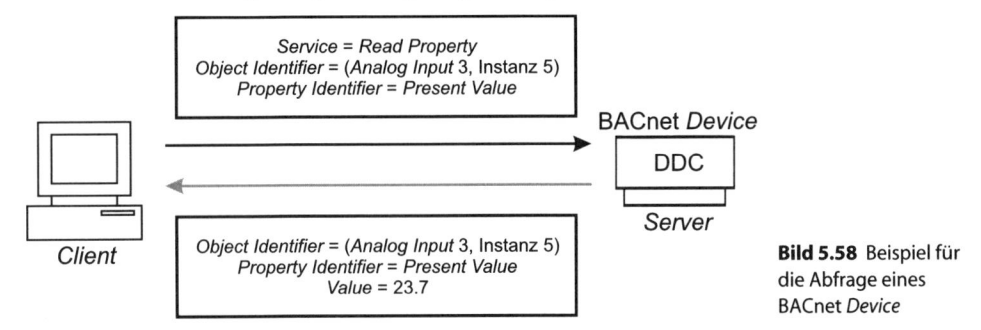

Bild 5.58 Beispiel für die Abfrage eines BACnet *Device*

Die abfragende Station nutzt den Dienst *ReadProperty*, um den *Present_Value* eines Objekts mit einem bestimmten *Object Identifier* als Adresse zu erhalten. Mit einer zusätzlichen Nummerierung der Nachrichten wird die Zuordnung der Antworten zu eventuell mehreren Anfragen sichergestellt. Der Dienst *ReadProperty* gehört dabei zu den bestätigten Diensten, die im Gegensatz zu unbestätigten Diensten eine Rückantwort verlangen. Die bei BACnet verfügbaren Dienste werden in die nachfolgend beschriebenen fünf Gruppen eingeteilt.

5.4.2.1 Objektzugriffs-Dienste

Die Objektzugriffs-Dienste ermöglichen das Lesen und Schreiben von *Properties* (**Tabelle 5.38**).

Tabelle 5.38 Objektzugriffs-Dienste

Dienst	Beschreibung
AddListElement	Einfügen einer oder mehrerer Listenelemente zu einer *Property*
RemoveListElement	Entfernen einer oder mehrerer Listenelemente aus einer *Property*
CreateObject	Erzeugen einer neuen Objekt-Instanz
DeleteObject	Entfernen einer Objekt-Instanz
ReadProperty	Auslesen einer *Property*
WriteProperty	Schreiben einer *Property*
ReadPropertyMultiple	Auslesen mehrerer *Properties* aus mehreren Objekten
WritePropertyMultiple	Schreiben mehrerer *Properties* in mehreren Objekten
ReadPropertyConditional	Auslesen mehrerer *Properties* von allen Objekten, die bestimmte Kriterien erfüllen
ReadRange	Auslesen von Teilen einer Liste, z. B. eines bestimmten Zeitbereichs einer Trend-Aufzeichnung

BACnet kann darüber hinaus sogar im laufenden Betrieb mit dem Dienst *CreateObject* neue Objekte erzeugen. In der Praxis wird dies dazu verwendet, um Objekte wie *Averaging* (Mittelwertbildung), *Calendar* (Betriebskalender), *Event Enrollment* (Ereigniskategorie), *Group* (Gruppen-Objekt), *Notification Class* (Meldungsklasse), *Schedule* (Zeitplan) und *Trend Log* (Trend-Aufzeichnung) zu erzeugen.

Ein sehr mächtiger Dienst ist *ReadPropertyConditional*, da die Abfragekriterien Vergleichsoperatoren (=, <, >), logische Verknüpfungen (*OR*, *AND*) und Zeitstempel enthalten dürfen. Mit dem Auswahlkriterium (*Object_Type*,=,*ANALOG_INPUT*),(*Present_Value*,>,30) werden beispielsweise alle Analog-Eingabe-Objekte mit ihrem *Object_Identifier* zurückgeliefert, deren *Present_Value* größer als 30 ist.

Mit (*Reliability*,*NO_FAULT_DETECTED*),(*Out_Of_Service*,=,*TRUE*) können nicht betriebsbereite Objekte aufgefunden werden.

5.4.2.2 Alarm- und Ereignis-Dienste

Über Alarm- und Ereignis-Dienste können Alarmzustände, Betriebszustände und Störungsmeldungen, aber auch einfache Änderungen eines Messwerts mitgeteilt werden. Die dabei zur Verfügung stehenden Dienste sind in **Tabelle 5.39** aufgeführt.

Tabelle 5.39 Alarm- und Ereignis-Dienste

Dienst	Beschreibung
AcknowledgeAlarm	Rückmeldung, dass ein menschlicher Bediener den Alarm wahrgenommen und bestätigt hat
ConfirmedCOVNotification	Meldung von Wertänderungen in einem Objekt an abonnierende Objekte mit Empfangsbestätigung
UnconfirmedCOVNotification	Meldung von Wertänderungen in einem Objekt an abonnierende Objekte ohne Empfangsbestätigung
ConfirmedEventNotification	Meldung eines Ereignisses mit Empfangsbestätigung
UnconfirmedEventNotification	Meldung eines Ereignisses ohne Empfangsbestätigung
GetAlarmSummary	Anforderung einer Liste anstehender Alarme
GetEnrollmentSummary	Anforderung einer Liste aller im Ereignisfall meldender Objekte. Mit Filtern kann die Liste eingeschränkt werden (z. B. nur Objekte mit bestimmten Ereignisprioritäten)
GetEventInformation	Anforderung einer Liste der Ereigniszustände von einem *Device*
LifeSafetyOperation	Übertragung von sicherheitsspezifischen Anweisungen von einem Bediener (An-/Abschalten akustischer/optischer Signale, Rücksetzen von Meldeeinrichtungen)
SubscribeCOV	Aufnahmeanforderung für eine Empfängerliste für Wertänderungen
SubscribeCOVProperty	Aufnahmeanforderung für eine Empfängerliste für Wertänderungen mit Angabe der zu überwachenden Eigenschaft

Man unterscheidet dabei die drei nachfolgend erläuterten Varianten für die Behandlung von Ereignissen, die für typische Anwendungen in der Gebäudeautomation entwickelt wurden.

Meldung bei Wertänderungen

Eine Stärke von BACnet ist die Möglichkeit zur automatischen Meldung bei Wertänderungen (*Change Of Value* oder kurz COV *Reporting*).

Das bedeutet, dass bestimmte Standardobjekttypen (z. B. analoge Ein-/Ausgabe) so konfiguriert werden können, dass sie eine Meldung absetzen, wenn sich ihr *Present_Value* um einen definierten Schwellenwert ändert. Gleiches gilt für Wertänderungen bei digitalen Zuständen (z. B. binäre Ein-/Ausgabe). Man bezeichnet dies dann als *Change Of State* (COS). Bei Zustandsänderungen eines Objekts, die durch die *Status_Flags* angezeigt werden, kann ebenfalls eine Meldung erfolgen. Die ereignisorientierte Datenübertragung entlastet das Netz, da im Gegensatz zu einem zyklischen Abfragen (*Polling*) nicht ständig, sondern nur im Bedarfsfall Nachrichten erzeugt werden.

Damit ein COV-*Client* (z. B. die Leitzentrale) in den Genuss der automatisch generierten Meldungen gelangt, muss er bei dem COV-*Server* (BACnet *Device*) einen Abonnement-Auftrag erteilen. Dies erfolgt im laufenden Betrieb. Der Auftrag kann zeitlich befristet oder unbefristet erteilt werden. Da es jedoch nicht sicher ist, dass Aufträge im BACnet *Device* bei einem Spannungsausfall oder Neustart erhalten bleiben, empfiehlt es sich, das Abonnement regelmäßig zu erneuern.

Als Beispiel für COV sei auf die Vorstellung des Analog-Eingabe-Objekts (**Tabelle 5.11**) verwiesen. Dort wurde über die *Property COV_Increment* eingestellt, dass bei einer Änderung des *Present_Value* um 0,5 °C eine Meldung erzeugt wird. Diese Meldung wird nur an Abonnenten weitergeleitet, die sich über den Dienst *SubscribeCOV* angemeldet haben. Die Liste der Abonnenten speichert der COV-*Server* in einer zusätzlichen *Property* seines *Device* Objekts (*Active_COV_Subscriptions*).

Objektinternes Melden

Das objektinterne Melden (*Intrinsic Reporting*) basiert auf *Properties*, die innerhalb eines Objekts liegen und für die Überwachung eines Alarms oder Ereignisses zugrunde gelegt werden können. Einige Beispiele sind in **Tabelle 5.40** aufgeführt.

In allen Fällen muss die Meldung des Ereignisses freigeschaltet sein (*Event_Enable*).

Bei dem Analog-Eingabe-Objekt in **Tabelle 5.11** sind Temperaturgrenzwerte eingestellt (*High_Limit* = 40 °C, *Low_Limit* = 5 °C). Eine Überschreitung der Grenzwerte führt zu einem *TO_OFFNORMAL*- und die Rückkehr daraus zu einem *TO_NORMAL*-Ereignis. Beide Ereignisse erzeugen eine Meldung, da sie in der *Property Event_Enable* freigeschaltet sind (*TO_FAULT*-Ereignisse erzeugen im Beispiel jedoch keine Meldung).

Tabelle 5.40 Beispiele für objektinternes Melden

Objekttyp	Kriterien	Ereignistyp
Binär-Eingabe	Der Eingangszustand wechselt für einen bestimmten Mindestzeitraum (*Time_Delay*) auf einen anderen Wert.	Zustandswechsel CHANGE_OF_STATE
Analog-Eingabe	Der Messwert befindet sich für einen bestimmten Mindestzeitraum (*Time_Delay*) außerhalb der durch *High_Limit* und *Low_Limit* festgelegten Grenzwerte. Bei Rückkehr in den Normalzustand unter Berücksichtigung der Hysterese (*Deadband*) wird das Ereignis ebenfalls gemeldet.	Grenzwertverletzung OUT_OF_RANGE
Regler	Die absolute Differenz zwischen Sollwert und Regelgröße überschreitet einen Grenzwert für einen bestimmten Mindestzeitraum (*Time_Delay*).	Grenzwertüberschreitung FLOATING_LIMIT

Beim objektinternen Melden wird noch ein weiteres Objekt benötigt, in dem die zu benachrichtigenden Empfänger aufgeführt sind (**Bild 5.59**).

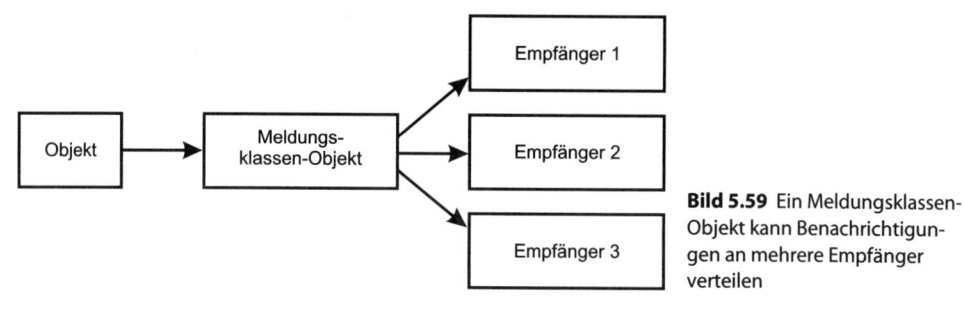

Bild 5.59 Ein Meldungsklassen-Objekt kann Benachrichtigungen an mehrere Empfänger verteilen

So ist im ereignisauslösenden Objekt über die *Property Notification_Class* festgelegt, welches Meldungsklassen-Objekt zuständig ist. In diesem sind dann alle Empfänger in einer Liste aufgeführt, die von dem Ereignis erfahren sollen.

In **Tabelle 5.11** ist z. B. das Meldungsklassen-Objekt Nr. 5 festgelegt, das wiederum in **Tabelle 5.32** beschrieben ist.

Es ist häufig notwendig, die Meldungen in Abhängigkeit vom Wochentag und der Uhrzeit an verschiedene Ziele weiterzuleiten. Das Personal einer Leitwarte soll vielleicht tagsüber alle Alarme erhalten, während zu unbesetzten Zeiten der Pförtner informiert oder eine Nachricht über SMS zu senden ist. Im Meldungsklassen-Objekt ist es deshalb möglich, für die einzelnen Empfänger spezifische Zeitfenster und Tage anzugeben.

Aufgabe 5.31

Aufgabe 5.28 soll so erweitert werden, dass bei Überschreitung der Solltemperatur von −20 °C um 5 °C ein Alarm ausgelöst wird. Dieser Alarm soll werktags die binär ansteuerbare Sirene 1 und am Wochenende die ebenfalls binär ansteuerbare Sirene 2 auslösen. Welche Objekte mit welchen charakteristischen *Properties* werden benötigt?

Regelbasiertes Melden

Beim regelbasierten Melden (*Algorithmic Change Reporting*) wird mit Hilfe eines Ereigniskategorie-Objekts festgelegt, welche *Properties* eines Objekts nach bestimmten Kriterien überwacht werden sollen und wie die Weiterleitung an Meldungsempfänger erfolgt. Als Beispiel sei auf **Tabelle 5.22** verwiesen, die ein Ereigniskategorie-Objekt beschreibt. Die Vielzahl möglicher Algorithmen zur Auslösung von Meldungen ist im BACnet-Standard beschrieben.

Alarm- und Ereignismeldungs-Priorität

BACnet kann jeder automatisch generierten Meldung eine numerische Priorität im Wertebereich zwischen 0 und 255 zuweisen. Die 0 steht dabei für die höchste und 255 für die niedrigste Priorität. Häufig werden nur wenige Prioritätsstufen verwendet, denen dann eine Bedeutung wie niedrig (255), mittel (128) oder wichtig (0) zugeordnet werden kann. Eine in **Tabelle 5.41** gezeigte feinere Abstufung kann aber auch sinnvoll sein.

Tabelle 5.41 Beispiel für Alarm- und Ereignisprioritätsgruppen

Meldungsgruppe	Prioritätsbereich	Beispiele
Gefahr für Leben	00-31	Brandmeldung
Gefahr für Eigentum	32-63	Sicherheitsmeldung (Einbruch, unberechtigter Zutritt)
Überwachung	64-95	Technische Alarmmeldungen (Ausfall einer Heizungsanlage), sofortige Reaktion erforderlich
Problembeseitigung	96-127	Störungsmeldung (Ausfall eines Temperaturfühlers), keine sofortige Reaktion erforderlich
Wartung und Instandhaltung	128-191	Wartung einer Anlage erforderlich
Betrieb	192-255	Wechsel der Betriebsart (Tag/Nacht)

Aufgabe 5.32

Welche Meldungsgruppen und Prioritätsbereiche würden Sie folgenden Ereignissen zuordnen: Glasbruchdetektor spricht an, Jalousie klemmt, Ausfall der Pumpe in der Abwasserhebeanlage, Lüftungsfilter verschmutzt?

5.4.2.3 Device- und Netzwerkmanagement-Dienste

Mit diesen Diensten können Administrationsaufgaben erlegt werden, wie z. B.

- ein BACnet *Device* anzuhalten oder zu starten (*DeviceCommunicationControl*),
- einen Neustart eines BACnet *Device* zu veranlassen (*ReinitializeDevice*),
- oder die Uhren in BACnet *Devices* von einem *Time Master* (Hauptuhr) aus zu synchronisieren (*TimeSynchronization*).

Darüber hinaus besteht die Möglichkeit, das Vorhandensein von BACnet *Devices* oder die Zuordnung zwischen *Object_Identifier* und *Object_Name* über das Netz abzufragen.

Mit einer *Who-Has-Abfrage* (*Broadcast*) werden BACnet *Devices* gesucht, die Objekte mit einem bestimmten *Object_Identifier* oder einem bestimmten *Object_Name* besitzen (**Bild 5.60**).

Die *I-Have*-Antwort liefert den entsprechenden *Device Object_Identifier* und im *Network Header* die Netzadresse zurück.

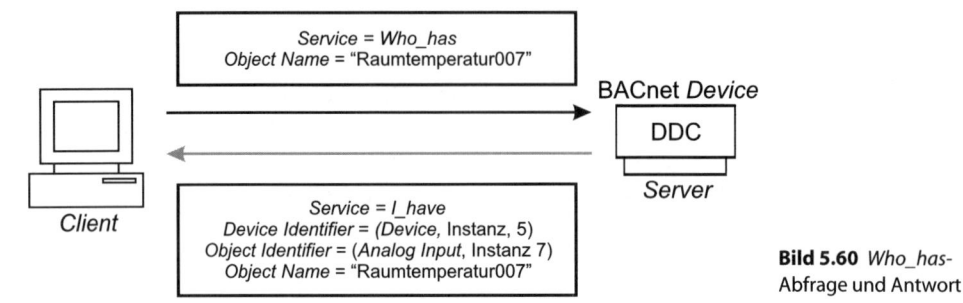

Bild 5.60 Who_has-Abfrage und Antwort

Mit Hilfe einer *Who-Is*-Abfrage (**Bild 5.61**) kann man von allen BACnet *Devices* die Netzadresse und den *Device Object_Identifier* abfragen. Die Antwort bezeichnet man dann als *I-Am*-Dienst. Es ist auch möglich, bei bekanntem *Device Object_Identifier* nur die dazugehörige Netzadresse zu ermitteln.

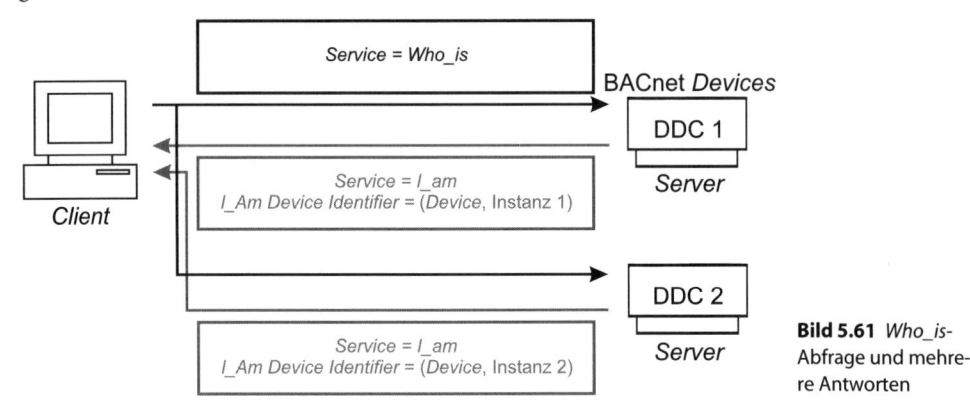

Bild 5.61 Who_is-Abfrage und mehrere Antworten

5.4.2.4 Dateizugriffs-Dienste

Unter Dateien versteht man bei BACnet eine Folge von Oktetten ohne nähere Spezifikation ihrer Bedeutung. Sie werden insbesondere für herstellerspezifische Anwendungen benötigt. Für jede Datei, auf die man mit BACnet-Diensten zugreift, ist ein dazugehöriges *File Object* vorzusehen. Mit Hilfe von *AtomicReadFile* kann man dann lesend und mit *AtomicWriteFile* schreibend über das *File Object* auf die Dateien zu greifen. Unter *Atomic* versteht man in diesem Zusammenhang, dass keine zwei Dateizugriffe gleichzeitig erfolgen dürfen.

5.4 Anwendungsschicht

5.4.2.5 Virtual-Terminal-Dienste

Der Begriff *Terminal* hat seinen Ursprung in den Zentralrechnerzeiten. Damals hatte man keine Arbeitsplatzrechner, sondern aus Tastatur und Bildschirm bestehende *Terminals*, die über eine serielle Verbindung mit dem Zentralrechner gekoppelt waren. Die auf der Tastatur eingetippten Zeichen wurden an den Zentralrechner gesendet, dessen Rückmeldungen dann auf dem Bildschirm angezeigt. Beim Internet kennt man mit dem *Telnet*-Protokoll ein vergleichbares Verfahren, bei dem über ein textbasiertes Programm Befehle an entfernte Rechner abgesetzt werden können. BACnet bietet einen vergleichbaren Dienst, der von Administratoren z. B. zur Konfiguration von BACnet *Devices* eingesetzt werden kann.

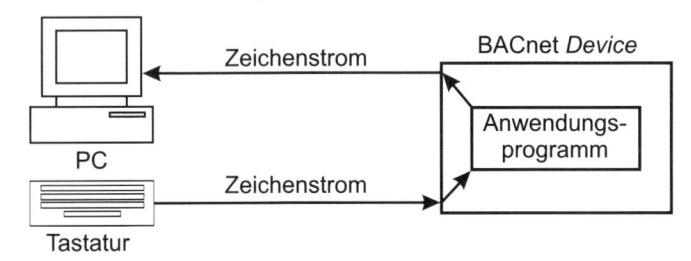

Bild 5.62 Virtual-Terminal-Dienst zur Steuerung eines Anwendungsprogramms

5.4.3 Prozeduren

5.4.3.1 Datensicherung

BACnet *Devices* werden meist über herstellerspezifische Programme konfiguriert. Diese Einstellungen sind auf dem *Device* in Dateien abgelegt. Bei einem Ausfall oder einer technischen Störung können solche Informationen verloren gehen. Deshalb müssen Mechanismen zum Abspeichern von Konfigurationsdateien und Programmen (*Backup*) sowie zum Wiederherstellen (*Restore*) zur Verfügung stehen. Dafür bietet BACnet ein standardisiertes Verfahren an, das auf bekannten BACnet-Diensten, wie z. B. *AtomicReadFile* und *AtomicWriteFile*, basiert.

5.4.3.2 Priorisierung von Aufträgen

Die Objekte in einem BACnet können nicht nur von einer, sondern prinzipiell von vielen Stellen aus geändert werden. Beispielsweise soll eine Heizungsanlage sowohl über ein lokal vorhandenes Bedienpanel als auch von einer zentralen Leitwarte ein- und ausgeschaltet werden. In diesem Fall muss festgelegt werden, wer beim Zugriff bevorrechtigt ist, d. h. die höhere Priorität besitzt.

BACnet hat dafür ein Verfahren entwickelt, das auf Prioritätsstufen basiert, die bei dem Schreibvorgang auf *Properties* von Objekten mit übergeben werden. Nicht jede *Property* wird dabei unterstützt, sondern nur die so genannten kommandierbaren *Properties*. Bei den Objekttypen Analog-Ausgabe und Binär-Ausgabe ist dies der aktuelle Wert (*Present_Value*). Bei einem Schreibvorgang auf diese *Properties* kann eine von 16 Prioritätsstufen (**Tabelle 5.42**) mit übergeben werden.

Tabelle 5.42 BACnet-Prioritätsstufen

Prioritätsstufe	Anwendung
1	Sicherheitssteuerung, manuell
2	Sicherheitssteuerung, automatisch
3	Frei
4	Frei
5	Übergeordnete Anlagensteuerung
6	Ein/Aus-Mindestzeiten
7	Frei
8	Manuelle Steuerung
9-16	Frei

Die Bedeutung der meisten Prioritätsstufen kann individuell festgelegt werden, einige sind jedoch mit Standardwerten gemäß **Tabelle 5.42** besetzt. Beim Schreiben auf eine kommandierbare *Property* wird diese nicht sofort geändert, sondern der Wert zuerst in eine im Objekt befindliche Prioritätentabelle eingetragen. Je nach mitgegebener Priorität befindet sich der neue Wert in der entsprechenden Zeile. Ein Wert von Null in der Tabelle bedeutet, dass kein Befehl dieser Prioritätsstufe vorhanden ist. Ist an jeder Stelle der Tabelle Null eingetragen, so gilt der Vorgabe(*Default*)-Wert.

Der aktuelle Wert der *Property* hängt nur von dem Eintrag mit der höchsten Priorität ab (**Tabelle 5.43**).

Tabelle 5.43 Beispiel für die Priorisierung von Aufträgen

Prioritätsstufe	Kein Auftrag	Auftrag Priorität 5	Auftrag Priorität 8	Auftrag Priorität 8
...	Null	Null	Null	Null
5	Null	Aus	Aus	Null
...	Null	Null	Null	Null
8	Null	Null	Ein	Ein
...	Null	Null	Null	Null
16	Null	Null	Null	Null
Default	Aus	Aus	Aus	Aus
Present_Value	Aus	Aus	Aus	Ein

Die Schaltbefehle des Bedienpanels (Priorität 8) werden zwar in die Tabelle eingetragen, haben aber so lange keine Wirkung, bis der Eintrag der Leitstellenwarte (Priorität 5) entfernt ist. Das Entfernen eines Eintrags erfolgt dabei durch das Schreiben des speziellen Werts Null mit entsprechender Prioritätsangabe.

Eine Besonderheit bei dem Prioritätsverfahren ist die Möglichkeit, die minimale Zeit zwischen Umschaltvorgängen festzulegen (**Tabelle 5.44**). Manche Elektromotoren müssen

z. B. erst zum Stehen kommen, bevor die Drehrichtung umgekehrt werden darf. Ein zu schnelles Umschalten könnte zu einer Beschädigung führen. Solange die Mindestwartezeiten (Auslaufzeiten) nicht abgelaufen sind, steht in der Prioritätentabelle an Position 6 der Wert des aktuellen Zustands. Ein Umschaltbefehl wird zwar in die Tabelle eingetragen, hat aber keine Auswirkung. Erst wenn die Mindestwartezeit abläuft, wird der Eintrag mit Priorität 6 entfernt und der Umschaltbefehl ausgeführt. Befehle mit höherer Priorität als 6 werden sofort ausgeführt und sollten deshalb für Notfälle reserviert bleiben.

Tabelle 5.44 Beispiel für die Priorisierung von Aufträgen mit Mindestwartezeiten

Prioritätsstufe	Kein Auftrag	Auftrag Priorität 8	Auftrag Priorität 7	Kein Auftrag
...	Null	Null	Null	Null
6	Null	Ein	Ein	Aus
7	Null	Null	Aus	Aus
8	Null	Ein	Ein	Ein
...	Null	Null	Null	Null
16	Null	Null	Null	Null
Default	Aus	Aus	Aus	Aus
Mindestwartezeit Ein	-	läuft	läuft	abgelaufen
Mindestwartezeit Aus	-	-	-	läuft
Present_Value	Aus	Ein	Ein	Aus

Aufgabe 5.33

Ergänzen Sie die **Tabelle 5.44** für folgenden Fall: Während die Mindestwartezeit Aus läuft, kommt ein Ein-Auftrag mit der Priorität 4. Was geschieht, wenn innerhalb der Mindestwartezeit Aus ein Ein-Auftrag mit der Priorität 7 ankommt?

5.5 BACnet-Geräte und Interoperabilität

BACnet wurde als offenes Protokoll für die Gebäudeautomation entworfen, mit dem Ziel, einen einheitlichen Standard für Gebäudeautomationssysteme zu bieten. Der Leitgedanke war dabei die Interoperabilität, d. h. die Fähigkeit von Geräten eines oder mehrerer Hersteller, mit anderen Geräten problemlos zusammenzuarbeiten. Es ist natürlich nicht zwingend erforderlich, Geräte verschiedener Hersteller in einem Projekt einzusetzen. Der Planer hat jedoch eine viel größere Auswahl und kann die sowohl technisch als auch preislich günstigste Kombination wählen. Gleichzeitig verspricht BACnet auch eine Investitionssicherheit und Erweiterbarkeit über die gesamte Nutzungsdauer eines Gebäudes hinweg, wenn gegebenenfalls mehrere Generationen von Geräten im Laufe der Zeit eingesetzt werden und zusammenarbeiten müssen. Um diese hohen Ansprüche zu erreichen, bedarf es einer vergleichsweise strengen Spezifikation des Standards und einer für den Planer leicht durchschaubaren Gerätedokumentation durch die Hersteller.

5.5.1 Interoperabilitätsbereiche und -bausteine

Der BACnet-Standard definiert eine Vielzahl von Funktionen für die Gebäudeautomation, die zur besseren Verständlichkeit und Strukturierung in fünf so genannte BACnet-Interoperabilitätsbereiche (IOB) eingeteilt werden.

Beispielsweise gibt es einen IOB, der sich mit allen notwendigen Funktionen für das Alarm- und Ereignismanagement befasst oder einen IOB für Zeitpläne. Jedem IOB sind wiederum mehrere Interoperabilitätsbausteine, so genannte BIBBs (BACnet *Interoperability Building Blocks*), zugeordnet. Diese BIBBs beschreiben die einzelnen Dienste innerhalb eines IOB. Dabei verwendet man eine Kennzeichnung, aus der Dienst und Funktionalität (*Client* / *Server*) hervorgehen (**Bild 5.63**).

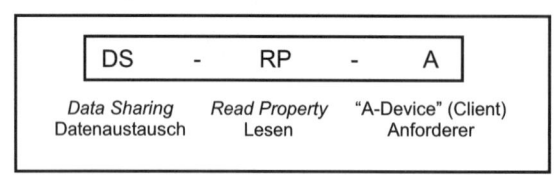

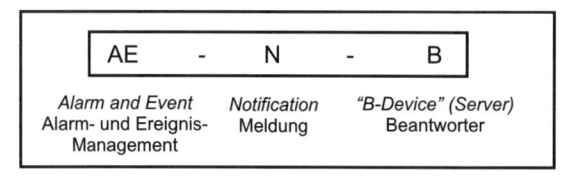

Bild 5.63 Beispiele für die Kennzeichnung von Interoperabilitätsbausteinen

Will man mit einem BACnet *Device* z. B. den Messwert eines Temperaturfühlers an einem anderen BACnet *Device* abfragen, so sind folgende Voraussetzungen zu erfüllen: Das anfragende *Device* (*Client*) muss den Dienst bzw. BIBB DS-RP-A und das antwortende *Device* den BIBB DS-RP-B implementiert haben. Jede Kommunikation zwischen zwei *Devices* hat somit ein BIBB-Paar, das sowohl die *Client*- als auch die *Server*-Funktionalität beschreibt (**Bild 5.64**).

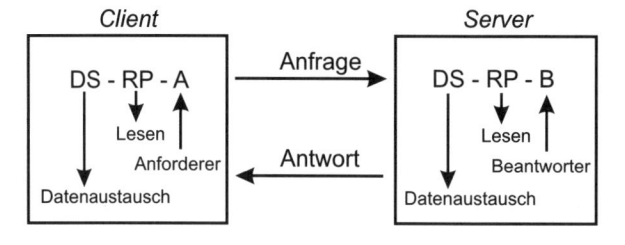

Bild 5.64 Datenaustausch mit BIBB-Paaren

Im Folgenden werden die Interoperabilitätsbereiche mit ihrem Funktionsumfang vorgestellt.

5.5.1.1 Gemeinsame Datennutzung (Data Sharing)

Der IOB Gemeinsame Datennutzung behandelt die notwendigen Funktionalitäten, um Daten zwischen BACnet *Devices* auszutauschen.

Das kann z. B. für folgende Zwecke geschehen:

- Darstellung von Sensorinformationen oder abgeleiteten berechneten Werten,
- Veränderungen von *Properties*, Sollwert- und Parameteränderungen,
- Langzeitspeicherung von Betriebsdaten.

Dazu werden Lese- und Schreibdienste sowie die ereignisorientierte Datenübertragung (COV) benötigt. Typische zu diesem IOB gehörende BIBBs sind der DS-RP-A (*Data Sharing ReadProperty*-A) auf der *Client*-Seite und DS-RP-B (*Data Sharing ReadProperty*-B) auf der *Server*-Seite.

5.5.1.2 Alarm- und Ereignisverarbeitung (Alarm and Event Management)

Der IOB Alarm- und Ereignisverarbeitung umfasst die notwendigen Dienste, um die folgenden beispielhaften Funktionalitäten zu gewährleisten:

- Anzeige und Verarbeitung von Ereignis- und Alarminformationen,
- Quittierung von Alarmen,
- Protokollierung von Alarmen.

Ein dafür verwendeter BIBB ist z. B. AE-N-A (*Alarm and Event Notification* A), der die Fähigkeit eines BACnet-Geräts zur Verarbeitung von Alarmmeldungen beschreibt.

5.5.1.3 Zeitplan (Scheduling)

Der IOB Zeitplan befasst sich mit zeitabhängigen Steuerungen. Dafür benötigt man Zeitpläne in Form von Wochen- und Ausnahmeplänen, in denen Urlaubs- und Feiertage gespeichert sind. Zu diesem IOB gehört z. B. der BIBB SCHED-I-B (*Scheduling Internal* B) zum zeitgesteuerten Ausführen von Schaltungen. Ein BACnet *Device* mit dieser Funktionalität muss mindestens einen Betriebskalender und ein Zeitplan-Objekt besitzen, wobei im Letzteren mindestens 6 Einträge pro Wochentag erstellt werden können. Selbstverständlich müssen die BIBBs DS-RP-B und DS-WP-B vorhanden sein, damit sich die Einträge in den Objekten lesen und schreiben lassen. Zusätzlich sollten die BIBBS DM-TS-B (*Device Management Time Synchronization*) und DM-UTC-B (*Device Management UTC Time Synchronization*) unterstützt werden, damit Uhrzeit und Datum im BACnet *Device* über das Netz eingestellt werden können.

5.5.1.4 Trendaufzeichnung (Trending)

Der IOB Trendaufzeichnung befasst sich mit der Aufzeichnung und Darstellung von gemessenen oder berechneten Werten. Die Erfassung der Werte kann entweder in regelmäßigen Zeitabständen oder ereignisgesteuert erfolgen. Ein BIBB für die Trendaufzeichnung ist z. B. T-VMT-I-B (*Trending Viewing and Modifying Trends Internal* B). BACnet *Devices*, die diesen BIBB unterstützen, können Daten in einem internen Puffer speichern und besitzen mindestens ein Trend-Objekt.

5.5.1.5 Device- und Netzwerkmanagement (Device and Network Management)

Im IOB Device- und Netzwerkmanagement sind zahlreiche Funktionalitäten beschrieben, mit denen BACnet *Devices* überwacht, eingerichtet und konfiguriert werden können, wie:

- Anzeige von Statusinformationen,
- Uhrzeit-Synchronisation,
- Neustart von BACnet *Devices*,
- Datensicherung und Wiederherstellung,
- Aufbau von *Point-to-Point*-Verbindungen zwischen Halb*routern*.

Beispielsweise kann ein BACnet *Device*, das den BIBB DM-RD-B (*Device Management Reinitialize Device* B) beinhaltet, auf Anforderung einen Neustart durchführen.

Aufgabe 5.34

Erläutern Sie den Unterschied zwischen IOB und BIBB.

5.5.2 Device-Profile (Device Profiles)

Die Funktionalitäten von BACnet *Devices* können anhand der unterstützten BIBBs miteinander verglichen werden. Dies kann auf Grund der zahlreichen BIBBs sehr unübersichtlich werden.

Zur Vereinfachung hat man 6 Gruppen (BACnet *Device Profiles*) gebildet, in die BACnet *Devices* eingeordnet werden können. Jede Gruppe spezifiziert dabei einen Mindestumfang an Fähigkeiten, der für die Interoperabilität gewährleistet sein muss. Die Gerätehersteller können darüber hinaus zusätzliche Dienste implementieren.

5.5.2.1 BACnet Operator Workstation (B-OWS)

Die B-OWS ist die Benutzerschnittstelle zum BACnet-System. Neben der Hauptfunktion Bedienung kann die B-OWS auch für Konfigurationsaufgaben eingesetzt werden. Dies ist jedoch herstellerspezifisch und nicht vom BACnet-Standard beschrieben. Eine direkte Steuerung und Regelung von Anlagen durch die B-OWS ist nicht vorgesehen.

Vielmehr sollen folgende Aufgaben übernommen werden:

- Gemeinsame Datennutzung (DS),
    - Datenspeicherung/-archivierung,
    - Datenpräsentation (z. B. Berichte und Grafiken),
    - Anzeige von Messwerten und Zuständen,
    - Verändern von Sollwerten und Einstellungen,
- Alarm- und Ereignisverarbeitung (AE),
    - Anzeige von Alarmen und Ereignissen,
    - Quittierung von Alarmen durch Bediener,

5.5 BACnet-Geräte und Interoperabilität

- Alarmübersicht,
- Einstellung von Alarmgrenzen und Alarmweiterleitungspfaden,
- Zeitplan (SHED),
  - Änderung von Zeitprogrammen,
  - Anzeige von Start/Stopp-Zeiten zeitgesteuerter Anlagen,
- Trendaufzeichnung (T),
  - Einstellung von Trend-/Ereignisaufzeichnungen,
  - Anzeige und Abspeicherung von Trendaufzeichnungen,
- *Device-* und Netzwerkmanagement (DM),
  - Statusinformation über jedes BACnet *Device* im Netz anzeigen,
  - Anzeige von Informationen über BACnet-Objekte im Netz,
  - Deaktivieren von fehlerhaften BACnet-Geräten,
  - Synchronisation von Datum und Zeit im Netz,
  - Neustart von BACnet-Geräten,
  - Sicherung und Wiederherstellung von Konfigurationsdateien von BACnet-Geräten,
  - Verbindungsaufbau/-abbau/-konfiguration bei Halb*routern*.

Eine B-OWS muss die in **Tabelle 5.45** aufgeführten BIBBs unterstützen. Für jede Gruppe ist im BACnet-Standard eine entsprechende BIBB-Auflistung zu finden einschließlich deren Bedeutung.

Tabelle 5.45 BIBBs für die BACnet *Operator Workstation* sortiert nach IOBs

IOB	DS	AE	SCHED	T	DM
BIBBs	DS-RP-A,B	AE-N-A	SCHED-A	T-VMT-A	DM-DDB-A,B
	DS-RPM-A	AE-ACK-A		T-ATR-A	DM-DOB-A,B
	DS-WP-A	AR-ASUM-A		T-VMMV-A	DM-DCC-A
	DS-WPM-A	AE-ESUM-A		T-AMVR-A	DM-TS-A oder DM-UTC-A
					DM-RD-A
					DM-BR-A
					NM-CE-A

BACnet *Operator Workstations* weisen je nach Hersteller unterschiedliche grafische Oberflächen, Konfigurations- und Programmierwerkzeuge sowie zusätzliche Hilfsmittel zu Anbindung von Fremdnetzen auf. Eine einheitliche Entwicklungsumgebung, wie sie mit der ETS bei EIB/KNX und *LonMaker* bei *LonWorks* zur Verfügung stehen, gibt es leider nicht.

Die praktische Anwendung von BACnet ist deshalb stark durch herstellerspezifische Werkzeuge geprägt und schränkt den gemischten Betrieb von Komponenten unterschiedlicher Hersteller teilweise ein.

5.5.2.2 BACnet Building Controller (B-BC)

Unter einem B-BC versteht man eine programmierbare Automationsstation, die für vielfältige Aufgaben in der Steuerung und Regelung eingesetzt werden kann. Deren Aufgaben sind:

- Gemeinsame Datennutzung (DS),
  - Ausgabe von Informationen über interne BACnet-Objekte und ihre *Properties,*
  - Einlesen von *Properties* anderer BACnet *Devices,*
  - Schreiben von *Properties,*
- Alarm- und Ereignisverarbeitung (AE),
  - Auslösen von Alarm- und Ereignismeldungen sowie deren Weiterleitung,
  - Führen einer Liste unbestätigter Alarme/Ereignisse,
  - Meldungen über Alarmbestätigung verteilen,
  - Einstellung von Alarm- und Ereignisparametern,
- Zeitplan (SHED),
  - Zeitabhängige Steuerungen über eigene Objekte oder Objekte in anderen BACnet-Geräten ausführen,
- Trendaufzeichnung (T),
  - Speichern und Übertragen von Zeitreihen,
- *Device-* und Netzwerkmanagement (DM),
  - Rückmeldung von Statusinformationen,
  - Rückmeldung von Objektinformationen,
  - Reaktion auf Befehle zur Kommunikationssteuerung,
  - Synchronisation der eingebauten Uhr auf Anforderung,
  - Neustart nach Aufforderung,
  - Übertragung von Konfigurationsdateien,
  - Auf- und Abbau von Verbindungen über Halbrouter.

5.5.2.3 BACnet Advanced Application Controller (B-AAC)

Der B-AAC hat gegenüber dem B-BC geringere Fähigkeiten und eignet sich für Anwendungen mit reduzierten Anforderungen an die Programmierbarkeit. Die dazugehörigen Funktionalitäten sind im BACnet-Standard zu finden und sollen wie die der nachfolgenden Gruppen nicht explizit aufgeführt werden. **Bild 5.65** zeigt ein Beispiel für einen B-AAC.

5.5.2.4 BACnet Application Specific Controller (B-ASC)

Der B-ASC ist für die Automatisierung spezieller Anwendungen vorgesehen und weist gegenüber dem B-ASC geringere Fähigkeiten auf. In der Regel finden sich in einem B-ASC vom Hersteller implementierte Programme, die lediglich über Parametereinstellungen beeinflusst werden können.

Bild 5.65 Beispiel für einen B-AAC [TAC06]

5.5.2.5 BACnet Smart Actuator (B-SA) und BACnet Smart Sensor (B-SS)

B-SA und B-SS sind Schalt- oder Stelleinrichtungen bzw. Messwertaufnehmer, die über BACnet angesprochen werden können. Sie verfügen nur über sehr geringe Fähigkeiten, die sich auf das Umsetzen von Schalt- oder Stellbefehlen in elektrische Signale bzw. die Rückgabe von Messwerten eines angeschlossenen Sensors beschränken.

5.5.2.6 BACnet Router

BACnet *Router* verbinden Netze mit gleichen oder unterschiedlichen Netztechnologien. Häufig ist die *Router*-Funktionalität bereits im *Controller* integriert. So kann der in **Bild 5.65** gezeigte B-AAC zwischen MS/TP und *Ethernet* vermitteln.

Aufgabe 5.35

Begründen Sie, warum bei der B-OWS kein BIBB SCHED-I-B enthalten ist.

Aufgabe 5.36

Ordnen Sie B-ASC, B-SS, B-BC, B-SA und B-AAC nach steigendem Funktionsumfang.

5.5.3 Protokollumsetzungsbestätigung, Konformitätsprüfung und Zertifizierung von BACnet Devices

Die Hersteller von BACnet *Devices* müssen gemäß BACnet-Standard die Fähigkeiten ihrer Produkte mit Protokollumsetzungsbestätigungen (*Protocol Implementation Conformance Statement* oder PICS) dokumentieren. Ein PICS beschreibt, welche Teile von BACnet in einem Produkt umgesetzt wurden.

Zum PICS gehören folgende Angaben:

- Hersteller, Produktbezeichnung, Softwareversion,
- Zuordnung zu einer Gerätegruppe (*Device Profile*),
- Angabe der unterstützten BIBBs,
- Netzwerkfähigkeiten,
- Objekttypen, die unterstützt werden,
- ggf. optionale *Properties*,
- weitere Merkmale.

Damit kann überprüft werden, ob verschiedene BACnet *Devices* miteinander interoperabel sind. So gehören zu jeder Kommunikation aufeinander abgestimmte komplementäre Dienste und die dazugehörigen Objekte. Anhand des PICS lässt sich also schon im Planungsstadium sicherzustellen, dass die gewünschten Funktionalitäten bei der späteren Realisierung auch tatsächlich umgesetzt werden können.

Zur Überprüfung der Herstellerangaben in einem PICS wurde ein Prüfverfahren festgelegt. Die Prüfung umfasst alle im PICS angegebenen Funktionen und OSI-Schichten, d. h. vom Zugriff auf einzelne Objekte bis hin zu den Protokollen der Sicherungsschicht. Als unabhängige Institution für diese Aufgabe wurde das BACnet *Testing Laboratory* (BTL) in den USA gegründet. Nach bestandener Prüfung erhält ein Produkt das BTL-Zeichen. Die für Europa zuständige Stelle ist das BACnet-Testlabor, auf Grund dessen Bewertungen die B.I.G. EU das BTL ebenfalls vergeben kann.

5.6 Gateways zu anderen Systemen

Neben der Verknüpfung von BACnet-Netzen untereinander mit *Routern* spielen *Gateways* eine große Rolle. Sie verbinden unterschiedliche Systeme (**Bild 5.66**), beispielsweise BACnet und EIB/KNX oder BACnet und LONWORKS.

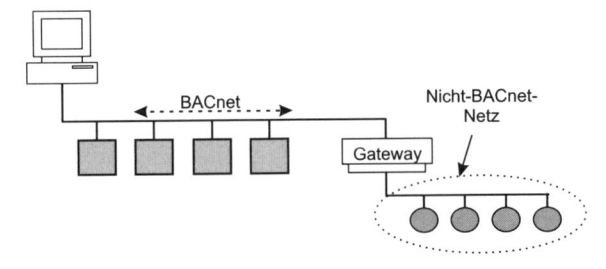

Bild 5.66 *Gateway* zur Kopplung von BACnet mit proprietären Netzen

Ein *Gateway* setzt Nachrichten eines Protokolls in Nachrichten eines anderen Protokolls um. Diese Terminologie soll hier verwendet werden.

Zuweilen wird der Begriff *Gateway* jedoch in einer anderen Bedeutung genutzt. So ist das Standard*gateway* in den Netzwerkeinstellungen des Betriebssystems Windows nichts anderes als die IP-Adresse des nächsten *Routers*.

Die hier betrachteten *Gateways* haben eine vergleichsweise schwierige Aufgabe zu bewältigen, da die Konzepte und Datenstrukturen verschiedener Automatisierungssysteme meist nicht ohne Abstriche ineinander überführt werden können. BACnet ist in dieser Hinsicht sehr flexibel und ermöglicht durch die zahlreichen Objekte und Dienste eine Anpassung an Fremdsysteme.

Häufig wird es so sein, dass man BACnet als übergeordnetes System verwendet. Bei der Auswahl eines *Gateways* stellt sich dann die Frage, welche Informationen und Funktionalitäten des Fremdsystems in BACnet verfügbar sind. Auch ist zu klären, inwieweit nur eine reine Abfrage oder auch eine Steuerung von Geräten im Fremdsystem möglich sein soll. Dies erfordert eine detaillierte Festlegung aller Fähigkeiten eines *Gateways*.

Aufgabe 5.37

Begründen Sie, warum man den Einsatz von *Gateways* möglichst vermeiden sollte.

5.7 Literatur

[DIN03] DIN EN ISO 16484-5, Systeme der Gebäudeautomation – Teil 5: Datenkommunikationsprotokoll (ISO 16484-5:2003); Englische Fassung EN ISO 16484-5:2003. Berlin: Beuth, 2003

[KRANZ05] *Kranz, H. R.*: BACnet Gebäudeautomation 1.4. Karlsruhe: CCI Promotor, 2005

[VDI05] www.big-eu.org: VDI-TGA/BIG-EU Leitfaden zur Ausschreibung interoperabler Gebäudeautomation auf der Basis von DIN EN ISO 16484-5 Systeme der Gebäudeautomation – BACnet-Datenkommunikationsprotokoll

[TAC06] www.tac.com: >*Datasheets* >BACnet >b3920 *System Controllers*

[TAN97] *Tanenbaum, A. S.*: Computernetzwerke. München: *Prentice Hall*, 1997

Index

A

Abrechnungssystem 29
ACCUMULATOR 268
ACK 101
Adresse
– Gruppen 85, 83, 119, 138
– physikalische 82
Adressierung
– 2-Ebenen 83, 135
– 3-Ebenen 84
Aktor 22
Algorithmic Change Reporting 273
Amortisationszeit 25
ANALOG_INPUT 251
ANALOG_OUTPUT 253
ANALOG_VALUE 253
Anlage 39
– betriebstechnische 22
Anwendungs
– modul 73, 75, 109
– programm 115
– schnittstelle 109, 111
Applikation 55, 113
Applikationsprogramm 115
ASCII-Zeichen 48
ASHRAE 197, 198
AST 75, 109, 111
– Typ 16 114
Ausbaureserve 78
Ausschalt
– befehl 121
– telegramm 120
Ausschaltung 68
Automationsebene 37, 39, 154
AVERAGING 254

B

Backbone 173
BACnet 36
BATIbus 36
Baud 42
Bauform 107
Bereich 77
Bestätigungstelegramm 92, 101
Betriebskosten 26
BIBBs 278
BIG-EU 198
BINARY_INPUT 255
BINARY_OUTPUT 255
BINARY_VALUE 256
Binärzahl 43
Binding-Tools 177
Bit 41
– rate 42
– übertragungsschicht 55, 56
Block
– schaltbild 88
– sicherungsverfahren 100
Blockprüfung 46
Broadcast 207, 218, 244
– Domäne 216
BTL-Zeichen 284
Bus
– ankoppler 73, 75
– arbitrierung 95, 97
– geräte 72
   – Aufputz 73
   – Einbau 73
   – kompakt 73
   – modular 73
   – Reiheneinbau 73
   – Unterputz 73

– interfacemodul 110
– koppler 150, 161, 165
– monitor 123, 140
– system 33
– zugriffskonflikt 96
BUSY 102
Byte 41
– rate 42

C

Cable Sharing 211
CALENDAR 256
Change Of Value 271
Channels 172
Code
– Differential Manchester 53, 175
– Manchester 51
– NRZ 51
COMMAND 257
CRC 46
– 16-Prüfpolynom 49
Cross-over-Kabel 213
CSMA 59, 174
CSMA/CA 59, 93, 94
CSMA/CD 214

D

Dämpfung 209
Daten
– bitfolge 48
– telegramm 92
– zeichen 47
DDC-Baustein 17, 19, 23, 148
Destination Address Flag 84
Device 248
– Template 187
DEVICE 258
Dibit 43
Dienst 55
Digitrate 42
Dimmbefehl 99, 121
Domain 173
dominant 93
Drossel 74

E

Ebenenmodell 22, 24, 39
EEPROM 81
EHS 36
EIB 34
EIB/KNX 34, 57
EIBA 34, 64
EIB-TP-UART 110
Eingabe- und Ausgabebeschaltung 163
Einschalt
– befehl 121
– telegramm 120
Einzelraumregelung 20
EIS 99
– Typ 1 99
– Typ 5 100
Energie
– beratung 29
– controlling 29
– einsparpotenzial 26
– einsparung 17, 29
– kosten 28
– management 25
– managementfunktion 26, 28, 29, 30
– verbrauchskosten 26
– verbrauchsoptimierung 26
Enthalpiesteuerung 27
ETS 3 112, 127
EVENT_ENROLLMENT 259

F

Feld
– bus 40
– ebene 36, 39
– gerät 39
FILE 260
Filterfunktion 81
FND-Protokoll 37
FTT-10A 166
Funktionsprofile 180, 187

G

Gateway 148, 186
Gebäude

Index

- automation 17, 19
- erstellungskosten 25
- funktionen 62
- systemtechnik 17, 18, 57, 63, 149

Gewerk 19, 20, 21, 62, 63
Großverbraucher 30
GROUP 260
Gruppenadressfenster 136

H

Halbrouter 207
Haupt
- gruppe 83, 84
- linie 77, 80

Heiz
- betrieb 28
- körper 21
- ventil 177

Heizungs
- anlage 26
- regler 188

Hexadezimalzahl 43
Höchstlastbegrenzung 30
Hop-Count 230

I

ICMP 236
Installationsrichtlinien 87
Intrinsic Reporting 271
IOB 278
IP
- Gateway 144
- Header 235

ISO 36, 54
ISO/OSI-Referenzmodell 53

J

Jalousieaktor 18

K

Kälteenergieeinsparung 26
Kältespeicher 28
Kanal 44
- codierer 44, 46

- zugriff 56, 58
- deterministischer 58
- nach Bedarf 59
- nach Zuteilung 58

Klemmleiste 23
KNX Association 34, 65
KNX.PL 89
KNX.RF 90
KNX.TP 89
KNXnet/IP 90
Kollisionen 214
Kollisionsdomäne 215
Komfortfunktion 31
Kommunikation 39
- horizontal 39
- vertikal 39

Kommunikations
- modul 109, 111
- objekt 85, 116, 138

Kompaktgerät 109
Kontrollbitfolge 48
Konventionelle Installationstechnik 152
Koppler 78
Kostenzuordnung 29
Kreuz
- parität 100
- paritätsprüfung 46, 47
- schaltung 70

Kühl- und Heizbetrieb 28

L

Leitrechner 20, 23, 29
Leitungs
- codierer 44
- länge 87

Lichtsteuerung 15, 34, 66
LIFE_SAFETY_POINT 261
LIFE_SAFETY_ZONE 261
Linie 77
Linien
- segment 79
- verstärker 79, 81

Link Pulse 213
Localhost-Adresse 233
LON 35, 147
LONBUILDER 159, 185

LonMaker 160, 186, 192
LonMark 35, 156, 160, 179, 183
LON-Nutzer-Organisation 156
LonTalk-Protokoll 159
LonWorks 35
– Network Service 155, 186
LOOP 262
LPT 166, 167, 170
Luftqualität 31
Lüftungsanlage 16, 22, 23

M

MAC-Adresse 227
Managementebene 37, 39
Master-Slave-Verfahren 58
Materialdispersion 224
Mikrocontroller (µC) 107
Mindestspannung 88
Mittelgruppe 84
MLT-3 210
Modendispersion 223
Modulationsgeschwindigkeit 42
Modulo-2-Rechnung 49
Multimedia 32
MULTISTATE_INPUT 263
MULTISTATE_OUTPUT 263
MULTISTATE_VALUE 264

N

NACK 102
Network Address Translation 234
Netz 40
– maske 232, 237
– topologie 56
Netzwerkvariable 176
Neuron-
– Chip 155, 158, 161
– ID 164
Niederspannungsnetz 74
NodeBuilder 159, 185
Normung 36, 62, 147, 157
NOTIFICATION_CLASS 264
Nullenergieband 28
Nutzdaten 99
Nutzerverhalten 17

O

Object Identifier 248
Objekt 179

P

Packet-Assembler-Disassembler 243
Panikschalter 32, 194
Parameter 115
– dialog 131
Parametrierung 116
Parität
– gerade 47
– ungerade 47
Paritäts
– bit 47
– prüfung 46
Pausenzeit 103
Peer-to-Peer-Verbindung 20
PEI 109
PICS 284
Ping 236
Pipelining 239
PLT 168
PlugIn 188, 192
Portnummern 239
Power Line 168
Präsenzmelder 21, 27
Priorität 96, 97
privater Wohnungsbau 15
Produkt
– daten 122, 129
– datenbank 115, 130
PROGRAM 265
Programmiertaste 108
Programmierung 140
Projektierung 122
Property 246
Protokoll 54
– dateneinheiten 56
Prozess 39
Prüf
– bitfolge 48
– zeichen 47

Q

Quelle 44
Quellencodierer 44

R

Raumautomation 20, 31
Repeater 172
rezessiv 93
Router 172
Routingzähler 81, 98, 99

S

Schalt
- aktor 21, 74, 180, 192
- befehl 99
- schrank 22

SCHEDULE 266
Schicht 55
- protokoll 56

Schrittgeschwindigkeit 42
Segment 215
Sendeberechtigung 58
Senke 44
Sensor 22
Service
- LED 164
- Taste 164

Shannon-Fano-Codierung 45
Shared Medium 214
Sicherheits
- funktionen 64, 154
- hinweise 67

Sicherungsschicht 55
Signalelement 43, 50
Sollwertsteller 152
Sommeranhebung 26
Spannungsversorgung 74, 78
Speicherkapazität 42
Standard-Netzwerkvariable 182, 183
Stop-and-Wait 239
Straight-through-Kabel 213
Subnet 171
Summentelegramm 92
Symbolrate 42

System
- gerät 73
- software 112, 113, 114

T

Tagging 219
Tastsensor 25, 75
TCP-Header 239
teilvermascht 57
Telegrammstruktur 104
Terminator 170
Three-Way-Handshake 238
Token 58
- Passing 58, 207

Topologie 56, 76
- Baum 57
- freie 166
- Linien 57, 166, 170
- Ring 170
- Stern 62, 170

Touchscreen 142
Transceiver 107, 109, 159, 165
TREND_LOG 267
Treppenhauslichtfunktion 134
TTL (Time-to-live) 236
Twisted-Pair
- Leitung 89
- Screened 211
- Screened Shielded 211
- Unshielded 211

U

UART-Zeichen 92
UDP-Headers 241
Übersprechen 210
Übertragungs
- fehler 46
- medien 89

Umprogrammierung 31
Umverdrahtung 31
Untergruppe 83, 84

V

voll vermascht 57

Vorlauftemperatur 26

W

Webserver 186, 190
Wechselschaltung 69
Wellenwiderstand 206
Wired-And-Schaltung 95

X

XIF-Datei 188, 192

Z

Zeitschaltprogramm 23
zentrale Leittechnik 147
Zentralstation 58
Zugriffsklasse
– 1 97
– 2 97, 103
Zweckbau 16, 31

Glossar

BACnet

ist die Abkürzung für *Building Automation and Control Network*. Darunter versteht man das von der *American Society of Heating, Refrigeration, and Air-Conditioning Engineers* (ASHRAE) entwickelte Kommunikationsprotokoll für die Gebäudeautomation, mit dem Geräte und Systeme untereinander Informationen austauschen können. Die gemeinsame Sprache BACnet ist seit 2003 auch als DIN EN ISO 16484-5 genormt.

EIB/KNX

ist ein nach EN 50090 genormtes (industrielles) Kommunikationssystem, welches in der Gebäudesystemtechnik zur informationstechnischen Vernetzung von Geräten (Sensoren, Aktoren, Steuer- und Regelgeräten, Bedien- und Beobachtungsgeräten) genutzt wird. Die Zertifizierung von EIB/KNX-Geräten und die Weiterentwicklung des Bussystems wird von der *KNX(Konnex) Association* betrieben. Daher auch der Name EIB/KNX – Europäischer Installationsbus/Konnex.

Feldbus

ist ein digitaler serieller Datenbus für die Kommunikation zwischen Geräten der industriellen Automatisierungstechnik, wie z. B. Messeinrichtungen und speicherprogrammierbaren Steuerungen.

Gebäudeautomation

ist die digitale Mess-, Steuer-, Regel- und Leittechnik für die technische Gebäudeausrüstung.

Gebäudesystemtechnik

beschreibt die Vernetzung von Systemkomponenten und Teilnehmern über einen Installationsbus zu einem auf die Elektroinstallation abgestimmten System, das Funktionen und Abläufe sowie deren Verknüpfung in einem Gebäude sicherstellt. Die Intelligenz ist auf die Komponenten verteilt. Der Informationsaustausch erfolgt direkt zwischen den Teilnehmern.

Gewerke

in der Gebäudeautomation und -systemtechnik sind z. B. Heizung, Kälte, Lüftung, Lichtsteuerung, Beschattung/Jalousie.

Industrielle Kommunikation

ist, im Gegensatz z. B. zur Sprachkommunikation zwischen Menschen, die Kommunikation zwischen Geräten der industriellen Automatisierungstechnik.

LonWorks

ist ein nach EN 14908 genormtes Bussystem. Die eingesetzten Geräte besitzen eine eigene Intelligenz und werden miteinander zu einem lokal operierenden Netz verbunden. Die für diese Technik gebräuchliche Abkürzung LON geht auf die englische Bezeichnung *Local Operating Network* zurück.

Netz

ist ein Zusammenschluss (über Leitungen oder mittels Funk) von verschiedenen technischen Systemen (z. B. Rechnern, Regelgeräten), so dass die Kommunikation der einzelnen Systeme untereinander ermöglicht wird.

Objekt

ist eine abstrakte Datenstruktur, in der Informationen als so genannte Objekteigenschaften gespeichert werden. Ein Objekt kann man sich im einfachsten Fall auch als Tabelle mit zwei Spalten vorstellen.

Protokoll

ist ein Satz von Regeln, nach denen die Kommunikation zwischen zwei Kommunikationspartnern in einem Feldbus oder Netz ablaufen muss.

Topologie

beschreibt die Struktur eines Systems im Hinblick auf die kommunikationstechnische Verbindung der enthaltenen Komponenten. Sie wird durch einen Netzwerkgraphen beschrieben.

HANSER

Aktuelles Kompaktwissen zur Automatisierung.

Langmann
Taschenbuch der Automatisierung
600 Seiten, 430 Abb., 110 Tabellen.
ISBN 3-446-21793-2

Der übersichtliche Wissensspeicher für alle automatisierungstechnischen Problemstellungen.
Neben klassischen Wissensgebieten werden auch Berührungspunkte mit der Informationstechnik vorgestellt: PC-basierte Steuerungen, Feldbusse, Robotik und KI-Systeme, komponentenbasierte Programmierung und Simulation.
Das Buch wendet sich an Studenten, Ingenieure und Techniker. Es ist unentbehrlich bei der Prüfungsvorbereitung und bei Klausuren.

Fachbuchverlag Leipzig im Carl Hanser Verlag.
Mehr Informationen unter **www.fachbuch-leipzig.hanser.de**

HANSER

Das Standardwerk für Studenten und Praktiker.

Lindner/Brauer/Lehmann
Taschenbuch der Elektrotechnik und Elektronik
696 Seiten, 641 Abb., 108 Tab.
ISBN 3-446-22546-3

Das Taschenbuch vermittelt Grundlagen der Elektrotechnik und der elektrischen Maschinen und informiert über moderne Halbleiterbauelemente einschließlich integrierter Schaltkreise und deren Einsatz in der Analog- und Digitaltechnik. Praktisch sind zahlreiche Übersichten, Tabellen und Verzeichnisse. Neu ist eine begleitende Website mit Infos, Aufgaben und Lösungen.

»Geballtes Wissen zur Elektrotechnik und Elektronik ... für wenig Geld. Das Werk vermittelt sowohl Grundlagen als auch praktisches Wissen und eignet sich ... ebenfalls als Nachschlagewerk..«
Markt und Technik

Fachbuchverlag Leipzig im Carl Hanser Verlag.
Mehr Informationen unter **www.fachbuch-leipzig.hanser.de**